21世纪高等学校数字媒体专业系列教材

Photoshop 图像处理与版面设计

苏宝华 彭俊 龚玉清 主编

清華大学出版社
北京

内 容 简 介

本教材采用由浅入深的层进式实例操作，讲述 Photoshop CC 2022 软件的使用，实例结合课程思政和“操练 + 启发 + 创新 + 反思”的策略，分为思维引导 - 入门篇、思维启发 - 教学实践篇、思维碰撞 - 创作实践篇、总结篇四大部分。本教材以案例指导读者学习平面设计知识，训练读者的创作与设计能力，提高读者的审美能力，激发读者的创新思维。

本教材主要面向高等教育、职业教育、基础教育开设的设计类课程，可作为教师教学方法的参考书，也可作为广大读者自学或培训的参考教材。

图书在版编目 (CIP) 数据

Photoshop 图像处理与版面设计 / 苏宝华，彭俊，龚玉清主编 . —北京：清华大学出版社，2024.2

21 世纪高等学校数字媒体专业系列教材

ISBN 978-7-302-65645-6

Ⅰ . ① P… Ⅱ . ①苏… ②彭… ③龚… Ⅲ . ①图像处理软件－高等学校－教材 Ⅳ . ① TP391.413

中国国家版本馆 CIP 数据核字 (2024) 第 025744 号

责任编辑：贾　斌
封面设计：刘　键
版式设计：方加青
责任校对：胡伟民
责任印制：刘海龙

出版发行：清华大学出版社

网　　址：https://www.tup.com.cn，https://www.wqxuetang.com
地　　址：北京清华大学学研大厦 A 座　　**邮　　编：**100084
社 总 机：010-83470000　　**邮　　购：**010-62786544
投稿与读者服务：010-62776969，c-service@tup.tsinghua.edu.cn
质 量 反 馈：010-62772015，zhiliang@tup.tsinghua.edu.cn

印 装 者：三河市天利华印刷装订有限公司
经　　销：全国新华书店
开　　本：185mm×260mm　　**印　　张：**18　　**字　　数：**455 千字
版　　次：2024 年 3 月第 1 版　　**印　　次：**2024 年 3 月第 1 次印刷
印　　数：1 ～ 3000
定　　价：79.80 元

产品编号：099634-01

前　言

PREFACE

在飞速发展的数字时代，图像处理与版面设计已成为我们生活中不可或缺的一部分。Photoshop 是一款功能强大的图像处理和设计软件，常用于平面设计、广告设计、照片处理、插画设计，以及多维立体效果制作等设计领域。

本教材以学习者为中心、以教学为主线，通过项目案例式教学法，根据布鲁姆目标分类理论，将 Photoshop 操作案例设置分级难度，配套思维导图与教学方法建议，将课程思政贯穿于学习内容中，集理论基础、实践应用、创新设计于一体；展示校园创作案例，开展校园多元文化交流，如融入以中华文化为主题的设计研究，在激发创作思维的基础上，引入中华传统文化知识，进行多元文化互通的交流与创作，培养热爱中华文化、热爱校园和热爱世界的精神品质。

本教材由富有多年教学经验、设计经验的不同院校教师编写，融合教育学、设计学、计算机科学、教育技术学等多学科教学方法与知识，引导学生跨学科学习与提升。编写过程力求内容的系统性和完整性，同时也注重其实践性和创新性。我们希望通过本教材，激发读者对图像处理与版面设计的热情，培养其独立思考的能力和创作的灵感。本教材分为思维引导－入门篇、思维启发－教学实践篇、思维碰撞－创作实践篇、总结篇四大部分。

思维引导－入门篇：了解 Photoshop 的用途、各版本的演变与发展，建立起对 Photoshop 的认识，也从此处撒下知识的种子，静待发芽。

思维启发－教学实践篇：以“教”为视角，并配置教案和案例实操微视频，引导学习者一步步地进入 Photoshop 世界，希望读者摆脱“照葫芦画瓢”的固化思维，在领会所学知识后，能迅速扩展深入知识脉络，充分发挥联想和创作能力，与兴趣相结合，完成一份令自己满意的创作。

思维碰撞－创作实践篇：以“学”为视角，结合海报设计、平面设计等校园创作案例，对环保、文化、教育、心理治愈等各类综合设计案例进行展现，目的在于激发读者的创作思维。对于高等教育、职业教育、基础教育等各教育领域来说，在校园文化、中华传统文化、环保公益、心理健康等各方面均可产生一定的正向引导。

总结篇：作为教材的结尾部分，提供对教学和学习的指引，以供读者在“教”或“学”中探索前行。

本教材通过丰富的实例、高清的素材文件和详尽的配图步骤解析，将创作思维可视化，旨在帮助读者掌握从创意构思到最终呈现的全过程，从而建立起知识的联结与联想，使学习推进至创新创造层次，并实现知识的迁移。无论是初学者还是有一定基础的进阶者，都能从中获得有益的启示和实用的技巧。

本教材由暨南大学苏宝华副教授（澳门城市大学在读博士研究生）、澳门城市大学彭俊副教授、珠海科技学院龚玉清副教授（澳门城市大学在读博士研究生）主编。暨南大学谢远太老师、曹慧明老师，澳门城市大学在读博士研究生黄兰乔，湖南大众传媒职业技术学院姜婷婷老师，广东省佛山市南海区桃园初级中学刘仕春老师，暨南大学本科生潘红、王冰冰、陈熙、庞杰仪，重庆大学本科生周卓晓参与教材编写和电子资源制作；同时，毕业于暨南大学的郑斯婷、龚佳诚、吴晨昊、刘紫瑶、刘泽坤、吴苏珊、熊璇、庄晓丹、马可晴、韩亚婕、谈榛等同学（排名不分先后）提供了案例。特别感谢暨南大学、澳门基金会、澳门城市大学的资助与支持，使工作得以顺利进行；感谢清华大学出版社贾斌、左佳灵的出版指导工作。教材素材资源主要来源于千图网、昵图网与百度网站。

本教材编写难免存在疏漏与不足，敬请广大读者谅解与指正。

本教材得到以下项目资助：

1. 2022 年暨南大学本科教材资助项目（“一带一路”与粤港澳大湾区特色教材资助项目）

2. 澳门基金会 2022 年学术项目资助计划“混合式教学环境的 Photoshop 课程设计与校园创作实例”（MF2116）

同时，本教材为以下项目研究成果：

1. 广东省本科高校在线开放课程指导委员会研究课题（2022ZXKC041）
2. 暨南大学“四新”实验教学课程改革项目（SYJG202317）
3. 2023 年度广东省教育科学规划课题（高等教育专项）（2023GXJK233）
4. 2023 年国际中文教学实践创新项目（YHJXCX23-039）
5. 广东省本科高校教学质量与教学改革工程建设项目在线开放课程“平面设计”
6. 2022 年广东省一流本科课程“平面设计”（珠海科技学院）
7. 2021 年广东省课程思政改革示范课程“计算机应用基础”（珠海科技学院）
8. 广东高校公共计算机课程教学改革项目（2021GGJSJ014）
9. 2021 年度广东省本科高校教学质量与教学改革工程项目（高等教育教学改革建设项目）“计算机公共基础课程思政案例建设”和“深度学习视域下创新思维培养的教学活动设计与实践”

目　录

CONTENTS

第三篇 思维碰撞－创作实践篇 / 183

第7章 环保类海报创作实例 / 184

第8章 文化类海报创作实例 / 202

第9章 情感传达类创作实例 / 222

第10章 宣传类其他创作实例 / 247

第一篇　思维引导-入门篇

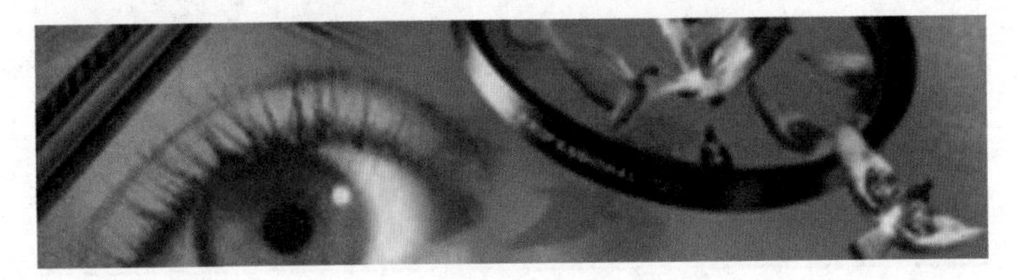

学习目标

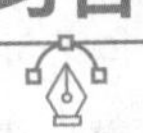

（1）了解Photoshop的发展历程与应用领域。

（2）了解Photoshop的工作界面与常用工具。

（3）了解“图层”的概念。

我们为什么要使用Photoshop？市面上有很多图像处理、平面设计类的软件，均有其优势与用途，我们在选用软件时，主要看是否符合个人需求。Photoshop经历了各版本的演变和发展，相对来说，在设备配置、界面交互等方面比较具普适性，对于设计专业及非设计专业的用户和学习者来说，均比较容易上手。第一篇涵盖第1章和第2章内容，通过对Photoshop的基本了解，建立起对Photoshop的认知框架，也从此处撒播知识的种子，静待发芽。

第1章　认识Photoshop

学习目标

（1）了解 Photoshop 的起源与发展。

（2）了解 Photoshop 的应用领域。

（3）了解平面设计中各元素的重要表现。

本章从介绍 Photoshop 的发明者开始，介绍 Photoshop 的历代版本、版本之间的区别等，使学习者了解 Photoshop 的发展历程与功能变化；接着介绍 Photoshop 的应用领域，使学习者基本了解 Photoshop 的应用范围，建立更明确的学习目标，并将 Photoshop 与学习、生活、工作等产生关联，从而拓宽创作思维；引入平面设计中的色彩、文字、图片这三大核心组成要素，为后续学习 Photoshop 建立认知基础。

1.1　Photoshop 的起源与发展

1.1.1　Photoshop 的起源

1987 年，Photoshop 的主要设计师托马斯·诺尔（Thomas Knoll）买了一台苹果计算机（MacPlus）来帮助他写博士论文，但他发现当时的苹果计算机无法显示带灰度的黑白图像，因此他自己写了一个程序——Display。而他的兄弟约翰·诺尔（John Knoll）这时在导演乔治·卢卡斯（George Lucas）的电影特殊效果制作公司 Industry Light Magic 工作，对托马斯的程序很感兴趣。两兄弟在此后的一年多里把 Display 不断修改为功能更为强大的图像编辑程序，经过多次改名后，在一个展会上接受了一个参展观众的建议，把程序改名为 Photoshop。此时的 Photoshop 已经有 Level、色彩平衡、饱和度等调整。此外，约翰写了一些程序，后来成为插件（Plug-in）的基础。

1.1.2　Photoshop 的版本演变

1988 年，Adobe 公司买下了 Photoshop 的发行权。经过托马斯和其他 Adobe 工程师的努力，到 1990 年 2 月，Photoshop 1.0 正式版发布，如图 1-1 所示，同时冠上了 Adobe 公司的商标，被正式命名为 Photoshop 1.0。此时，1.0 版的 Photoshop 文件量只有 800KB。

首个 Photoshop 版本当时只能运行在苹果机上（操作系统是苹果的 macOS），但在图形雏形的时代已经在工程师中开始流行。在 1991 年，Photoshop 升级到 2.0。

1993 年，Adobe 开发了支持 Windows 系统的 Photoshop，正式版本编号定义为 v2.5，如图 1-2 所示。

图 1-1　Photoshop 1.0

图 1-2　Photoshop 2.5

1994 年，Photoshop 升级为 3.0，如图 1-3 所示，全新的图层功能在这个版本中崭露头角。这个功能具有革命性的创新：允许用户在不同视觉层面中处理图片，然后合并压制成一张图片。与此同时，在它的几个小版本里修复数个漏洞之后，Photoshop 已经逐渐在 Windows 和 Mac 平台上拥有了数量众多的用户群体，人们越来越喜欢这款功能强大且使用简单的软件。

1996 年，Photoshop 4.0 正式发布，如图 1-4 所示，主要的改进是用户界面。Adobe 决定把 Photoshop 的用户界面和其他 Adobe 产品统一化，此外，程序使用流程也有所改变。

图 1-3　Photoshop 3.0

图 1-4　Photoshop 4.0

1998 年，Photoshop 5.0 正式发行，如图 1-5 所示，这一版本引入了 History（历史）的概念，色彩管理是其中一个新功能。同年版本升级到 Photoshop 5.02，首次向中国用户市场发行了中文版。

1999 年，升级为 Photoshop 5.5，如图 1-6 所示，主要的改变是支持 Web 功能并包含 Image Ready 2.0，新增了提取命令、历史笔刷以及另存为 Web 等功能。

图 1-5　Photoshop 5.0

图 1-6　Photoshop 5.5

2000 年，Photoshop 6.0 发布，如图 1-7 所示。经过改进，Photoshop 与其他 Adobe 工具的交互更为流畅。此外，Photoshop 6.0 引进了形状（Shape）这一新特性，图层风格和矢量图形也是其中两个特色，其中图层风格允许用户将某一特定模板运用到整个层中。

2002 年，Photoshop 7.0 发布，如图 1-8 所示。20 世纪 90 年代末，数码相机大行其道，Photoshop 7.0 适时地增加了 Healing Brush 等图片修改工具，还有一些基本的数码相机功能如 EXIF（Exchangeable Image File，可交换图像文件）数据、文件浏览器等。Photoshop 在享受巨大商业成功的同时，也开始感受到来自同行的巨大威胁，特别是专门处理数码相机原始文件的软件，包括各厂家提供的软件和其他竞争对手如 Phase One（Capture One）。此时已经退居二线的托马斯亲自带领一个小组开发了 Photoshop RAW 插件。

图 1-7　Photoshop 6.0

图 1-8　Photoshop 7.0

Photoshop 7.0 主要的更新包括全新的画笔引擎、集成的图片浏览器、自定义工作区等。同时 Photoshop 7.0 发布了自定义 Photoshop Elements 包，它取代了原来专门为扫描仪定制的 LE 版本。

2003 年，Adobe 给用户带来一个惊喜，新版本的名称不是 Photoshop 8.0，而改称为 Photoshop Creative Suite（Photoshop CS），如图 1-9 所示。CS 版本把原来的原始文件插件进行改进并成为 CS 的一部分，更多新功能为数码相机而开发，如智能调节不同区域亮度、镜头畸变修正等。

2005 年，Photoshop CS2 发布了（内部版本号 v9.0），如图 1-10 所示，该版本是对数字图形编辑和创建专业工业标准的一次重要革新。它作为独立软件程序或 Adobe Creative Suite 2 的一个关键构件来发布。该版本引入了强大和精确的新标准，提供数字化的图形创作和控制体验。

Photoshop CS3（内部版本号 v10.0）在 2007 年如期而至，自此，Adobe 以套装软件的方式发布其新版本，如图 1-11 所示。

2008 年，Adobe 公司宣布推出业界的里程碑产品 Adobe Creative Suite 4 产品家族，Photoshop 仅仅是该产品家族中的一员。从 Photoshop CS4（内部版本号 v11.0）开始，如图 1-12 所示，出现了独立支持 64 位 CPU 的 Photoshop 版本。Photoshop CS4 的最终版本号为 v11.0.2。

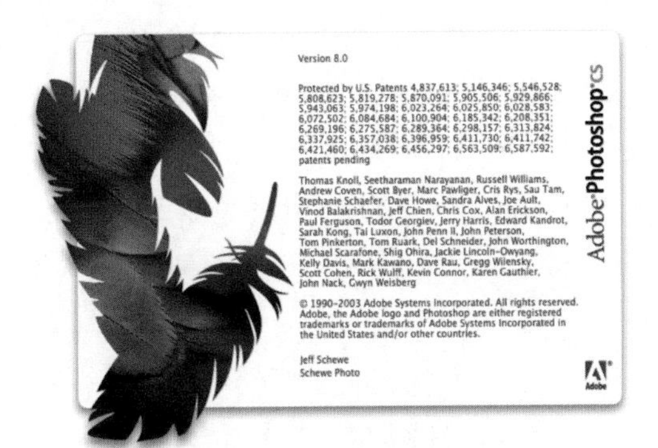

图 1-9　Photoshop CS

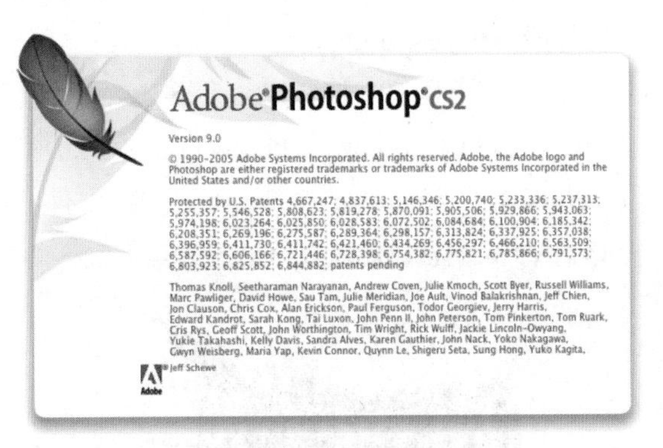

图 1-10　Photoshop CS2

图 1-11　Photoshop CS3

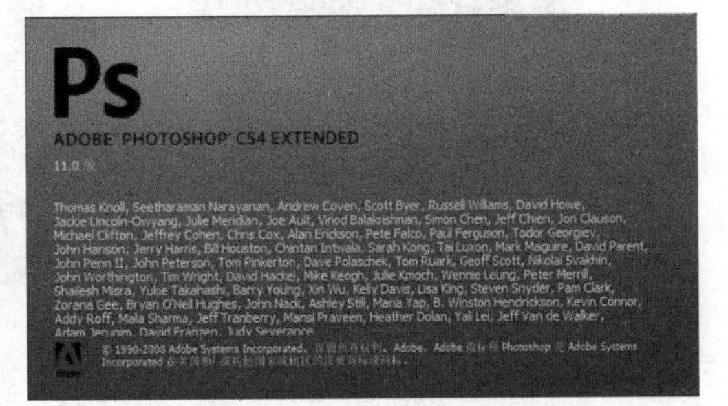

图 1-12　Photoshop CS4

2010 年，Photoshop 正式升级到 CS5（内部版本号 v12.0）版本，如图 1-13 所示。Photoshop CS5 的 32 位与 64 位版本集成一体，安装时可以按需选择。

2012 年，Adobe 发布了 Photoshop CS6 正式版（内部版本号 v13.0），如图 1-14 所示。与 Photoshop CS5 一样，CS6 的 32 位与 64 位版本也集成一体，安装时可以按需选择。

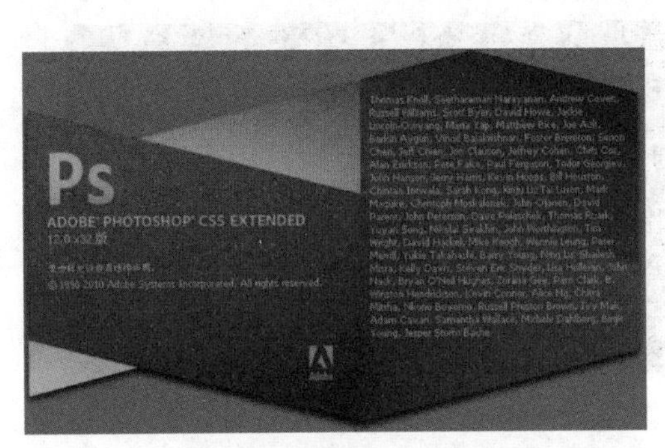

图 1-13　Photoshop CS5

图 1-14　Photoshop CS6

2013 年，Adobe 推出了 Photoshop Creative Cloud（Photoshop CC，内部版本号 v14.0），如图 1-15 所示，同时取消了以数字变化体现版本升级的惯例。与 Photoshop CS5、CS6 一样，Photoshop CC 的 32 位与 64 位版本也集成一体，安装时可以按需选择。Photoshop CC

没有集成 Bridge，必须另行安装。

2014 年 6 月 18 日，Photoshop CC 正式升级到 Photoshop CC 2014 版（内部版本号 v15.0），如图 1-16 所示。Photoshop CC 2014 版由原先的 64 位和 32 位合一的模式变为 32 位、64 位独立的安装文件包，可供用户自由选择单独安装。但是 Photoshop CC 2014 版也没有集成 Bridge，仍然需要另行安装。

图 1-15　Photoshop CC

图 1-16　Photoshop CC 2014

之后，Photoshop CC 2015 版本加入了模糊画廊滤镜、智能参考线、链接智能对象、替换缺失的字体、选择位于焦点中的图像区域、识别带有颜色混合的内容等功能。后逐年发展至 Photoshop CC 2019。

2020 年，Photoshop 不再采用 CC+ 年代的版本号，而使用 Photoshop 2020 版本号，如图 1-17 所示。新增加了云文档功能，可以将完成的作品直接保存到 Adobe 云中，以便与其他设备或设计师交换文件。

Photoshop 2021 版本再次进行了升级，如图 1-18 所示，迎来 Neural Filters、天空替换、发现、增强型云文档、图案预览、黑白上色、人像修复等多项功能，进一步优化了之前版本的部分功能，使设计者的工作更加高效和智能。

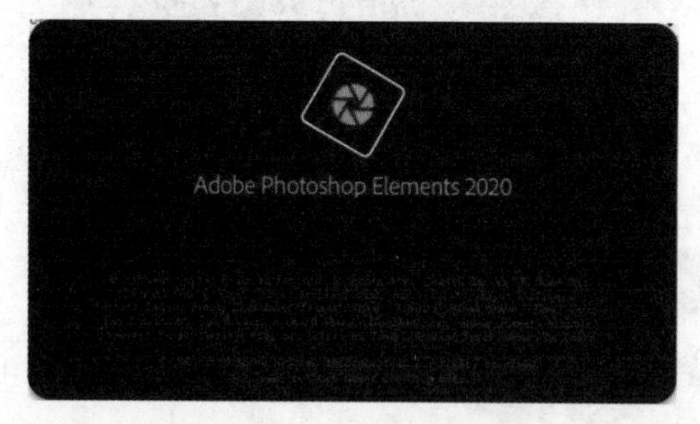

图 1-17　Photoshop 2020

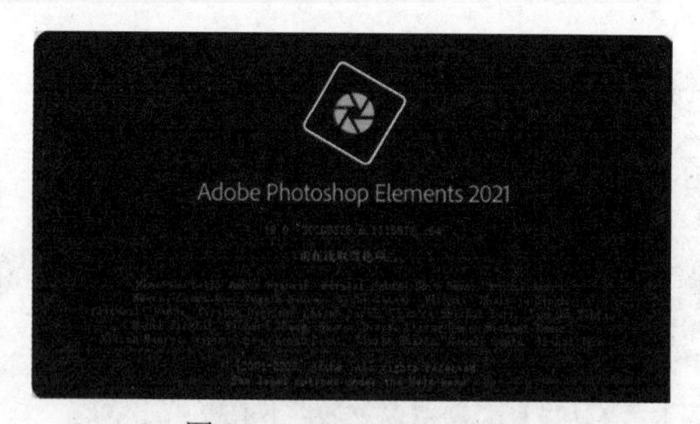

图 1-18　Photoshop 2021

Photoshop 2022（如图 1-19 所示）与上个版本相比，新增和改进了多个功能：支持 ACR 15，例如改进的“对象选择工具”，其悬停功能可预览选择并轻易地为图像生成蒙版；互操作性提升，将内容粘贴到 Photoshop 时可用 Illustrator；分享文件以收集和查看反馈；新增 Neural Filters 以改变和创建新风景；协调图层光线、转移颜色等；增强的国际语言支持提升了文本引擎；增强的 GPU 支持等；各种改进功能增强了软件的稳定性。

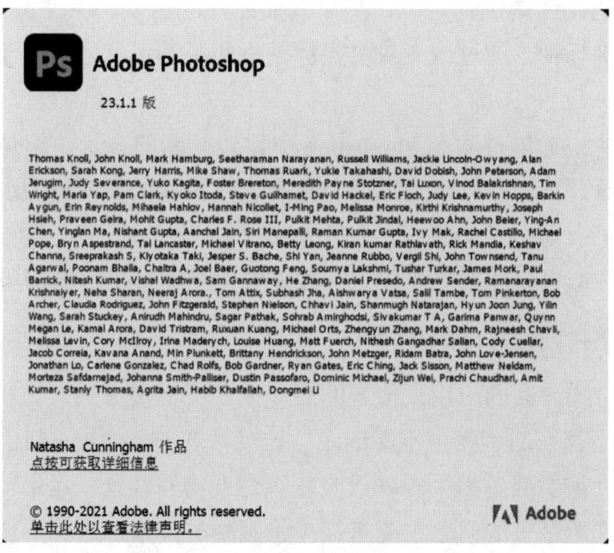

图 1-19　Photoshop 2022

在 Photoshop 各个版本的演进中，功能在不断迭代优化，并逐步朝 AI 方向发展。比如在 Photoshop 2022 中，Camera Raw 14.0 插件内置了 AI 识别技术，“蒙版”使用了强大的 AI 工具，可以快速进行复杂的选择。在以后的发展中，对 Windows 的版本兼容性也越来越强，在某些方面利用 AI 简化操作，因此，这也是未来计算机软件的发展趋势——方便、快捷、易用，将更容易被用户接受。

1.2　Photoshop 的应用领域

1.2.1　图像处理

在现代社会生活中，利用图像传播信息的应用较为广泛。生活中随时随地可以看到各式各样的图像，图像和人们的社会生产活动紧密相连。Photoshop 是目前主流的图像美化设计处理软件之一，主要包含三大技术，分别是图层技术、曲线技术以及通道技术，这三大技术是 Photoshop 对图像处理的基本计算方法。

第一是图层技术：Photoshop 软件中的图层技术是其所有技术中最基础的。无论 Photoshop 软件对何种图片做出何种处理方式，这种处理方式都是建立在图层技术基础上的。图层技术在 Photoshop 软件对图片进行细微处理的过程中起到了重要作用。比如，图层技术中的“蒙版”，可以在不影响图片的整体效果的前提下，对图片的局部进行细微的处理。又如，图层技术中的“图层效果和样式”可以对同一图层对象的效果和样式进行不同改变，做到局部细微的调整。

第二是曲线技术：Photoshop 中的曲线技术主要包括颜色调节和明度调节两方面。虽然曲线技术需要调节的内容很少，但可以得到无限的调色效果。颜色调节是 Photoshop 曲线调节界面里名为RGB通道的调整选项，通过调整该选项，我们可以对图片中的红色、绿色和蓝色这三种基础色调进行调节，从而改变图片的色调。明度调节是Photoshop曲线调节界面里的灰度坐标轴，通过改变灰度坐标轴里线条的形状，可以改变图片色阶、明亮度以及曝光度等。

第三是通道技术：通道技术是Photoshop中比较复杂的技术，但是这项技术却能使图像处理过程更加便捷，比如，可以通过通道技术进行快速的抠图。通道技术的本质是通过计算机算法，将不同种类的色彩进行“加”或者“减”。如果想要熟练运用通道技术，必须非常了解三原色加减以后的颜色变化，才能充分发挥这项技术的作用。

Photoshop在图片处理方面的应用

首先是在图片合成方面的应用。传统的照片只是将现实中的人物和事件以影像的形式记录下来，现实中不存在的事物则不能展示。比如，在Photoshop问世之前，照相馆为人们拍摄照片的时候，需要准备相关的风景照片作为人物的背景，运用辅助道具，以增加照片真实感。这种方式所带来的问题主要有：风景画种类繁杂，选择不便；照片场景不真实等。运用Photoshop的抠图技术则可以解决这个问题，抠图技术可以将不同的事物内嵌在同一场景中，如图1-20所示。通过图层技术、曲线技术以及通道技术的应用，使人物与背景在比例和光线等方面达到协调、统一，使照片看起来更加真实。

图1-20　图片的合成

其次是图片绘制。在广告媒体行业，Photoshop的图像处理技术除了用于图片合成，还可以用在图像绘制方面。传统照片难以展现虚拟及过于细节的内容，单纯通过绘画来展现，又缺少真实感。因此，可以通过Photoshop对虚拟且细微的东西进行绘制。比如在饰品行业，商家推广产品吸引消费者，首先需要对产品进行宣传，并通过产品效果图片为消费者提供直观的视觉效果，增强产品的吸引力。比如拍摄钻石，因为钻石本身对光有折射作用，使拍摄的照片光影过杂，不一定能体现饰品的美感。而通过Photoshop技术，对钻石照片的每一个切割面都进行光影调整，可增强钻石美感，起到刺激视觉的作用，如图1-21所示。

最后是图片调色。当前，摄影已经成为人们日常生活必不可少的一项活动，但是，大部分人并不了解摄影原理，只是使用相机的自动模式来拍照。相机的自动模式仅仅根据光线进行曝光，展现出来的只是相机的基础值，所以拍出来的照片存在偏亮或偏暗的问题。运用Photoshop的图层、曲线、通道三大技术，可以有效地改变照片的色调问题。利用Photoshop的曲线技术，可以解决图片曝光不准确的问题，恢复图片的正常亮度；通过曲线和通道技术的融合，可以改变图片的色泽，使照片达到用户的需求，如图 1-22 和图 1-23 所示。

图 1-21 钻石的图片

图 1-22 调色前

图 1-23 调色后

1.2.2 广告插画

Photoshop 是应用于图形图像处理领域的绘图软件之一，也是广告行业中应用于广告设计和图片处理的主流制图软件之一，在制作平面广告方面有独特的优越性。首先，它可以在软件中增加特效，享受广告带来的视觉冲击和美感。其次，通过 Photoshop 的多项功能以及对图层样式进行变化产生不同的效果，如浮雕、投影、描边等，让广告画面变得真实而有创意。

1.2.3 网页制作

随着网络技术的普及与发展，Photoshop 也广泛应用在各行业的网页界面制作中，它可以使网页界面的元素更加精细化。网页的主要元素有：网站 Logo、导航栏、Banner、文字等。为了有效提升网页制作水平，相关工作人员需要加深对 Photoshop 的研究，结合网页制作的实际情况，不断优化 Photoshop 的运用。

比如，Photoshop 在网站 Logo 制作中的运用。Logo 代表着网站形象，可以起到画龙点睛的作用，使用户对网站留下深刻的印象，提升网站的知名度。在制作 Logo 时，可利用 Photoshop 的矢量图绘制功能，通过“钢笔工具”（或“形状工具”组）进行绘制，输出为矢量图形。

又如，Photoshop 在 Banner 制作中的运用。一般情况下，Banner 都是在网页的顶端位置，包括 Logo 与网站名称等信息。因此，可以通过添加图层蒙版、使用“画笔工具”和“渐变工具”等，无缝衔接 Logo 和网站名称等。

1.2.4 出版制作

在出版制作方面，Photoshop 可以处理比较难和复杂的图形，也可以进行图文排版，提升整体版面的协调性。比如，通过 Photoshop 的羽化功能，将图片的边缘进行处理，可以提升整体排版效果。因此，在排版中，应该着重应用 Photoshop 的功能，达到最好的效果，使出版制作更加协调有序。

1.2.5 动画制作

Photoshop 是目前全球最为流行的图像处理软件之一，熟练应用 Photoshop 不但能够简化工作的流程，还能够提高设计的效率。由于 Photoshop 在图像编辑、图像合成、校色调色和特效制作等方面的表现都十分出众，使其在动画场景中的应用上拥有众多优势。

从动画制作流程来看，动画场景设计既是动画美术设计的一部分，又是中后期制作承上启下的重要一环。因此，Photoshop 能够轻松地对动画场景和背景素材进行明暗、色调的调整和校正，形成完整的、具有明确意义的图像，以使图像满足剧情气氛的需要。

此外，动画的特效创意和特效文字的制作，可通过 Photoshop 的特效制作功能来完成。在动画场景图的后期处理过程中，主要包含以下几方面：一是修改图像中的缺陷，如场景中各个人物、景观造型的形状、色彩以及大小关系等；二是调整整个动画的品质，通常使用“亮度 / 对比度”来调节亮度及反差，纠正动画中的色偏，以增强动画效果图的立体感、层次感，以及适当处理人物及景观的光影效果等，使动画更为生动逼真；三是制作特殊效果，添加一些植物，制作太阳光晕、喷泉、风车等。

在一部动画片中，Photoshop 不仅能渲染场景氛围，还可以实现对场景的加工制作（色彩调配、色调搭配、色彩景深运用等）。在很多动画片中，尽管一些角色并没有旁白或者对白，但是观者可以通过场景变化来感受角色的心情，甚至还可以判断出其是正面形象还是反面形象，使整个动画具有极高的互动性。场景的渲染更多地表现在光影的设计制作上，利用 Photoshop 实现对光影变化的表现，使场景设计更具合理性，对角色的内心变化起到推动作用，从而传达出更多信息。

在动画片中，明亮的光影效果能使角色心情愉快，反之，则会使角色沉重抑郁。在使用 Photoshop 制作动画时，我们不难发现通过对场景光影的处理，可以使剧情更有吸引力、更富感染力。如动画片《埃及王子》（如图 1-24 所示），里面有很多大漠、长河的场景，这些宏大场景的调度是这部动画电影独具的魅力，而这些场景都是在 Photoshop 里经过艺术处理，最终渲染出神圣、庄严的气氛，使观众产生一种肃然起敬的感觉。

图 1-24 《埃及王子》剧照

综上所述，Photoshop 的处理是动画场景设计中非常重要的一部分，是增强动画表现力的有效途径，可以使动画片更具艺术感染力，也让剧情变得更加生动有趣。合理的光影设计可以达到事半功倍的效果，为影片增色不少，我们要善于利用 Photoshop 表现丰富的影片效果。

1.2.6　3D 设计

3D 这个词对于大家并不陌生，它已经应用在 UI 设计、平面设计、网页设计、移动端设计中，3d Max、C4D 都能实现 3D 立体效果，尤其 C4D（CINEMA 4D）是现在的主流趋势，Photoshop 中也有 3D 效果。Photoshop 的 3D 功能常常用在三维字体制作和包装设计上。用 Photoshop 进行绘画创作时，可以事先通过 SU（Sketch Up）制作模型，然后导入 Photoshop 进行上色绘制，此时作画便直接在三维空间。

下面讲一个 Photoshop 的 3D 效果在园林景观中的应用方式。

首先，在园林景观设计过程中，根据实际园林测量结果利用 CAD 软件进行园林景观平面图的绘制，由提供的现场图，通过图像衬底扫描进行图纸矢量化。将矢量化的底图放大到与实际尺寸相符，随后创建多个图层和布局，分层对图像对象进行绘制，同时试验视口比例尺，获取比例因子，在模型中标注尺寸和文字说明，并打印进行预览以做参考。例如：园林建筑和道路体统、水体景观和绿地规划等。

其次，将绘制完成的平面图导入 3D 软件中，通过创建模型、材质配置、相机设置、布光设置以及渲染等处理，输出园林景观中所需物体的 3D 模型效果图，如图 1-25 所示。例如：园林建筑和园林水体以及园林道路等。

图 1-25　苏州园林的 3D 模型

最后，要想使设计图更为完整和具有美化效果，将完成的 3D 模型导入 Photoshop 中，完成模型与植物等的合成、颜色的填充和配景、图像的强化和调节、特效的增加、错误的修改与缺陷的弥补。例如：对园林植物进行上色，对亮度和饱和度进行调整，增加光晕，对灯光效果进行修改和弥补。

1.3 平面设计中各元素的重要表现

平面设计中的各个元素可以分为以下几类。

1.3.1 色彩

色彩的运用得宜是平面设计中非常重要的一环。

色彩是由色相、明度、纯度三个元素组成的，色相即红、黄、绿、蓝、黑等不同的颜色，明度是指某一单色的明暗程度，纯度即单色色相的鲜艳度和饱和度，也称彩度。

色彩在图像作品中具有迅速传达视觉的作用。人们对图像作品的第一印象是通过色彩得到的，比如鲜艳、明快、和谐的色彩组合会对观众产生较强的吸引力；陈旧破碎的用色会导致人们产生阴暗的印象，从而不易引起人们的注意。因此，色彩对于图像作品上有着特殊的表现力，直接影响着作品情绪的表达。

设计者要表达平面设计作品的主题和创意，充分展现色彩的魅力，必须认真分析研究影响色彩的各种因素。由于生活经历、年龄、文化背景、风俗习惯、生理反应等有所区别，人对色彩的感受有一定的主观性，但同时也对颜色象征的含义有着共同的感受。

设计者也要懂得用色彩来和观众沟通。在色彩配置和色彩组合设计中，设计者要把握色彩的冷暖对比、明暗对比、纯度对比、面积对比、混合调合、面积调合、明度调合、色相调合、倾向调合等，色彩组合要保持平衡性和条理性，画面也要有明确的主色调。首先，通过色彩的基本性格表达设计理念，从而赋予作品设计个性；其次，设计者在运用色彩时，要让色彩凸显设计意图。设计者要把颜色和设计思想相结合，并利用电脑设计的优势，充分挖掘色彩的丰富性和多变性，使作品承载的设计思想和情绪信息更丰富，从而最大化实现设计者的设计理念，如图 1-26 和图 1-27 所示。

图 1-26 光线不适的素材

图 1-27 修饰之后的素材

此外，设计者还应在事前就考虑承印物的特点、油墨的使用及印刷方法等各方面因素，设计时尽可能配合后期客观条件，尽量避免色彩的印刷失误。为避免影响到作品的印刷效果，各种品牌印刷机的性能、同一机型不同规格的性能、不同品牌油量的性能、四色油墨与专色油墨的特性、不同品种纸的性能、特殊工艺、后期加工及装订等，设计者在做设计时都需要考虑。

1.3.2　文字

文字在平面设计中是不可或缺的构成要素，它对一张平面设计作品所传达的意思起着归纳和提示的作用，能更有效地表达作者的构想理念，是对作品的一种完善和说明。因此，文字的排列组合、字体字号的选择和运用直接影响着版面的视觉传达效果，赋予版面审美价值，如图 1-28 所示。

图 1-28　世界地球日

文字的排列组合可以影响人的视线。视线的流动是非常有趣的，水平线能够使人们的视线左右移动；垂直线则会使视线上下移动；斜线会给人不安定的感觉，往往最能吸引公众的视线。设计者在设计时需要掌握好视觉的规律，使视觉流程能够体现出形式美，符合作品的整体节奏和艺术规律，更好地表现作品需要传达的内容，如图 1-29 所示。

图 1-29　文字的排列

设计者需要选用大小适当的字号。因为文字太大，必然会喧宾夺主，干扰主题画面的表达；文字太小，不利于突出设计思想，从而降低公众对作品主题的关注。所以合适的字号是设计者控制整个画面层次和详略的关键性因素。

字体则表达了文字风格和审美趣味，选用不同的字体不仅可以准确地反映作品的主题意义，还可以加强作品的时代感，以达到形神合一。

设计者必须明确文字与图形的主次关系，从而使其相互影响、相互衬托。例如，一张平面设计作品的主体是一幅大面积的人像，旁边出现一块排列紧凑的小字，会显得整个画面更加生动，因为版面上各种造型因素由于各自所处位置形成了一个动态空间，文字与图像互相呼应、互相配合。

1.3.3　图片

图片给人的感觉是直接的，它具有形象化、具体化、直接化的特性，能够形象地表现出设计主题以及创意，是平面设计主要的构成要素。因此，设计者一旦确定了设计的主题，就要根据主题来选取合适的图片，如图 1-30 所示。

选取的图片可以多元化，通过写实、象征、卡通、装饰、构成等一系列的手法来表达。

在图片选取上要考虑设计的主题、构图的独特性，因为别具一格并且突破常规的图片能够迅速吸引观众的注意力，便于观众对这个设计主题的认识、理解以及记忆，如图 1-31 和图 1-32 所示。

要想让图片在视觉上给予观众冲击力，应注意画面元素的简洁，画面元素一旦过多，观众的视线就容易分散，图片的感染力就会大大减弱。因此，在处理图片的时候，设计者可通过剪裁图片，将观众的注意力集中到图片的主题上，如图 1-33 所示。

图 1-30　图片给人的直观感觉很安静

另外，在版面视觉化的过程中，图片的安排和搭配也同样重要。在不同的平面设计形式中，一个整版中的图片数量、大小搭配，都是设计者须考虑的事情。一般来说，在多图的情况下，一个版面须有一张大的图片，并且这张图片能够占据整个版面三分之一甚至是二分之一的面积，剩余图片就应该相应地缩小，以形成众星拱月的态势，凸显主体的冲击力以及感染力。

图 1-31　一张普通的植物图

图 1-32　裁剪之后的植物图

图 1-33　突出图片主题

对于需要突出主体的图片，可以根据不同的情况做一些技术上的处理。例如，在图片对比度相当的情况下，可以考虑将图片的周边部分在版面上拓展开，并且在拓展的部分设计文字稿。既有效地利用空间排版文字，又扩大了图片的范围，增强了版面冲击力。又如，在图片中人物情感起伏较大的情况下，可以考虑让人物的头、手、脚等设计冲出画框的效果，从而起到强化人物情感的效果。技术处理用得过多非但难以形成冲击力，反而会产生哗众取宠之嫌。

第2章　Photoshop入门基础

学习目标

（1）了解图像文件的格式及基本操作流程。

（2）熟悉 Photoshop 的工作界面及组成。

（3）认识图像的各类色彩模式。

（4）学会图像与图层的基本操作技能及错误操作的处理。

本章首先从 Photoshop 的工作界面起，介绍图像的色彩模式，全面认识图像的基本属性和特征；接着重点详解图像的基本操作、图层操作、工具箱，使学习者能够掌握图像的基本编辑处理操作。本章是后续篇章的起点和基础，学习者既要熟练掌握 Photoshop 基本操作要领，又要在不断的操作实践中加深对 Photoshop 的基本特性和规律的认识。

Photoshop 的应用体现在我们生活的方方面面，无论是商业海报、户外平面广告、书籍封面包装、数码照片处理、网页设计，还是手机 App 界面、企业 Logo、网店美工，都有 Photoshop 大显身手之处。本书以 Adobe Photoshop 2022（以下简称 Photoshop）为使用版本，其启动界面如图 2-1 所示。

图 2-1　Photoshop 2022 启动界面

2.1 Photoshop 介绍

安装好 Photoshop 之后，可以通过多种方式启动。以 Windows 10 操作系统为例，一是可以在“开始”菜单中找到并单击 Adobe Photoshop 2022 选项，即可启动；二是双击桌面上的 Adobe Photoshop 2022 快捷方式图标（如图 2-2 所示）来启动；三是可以将 Photoshop 固定到任务栏内，通过单击任务栏中的 Photoshop 图标（如图 2-3 所示）来启动。将 Photoshop 固定到任务栏的方法是，在“开始”菜单中找到并右击“Adobe Photoshop 2022”选项，在弹出的菜单中选择“更多”→“固定到任务栏”即可。

图 2-2　Photoshop 快捷方式图标

图 2-3　通过任务栏启动 Photoshop

打开 Photoshop，如果之前在 Photoshop 中处理过一些图像文档，那么在起始界面中会显示之前操作过的文档。

单击“新建文档”按钮，弹出“新建文档”对话框，此对话框中提供了预设的几种文档样式，如“照片”“打印”“图稿和插图”“Web”“移动设备”“胶片和视频”等几类（如图 2-4 所示）。可以选择其中一类的选项卡，也可以直接打开最近使用项。

进入 Photoshop 后，打开一张图像，可以看到 Photoshop 的工作界面包括菜单栏、选项栏、文档窗口、工具箱、状态栏以及图层、属性、颜色等多个面板，还有“最小化”“恢复”“关闭”按钮等几部分，如图 2-5 所示。

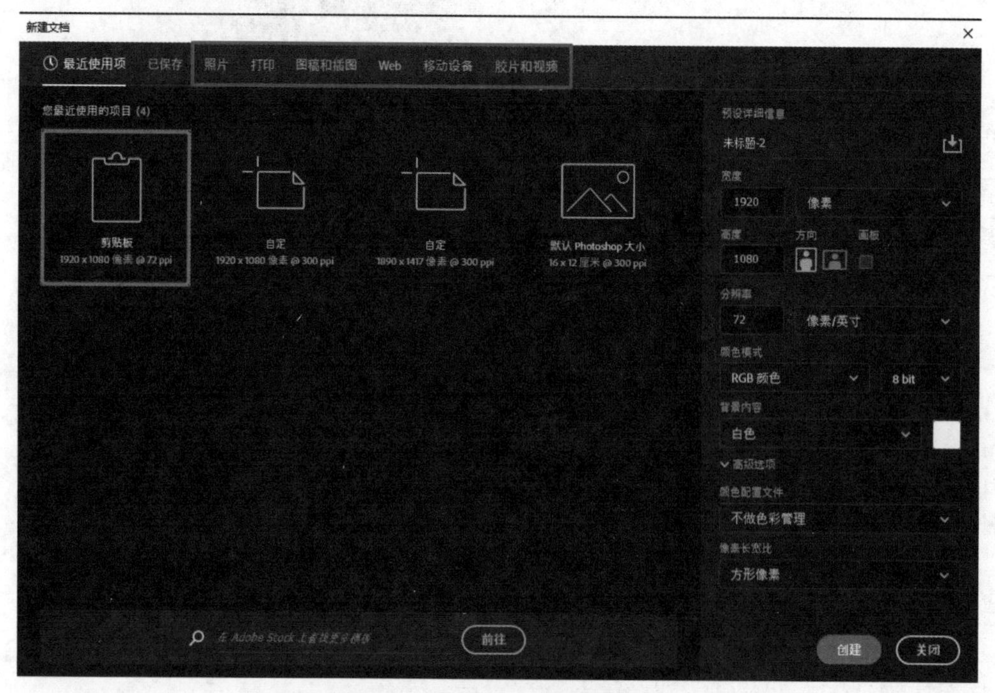

图 2-4　“新建文档”对话框界面

图 2-5 Photoshop 工作界面

2.1.1 菜单栏

Photoshop 的菜单栏包含各种可以执行的命令，通过单击其中的按钮即可打开菜单及选择需要的命令。每个菜单包含多个命令，其中有些命令带有箭头符号 ▸，表示该命令还有多个子命令；有些命令后面带有一连串的字母或字母组合，表示该命令的快捷键。例如：“文件”下拉菜单中的“打开”命令后面，显示快捷键“Ctrl+O”，如图 2-6 所示，那么同时按下键盘上的“Ctrl”键和“O”键，即可快速执行该命令，弹出“打开”对话框。

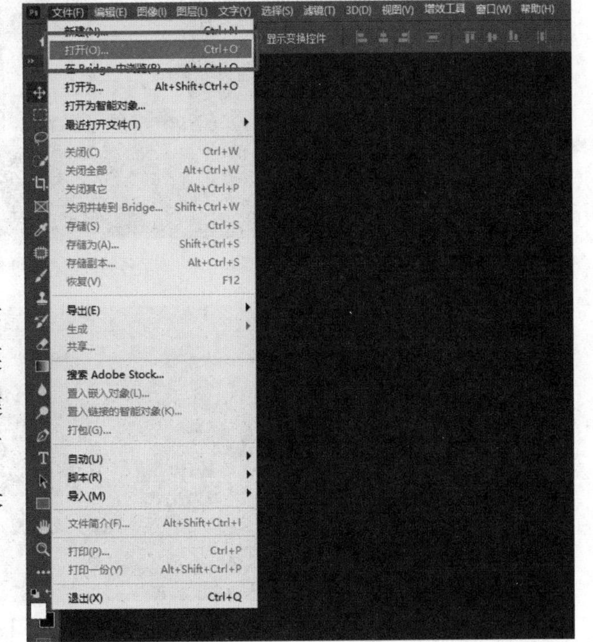

图 2-6 Photoshop 菜单栏命令

2.1.2 文档窗口

文档窗口是 Photoshop 显示和编辑图像的区域。打开一张图片，即会打开该图片对应的文档窗口。

有三种方式打开文档窗口：一是使用快捷键“Ctrl+O”；二是双击文档窗口的空白区域；三是选择“菜单栏”→“文件”→“打开”选项，在弹出的“打开”对话框中选择一张图片，单击“打开”按钮，如图 2-7 所示。

打开图片文档之后，图片则在文档窗口中显示了，如图 2-8 所示。

在文档窗口的标题栏中可看到这个图片文档的名称、文件格式、窗口缩放比例、颜色模式、色彩深度等信息，如图 2-9 所示。

图 2-7 “打开”对话框

图 2-8 打开图片之后的 Photoshop 界面

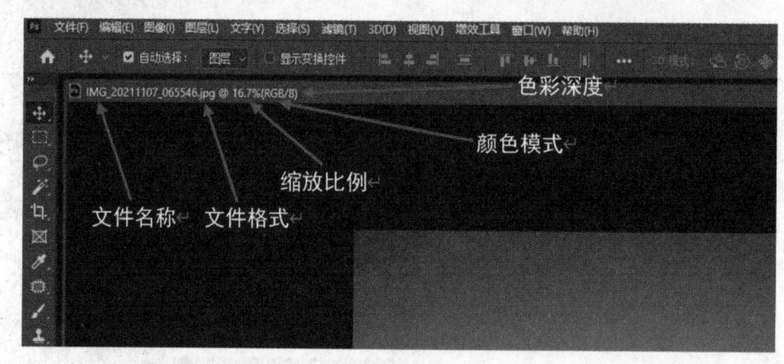

图 2-9 文档窗口的图片文件信息

2.1.3 状态栏

状态栏位于文档窗口的下方，可以显示当前文档的大小、文档尺寸、当前工具和测量比例等信息。在状态栏中单击向右箭头按钮，在弹出的快捷菜单中选择相应的选项，即可显示相关内容信息，如图 2-10 所示，可根据个人喜好和需要在各种选项之间进行切换。

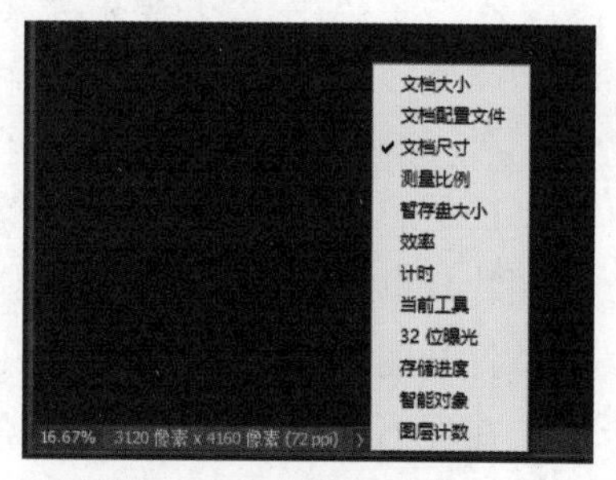

图 2-10 文档的状态栏信息

2.1.4 工具箱及选项栏

工具箱包含各种编辑处理图像的工具，位于 Photoshop 工作界面的右侧。有的图标右下角带有箭头标记，例如“矩形选框工具”，表示这是一个工具组，包含了多个同类工具。右击该图标，或者鼠标左键长按该图标，即可看到该工具组中的其他工具。将光标移动到某个工具图标上，即可选择该工具，如图 2-11 所示。2.2 节将专门讲解工具箱的功能与使用。

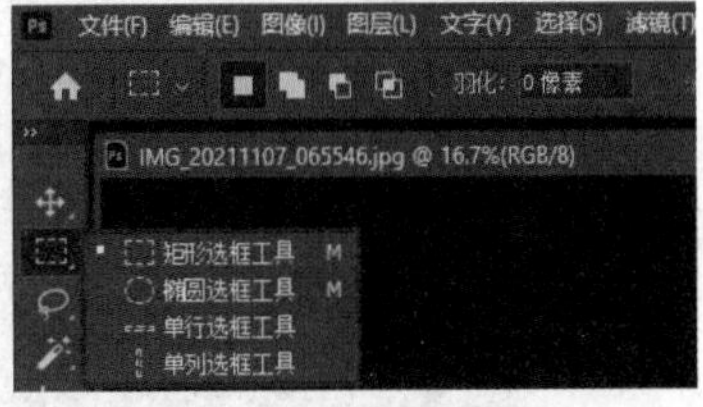

图 2-11 在工具箱中展开工具组

选项栏，用于设置当前所选工具的各种功能。选项栏会随着所选工具的不同而改变选项设置内容与功能。当选择了某个工具后，即可在其选项栏中设置相关参数，如图 2-12 所示。

图 2-12 “矩形选框工具”的选项栏

2.1.5 面板

面板主要用来配合图像的编辑、操作控制及参数设置等，帮助修改和监视图像处理的工作。面板在默认情况下，位于文档窗口的右侧。面板可以层叠在一起，单击面板名称（标签）即可切换到相应的面板，如图 2-13 所示。将光标移至面板名称（标签）的上方，按住鼠标左键拖曳，即可将面板与窗口进行分离，如图 2-14 所示。

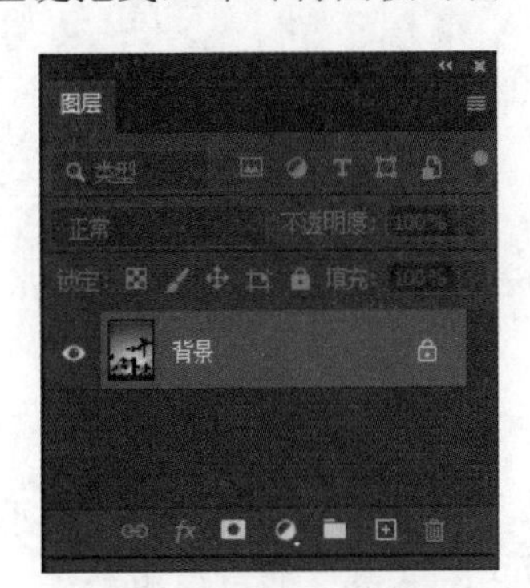

图 2-13 面板层叠在一起

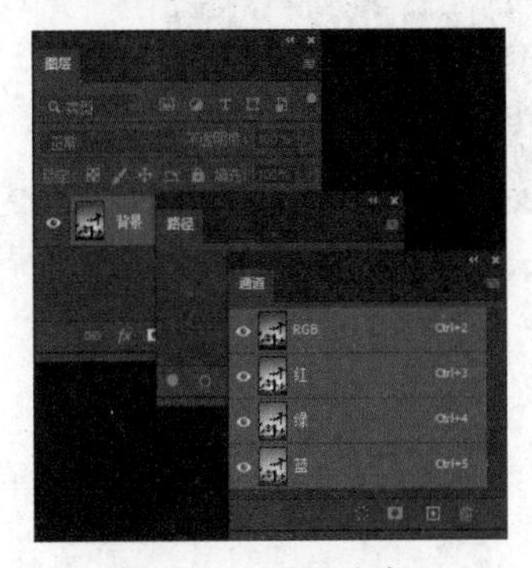

图 2-14 面板分离

如果要将面板层叠在一起，可以拖曳该面板到界面上方，当出现蓝色边框后松开鼠标，即可完成堆叠工作。

面板右上角有和按钮，可以展开或者折叠面板。每一个面板的右上角都有一个“面板菜单”按钮，单击该按钮可以打开该面板的相关设置菜单，如图 2-15 所示。Photoshop 包含大量面板，如图层面板、通道面板、路径面板等，要打开相应的面板，可以在“窗口”菜单中选择相应的选项，即可将其打开或者关闭，如图 2-16 所示。

如果“窗口”菜单选项前面带有✔标记，则表示这个面板已经打开了，再次执行这个命令，可将这个面板关闭。

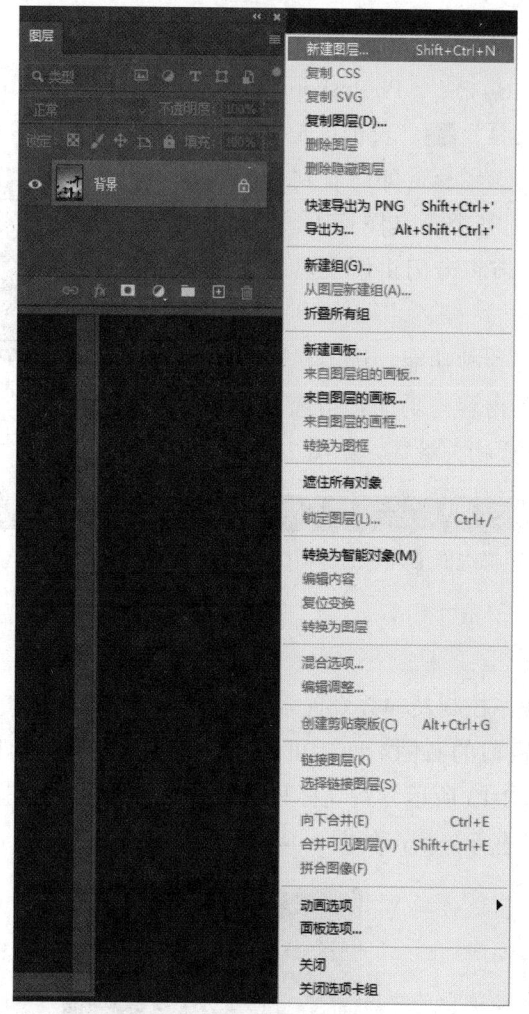

图 2-15 “图层”面板的菜单

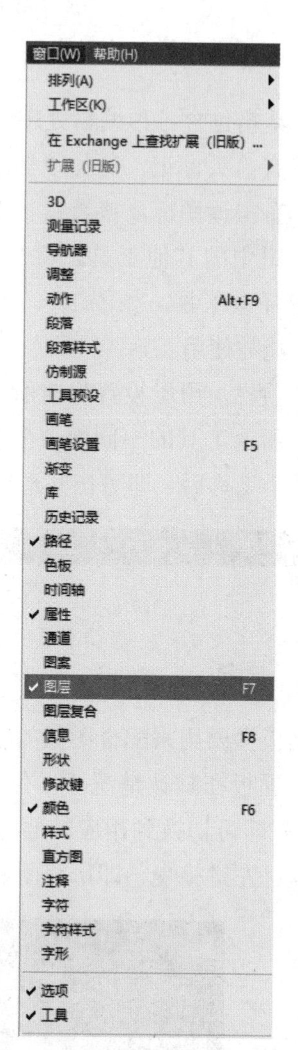

图 2-16 在“窗口”菜单中打开或者关闭面板

2.1.6 最小化、恢复和关闭按钮

单击 Photoshop 工作界面的右上角的“最小化”按钮，即可将软件最小化。单击“恢复”按钮，软件恢复正常显示。单击“关闭”按钮，即可退出软件。如果软件中还有未保存的文件，则会对用户进行提示。

2.1.7 搜索工具和工作区切换器

通过单击“搜索工具”按钮，可在线搜索 Stock 资源中的用户界面的元素、文档、帮助和学习内容等。

单击“工作区切换”按钮，不仅可根据个人喜好和需要切换不同布局的工作区，还可以进行恢复默认工作区、新建工作区或删除工作区等操作。

单击“共享图像”按钮，可以将当前文档图像与 Windows 中的其他联系人共享。

2.2　工具箱

Photoshop 工具箱由多组工具组合而成，是图像操作的各类工具的总和，如图 2-17 所示。以下重点介绍“移动工具”组、“选区工具”组等工具组。

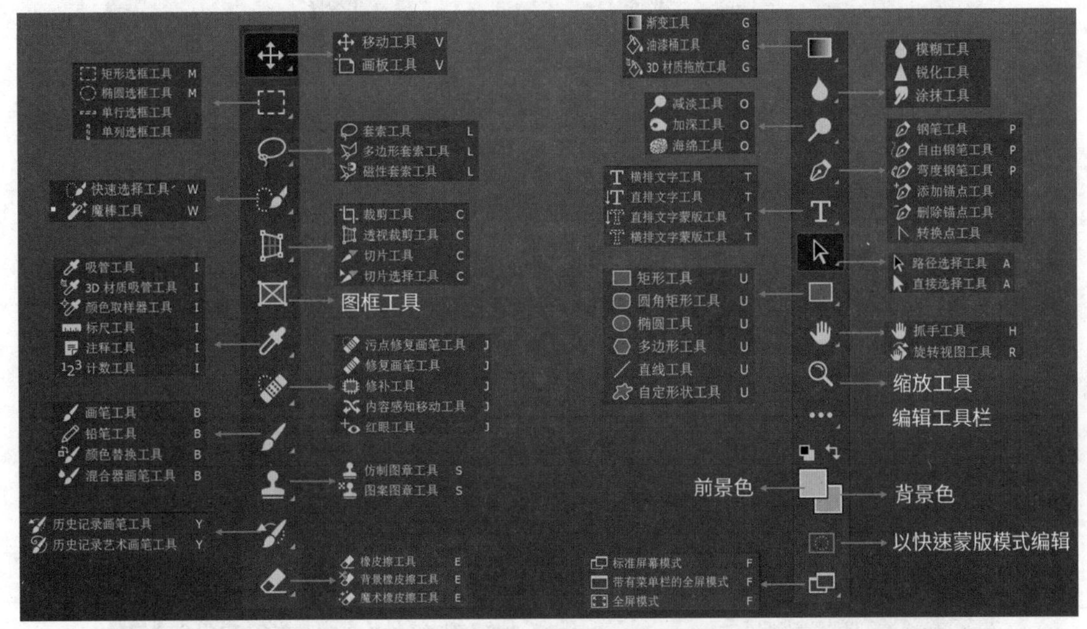

图 2-17　“工具箱”总体组成图

2.2.1　“移动工具”组

“移动工具”是 Photoshop 工具栏中使用频率非常高的工具之一，主要功能是负责图层、选区等的移动、复制操作等。“移动工具”组包括“移动工具”和“画板工具”，如图 2-18 所示。

图 2-18　“移动工具”组

1. 移动工具

“移动工具”可对图像、图层、参考线等进行移动操作，不仅可以将图像在当前的文档窗口中进行移动，还可以将其他图像移动到当前操作的文档窗口中。

使用方法：单击工具箱中的“移动工具”按钮，在图像文档窗口中，按住鼠标左键移动对象，拖动到目标位置释放，即可将对象移动到此位置上；如果目标对象是另外一个图像文档窗口，则可将拖曳的对象复制到目标位置。使用拖曳的方法，将一张海景图片复制到另外一张图片中，如图 2-19 所示。

2. 画板工具

“画板工具”可以创建多页面的文档，在一个文档中创建多个画板，既方便多页面的同步创建，也可以很好地观察整体效果。

图 2-19　使用“移动工具”在不同文档之间复制对象

使用方法：单击工具箱中的“画板工具”按钮，在其选项栏中设置“宽度”和“高度”，然后单击“添加新画板”按钮，再在文档窗口中的空白区域单击，即可新建画板，如图 2-20 所示。

图 2-20　使用“画板工具”创建 4 个画板

2.2.2 “选区工具”组

在 Photoshop 中进行图像的局部处理时，需要用到选区。选区就是设立编辑图像可操作区域，进行选区中图像的编辑，选区外的图像不可编辑。在选区被取消之前，各类工具和命令只能在这个被选定的范围内生效。

Photoshop 中有许多创建选区的方法，常规创建选区的主要工具有：“矩形选框工具”“椭圆选框工具”“单行选框工具”“单列选框工具”，如图 2-21 所示；“套索工具”“多边形套索工具”“磁性套索工具”，如图 2-22 所示；“快速选择工具”和“魔棒工具”，如图 2-23 所示。

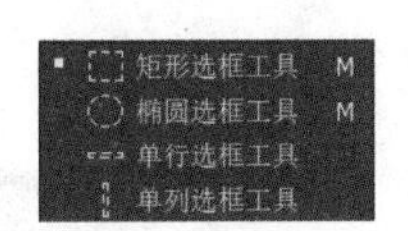

图 2-21 “选框工具”组

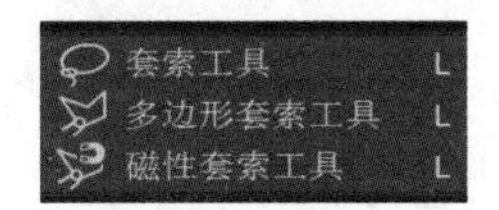

图 2-22 “套索工具”组

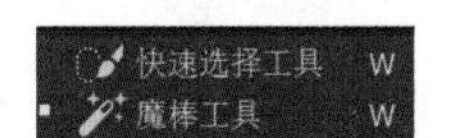

图 2-23 “快速选择工具”组

“矩形选框工具”用来创建长方形或正方形选区。使用方法：单击工具箱中的“矩形选框工具”按钮，在图像文档窗口中，按住鼠标左键从左上角拖曳到右下角，松开鼠标，即可形成矩形选区，如图 2-24 所示。

“套索工具”可以在图像中绘制任何形状的选区。使用方法：单击工具箱中的“套索工具”按钮，在图像文档窗口中按住鼠标左键，沿着要选取的对象边缘移动，当围成一个闭合的区域时，就可以松开鼠标，此时会形成不规则的选区，如图 2-25 所示。

图 2-24 “矩形选框工具”框选出矩形选区

图 2-25 “套索工具”绘制出不规则的选区

“快速选择工具”可以在图像文档窗口中，根据图像颜色的相似性，智能地绘制需要的选区。使用方法：单击工具箱中的“快速选择工具”按钮，在图像文档窗口中按住鼠标左键，沿着要选取的对象背景区域移动，此时移动过的区域都会连接在一起成为选区，如图 2-26 所示。如果要选取行道树的话，只要按“Shift+Ctrl+I”快捷键反选选区即可，如图 2-27 所示。

图 2-26 “快速选择工具”选取出背景

图 2-27 反选选区后选取行道树

2.2.3 “裁剪工具”组

“裁剪工具”组包括“裁剪工具”“透视裁剪工具”“切片工具”“切片选择工具”，用于对图像进行裁剪与切片等操作，如图 2-28 所示。

图 2-28 “裁剪工具”组

“裁剪工具”用来裁切图像，将图像不需要的部分裁切掉，或者对图像进行重新构图，裁切掉构图不完美的部分，从而定义画布的大小。

使用方法：单击工具箱中的“裁剪工具”按钮，在图像文档窗口中按住鼠标左键，从左上角拖曳到右下角，形成将要裁剪的区域，如图 2-29 所示。如果裁剪范围符合要求，按 Enter 键确定。图 2-30 为裁剪前后的对比，可以比较裁剪前后的效果，裁剪后主体更突出了。

图 2-29 使用“裁剪工具”拖曳出要裁剪的区域

图 2-30 裁剪前后的效果对比

2.2.4 “吸管工具”组

“吸管工具”组包括“吸管工具”“3D 材质吸管工具”“颜色取样器工具”“标尺工具”“注释工具”“计数工具”，如图 2-31 所示。

图 2-31 “吸管工具”组

“吸管工具”可以吸取图像的颜色作为前景色或者背景色，使用“吸管工具”在图像上单击，此时吸取的颜色为前景色；如果按住“Alt”键，然后再单击图像，此时吸取的颜色为背景色，每次只能吸取一种颜色。使用“吸管工具”获取图像的样色，是色彩设计的常用方法之一。

使用方法：单击工具箱中的“吸管工具”按钮，在“吸管工具”选项栏里，“取样大小”选择“51×51 平均”选项，勾选“显示取样环”复选项；然后鼠标移动到图像文档窗口中要取样的位置，单击后会出现取样环，表示取样的范围，松开鼠标，取样就完成了。工具箱中的“设置前景色”色块颜色发生了改变，说明取样的颜色已经成为前景色了，如图 2-32 所示。

图 2-32 使用“吸管工具”取样颜色

“颜色取样器工具”可以在图像中最多定义 10 个颜色取样点，并且将取样点的颜色信息保存在“信息”面板中。用鼠标拖动取样点可以改变取样点的位置；如果要删除取样点，只需用鼠标将其拖出画布即可。

2.2.5 “画笔工具”组

“画笔工具”组包括“画笔工具”“铅笔工具”“颜色替换工具”“混合器画笔工具”，如图 2-33 所示。

图 2-33 “画笔工具”组

“画笔工具”类似现实中的各种绘画笔，使用前景色来绘制线或色块。另外，还可以用它来修改通道和蒙版等。

使用方法：单击工具箱中的“画笔工具”按钮，按“Shift+Ctrl+N”快捷键新建一个空白的图层；在“画笔工具”选项栏里，设置画笔笔尖“大小”为“50 像素”，“硬度”为“100%”；如果在文档窗口中的画面上单击，能够绘制出一个点；如果按住鼠标左键并拖动，则可以绘制出线条，绘制效果如图 2-34 所示。新建图层能够使绘制的线条不会影响到原来的图层，这样便于修改。

如果需要修改画笔的形状和效果，那么就要在“画笔工具”选项栏里进一步设置。单击选项栏中的图标，即可打开“画笔预设”选取器，其中有不同类型的画笔笔尖，单击笔尖图标即可选中，作为后续绘图使用，如图 2-35 所示。

图 2-34　使用“画笔工具”绘制点和线条

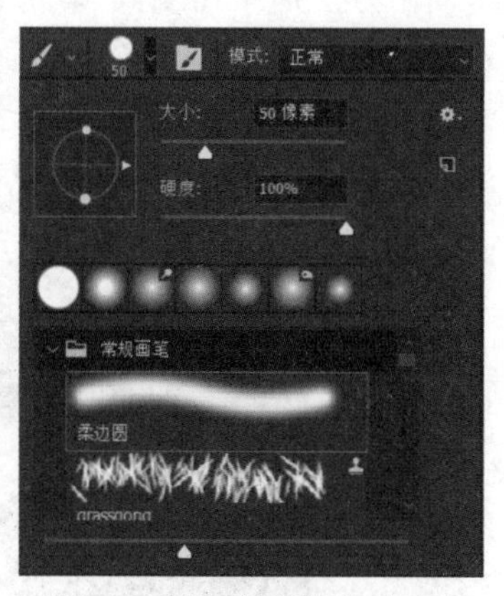

图 2-35　“画笔预设”选取器

“画笔预设”选取器中各参数设置说明如下。

（1）角度 / 圆度：画笔的角度用于设定画笔的长轴在水平方向旋转的角度，圆度是画笔在 Z 轴，即垂直于画面的轴向上的选中效果。

（2）大小：通过设置参数值（单位为像素）或者拖动滑块，即可调整画笔笔尖的大小。在英文半角输入状态下，可以按“↑”键和“↓”键增大或者减小画笔笔尖的大小。

（3）硬度：用来设置画笔使用时边界的清晰程度，数值越大，画笔边界越清晰；数值越小，画笔边界越模糊。

“画笔预设”选取器还会列出最近使用过的笔尖，以及可供使用的不同类型的笔尖。

2.2.6 “文字工具”组

“文字工具”组包括“横排文字工具”“直排文字工具”“直排文字蒙版工具”“横排文字蒙版工具”，如图 2-36 所示。

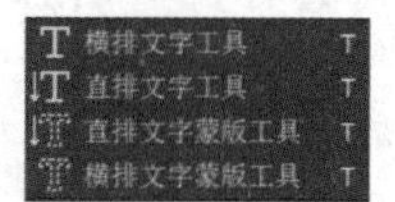

图 2-36　“文字工具”组

“横排文字工具”和“直排文字工具”主要用于创建实体文字，如点文字、段落文字、路径文字、区域文字；“直排文字蒙版工具”和“横排文字蒙版工具”主要用于创建文字形状的选区，可以填充或设置各种效果。

“横排文字工具”用来创建和编辑横排的文本，是目前最为常用的文字排列方式，符合国家规范的文字书写要求。“竖排文字工具”用来创建和编辑竖排的文本，文字纵向排列，常用于古代文字书写样式。

单击工具箱中的“横排文字工具”按钮，其选项栏里可以设置文字的字体、大小、颜色等属性，具体设置如图 2-37 所示。

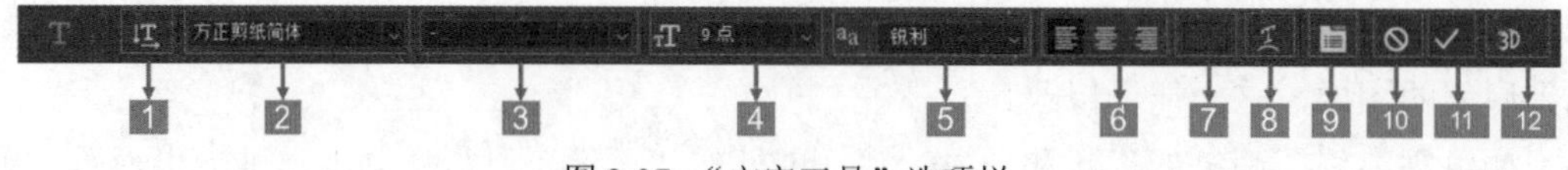

图 2-37　“文字工具”选项栏

（1）切换文本方向：单击图标，横排的文字变为竖排，竖排的文字变为横排。

（2）设置字体：在选项栏中单击“设置字体系列”下拉箭头，并在下拉列表中单击选择合适的字体，可为所选文字设置不同的字体。

（3）设置字体样式：字体样式只针对部分英文字体有效。下拉列表中可选择需要的字体样式，包括 Regular（规则）、Italic（斜体）、Bold（粗体）和 Bold Italic（粗斜体）。

（4）设置字体大小：可直接在输入框中输入数值，也可以在下拉列表中选择预设好的字体大小。如果要改变部分文字的大小，则要先选中需要更改的文字后再行设置。

（5）设置消除锯齿的方法：选择文字后，可以在下拉列表框中选择一种消除锯齿的方法。“无”，不会消除锯齿；“锐利”，文字的边缘最为锐利；“犀利”，文字的边缘比较锐利；“浑厚”，文字的边缘变粗一些；“平滑”，文字的边缘非常平滑。

（6）设置文本的对齐方式：包括左对齐、居中对齐、右对齐。

（7）设置文本颜色：单击颜色块，在弹出的“拾色器”窗口中，设置文字的颜色。

（8）创建文字变形：选中文本后，单击图标，即可在弹出的“变形文字”窗口中为文本设置变形效果，如图 2-38 所示。

（9）切换字符和段落面板：单击图标，可以打开或者关闭字符和段落面板。

（10）取消所有当前编辑：在文本输入或编辑状态下，显示图标；单击该图标，可以取消当前的编辑操作。

（11）提交所有当前编辑：在文本输入或编辑状态下，显示图标；单击该图标，可确定并完成当前的文字输入和编辑操作。

（12）从文本创建 3D：单击图标，可将文本对象转换为带有立体感的 3D 对象。

使用方法：单击工具箱中的“横排文字工具”按钮；在“横排文字工具”选项栏里设置字体为“微软雅黑”；文字大小为“112.93 点”，字体颜色为蓝色，RGB（78，235，254），其他设置为默认；在文档窗口中单击，会出现文字录入光标，输入文字“大浪淘沙，卷起千堆雪”，输入之后可以看到图层面板多了一个文本图层，效果如图 2-39 所示。

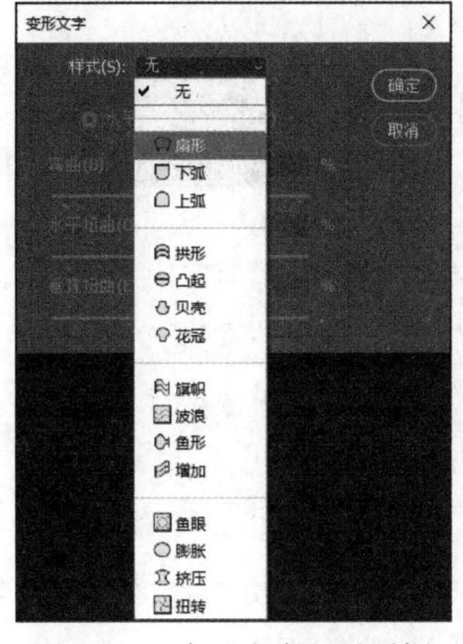

图 2-38 “变形文字”对话框

图 2-39 使用“文字工具”创建文字

2.2.7 “缩放工具”组

“缩放工具”用来放大或缩小图像在屏幕上的显示比例，如图 2-40 所示。

编辑处理图像时，常常需要观察或者操作画面的细节部分，这时候就需要将画面的显示比例放大一些，或者需要观察整体设计效果，需要把画面的显示比例缩小一些。这些情况都需要使用“缩放工具”来放大或者缩小画面显示比例。“缩放工具”并不会改变图像的真实大小，只是改变其在屏幕上的显示比例。

使用方法：打开图像文件后，单击工具箱中的“缩放工具”按钮，在图像文档窗口中单击，即可放大图像显示比例，连续多次单击，则可放大多倍。如果要缩小显示比例，可以在选项栏中单击“缩小”图标，那么缩放工具的工作模式就从“放大”变为“缩小”，此时单击图像文档窗口中的画面，就会缩小图像的显示比例。

使用“缩放工具”的放大视图的显示比例，利于观察画面，如图 2-41 所示，左侧缩放比例为“66.7%”，右侧缩放比例为“100%”。

图 2-40 “缩放工具”

图 2-41 使用“缩放工具”调整图像显示比例

2.2.8 “抓手工具”组

“抓手工具”组包括“抓手工具”和“旋转视图工具”两个工具，如图 2-42 所示。

图 2-42 “抓手工具”组

当图像进行放大操作时，在文件中不能显示全部的内容，通过“抓手工具”可移动图像显示的位置，从而查看图像的不同区域。

使用方法：打开图像文件，单击工具箱中的“抓手工具”按钮，在图像文档窗口按住鼠标左键拖动，画面也随之移动，从而查看图像的不同位置，如图 2-43 和图 2-44 所示。

在使用工具箱中的其他工具时，按住键盘上的空格键（即“Space”键），可以暂时切换到“抓手工具”，此时可以在画面中按住鼠标左键拖动画面；松开空格键后，又会自动切换回之前使用的工具。这有利于提高 Photoshop 编辑处理图像的工作效率。

图 2-43 使用“抓手工具”移动画面显示区域之前

图 2-44 使用“抓手工具”移动画面显示区域之后

“旋转视图工具” 可以改变文档窗口中图像画面的视图角度，它旋转的是画面的显示角度，而不是对图像本身进行旋转。这一点和使用“自由变换”对图像进行旋转是有根本区别的。

使用方法：右击或者按住工具箱中的“抓手工具”按钮，在弹出的工具组中单击“旋转视图工具”按钮；然后在文档窗口中的画面上按住鼠标左键拖动，可以看见整个图像画面发生了旋转；也可以在其选项栏中，设置“旋转角度”的数值为“–45°”，视图旋转后的效果如图 2-45 所示。

图 2-45 “旋转视图工具”旋转视图角度

2.3 图像色彩模式

颜色模式，是将某种颜色表现为数字形式的模型，或者说是一种记录图像颜色的方式。图像色彩模式分为“位图”模式、“灰度”模式、“双色调”模式、“索引颜色”模式、“RGB 颜色”模式、“CMYK 颜色”模式、“Lab 颜色”模式和“多通道”模式。选择

“菜单栏”→“图像”选项，展开“模式”二级菜单，可以看到图像色彩模式，如图 2-46 所示。

接下来，以图 2-47 为原始图片，分别讲解这几种模式及其特点。

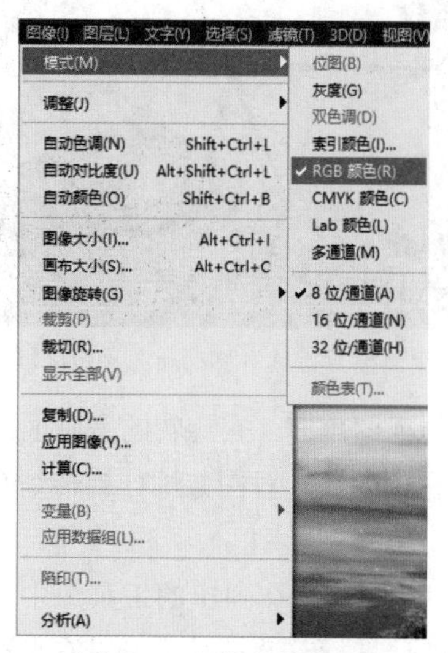

图 2-46　图像色彩模式

图 2-47　图片色彩模式原图

2.3.1 “位图”模式

“位图”模式是用两种颜色（黑和白）来表示图像中的像素，所以“位图”模式的图像也叫黑白图像。“位图”模式下的图像还被称为位映射 1 位图像，因为其深度为 1。只有“灰度”模式和“多通道”模式可以转化为“位图”模式。就像彩色图像去掉彩色信息变为“灰度”模式，那“灰度”模式去掉灰度信息只剩黑与白，即变成“位图”模式，如图 2-48 所示。

图 2-48 “位图”模式

2.3.2 “灰度”模式

用单一色调表现图像，一个像素的颜色用 8 位来表示，一共可表现 256 阶（色阶）的灰色调（黑和白），也就是 256 种明度的灰色。从黑→灰→白过渡，就如黑白照片，是去掉所有彩色信息后的模式，如图 2-49 所示。

图 2-49 “灰度”模式

2.3.3 “双色调”模式

“双色调”模式是在原来的黑色油墨上，通过增加油墨，用特殊的灰色油墨或彩色油墨打印灰度图像。在灰度图像中，可以添加1～4种颜色。双色图像比灰度图像更生动，如图2-50所示。如果要将一幅彩色图像转换为“双色调”模式，要先将其颜色模式转换为“灰度”模式，再转换为“双色调”模式。

图2-50 “双色调”模式

2.3.4 “索引颜色”模式

“索引颜色”模式是网上和动画中常用的图像模式，在彩色图像转换为“索引颜色”的图像后，包含256种颜色，并且“索引颜色”图像包含一个颜色表。Photoshop会从可使用的颜色中，选出相近颜色来模拟原图像中不能用256色表示的颜色，这样可以减小图像文件的尺寸，如图2-51所示。该颜色模式可以用来存放图像中的颜色并建立颜色索引，颜色表可在转换的过程中定义或在生成索引图像后修改，GIF图像文件格式采用的就是“索引颜色”模式，它的文件所占内存非常小，便于网上浏览和传输。

图2-51 “索引颜色”模式

2.3.5 “RGB颜色”模式

自然界中的光由红（Red）、绿（Green）、蓝（Blue）3种颜色组合而成，这3种颜色被称为三基色或三原色。把这3种基色交互重叠，产生了次混合色——青（Cyan）、洋红（Magenta）、黄（Yellow）。这就是人们常说的三基色原理。

因此，在RGB模式中，由红、绿、蓝可以叠加成其他颜色，因此“RGB颜色”模式也称为加色模式。此外，显示器、投影设备以及电视机等设备都是通过“RGB颜色”模式创建其他颜色。“RGB颜色”模式除了可以编辑最佳的图片，还可以提供真彩色全屏幕的效果，如图2-52所示。

图2-52 “RGB颜色”模式

2.3.6 “CMYK 颜色”模式

“CMYK 颜色”模式是一种印刷模式，包括青、洋红、黄、黑（Key Plate，表示黑色的关键作用，并以免与 Blue 混淆）4 种印刷颜色的油墨。“CMYK 颜色”模式在本质上与“RGB 颜色”模式没有太大区别，只是色彩产生的原理不同。

“RGB 颜色”模式是由光源发出的色光混合成颜色；在 CMYK 模式中，是由光线照到含不同比例 C、M、Y、K 油墨的纸，部分光谱被吸收后，产生颜色。C、M、Y、K 在混合成色时，由于 4 种成分的逐渐增多，反射到人眼的光逐渐减少，因此光线的亮度就会越来越低，所以“CMYK 颜色”模式又称为减色模式，如图 2-53 所示。

图 2-53 “CMYK 颜色”模式

2.3.7 “Lab 颜色”模式

Lab 颜色是由 RGB 三基色转换而来的，是 RGB 模式转换成 CMYK 模式的桥梁。该颜色模式由一个发光率（Luminance）和两个颜色轴（*a.b*，其中，*a* 表示从洋红至绿色的范围，*b* 表示从黄色至蓝色的范围）组成。它由颜色轴所构成的平面上的环形线来表示色的变化，其中径向表示颜色饱和度的变化，自内向外表示饱和度逐渐增高；圆周方向表示色调的变化，每个圆周形成一个色环；不同的发光率表示不同的亮度，并且对应不同环形颜色变化线。

它是一种独立于设备的颜色模式，即不论使用任何一种监视器或者打印机，Lab 的颜色都不变，如图 2-54 所示。

图 2-54 “Lab 颜色”模式

2.3.8 “多通道”模式

“多通道”模式对有特殊打印要求的图像非常有用。例如，如果图像中只使用了一两种或两三种颜色，使用多通道模式可以减小印刷成本并保证图像颜色的正确输出，如图 2-55 所示。

图 2-55 “多通道”模式

2.4 图像文件基本操作

2.4.1 打开、关闭文件

1. 打开文件

打开图像文件有三种方式：一是使用快捷键“Ctrl+O”；二是双击文档窗口的空白区域；三是选择“菜单栏”→“文件”→“打开”选项，在弹出的“打开”对话框中选择一张图片，单击“打开”按钮，即可在Photoshop中打开图片并对其进行相关的编辑工作。

如果找到了图片所在的文件夹，却没有看到要打开的图片，这时候要检查一下“打开”对话框的底部，“文件名”下拉列表框的右侧是否显示的是“所有格式”，如果是某种图像文件格式，和你要打开的图像文件格式不一致，那么在“打开”对话框中就显示不出你要打开的图片。此时，只要将“文件名”下拉列表框的右侧选择为“所有格式”即可，如图2-56所示。

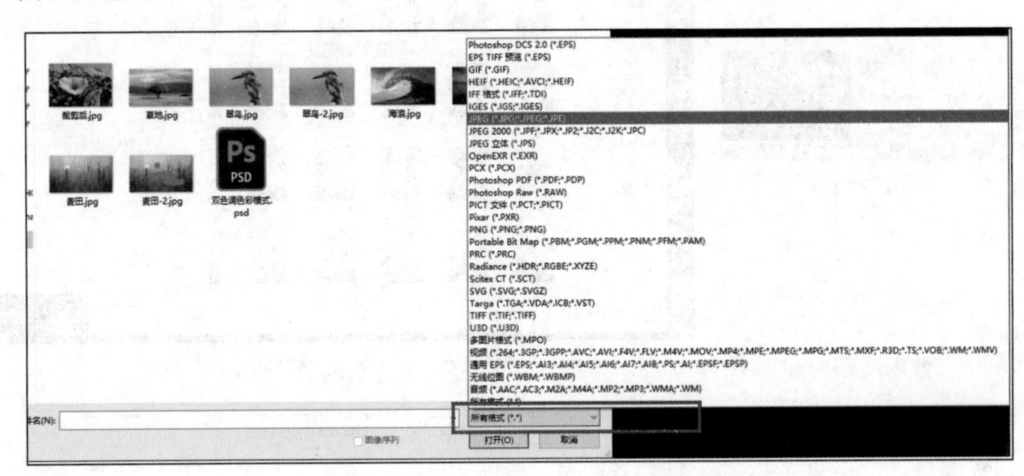

图2-56 “打开”对话框中选择文件格式

2. 关闭文件

Photoshop CC是一个支持多个文件窗口的软件，在完成所需的设计制作后，也可以将暂时不需要的文件关闭。关闭图像文件有多种方式。

（1）使用快捷键“Ctrl+W”，关闭当前的图像文件。

（2）使用快捷键“Alt+Ctrl+W”，关闭已经打开的全部图像文件。

（3）选择“菜单栏”→“文件”→关闭”、“关闭全部”或“关闭并转到Bridge”选项。如果图像在打开之后被修改过，则会弹出“要在关闭前存储对Adobe Photoshop文档（文件名）的更改吗？”对话框，以确定是否保存修改过的文件。

（4）选择“菜单栏”→“文件”→“退出”选项，就会直接退出Photoshop软件。

（5）单击Photoshop工作界面或文档窗口右上角的“关闭”按钮 x，就可以退出Photoshop或者关闭文件。

3. 打开使用过的文件

打开最近处理过的图像文件，可以不用再次在“打开”对话框中查找文件目录，通过选择“菜单栏”→“文件”→“最近打开文件”选项，即可在展开的二级菜单里找到需要处理的图像文件，如图 2-57 所示。

4. 打开扩展名不匹配的文件

如果要打开扩展名与实际格式不匹配的文件，或者要打开没有扩展名的文件，可以选择“菜单栏”→“文件”→“打开为”选项，快捷键为“Alt+Shift+Ctrl+O”；在弹出的“打开”对话框中选择文件，然后在格式下拉列表框中为它选定正确的格式，单击“打开”按钮，如图 2-58 所示。

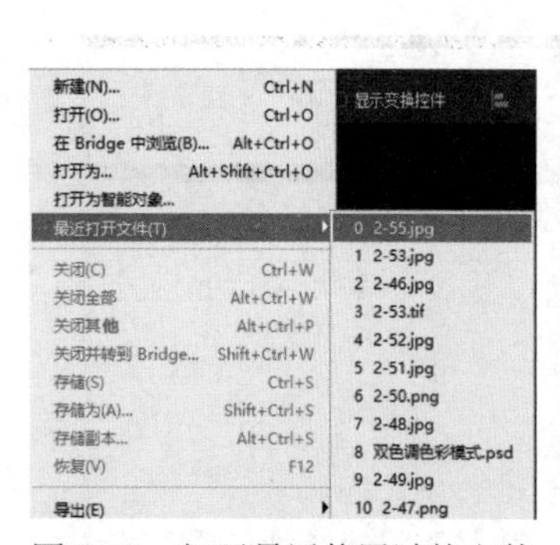

图 2-57 打开最近使用过的文件

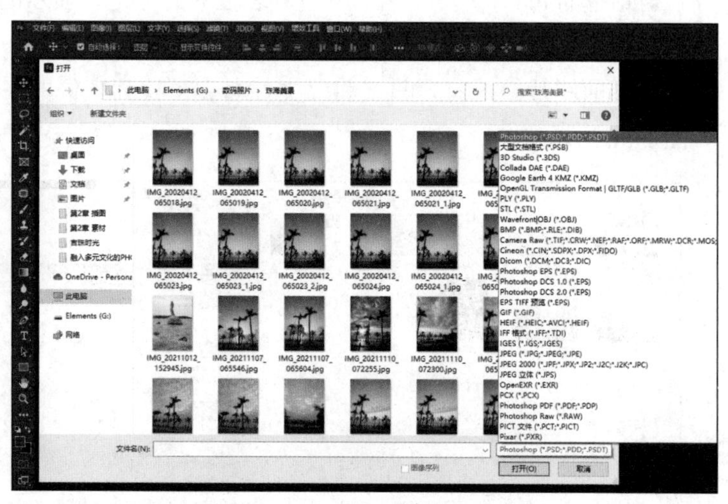

图 2-58 打开扩展名不匹配的文件

如果文件不能打开，则表示选取的格式可能与文件的实际格式不匹配，或者文件已经损坏，会弹出错误信息提示框，如图 2-59 所示。

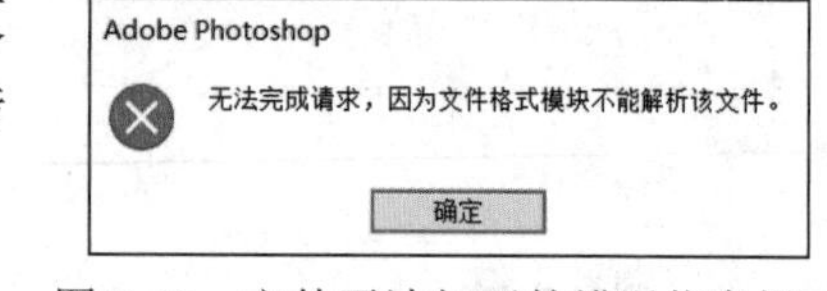

图 2-59 文件无法打开的错误信息提示

2.4.2 新建图像文件

新建图像文件之前，要确定好图像文件的用途，是印刷输出还是电子屏幕展示。如果是印刷输出，建议使用 TIFF 格式，分辨率设为 300ppi（像素 / 英寸）以上；如果是电子屏幕展示，例如设计网页或者演示文稿，建议使用 JPG 格式，分辨率设为 72ppi 即可。

第一次打开 Photoshop，工作界面没有文档窗口。要进行平面设计作品的创作或者处理，首先要新建图像文件。

新建图像文件有两种方式：一是按“Ctrl+N”快捷键；二是选项“菜单栏”→“文件→“新建”选项。此时，会弹出“新建文档”对话框。

“新建文档”对话框可以分为三个部分：顶部是预设的尺寸选项卡，提供了预设的几种文档样式，如“照片”“打印”“图稿和插图”“Web”“移动设备”“胶片和视频”等几类；左侧是预设选项或者最近使用的项目；右侧是自定义选项设置区域，包括图像文件的“宽度”“高度”“分辨率”“颜色模式”“背景内容”等，如图 2-60 所示。

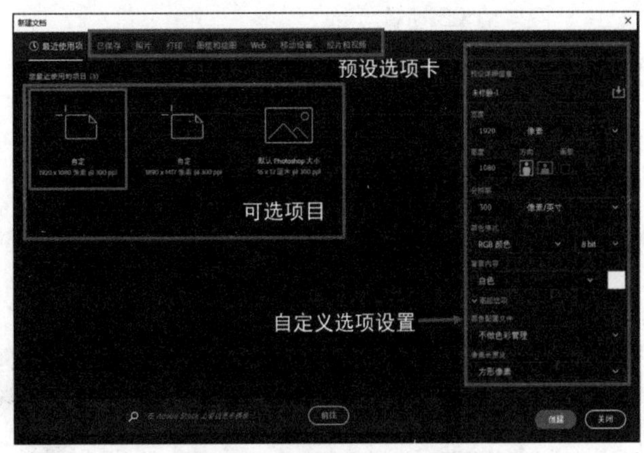

图 2-60 “新建文档”对话框

在预设的选项卡里，Photoshop 根据不同行业的需求，对常见的尺寸大小及分辨率进行了分类。使用者可以根据自己的需要，在预设中找到合适的尺寸。例如，如果用于排版、印刷等纸质媒体，可以选择“打印”选项卡，在下方列表框中查看常见的打印尺寸，如图 2-61 所示。如果用于用户界面（UI）设计，则可以选择“移动设备”选项卡，同样可以看到电子移动设备的常用尺寸大小等设置，如图 2-62 所示。

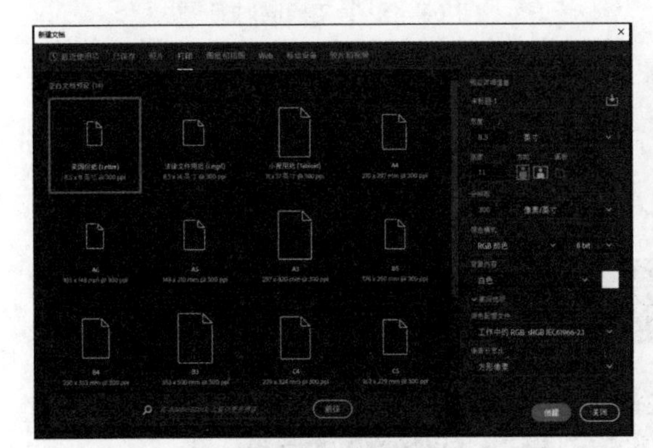
图 2-61 “新建文档”的“打印”选项卡

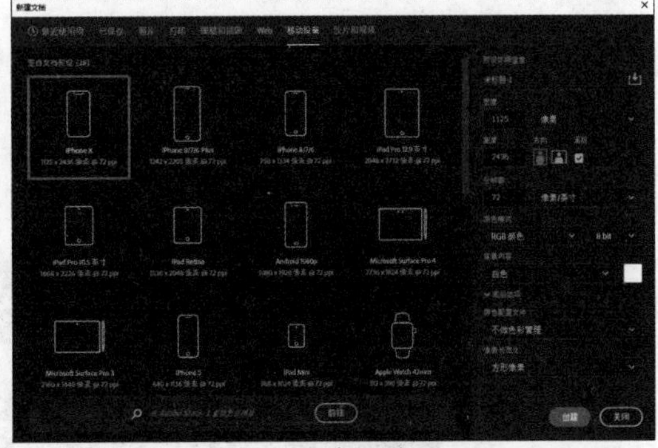
图 2-62 “新建文档”的“移动设备”选项卡

自定义选项设置区域相关参数设置说明如下。

（1）高度和宽度：设置图像文件的高度和宽度，单位有像素、英寸、厘米、毫米等。

（2）分辨率：分辨率是单位尺寸内像素的数量多少，单位有“像素 / 英寸”和“像素 / 厘米”两种。新建图像文件，主要应考虑到输出成品的尺寸大小，要根据图像文件的用途来具体设置。如前所述，如果是印刷输出，建议分辨率设为 300ppi 以上；如果是电子屏幕展示，建议分辨率设为 72ppi 即可。

（3）颜色模式：设置文件的颜色模式及相应的颜色深度。颜色模式有“位图”“灰度”“RGB 颜色”“CMYK 颜色”“Lab 颜色”等 5 个选项；颜色深度有“8 位”“16 位”“32 位”等三个选项。高品质印刷输出应选择 16 位颜色深度；一般多媒体设备显示输出选择 8 位颜色深度即可。

（4）背景内容：设置文件的背景内容，有“白色”“背景色”“透明”三个选项。

（5）高级选项：可进行“颜色配置文件”“像素长宽比”的设置。

2.4.3 多文件操作

1. 打开多个图像文件

在“打开”对话框中，可以一次性选择多个图像文件，同时将它们打开。选择方法有两种：一是按住鼠标左键，框选多个文件；二是按住“Ctrl”键，同时单击多个图像文件，如图 2-63 所示。选定之后，再单击“打开”按钮，在 Photoshop 工作界面就会打开多个文档的文档窗口，如图 2-64 所示。默认情况下只能显示其中一幅图片。

图 2-63 “打开”对话框中选择多个文件

图 2-64 多个文档同时打开

2. 文档窗口之间的切换

虽然可以打开多个文档，但是文档窗口只能显示一个文档。单击标题栏上的文档名称，即可切换到相应的文档窗口，进行进一步的处理操作，如图 2-65 所示。

图 2-65 在多个文档窗口之间切换显示图片

3. 切换文档浮动模式

默认情况下，打开多个图像文档后，多个图像文档均一起合并在文档窗口中，也可以让单个图像文档单独使用一个文档窗口。方法是把鼠标移动到文档名称上，按住鼠标左键向外拖曳，松开鼠标后，该文档即为浮动的模式，如图 2-66 所示。

4. 多文档窗口同时显示

有时候要同时显示多个图像文档，以便于查看对比，此时可以通过设置“窗口排列方式”来实现。选择“菜单栏”→“窗口”→“排列”选项，单击相应的排列方式即可，如图2-67所示。例如，选择“六联”排列方式，可以同时打开6张图片的文档窗口，如图2-68所示。

图2-66 图像文档窗口单独浮动出来

图2-67 设置文档窗口的排列方式

图2-68 文档窗口“六联”排列方式

2.4.4 复制文件

复制是 Photoshop 进行图像处理的基本功能与常用功能，通过复制图像和文件可以方便操作、节省时间、提高效率。在 Photoshop 中打开文件后，选择“菜单栏”→“图像”→“复制”选项，可以为当前操作文件生成一个文件副本，如图 2-69 所示。

2.4.5 存储文件

对文件进行编辑处理后，需要将处理的结果保存到当前文件中，选择“菜单栏”→“文件”→“存储”选项，或者使用快捷键“Ctrl+S”即可。如果文件储存后没有弹出任何窗口，则表示是以原有的文件位置、文件名和文件格式保存，存储时将保留所做的修改，并替换上一次保存的文件。

如果是第一次对文件进行存储，或者选择“菜单栏”→“文件”→“存储为”选项，或者使用快捷键“Shift+Ctrl+S”，则会弹出“存储为”窗口，从中可以选择文件存储位置，并设置文件存储格式以及文件名，如图 2-70 所示。

图 2-69 以“双联垂直”的排列方式显示复制的文档窗口

图 2-70 “存储为”对话框设置文件名及保存格式

“存储为”对话框中各项设置的说明如下。

（1）文件名：设置保存的文件名。

（2）保存类型：文件的保存格式。

（3）作为副本：选中该复选项，则另外保存一个副本文件。

（4）注释 /Alpha 通道 / 专色 / 图层：可以选择是否存储注释、Alpha 通道、专色和图层。

（5）使用校样设置：将文件的保存格式设置为 EPhotoshop 或 PDF 时，该复选项才有用。选中后，即可保存打印用的校样设置。

（6）ICC 配置文件：保存嵌入在文档中的 ICC 配置文件。

（7）缩览图：为图像创建并显示缩览图。

2.4.6　调整图像大小

通过“图像大小”选项来调整图像尺寸，首先在 Photoshop 中使用快捷键“Ctrl+O”，找到并打开一个图像文件；接着选择“菜单栏”→“图像”→“图像大小”选项，在弹出的“图像大小”对话框中，根据需要对图像宽度、高度、分辨率等进行修改，如图 2-71 所示。

“图像大小”对话框中各项设置说明如下。

（1）图像大小：显示原图像的大小与修改后图像的大小。

（2）缩放样式：单击对话框右上角的“绽放样式”按钮，可在弹出的选项中选择是否缩放样式。若选择“缩放样式”选项，则在图像文件中添加了图层样式的情况下，修改图像的尺寸时会自动缩放样式。

（3）尺寸：显示当前文档的尺寸。单击右侧的下拉按钮，可在弹出的下拉菜单中根据需要与习惯选择尺寸的度量单位。

（4）调整为：可选择图像的自定义尺寸或各种预设尺寸，单击右侧的下拉按钮，在弹出的下拉菜单中根据需要设置图像的尺寸。

（5）宽度和高度：可以修改图像的宽度和高度，通过单击右侧的下拉按钮，可在弹出的下拉菜单中根据需要与习惯选择尺寸的度量单位。“宽度”“高度”左侧中间的“链接”按钮处于按下状态时，表示约束长宽比，即宽度、高度成比例缩放；若处于弹起状态，表示不约束长宽比，即宽度、高度的缩放不相互关联。

（6）分辨率：用于设置图像分辨率大小，输入数值之前，要选择合理的单位。由于图像原始文件的像素总数是固定的，即使调大分辨率，也不会使模糊的图片变得清晰。

（7）重新采样：在该下拉列表框中可以选择重新取样的方式，可选项如图 2-72 所示。

未勾选“重新采样”复选项时，修改图像尺寸或分辨率不会改变图像中的像素总数，也就是说，图像尺寸变小或增大，分辨率就会增大或变小。勾选该复选项时，修改图像尺寸或分辨率会调整图像像素总数，并可在右侧菜单中选取插值方法来确定增加或减少像素的方式。

通过“图像大小”选项，可调整图像的尺寸、分辨率、像素数量。一般说来，建议将图像的尺寸变小，尽量不要变大。因为前者不会影响图像质量，而后者会降低图像质量。调整图像尺寸大小时，注意保持原有画面的比例关系，否则容易产生变形，影响图片视觉效果。也可以使用工具箱中的“裁剪工具”调整图像尺寸，直观便捷地进行图像的裁剪。

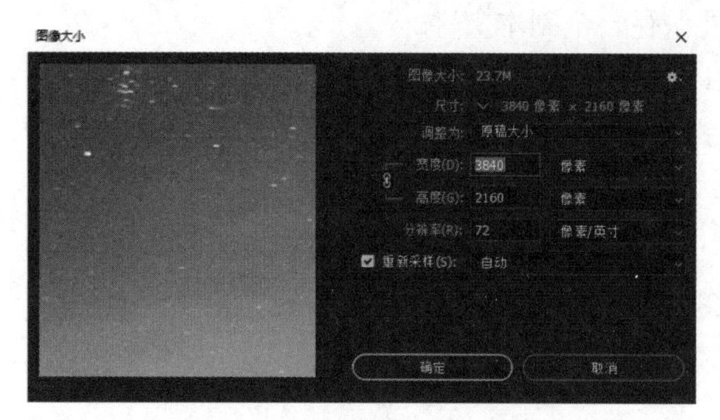

图 2-71 “图像大小”对话框

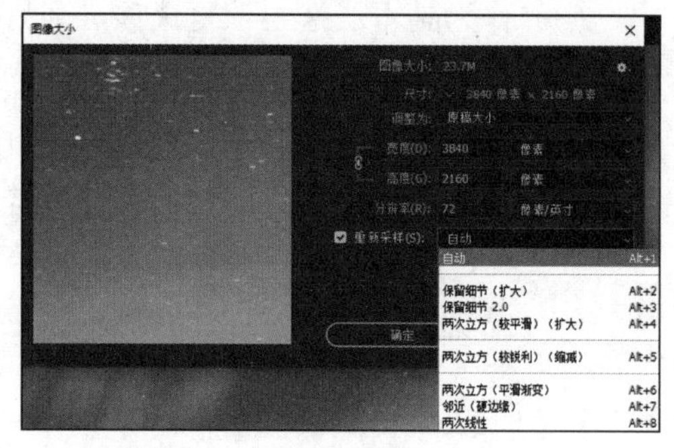

图 2-72 “重新采样”可选列表

2.5 图层基本操作

2.5.1 图层面板

Photoshop 是建立在分层处理的基础之上的图像处理软件，图层是以分层的形式显示图像，具有空间上层层叠加的特性，充分理解了图层的属性和操作特点，就能够很好地掌握相关操作要领。

图 2-73 是一幅生动喜庆的插画图，是由气球、汽车、人物和草地天空背景四个图层叠加而成的。图层叠加有上下层的关系，上层的图层会覆盖到下层的图层之上，依次覆盖叠加，形成一个统一的整体。

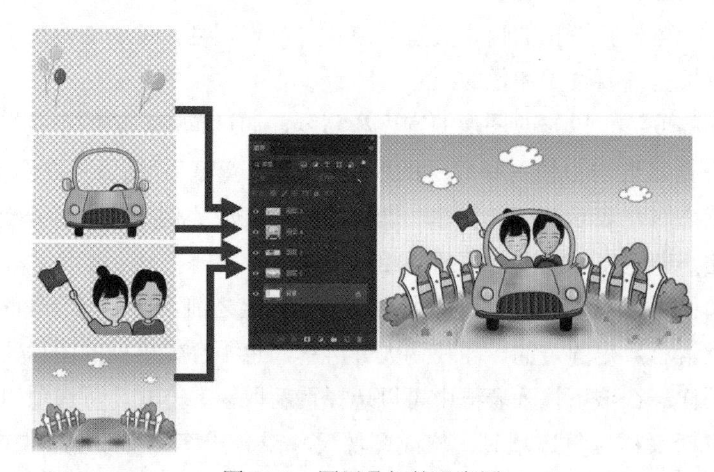

图 2-73 图层叠加的示意图

图层与图层之间相互独立，这为操作编辑带来了极大的方便。当然，上方图层的不透明度、图层混合模式的修改，会给下方的图层带来影响。选择“菜单栏”→“窗口”→“图层”选项，可以打开“图层”面板。“图层”面板常用于图层的新建、删除、选择、复制、组合等操作，还可以设置图层混合模式，添加和编辑图层样式等。

“图层”面板的各组成部分如图 2-74 所示。

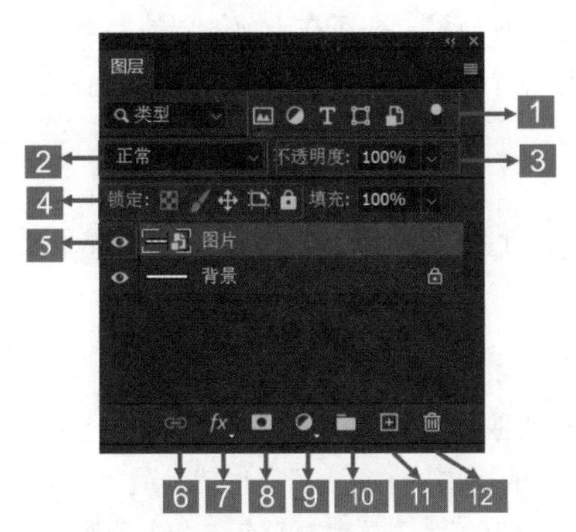

图 2-74　图层面板组成

“图层”面板各组成部分说明如下。

（1）设置“过滤器”：用于只显示特定图层，例如像素图层、调整图层、文字图层、形状图层、智能对象等；在左侧的下拉列表框中可以选择筛选方式，单击最右侧的“打开或关闭图层过滤”按钮，可以启动或关闭图层过滤功能。

（2）设置图层的混合模式：用于设置当前所选图层的混合模式，与下面的图层产生各类混合效果。各类混合模式的效果及操作方法，将在 2.5.10 节进行讲解。

（3）设置图层的总体不透明度：用于设置当前所选图层的不透明度，0% 为完全透明，100% 为完全不透明，不透明度的设置对于上下图层的融合效果作用明显。

（4）设置“锁定”：“锁定透明像素”可以将编辑范围限制为当前图层的不透明部分；“锁定图像像素”可以防止使用绘图工具修改图层的像素；“锁定位置”可以防止图层的像素被移动；“防止在画板和画框内外自动嵌套”可以确保图层移出画板时，仍然保留在原来画板中的图层位置上，不会移动到别的画板中；“锁定全部”可以锁定透明像素、图像像素和位置，此时所选图层不能进行任何操作编辑。

（5）指示图层可见性：眼睛图标显示，表示当前图层处于可见状态；眼睛图标不显示，表示当前图层处于不可见状态。单击该图标，可以在显示与隐藏之间切换。

（6）链接图层：选择多个图层之后，单击图标，所选择的图层会被链接在一起，当选中被链接图层的其中一个图层时，所链接图层可以进行同步移动或自由变换等操作。当链接多个图层之后，图层的右侧会出现链接标志。

（7）添加图层样式：图层样式为图层对象添加诸如阴影、外发光、描边等效果，单击图标，在弹出的快捷菜单中选择一种样式，即可为当前图层添加该样式。

（8）添加图层蒙版：单击图标，可为当前图层添加图层蒙版，并同步在通道面板中建立对应的通道。

（9）创建新的填充或调整图层：单击图标，在弹出的快捷菜单（4 类 19 种）中选择一个菜单项，即创建填充图层或者调整图层，可实现多种色彩调整的效果。

（10）创建新组：单击图标，即可创建一个新的图层组，图层组可以包含多个图层。

（11）创建新图层：单击图标，即可在当前图层的上一层创建一个新的空白图层。

（12）删除图层：选中一个图层，单击图标，即可删除选中的图层。

2.5.2 选择图层

正确地选择图层，是进行图像处理的第一步。只有选择了要处理的图层，才能够产生操作后的效果。

1. 选择单个图层

当打开一张JPG格式的图像文件后，在图层面板上会出现一个“背景”图层。“背景”图层就是所有后续建立的图层的“背景”，也就是最底层的图层。

背景图层是一种比较特殊的图层，其右侧有一个锁形图标，表示该图层是背景图层，无法移动或者删除，有的操作命令也不能使用。如果要进行这些操作，则需要“解锁”图层，即将“背景”图层转换为普通图层。操作方法是：按住“Alt”键，同时双击“背景”图层，或者单击锁形图标，即可将其转换为普通图层，如图2-75所示。

图2-75 “背景”图层转换为普通图层的两种方法

单击图层面板中的某一个图层，就会选择这个图层，那么所有的操作都会针对这个图层起作用。

按住“Ctrl”键，同时单击文档窗口中的某一个对象，则会选中该对象所在的图层。在图像文件的图层较多的情况下，这是较为便捷的选择图层方式。

选择“菜单栏”→“文件”→“置入嵌入对象”选项，在弹出的“置入嵌入的对象”对话框中选择一张图片，并单击“置入”按钮，即可在当前的背景图层之上叠加新的图层，该图层即为新置入的图片，那么当前图层面板中就会包含两个图层，在图层面板中单击新的图层，即可将其选中，如图2-76所示。

图2-76 “背景”图层之上新增一个图层

在图层面板空白处单击，可以取消所有图层的选择。没有选中任何一个图层，那么就无法进行编辑操作。

2. 选择多个图层

如果要对多个图层进行编辑操作，则需要同时选中这多个图层。选择多个图层有两种方法。

（1）非相邻图层选择。按住“Ctrl”键，依次单击选择多个图层，如图 2-77 所示。注意，要单击图层的名称位置，不要单击图层的缩览图。

（2）相邻图层选择。按住“Shift”键，单击相邻的第一个图层，再单击最后一个图层，这样就会选中两个图层中间的所有图层，如图 2-78 所示。

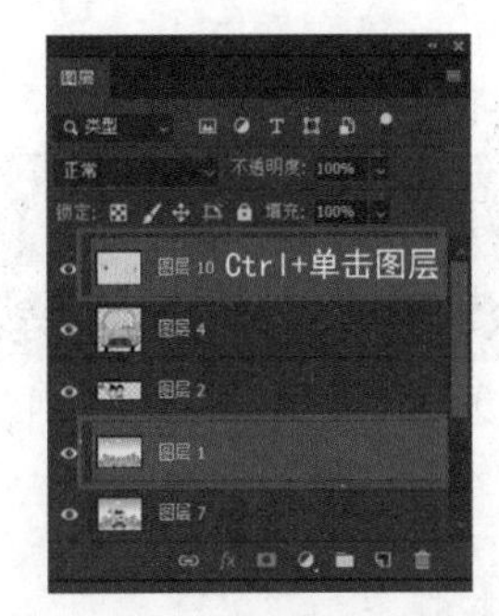

图 2-77　非相邻图层的选择

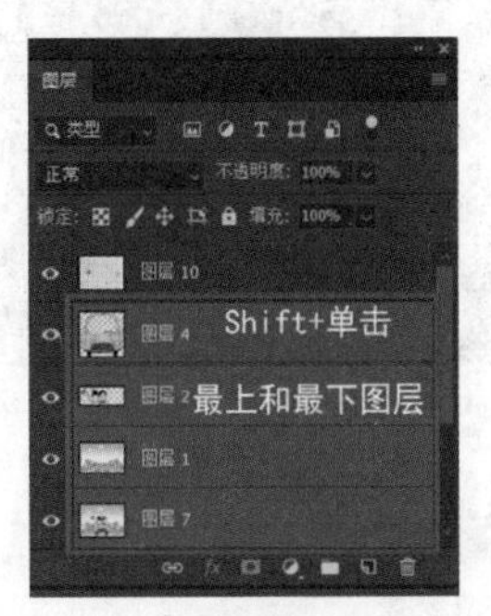

图 2-78　相邻连续图层的选择

2.5.3　新建图层

新建图层是为了编辑处理一个与其他图层互不影响的新对象，从而能够较好地进行缩放、变形、填充、设置不透明度等操作。

1. 新建图层的方式

（1）菜单方式。选择“菜单栏”→“图层”→“新建”→“图层”选项，如图 2-79 所示。

（2）快捷键方式。按“Shift+Ctrl+N”快捷键，出现如图 2-79 所示的相应菜单命令。

（3）快捷菜单方式。单击图层面板右上角的■图标，在弹出的快捷菜单中选择“新建图层”选项，如图 2-80 所示。

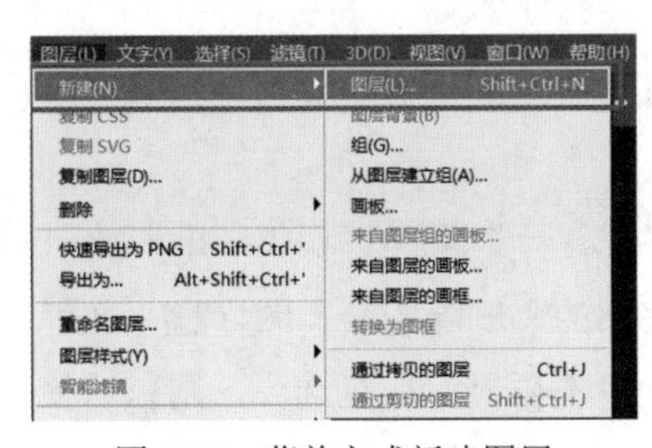

图 2-79　菜单方式新建图层

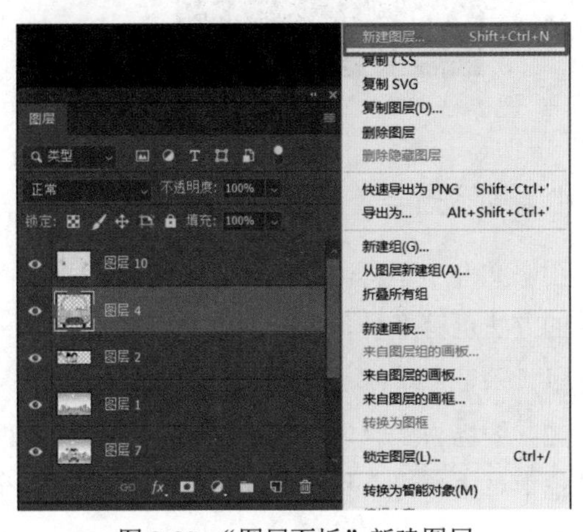

图 2-80　“图层面板”新建图层

（4）图标方式。在“图层面板”底部单击“创建新图层”图标，如图 2-81 所示。然后在弹出的“新建图层”对话框中为图层命名，单击“确定”按钮，如图 2-82 所示，这样也可以创建新图层。

图 2-81　单击“创建新图层”图标

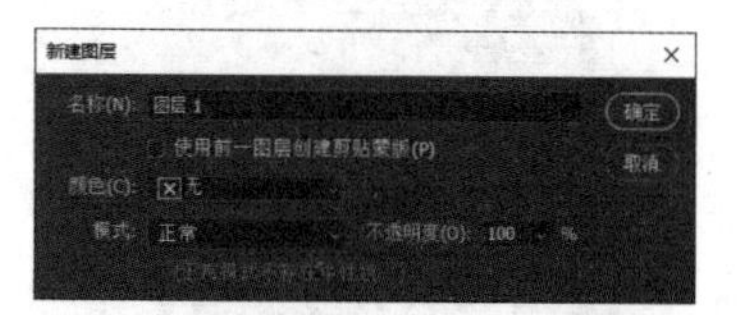

图 2-82　“新建图层”对话框

2. 新建图层的命名

在平面设计的过程中，由于设计作品包含了多个对象，所以会有较多的图层，这时候就要为图层命名。为图层命名的好方法是用简洁的文字概括图层内容，做到见名知意。

为图层命名的操作方法：双击图层的名称位置，图层名称就会处于激活的状态，如图 2-83 所示；接着输入新的名称，按“Enter”键即可确定，如图 2-84 所示。

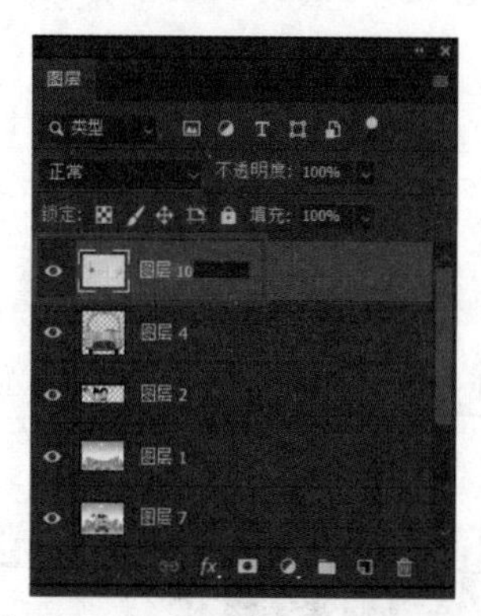

图 2-83　双击图层名称使之激活

图 2-84　单击“Enter”键确定图层名称

2.5.4　删除图层

图像文件中不再需要的图层，可以直接删除，以便于清晰地观看其他图层对象。删除图层的方法也有多种。

（1）菜单方式。选择“菜单栏”→“图层”→“删除”→“图层”选项，如图 2-85 所示。

（2）图标方式。选中图层，单击“图层”面板底部的“删除图层”图标，在弹出的对话框中单击“是”按钮即可删除该图层，如果勾选“不再显示”复选项，则以后使用这种方式删除图层时不会弹出该对话框，如图 2-86 所示。

（3）快捷键方式。如果图像文档窗口中没有建立选区，那么直接按“Delete”键也可以删除当前所选图层。如果有选区的话，则删除的是当前图层中选区的内容。

（4）删除隐藏图层。如果想删除隐藏的图层，那么可以选择“菜单栏”→“图层”→“删除”→“隐藏图层”选项，如图2-87所示，会将所有的隐藏图层删除。

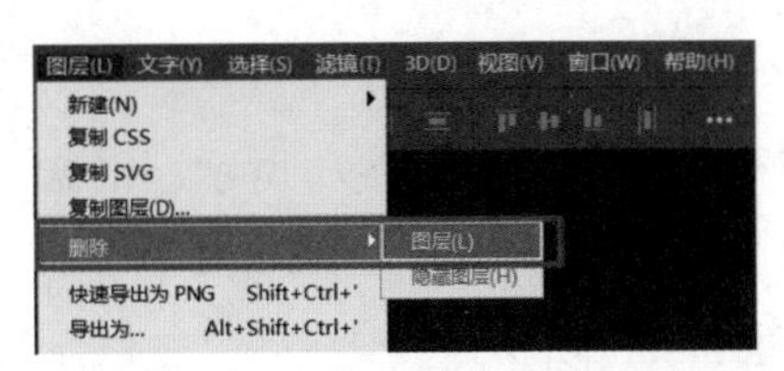

图2-85 菜单方式删除图层

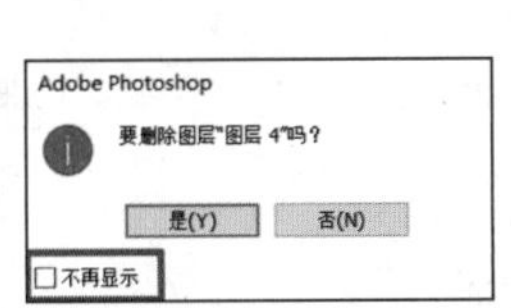

图2-86 删除图层的确认对话框

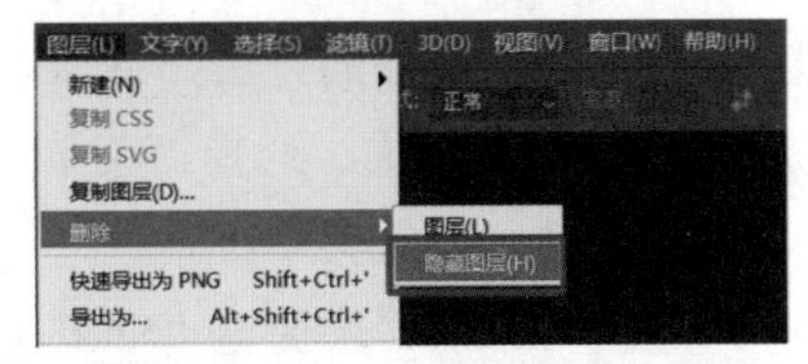

图2-87 菜单方式删除隐藏图层

2.5.5 复制图层

复制图层的目的，是便于观察图层处理前后的对比效果，或者是重复使用图层对象。复制图层的多种方法如下。

（1）菜单方式。选择“菜单栏”→“图层”→“复制图层”选项，即可为当前所选的图层复制一个完全相同的图层，如图2-88所示。

（2）快捷菜单方式。在要复制的图层上右击，在弹出的快捷菜单中选择“复制图层”选项，如图2-89所示。

在弹出的“复制图层”对话框中，对复制的图层命名，然后单击“确定”按钮，即可完成复制图层，如图2-90所示。

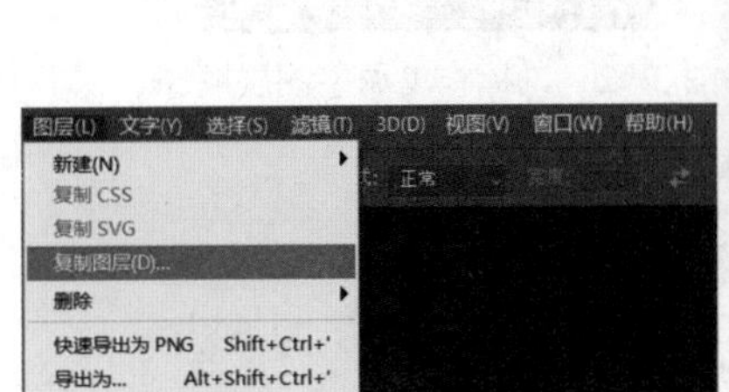

图2-88 菜单方式复制图层

图2-89 快捷菜单方式复制图层

图2-90 “复制图层”对话框

（3）快捷键方式。选中图层后，按“Ctrl+J”快捷键，快速复制当前的图层成为一个新图层。如果当前图层包含了选区，那么按“Ctrl+J”快捷键，会将选区的内容复制为独立的图层。

快捷键操作可以有效地提高操作效率，应当经常练习使用快捷键。在图像后期处理时，常常会使用快捷键复制原始图层，以便于对比或者恢复到最初的图像状态。这是一项非常实用而且重要的技巧。

2.5.6 调整图层顺序

平面设计作品中，图层的顺序非常重要，往往会影响到图像里各类对象的前后层次关系和最终显示效果，这时候调整图层顺序就非常关键了。在图层面板中，位于上面的图层会遮盖住下面的图层，这是由图层上下层的空间叠加决定的。

调整图层顺序的方法如下。

（1）菜单方式。选择“菜单栏”→“图层”→“排列”选项，如图 2-91 所示，根据操作需要选择二级菜单命令。

①置为顶层：快捷键“Shift+Ctrl+]”。

②前移一层：快捷键“Ctrl+]”。

③后移一层：快捷键“Ctrl+[”。

④置为底层：快捷键“Shift+Ctrl+[”。

⑤反向。

（2）鼠标拖曳方式。首先单击选中该图层，再按住鼠标左键将其拖曳到另外的图层位置，松开鼠标，即可完成图层顺序的调整，如图 2-92 所示，画面的效果也会发生改变。

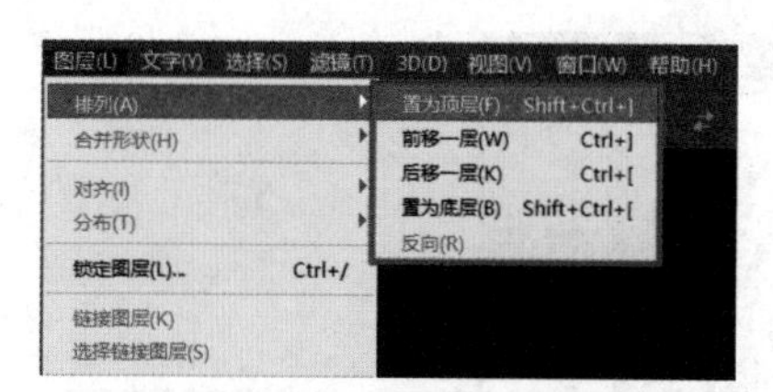

图 2-91 单击菜单命令调整图层顺序

图 2-92 鼠标拖曳调整图层顺序

2.5.7 移动图层位置

移动图层的位置，是平面设计的必备操作之一。以下介绍几种移动图层的方法。

1. 使用“移动工具”调整位置

（1）操作步骤。

在“图层面板”中选择需要移动的图层，如图 2-93 所示，然后选择工具箱中的“移动工具”，如图 2-94 所示，在图像窗口中直接按住鼠标左键拖动，该图层的位置就会发生变化，如图 2-95 所示。

图 2-93 在图层面板选中要移动的图层

图 2-94 选择“移动工具”

（2）自动选择图层或图层组。

在工具选项栏中，如果勾选了“自动选择”复选框，同时选择了右侧下拉列表中的“图层”选项，则使用“移动工具”在画布中单击，即会自动选中当前鼠标单击位置的最顶层的图层；右侧下拉列表选中的是“组”选项，那么自动选中当前鼠标单击位置的最顶层的图层所在的图层组。

（3）显示定界框。

在选项栏中，如果勾选了“显示变换控件”复选框，那么选择了一个图层后，就会在图层的周围显示定界框，如图 2-96 所示。通过定界框可以对图层进行缩放、旋转、切变等操作，之后按“Enter”键确认。

图 2-95 鼠标拖曳移动图层位置

图 2-96 所选图层对象显示定界框

使用“移动工具”移动对象时，如果同时按住“Shift”键，则仅会在水平或者垂直方向移动对象。

2. 移动并复制

在使用“移动工具”移动图层或图层选区时，如果同时按住“Alt”键，可以复制当前图层或图层选区，如图 2-97 所示。按住“Alt”键移动图层会新建一个新的图层；但如果是图层选区，则复制的内容还是在原图层，不会新建图层。

3. 在不同的文档之间移动图层

使用“移动工具”可以把一个文档的图层复制到另外一个文档中。操作方法就是直接按住鼠标左键将一个文档拖曳到另外一个文档中，松开鼠标，即可完成复制工作，图 2-98 和图 2-99 显示的是在不同文档之间复制图层的前后状态。

图 2-97　复制图层

图 2-98　拖曳复制图层之前

图 2-99　拖曳复制图层之后

2.5.8　导出图层内容

有时候图像文档中的某一个或多个图层需要作为素材使用，可以单独将其导出为一个图像文件，以便下次编辑使用。

1. 快速导出为 PNG 格式文件

首先选中一个或多个图层，右击，在弹出的快捷菜单中选择“快速导出为 PNG”选项，如图 2-100 所示。接着在弹出的“存储为”对话框中，设置保存输出的路径和文件名，然后单击“确定”按钮，在保存的目录下可看到输出的文件，如图 2-101 所示。

图 2-100　选择“快速导出为 PNG”选项

图 2-101　导出的天鹅图层成为一个单独的图像文件

2. 导出为多种文件格式

“导出为”选项可以把所选图层导出为特定的几种格式，例如：PNG、JPG、GIF、SVG。

操作方法：首先选中一个或多个图层，右击，在弹出的快捷菜单中选择“导出为”选项，如图 2-102 所示。接着在弹出的“导出为”对话框中设置缩放比例大小、文件格式、图像大小、画布大小、色彩空间等选项，然后单击右下角的“全部导出”按钮，完成全部导出操作，如图 2-103 所示。

图 2-102 选择“导出为”选项

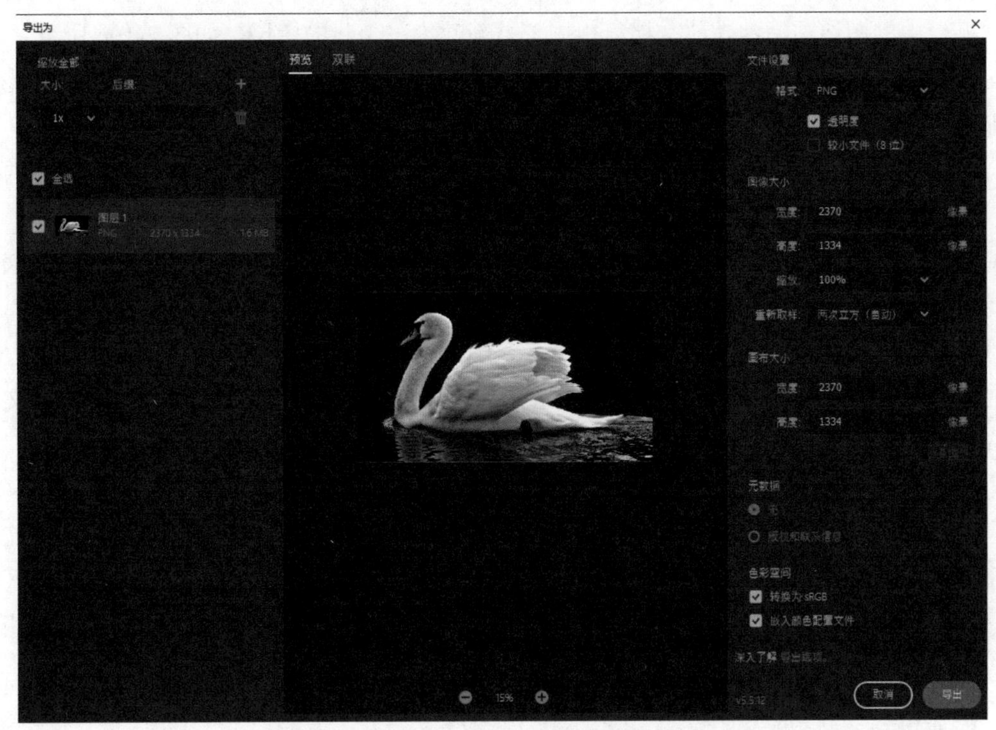

图 2-103 在“导出为”对话框中设置各项参数

2.5.9 剪切、拷贝、粘贴图像

1. 剪切与粘贴图像

剪切图像是将图像选区内的像素暂时存放在剪贴板中，而原位置的像素会消失；粘贴图像是将暂存在剪贴板里的像素提取到当前粘贴的位置。通常“剪切”（快捷键“Ctrl+X”）和“粘贴”（快捷键“Ctrl+V”）命令组合使用。具体操作步骤如下。

（1）单击选中一个图层，然后选择工具箱里的“椭圆选框工具”，按住鼠标左键拖曳出一个椭圆选区，如图 2-104 所示。

（2）选择“菜单栏”→“编辑”→“剪切”选项，或者使用“Ctrl+X”快捷键，然后可以看到文档窗口里选区中的内容消失了，如图 2-105 所示。

图 2-104 “椭圆选框工具”框选选区

图 2-105 执行剪切命令后的效果

（3）选择“菜单栏”→“编辑”→“粘贴”选项，或者使用“Ctrl+V”快捷键，可以把剪贴板中的图像粘贴到当前文档窗口中，并新建为一个新的图层，如图 2-106 所示。

在 Photoshop 中，图像的粘贴有 4 种方法，分别为粘贴、原位粘贴、贴入、外部粘贴。

“粘贴”是将通过“剪切”或“复制”命令复制到剪贴板中的图像粘贴到当前文件或其他图像文件中。其操作方法是选择“菜单栏”→“编辑”→“粘贴”选项。

“原位粘贴”是将通过“剪切”或“复制”命令复制到剪贴板中的图像，按照原来的位置粘贴到当前文件或其他图像文件中。其操作方法是选择“菜单栏”→“编辑”→“选择性粘贴”→“原位粘贴”选项。

“贴入”是指将通过“剪切”或“复制”命令复制到剪贴板中的图像粘贴到当前文件事先制作好的选区中，并且自动添加图层蒙版，将超出选区的部分图像隐藏不可见。其操作方法是选择“菜单栏”→“编辑”→“选择性粘贴”→“贴入”选项。

“外部粘贴”是将通过“剪切”或“复制”命令复制到剪贴板中的图像粘贴到当前文件事先制作好的选区中，并且自动添加图层蒙版，将选区中的图像隐藏不可见，而选区外的图像可见。其操作方法是选择“菜单栏”→“编辑”→“选择性粘贴”→“外部粘贴”选项。

2. 拷贝与粘贴图像

拷贝图像是将图像选区内的像素复制一份存放在剪贴板中，而原位置的像素不会消失。通常“拷贝”（快捷键“Ctrl+C”）和“粘贴”（快捷键“Ctrl+V”）命令组合使用。其操作步骤和“剪切与粘贴图像”唯一的不同在于步骤（2），即选择“菜单栏”→“编辑”→“拷贝”选项，或者使用“Ctrl+C”快捷键。粘贴之后的效果如图 2-107 所示。

图 2-106 执行剪切和粘贴命令后的效果

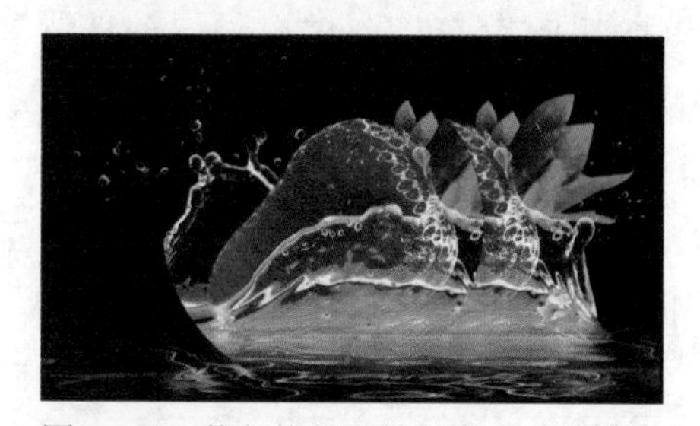

图 2-107 执行拷贝和粘贴命令后的效果

3. 合并拷贝

合并拷贝是指在有多个图层的图像文件中，将文档内所有的可见图层复制并合并到剪贴板中，原图像保持不变，然后通过“粘贴”命令将其粘贴到原文件或其他图像文件中。操作步骤如下。

（1）在“图层”面板中，单击选中一个图层，然后选择工具箱里的“矩形选框工具”，按住鼠标左键拖曳，绘制一个矩形选区；或者直接使用“Ctrl+A”快捷键全选当前图像，如图 2-108 所示。

图 2-108　全选当前图像

（2）选择“菜单栏”→“编辑”→“合并拷贝”选项。

（3）新建一个空白文档，选择“菜单栏”→“编辑”→“粘贴”选项，或者使用“Ctrl+V”快捷键，可以把合并拷贝的图像粘贴到当前文档窗口中，并成为一个新的图层，如图 2-109 所示。

图 2-109　执行拷贝和粘贴命令后的效果

4. 清除图像

可以将图像文件选区中的图像删除，若清除的是背景图层上的图像，清除区域会自动填充背景色；若清除的是其他图层上的图像，清除部分会保持透明。操作步骤如下。

（1）单击选中某一图层，单击工具箱中的“矩形选框工具”，按住鼠标左键拖曳出一个椭圆选区，如图 2-110 所示。

（2）选择“菜单栏”→“编辑”→“清除”选项，在弹出的“填充”对话框中设置填充的内容，如果选择“背景色”，再单击“确定”按钮，可以看到原有选区内的像素被背景色填充了，如图 2-111 所示。

图 2-110　清除图像选区之前的效果

图 2-111　清除图像选区之后的效果

2.5.10　图层混合模式

图层混合模式指一个图层与其下一图层的色彩叠加方式。“混合模式”是指“基色”和“混合色”之间的运算方式，在“混合模式”中，每个模式都有其独特的计算公式，除了“正常”模式外，图层混合模式目前大致有以下类别。

① 溶解（Dissolve）。

② 变暗（Darken）。

③ 正片叠底（Multiply）。

④ 颜色加深（Color Burn）。

⑤ 线性加深（Linear Burn）。

⑥ 深色（Darker Color）。

⑦ 变亮（Lighten）。

⑧ 滤色（Screen）。

⑨ 颜色减淡（Color Dodge）。

⑩ 线性减淡（Linear Dodge）。

⑪ 浅色（Lighter Color）。

⑫ 叠加（Overlay）。

⑬ 柔光（Soft Light）。

⑭ 强光（Hard Light）。

⑮ 亮光（Vivid Light）。

⑯ 线性光（Linear Light）。

⑰ 点光（Pin Light）。

⑱ 实色混合（Hard Mix）。

⑲ 差值（Difference）。

⑳ 排除（Exclusion）。

㉑ 减去（Subtract）。

㉒ 划分（Divide）。

㉓ 色相（Hue）。

㉔ 饱和度（Saturation）。

㉕ 颜色（Color）。

㉖ 明度（Luminosity）。

以下列举比较常用的图层混合模式。

（1）正常：默认混合模式，上方图层为不透明状态，遮盖下方图层中的所有影调与颜色。

（2）变暗：与下方相比，较亮的像素将被下方的画面替代，深色像素保持不变。

（3）正片叠底：得到更为饱和的画面色彩与更为浓厚的阴影，常用来给画面四周添加暗角。

（4）颜色加深：增强不同颜色之间的反差，图层中白色像素对应的部分不会对下方造成影响。

（5）变亮：与下方图层相比，较亮的像素不会发生改变，而较暗的像素则被下方图层替代。

（6）滤色：与正片叠底效果恰好相反，能提亮画面影调。黑色区域不影响下方图层。

（7）颜色减淡：颜色减淡能得到更加艳丽的颜色，同时提高画面反差。深色像素不会对下方图层造成影响。

（8）叠加：保持下方图层高光与阴影部分不受影响的情况下改变画面色彩，当前图层高于 50% 灰为提亮，低于 50% 灰为压暗。

（9）柔光：当前图层图像的色彩超过 50% 的灰色时，下方图层变暗；当前图层色彩低于 50% 时，下方图层变亮。

（10）差值：与白色像素混合颜色被反向，与黑色像素混合颜色不变。

（11）明度：上方图层中的所有颜色被下方图层的颜色替代。

应用了“图层混合模式”的效果如图 2-112 和图 2-113 所示。

图 2-112　应用“图层混合模式”效果 1

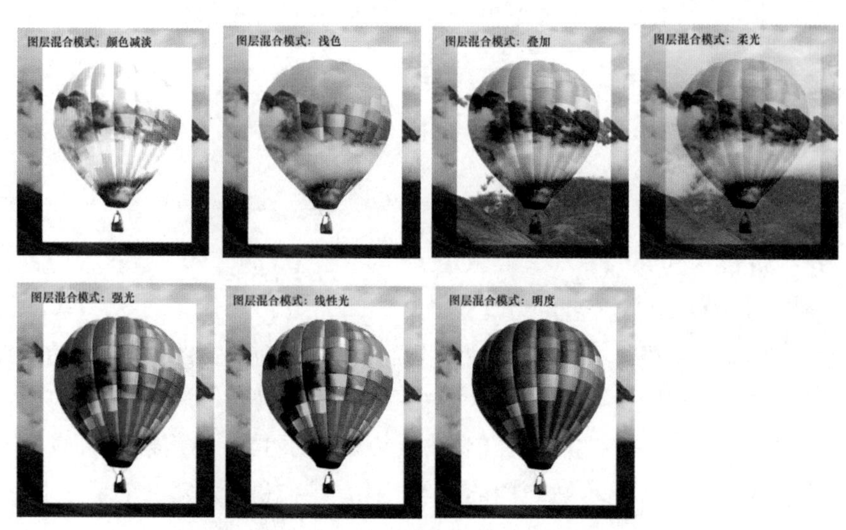

图 2-113　应用“图层混合模式”效果 2

2.5.11　蒙版

蒙版的作用主要是保护原图（或所选区域）不受破坏，既可以实现擦除、选区、滤镜等操作，又可以保护原图。在 Photoshop 中，常用的有 4 种蒙版：图层蒙版、剪贴蒙版、快速蒙版、矢量蒙版。

（1）图层蒙版：Photoshop 的常用功能之一，可以理解为，在当前图层上覆盖一层玻璃片，而这种玻璃片有透明、半透明和完全不透明之分。蒙版和图层一样，也可以填充颜色，但蒙版只能填充黑、白、灰 3 种颜色，白色代表不透明（如图 2-114 所示），灰色代表半透明（如图 2-115 所示），黑色代表透明（如图 2-116 所示），透明的程度由涂色的灰度深浅决定。

（2）剪贴蒙版：指相邻的两个图层，在创建剪贴蒙版后，位于上方的图层所显示的图像受下方图层控制，下方图层是什么形状，上方图层则显示什么形状，但上方图层的画面内容不变，如图 2-117 所示。

（3）快速蒙版：运用快速蒙版后的临时通道，可进行通道编辑，如图 2-118 所示。在退出“快速蒙版”模式后，原蒙版里原图像显现的部分便成为选区，如图 2-119 所示。

（4）矢量蒙版：也称为路径蒙版，如矢量图一样，不会因放大或缩小而影响清晰度，通常结合“钢笔工具”或“形状工具”组使用，如图 2-120 所示。

图 2-114　应用白色“图层蒙版”

图 2-115　应用灰色“图层蒙版”

图 2-116　应用黑色“图层蒙版”

图 2-117　剪贴蒙版

图 2-118　快速蒙版

图 2-119　退出“快速蒙版”转换为选区

图 2-120　矢量蒙版

2.5.12　通道

通道是存储不同类型信息的灰度图像，也是 Photoshop 中的常见概念，包括颜色信息通道、Alpha 通道和专色通道 3 种。

（1）颜色信息通道是在打开新图像时自动创建的，主要用于对颜色的控制。图像的颜色模式决定了所创建的颜色通道的数目。比如，RGB 图像的每种颜色（红色、绿色和蓝色）都有一个通道，并且还有一个用于编辑图像的复合通道。

（2）Alpha 通道将选区存储为灰度图像，可以创建和存储蒙版，蒙版可用于处理或保护图像的某些部分。

（3）专色通道指定用于专色油墨印刷的附加印版。

只要以支持图像颜色模式的格式存储文件，即会保留颜色通道。只有当以 Photoshop、PDF、TIFF、PSB 或 Raw 格式存储文件时，才会保留 Alpha 通道。DCS 2.0 格式只保留专色通道。以其他格式存储文件可能会导致通道信息丢失。

Photoshop中有专门的“通道面板”，它列出了图像中的所有通道，对于RGB、CMYK和Lab图像，将最先列出复合通道。通道内容的缩览图显示在通道名称的左侧，编辑通道时会自动更新缩览图。

Photoshop的通道计算功能也很强大，可以将若干个通道进行像素计算后得到新通道或新的应用效果（选择“菜单栏”→“图像”→“应用图像”→“计算”选项），常用于人物磨皮和细节处理。

第二篇　思维启发-教学实践篇

学习目标

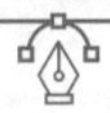

（1）熟悉“图层”概念与常用操作。

（2）掌握“图层面板”的基本使用方法。

（3）掌握“图层混合模式”的使用方法。

（4）掌握“滤镜”的基本使用方法。

（5）能运用所学知识独立完成简单的主题设计。

本篇以“教”为视角，从第 3 章的“图层”的基本操作开始，带领学习者一步步地进入 Photoshop 世界；第 4 章结合主题设计实例，融入创作思想，使学习更加有目标和意义；第 5 章展示的图像特效实例也融入了主题创作，以帮助学习者更好地运用所学工具与功能；第 6 章的进阶设计步骤较为复杂，也是考验学习者耐心与细心的章节。Photoshop 有很多工具和功能，书本主要起引导作用，希望学习者摆脱“照葫芦画瓢”的定式思维，在领会所学知识后，能迅速扩展更广阔和深入的知识网络，充分发挥联想和创作能力，与兴趣相结合，完成一份令自己满意的作品。

因本教材编写的核心思想为通过创作弘扬中华优秀传统文化、宣传校园文化、宣传环保公益等，所以在一些章节案例中附有关于文化知识的拓展阅读，以加深设计创作的寓意和教育内涵。

第3章　新手上路

学习目标

（1）了解图层面板、工具箱的基本功能。

（2）掌握移动工具、选择工具、形状工具等基本工具的使用。

（3）掌握图层命名、图层编组、调整图层顺序等关于图层的基本操作。

（4）了解图层混合模式、添加蒙版、图层样式的使用。

（5）了解滤镜的参数设置与使用。

（6）掌握调整图形尺寸大小、旋转等基本操作。

（7）学会多种工具与功能的结合使用，能进行基本的综合设计。

本章从 Photoshop 的最基本元素“图层”开始，以实例展示 Photoshop 的基本操作，从知识引导、实践操作、知识点拨、拓展阅读等方面进行教学实践，使教师和学习者在循序渐进的实例中推进教学与学习，使学习者逐步建立起对 Photoshop 的知识网络结构，以便为之后的独立创作建立基础。本章的知识点分布图如图 3-1 所示。

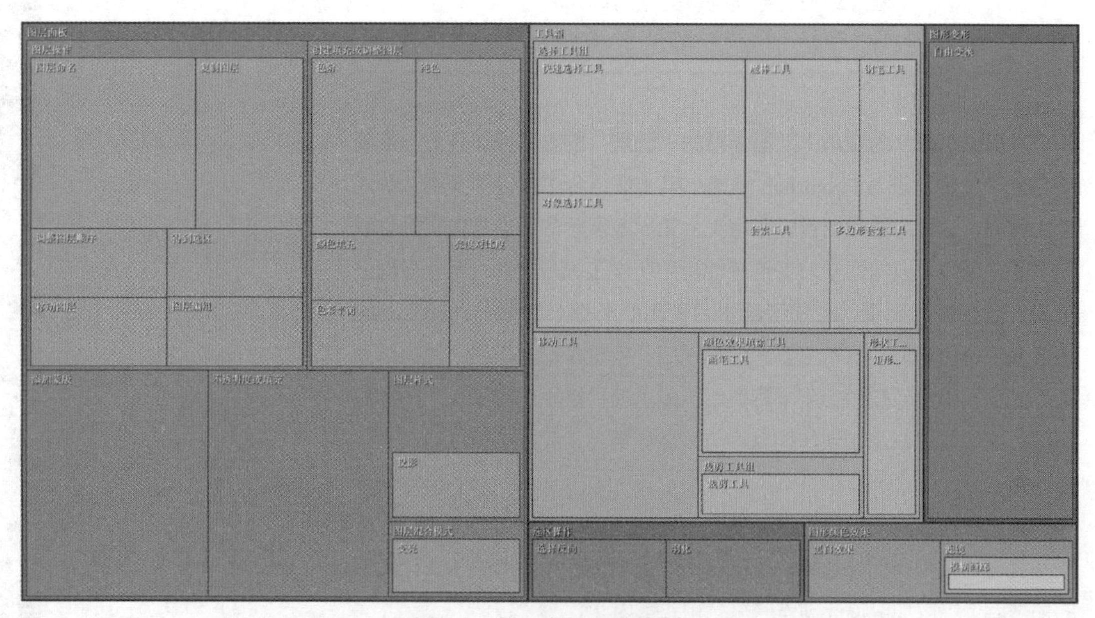

图 3-1　第 3 章知识结构图

3.1　认识图层：拼凑七巧板

第3章
操作视频

3.1.1　学习引导

本案例学习引导图如图 3-2 所示。

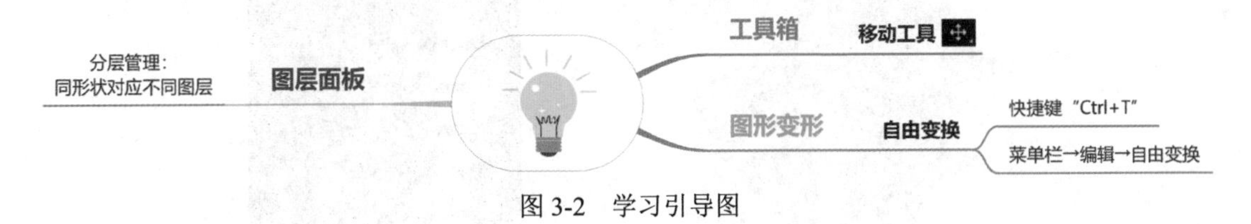

图 3-2　学习引导图

3.1.2　实践操作

第3章
成品及素材

1. 如何移动图层?

（1）用 Photoshop 打开"第 3 章"→"3.1"→"练习文件 .PSD"（或在文件夹双击打开"练习文件 .PSD"），找到"图层面板"，观察不同形状对应的图层位置，如图 3-3 所示。

（2）单击工具箱的"移动工具"按钮，将鼠标移至画布编辑区，右击需要移动的七巧板形状（如"图层 2"），出现如图 3-4 所示的菜单，单击选中"图层 2"，将"图层 2"移至合适位置。

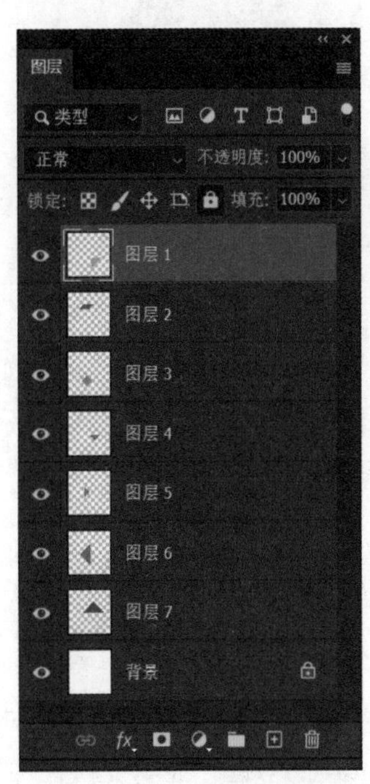

图 3-3　不同形状对应不同图层

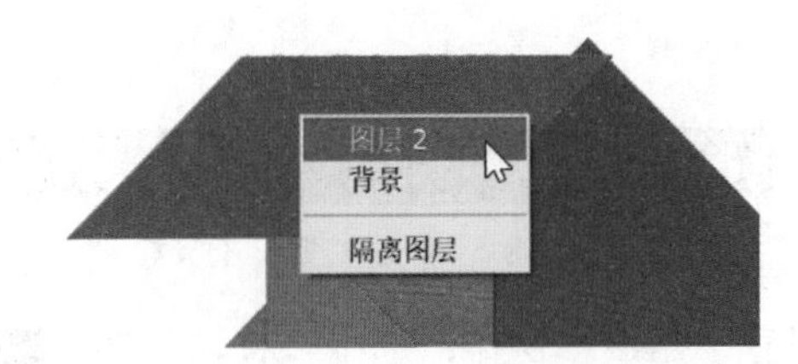

图 3-4　选中"图层 2"

（3）以此类推，在画布编辑区右击目标形状，并选中对应图层移动至合适位置，如不确定对应图层是否为目标图层，可观察图层面板选定图层的状态，如图 3-5 所示。

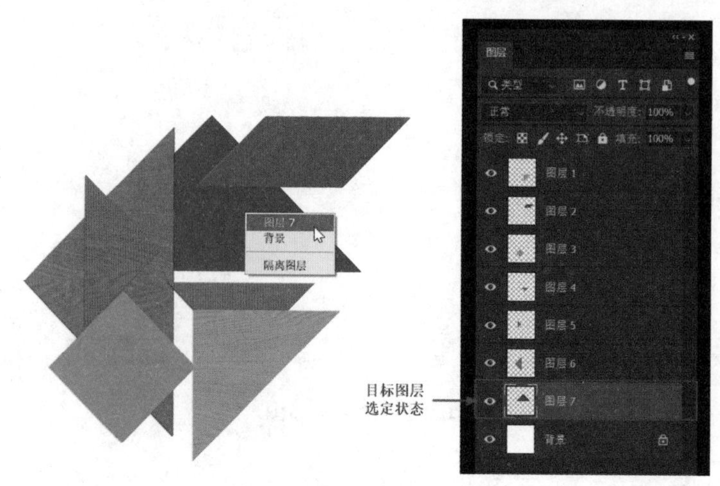

图 3-5　对应图层选定状态

（4）作品成品如图 3-6 所示。

2. 如何“旋转”和“翻转”形状

操作要求：使用“移动工具”、“变换”设置将上一练习的七巧板形状摆成如图 3-7 所示。

图 3-6　作品成品效果图

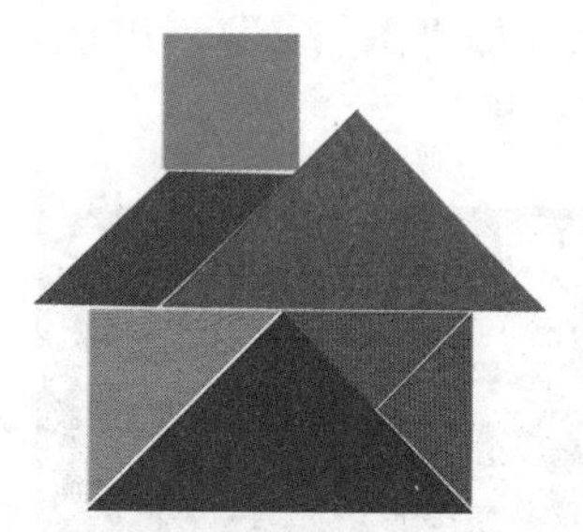

图 3-7　练习图

（1）为图形设置任意角度的旋转，需要使用“自由变换”或“角度”命令。“自由变换”操作：选择“移动工具”，在对应工具栏勾选“显示变换控件”复选框，如图 3-8 所示，则编辑区的对应图层边缘出现小正方形控点，如图 3-9 所示。然后将鼠标移至形状边缘，出现弯曲双箭头形状“↷”，用鼠标拖曳该形状即可将图形旋转至合适角度。

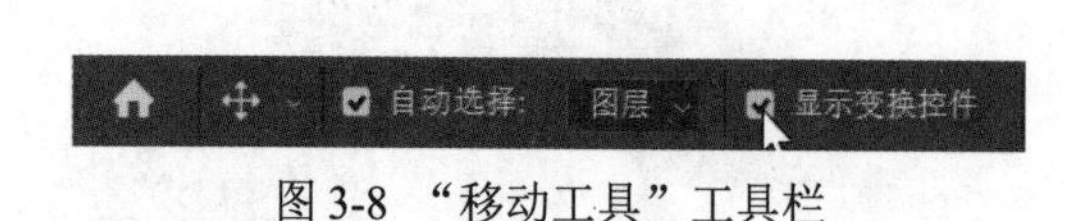

图 3-8　“移动工具”工具栏

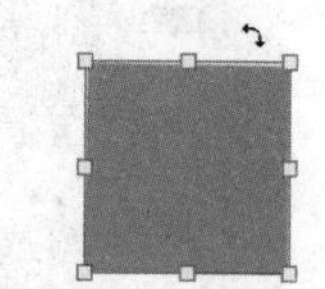

图 3-9　图形可旋转状态

设置“角度”操作：选中“移动工具”，在对应工具栏勾选“显示变换控件”复选框，编辑区的对应图层边缘出现小正方形控点后，在“变换属性面板”选择需要的角度或手动输入角度数字，如图 3-10 所示。

（2）设置形状的“自由翻转”或“垂直翻转”。在“变换”属性面板（如图 3-11 所示）单击“水平翻转”按钮，则实现形状的水平翻转；单击“垂直翻转”按钮，则实现形状的垂直翻转。

（3）对不同形状（图层）进行操作，请记得选定对应图层，在该图层选定状态下进行编辑。

（4）如需要调出“变换”操作的快捷菜单，在工具栏单击“移动工具”按钮，在编辑区选中对应图层，按“Ctrl+T”快捷键，右击对应图层，出现如图3-12所示的快捷菜单。

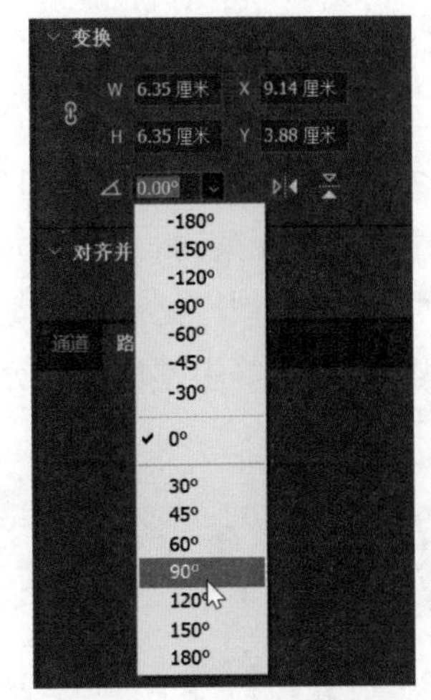

图3-10　设置旋转角度

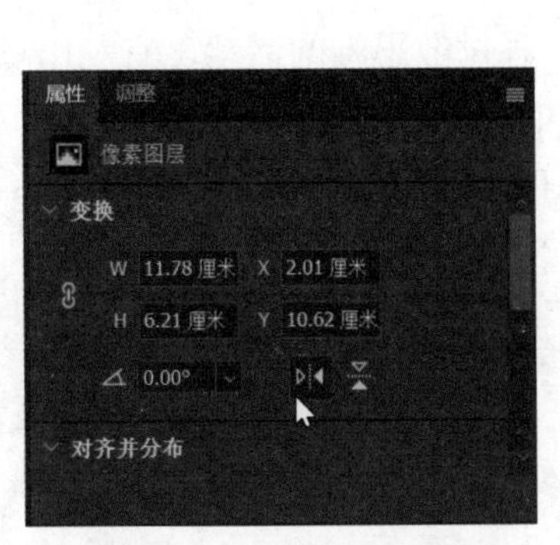

图3-11　“变换”属性面板

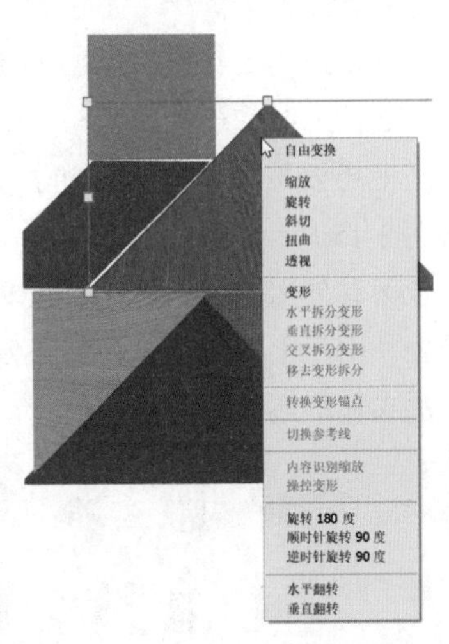

图3-12　“变换工具”的快捷菜单

按“Enter”键为确认操作，然后回到正常编辑状态。

（5）在画布编辑区操作时，如用鼠标移动图层不够精细，可结合“←”“→”“↑”“↓”几个按键进行微调。

另外，可结合自己的创意或参考以下图形进行七巧板形状的拼图，如图3-13所示。

图3-13　练习图

3.1.3　拓展阅读

1. 七巧板的来由与历史

七巧板是一种历史悠久的中国传统智力玩具，由7块形状不同的板组成，可组合成

1600多种图形，例如三角形、平行四边形、不规则多边形。可以把它们拼成各种人物、动物、桥、房、塔等，也可以拼成中、英文字母。

七巧板是中国古代劳动人民的发明，其历史至少可以追溯到公元前1世纪，到了明代基本定型。现七巧板系由一块正方形切割为6个小勾股形，利用七巧板可以阐明若干重要几何关系，其原理便是古算术中的“出入相补原理”。

2. 七巧板的玩法

通常，用七巧板拼摆出的图形应当由全部的七块板组成，且板与板之间要有连接，如点的连接、线的连接或点与线的连接。可以一个人玩，也可以几个人同时玩。

七巧板按不同的方法拼摆、组合可以拼排成各种各样的几何图形和形象，如图3-14和图3-15所示。操作七巧板是一种发散思维的活动，有利于培养人们的观察力、注意力、想象力和创造力，因此，不仅具有娱乐的价值，还具有一定的教育价值，被广泛运用到教学中。由于七巧板可以持续不断地反复组合，已引起哲学、心理学、美学等多领域的研究者的兴趣，还被作为制作商业广告和印章的辅助手段。

图3-14　七巧板的不同组合1

图3-15　七巧板的不同组合2

（资料来源：百度百科）

3.2　图像合成：水果拼盘

3.2.1　学习引导

本案例学习引导图如图3-16所示。

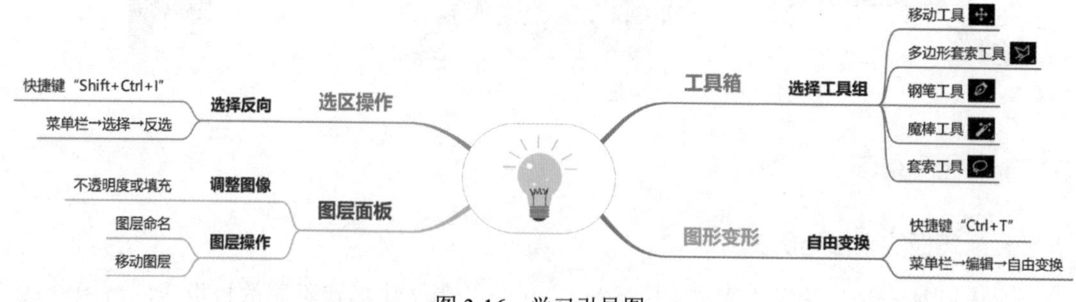

图3-16　学习引导图

3.2.2　实践操作

步骤 1 打开“第 3 章”→“3.2”→“素材”→“盘子 .PSD”，如图 3-17 所示。

图 3-17　素材 - 盘子

步骤 2 打开“第 3 章”→“3.2”→“素材”→“水果 .jpg”，选择工具箱的“魔棒工具”，如图 3-18 所示，然后单击“水果”编辑区的白色区域，如图 3-19 所示。

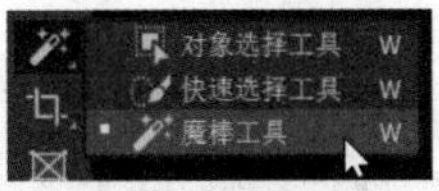

图 3-18　选择“魔棒工具”

图 3-19　选取白色区域

步骤 3 按“Shift”键，鼠标指针变成，如按“Alt”键，则鼠标指针变成，请注意不要松开键盘，单击“水果”文件的灰色阴影区域，使白色区域扩大至灰色阴影区域，如图 3-20 所示，如误操作，可按“Ctrl+Z”快捷键撤销操作。

步骤 4 选择“菜单栏”→“选择”→“反选”选项，如图 3-21 所示，或者按“Shift+Ctrl+I”快捷键，或者右击“水果 1.jpg”编辑区，在出现的快捷菜单中选择“选择反向”选项，如图 3-22 所示，可得到白色区域的反向选区，即水果区域，如图 3-23 所示。

图 3-20　扩大选取区域

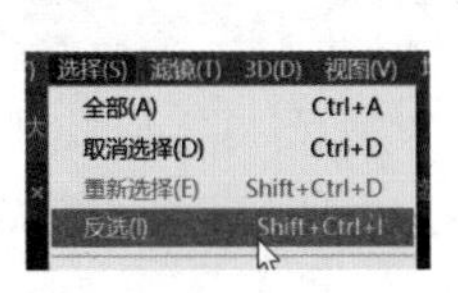

图 3-21　选择“反选”

图 3-22　选择“选择反向”

步骤 5 选择“菜单栏”→“编辑”→“拷贝”选项，或者按“Ctrl+C”快捷键，或使用工具栏的“移动工具”将选区内的水果图片复制至“盘子.PSD”，如图 3-24 所示。

图 3-23 水果选区

图 3-24 将水果移至盘子

步骤 6 选中“水果”图层（默认图层名称为“图层 2”），按“Ctrl+T”快捷键进入“自由变换”状态，如图 3-25 所示，通过调节控点调整尺寸大小，按“Enter”键结束“自由变换”操作。

步骤 7 打开“第 3 章”→“3.2”→“素材”→“荔枝.jpg”，参照前面的步骤，将“荔枝”移至“盘子”画布编辑区，调整大小并放至合适位置，如图 3-26 所示。

图 3-25 调整水果位置与尺寸

图 3-26 将“荔枝”素材移至“盘子”

步骤 8 为了制造水果放入盘子的效果，可将盘子上的水果素材移至盘子边缘，如图 3-27 所示，然后在“图层面板”将“荔枝”和“水果”图层的“不透明度”设置为 50% 左右，可隐约看清盘子边缘，如图 3-28 所示。

图 3-27 将水果移至盘子边缘

图 3-28 调整图层的不透明度

步骤 9 为了使图层名称标识更规范，在“图层面板”双击各图层名称，修改为对应名字，如图 3-29 所示。

步骤10 在“图层面板”单击“盘子”图层，使“盘子”图层处于选中状态，然后单击工具栏的“多边形套索工具”按钮，如图 3-30 所示。

图 3-29 修改图层名

图 3-30 选择多边形套索工具

步骤11 在单击了“多边形套索工具”按钮的状态下，在“盘子”边缘选定一个起点，然后松开鼠标，沿着盘子被水果遮住的边缘画线，每单击一下，可固定一个锚点，如同穿针引线，形成一个闭环回路，当终点与起点重合时，光标的右下角会出现一个小圆圈，如图 3-31 所示，单击即可载入选区，如图 3-32 所示。

图 3-31 选择与边缘叠加区域

图 3-32 确定选区

> **注意** 如果对此操作不熟悉，可按“Ctrl+D”快捷键取消选区，重复演练几遍，或者使用“套索工具”进行勾勒，如熟悉“钢笔工具”的操作，也可使用“钢笔工具”完成。

步骤12 按“Ctrl+C”快捷键复制“盘子”选区，请注意“图层面板”的“盘子”图层是否在选中状态，须在选中状态才能被复制，然后按“Ctrl+V”快捷键粘贴盘子的选区部分，并在“图层面板”将此图层移至所有图层的最上层，将粘贴后的图层命名为“盘子边缘”，如图 3-33 所示。

步骤13 如图 3-34 所示，在“图层面板”分别将“荔枝”和“水果”图层的“不透明度”设为 100%，编辑区效果如图 3-35 所示。

步骤14 可根据个人喜好添加各种水果素材，使画面内容更丰富，作品成品如图 3-36 所示。

步骤15 最后，存储文件（提示：在 Photoshop 编辑过程中，虽然有自动存储功能，但也要注意经常手动保存，以免前功尽弃）。

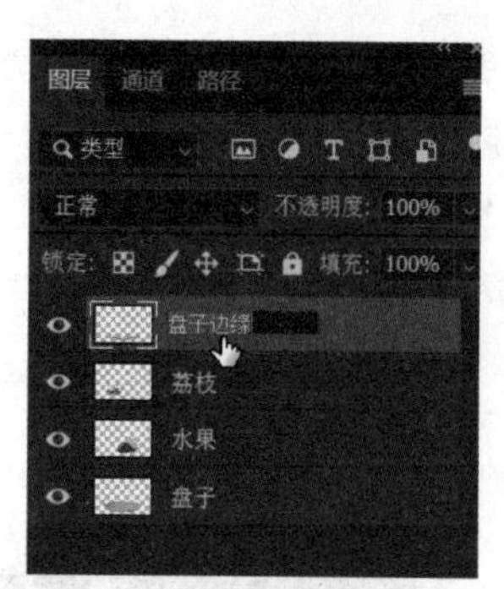

图 3-33　修改图层名

图 3-34　选定图层

图 3-35　恢复不透明度设置

图 3-36　作品成品效果图

3.2.3　拓展阅读

本案例选取的素材“荔枝”是我国岭南有名的水果之一，唐代杜牧的《过华清宫绝句三首》就曾写道：“一骑红尘妃子笑，无人知是荔枝来。”下面就让我们来认识“荔枝”的真面目吧。

荔枝（英文 Litchi）是无患子科，荔枝属常绿乔木，高约 10 米。果皮有鳞斑状突起，成熟时至鲜红色，种子全部被肉质假种皮包裹。花期春季，果期夏季。果肉鲜时呈半透明凝脂状，味香美，但不耐储藏。

荔枝树喜高温高湿，喜光向阳，它的遗传性要求花芽分化期有相对低温，但气温在 –2 至 –4℃又会遭受冻害；开花期天气晴朗温暖而不干热最有利，湿度过低、阴雨连绵、天气干热或强劲北风均不利开花授粉。花果期遇到不利的灾害天气会造成落花落果，甚至失收。

荔枝树分布于中国的西南部、南部和东南部，广东和福建南部栽培最盛。亚洲东南部也有栽培，非洲、美洲和大洋洲有引种的记录。荔枝与香蕉、菠萝、龙眼一同号称“南国四大果品”。荔枝主要栽培品种有三月红、圆枝、黑叶、淮枝、桂味、糯米糍、元红、兰竹、陈紫、挂绿、水晶球、妃子笑、白糖罂等。其中桂味、糯米糍是上佳的品种，亦是鲜食之选，挂绿更是珍贵难求的品种。“萝岗桂味”、“笔村糯米糍”及“增城挂绿”有“荔枝三杰”之称，惠阳镇隆的桂味、糯米糍亦美味鲜甜。

（资料来源：百度百科）

3.3　图层蒙版应用 1：人与花

3.3.1　学习引导

本案例学习引导图如图 3-37 所示。

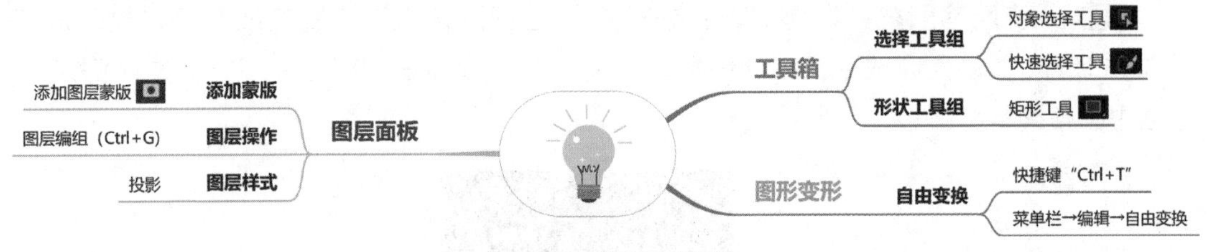

图 3-37　学习引导图

3.3.2　实践操作

步骤 1　打开“第 3 章”→“3.3”→“素材”→“人像 .JPG”素材，使用“工具箱”的“对象选择工具”（或“快速选择工具”、“魔棒工具”）选择人物区域，头发等细节可暂不处理，如图 3-38 所示。

步骤 2　在“图层面板”选中“人像”图层，单击“图层蒙版”按钮添加图层蒙版，并在“人像”图层下方添加一个用“矩形工具”绘制的背景图层（颜色参考值为 #e6c0b9），图层名为“矩形 1”，如图 3-39 所示；背景的色调应与人物肤色、风格相匹配，从而达到映衬人物的效果，如图 3-40 所示。

图 3-38　选择人像区域

图 3-39　添加图层蒙版

图 3-40　添加背景

步骤 3　头发细节处理：在“图层面板”中选中人像图层缩览图，单击“快速选择工具”按钮，在对应的工具栏选择“选择并遮住”，如图 3-41 所示，单击出现的编辑窗口左侧工具栏中的“调整边缘画笔工具”按钮，如图 3-42 所示。

图 3-41　“快速选择工具”工具栏

图 3-42　调整边缘画笔工具

步骤 4 在“选择并遮住”编辑窗口右侧的“属性”对话框中勾选“智能半径”复选框，将“半径”设置为 1 像素或者 2 像素，如图 3-43 所示。（注释：设置了此项后，紧接着下一步，不要按“确定”。）

步骤 5 在“选择并遮住”编辑窗口右下方单击“确定”按钮，回到画布编辑区，并在“快速选择工具”上方的工具栏中调整笔刷大小，参数设置如图 3-44 所示。

步骤 6 使用笔刷在头发边缘位置按住鼠标进行涂抹，让头发的细节可以显现，如图 3-45 所示。（设置完成后，在“选择并遮住”编辑窗口右侧对话框下方单击“确定”，返回主画布编辑窗口。）

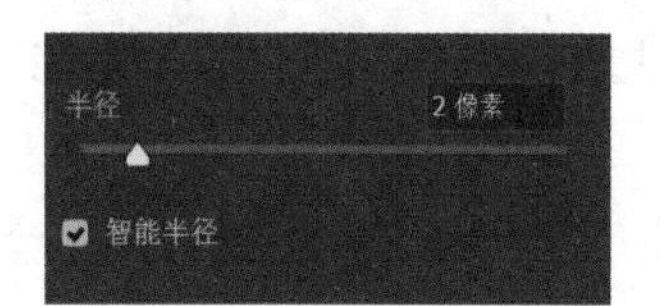

图 3-43 “智能半径”参数设置

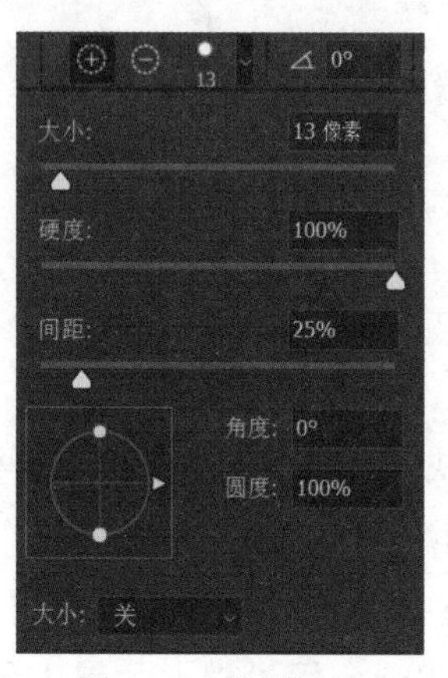

图 3-44 笔刷设置

图 3-45 头发细节处理效果

步骤 7 置入“花朵”素材，按“Ctrl+T”快捷键调整大小与位置，如图 3-46 所示。

步骤 8 在“图层面板”选中“花朵”图层，如步骤 1 对花朵进行抠图处理，单击“图层面板”下方的“添加矢量蒙版”按钮，为“花朵”图层添加矢量蒙版，如图 3-47 所示。

图 3-46 置入“花朵”素材

图 3-47 添加矢量蒙版

步骤 9 在“图层面板”双击“花朵”图层，进入“图层样式”对话框，选中“投影”复选框（注意：不要只是打 √，应该单击“投影”栏，使其呈灰白色选中状态），参数及效果如图 3-48 和图 3-49 所示。

①调整“角度”为 151 度，根据模特图的打光方向调整花朵的阴影；

②调整“不透明度”为 29%，根据模特图的阴影调整花朵的阴影虚实；

③其余参数:“距离”为 102 像素,“扩展”为 38%,“大小”为 131 像素;

④设置完毕后,单击“确定”按钮回到画布编辑区。

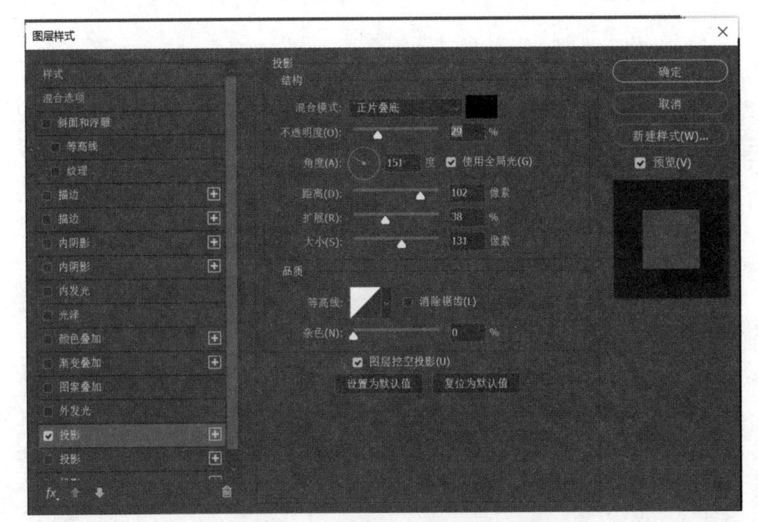

图 3-48　“投影”图层样式设置

图 3-49　设置“图层样式”后的效果

步骤 10　如果要保持模特脸部阴影,消除画报上的阴影,可复制“花朵”图层,得到“花朵 拷贝”图层,如图 3-50 所示;右击选择“清除图层样式”选项,如图 3-51 所示,消除原来设置的图层投影效果,如图 3-52 所示。

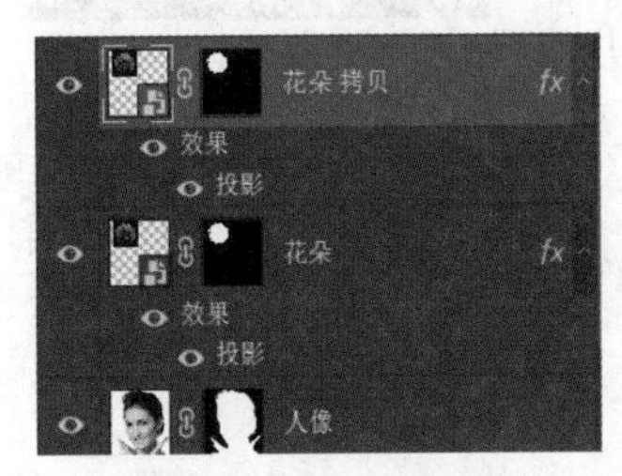

图 3-50　复制图层

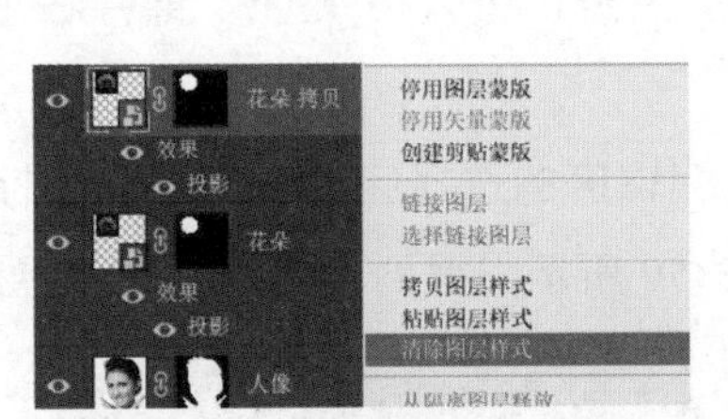

图 3-51　清除图层样式

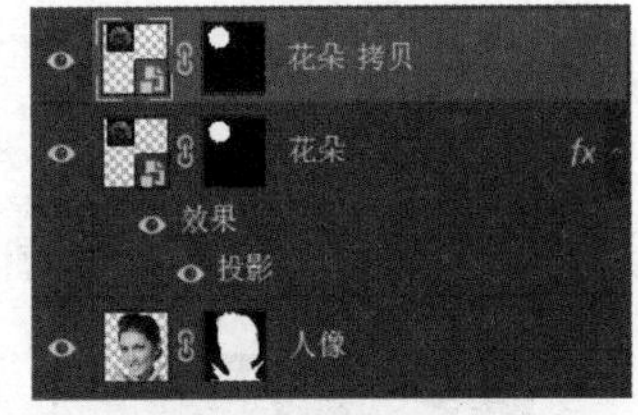

图 3-52　清除图层样式后的图层面板

步骤 11　选中“花朵”图层,按“Ctrl+G”快捷键为图层编组,如图 3-53 所示。

步骤 12　选中“人像”图层的“图层蒙版缩览图”,将其拖曳至“组 1”图层,如图 3-54 所示。(注意:人像背景须做抠图处理,方可显示“矩形 1”图层。)

步骤 13　作品成品效果如图 3-55 所示。

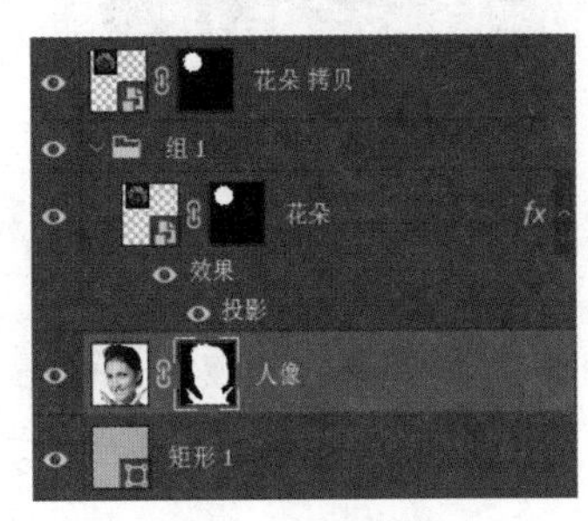

图 3-53　图层编组

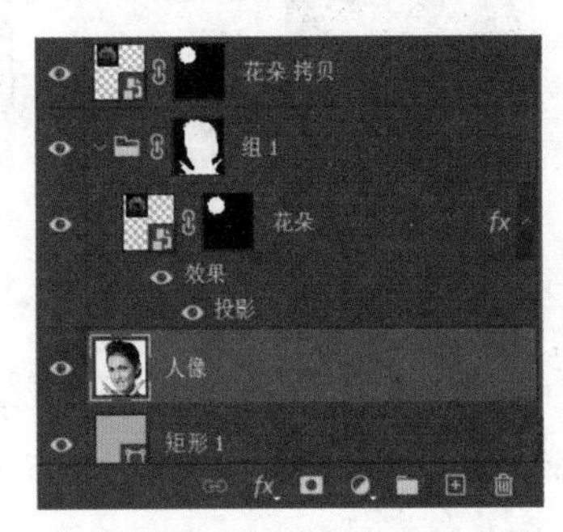

图 3-54　移动“图层蒙版缩览图”

图 3-55　作品成品效果图

3.4 滤镜与调整图层应用：猫与蝴蝶的相遇

3.4.1 学习引导

本案例引导图如图 3-56 所示。

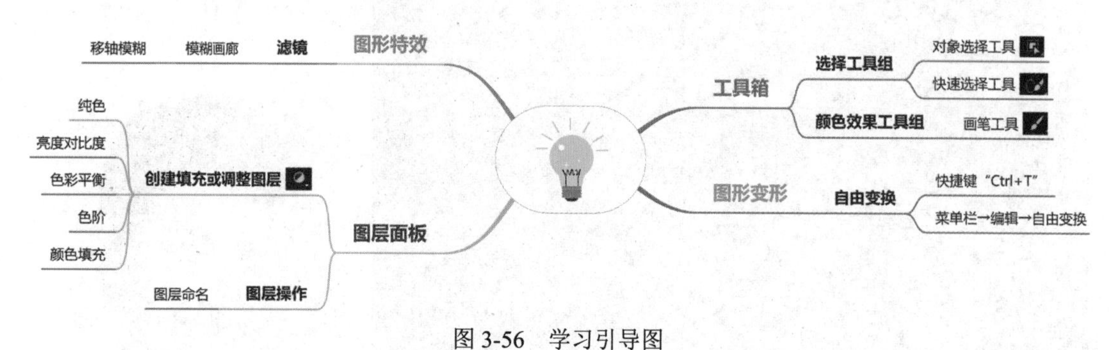

图 3-56 学习引导图

3.4.2 实践操作

步骤 1 置入“猫”素材，选择“对象选择工具”（或“快速选择工具”等选择工具），如图 3-57 所示，单击“猫”的区域，等待“对象选择工具”进行处理，稍后得到“猫”的选区，如图 3-58 所示。（如果不小心选择了目标对象之外的对象，可以按“Alt”键并右击进行反选。）

图 3-57 对象选择工具

步骤 2 将鼠标移至画布编辑区的选择区域内，右击鼠标，在弹出的菜单中选择“通过拷贝的图层”选项，如图 3-59 所示，得到“图层 1”，如图 3-60 所示。

图 3-58 选取区域

图 3-59 拷贝选取区域

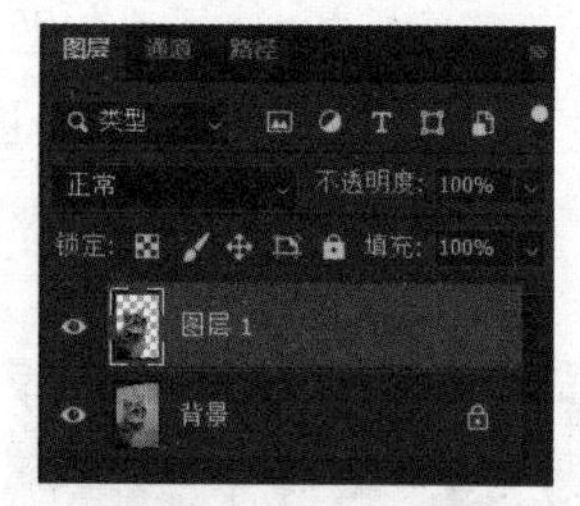

图 3-60 拷贝的图层

步骤 3 删除或隐藏背景图层。

步骤 4 打开“城市夜景”素材，将步骤 2 处理的“图层 1”拖动至“城市夜景”画布编辑区，按“Ctrl+T”快捷键调整“猫”的尺寸大小与位置，如图 3-61 所示，图层命名为“猫”，如图 3-62 所示。

图 3-61　将“猫”置入“城市夜景”

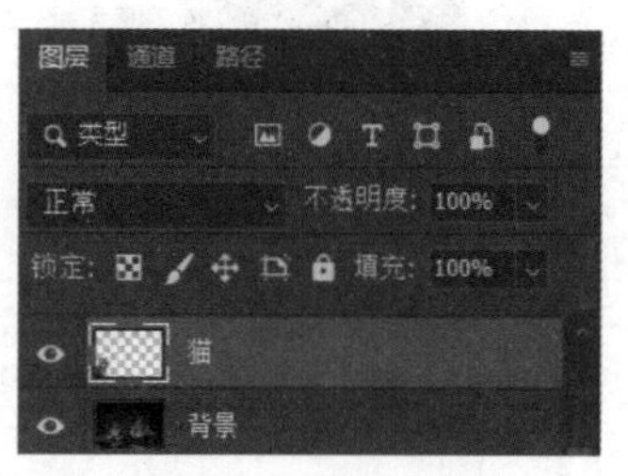

图 3-62　图层命名

步骤 5 在“图层面板”选中“背景”图层，选择“菜单栏”→“滤镜”→“模糊画廊”→“移轴模糊”选项，在出现的“模糊工具”编辑窗口中设置移轴位置和相关参数，如图 3-63 至图 3-65 所示。调整好后单击上方工具栏中的“确定”按钮，如不满意，可单击“取消”按钮，设置后的效果如图 3-66 所示。

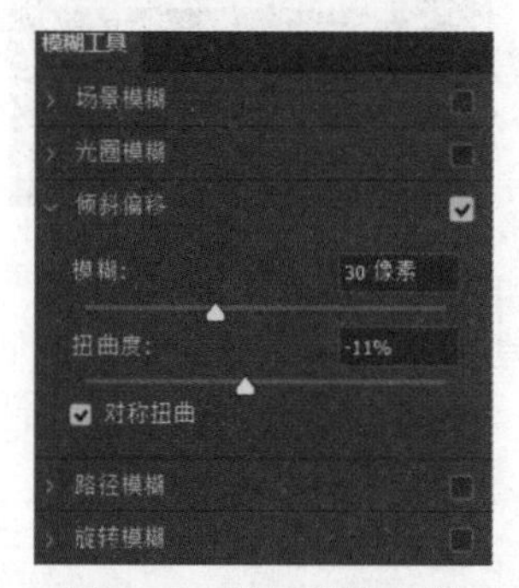

图 3-63　设置滤镜参数

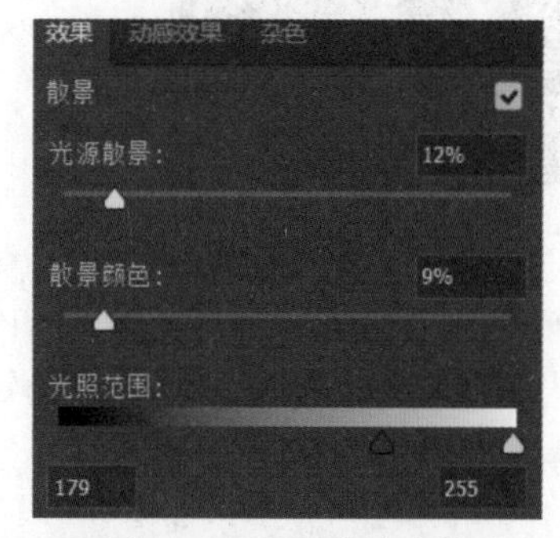

图 3-64　设置滤镜参数

图 3-65　滤镜预览窗口

图 3-66　设置滤镜后的效果图

步骤 6 选中“背景”图层，在“图层面板”下方的工具栏中单击按钮，创建“色彩平衡”调整图层，如图 3-67 所示，参数设置如图 3-68 所示，为猫与蝴蝶的相遇营造氛围。

步骤 7 参考步骤 6，创建“色阶”调整图层，如图 3-69 所示，参数设置如图 3-70 所示，使背景画面的“暗调”更明显。

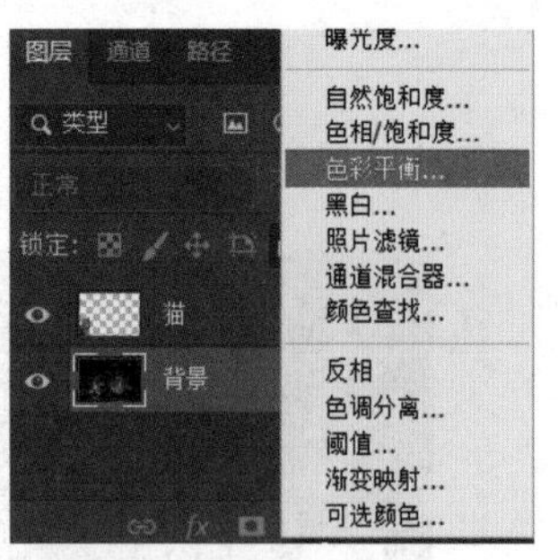

图 3-67 创建调整图层

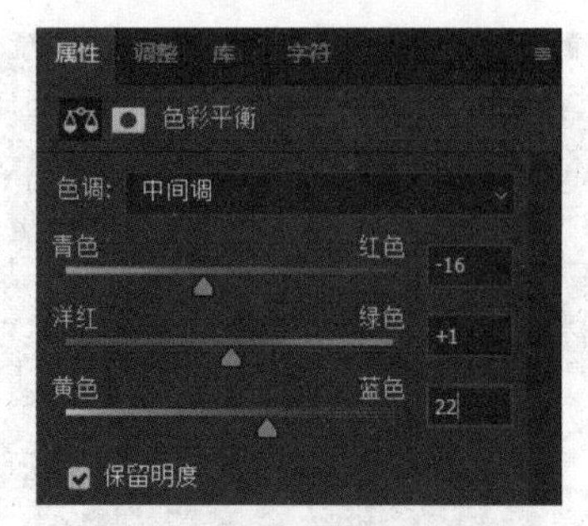

图 3-68 设置“色彩平衡”

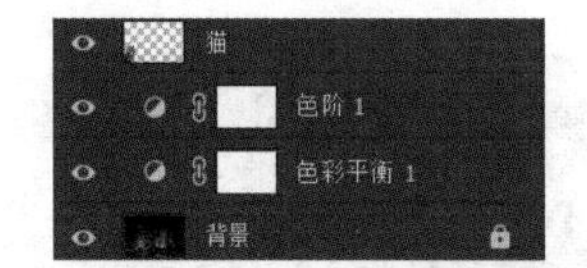

图 3-69 创建“色阶”调整图层

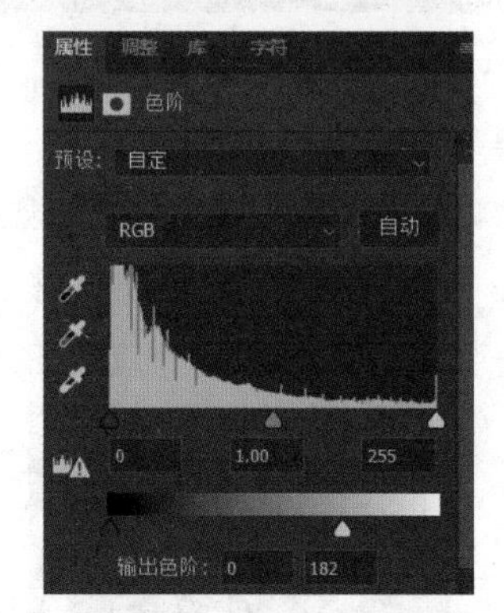

图 3-70 设置“色阶”

步骤 8 创建“纯色”填充图层，选择一个符合背景色调的颜色进行填充（参考值#3c3737），如图 3-71 所示，单击“确定”按钮返回。将该图层的“不透明度”调整到30% 至 50%，如图 3-72 所示。

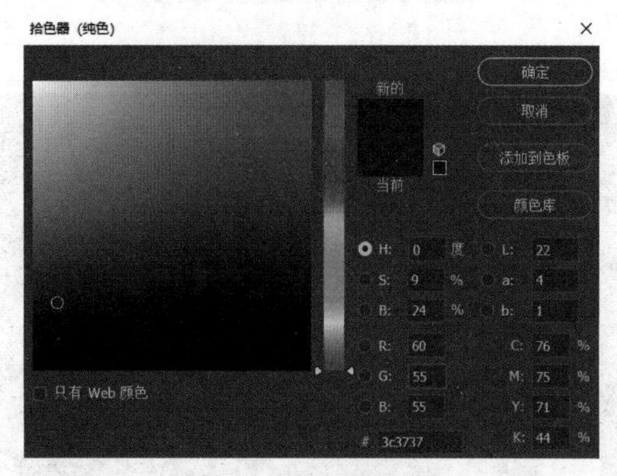

图 3-71 选取颜色

图 3-72 设置图层“不透明度”

步骤 9 在“图层面板”选中“颜色填充 1”图层，单击“图层蒙版缩览图”，如图 3-73 所示。

步骤 10 选择“画笔工具”，前景色设置为黑色，单击上方工具栏调整画笔参数，如图 3-74 所示。按住鼠标左键涂抹背景图片的亮光位置，让亮光亮度更高，增加画面明暗对比度，图层蒙版变化如图 3-75 所示，效果如图 3-76 所示。

步骤 11 在“图层面板”选中“猫”图层，创建“色阶”调整图层，参数设置如图

3-77 所示，使猫的色调与背景色调协调。单击“色阶”面板下方的“剪切图层”按钮（作用在于单击后，调整只影响图层下方的“猫”图层，而不影响其他图层）。

图 3-73　单击“图层蒙版缩览图”

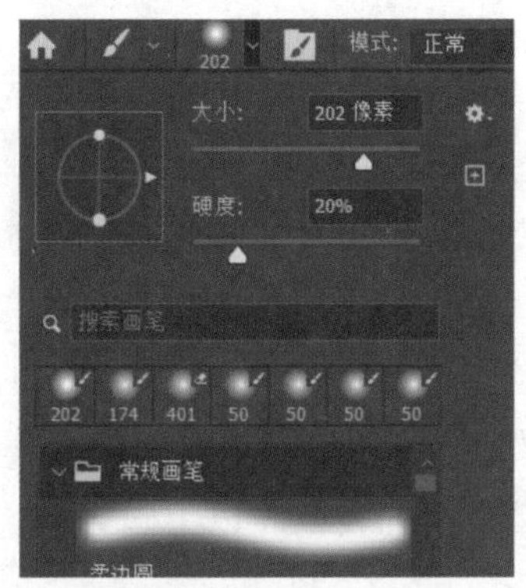

图 3-74　设置画笔参数

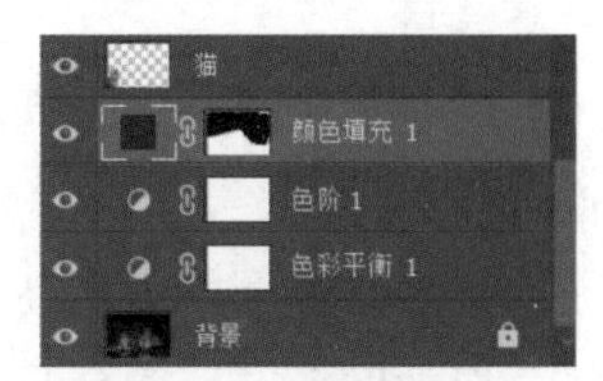

图 3-75　填涂蒙版

图 3-76　添加蒙版后的效果图

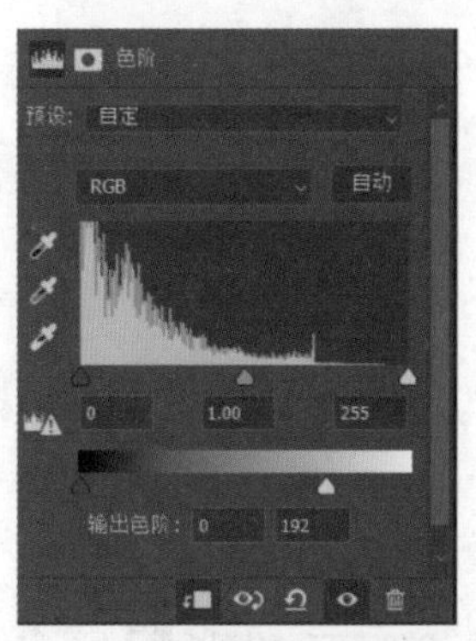

图 3-77　“色阶”参数设置

步骤12 置入“蝴蝶”素材，图层命名为“蝴蝶”，给“蝴蝶”图层创建“亮度 / 对比度”调整图层，如图 3-78 所示，参数设置如图 3-79 所示，使蝴蝶与整体画面更协调。单击按钮，设置只影响“蝴蝶”图层。

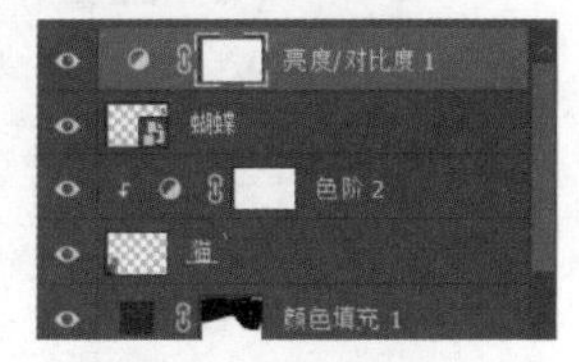

图 3-78　创建“亮度 / 对比度”调整图层

步骤13 另外，可以添加一些装饰元素，如文字、笔刷等，作品成品效果如图 3-80 所示。

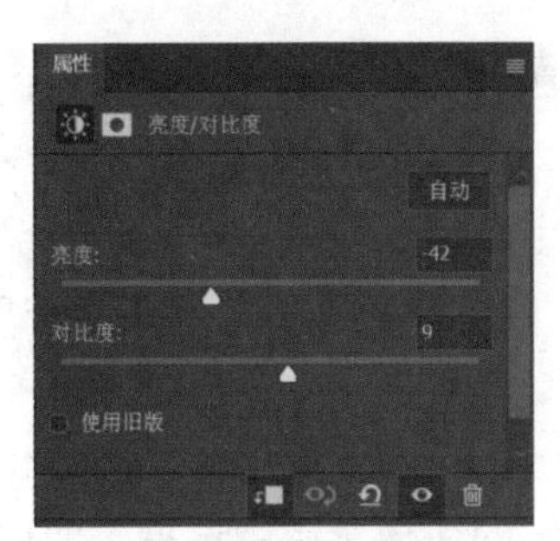

图 3-79　“属性”面板参数设置

图 3-80　作品成品效果图

3.4.3 拓展阅读

认识“粤港澳大湾区”

本案例选取的背景图是“城市夜景”灯饰标牌标识的“大湾区”，即“粤港澳大湾区”。粤港澳大湾区地理条件优越，三面环山，三江汇聚，具有漫长海岸线、良好港口群、广阔海域面。泛珠三角区域经济腹地广阔，拥有全国约 1/5 的国土面积、1/3 的人口和 1/3 的经济总量。

粤港澳大湾区的未来规划蓝图，不仅要建成充满活力的世界级城市群、国际科技创新中心、“一带一路”建设的重要支撑、内地与港澳深度合作示范区，还要打造成宜居宜业宜游的优质生活圈，成为高质量发展的典范，以中国香港、中国澳门、广州、深圳四大中心城市作为区域发展的核心引擎。

（资料来源：百度百科）

3.5 图层蒙版应用 2：侧脸风景

3.5.1 学习引导

本案例引导图如图 3-81 所示。

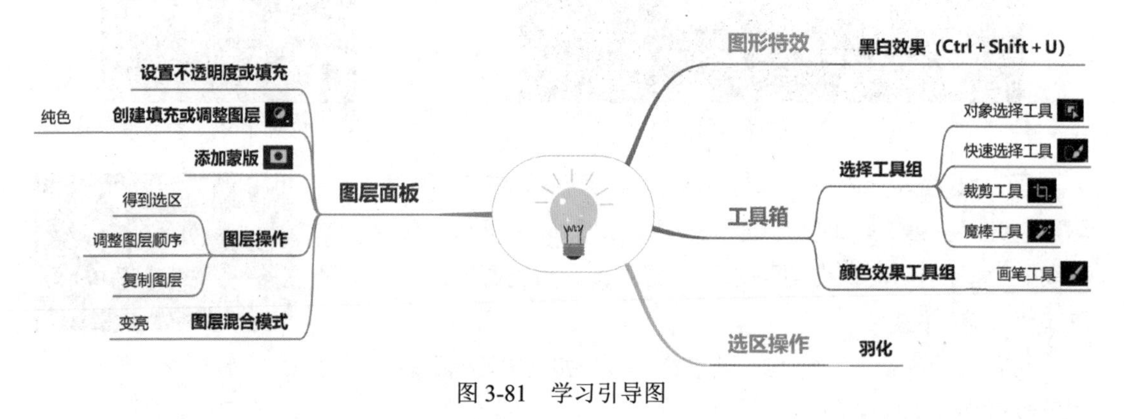

图 3-81 学习引导图

3.5.2 实践操作

步骤 1 打开“人像”素材，选择“对象选择工具”（或者“快速选择工具”、“魔棒工具”），选择人像区域，如图 3-82 所示。

> 注意：使用不同的选择工具，根据图片情况设置一定的容差值，以提高选择的精确性。

步骤 2 在画布编辑区右击“人像”选择区域，在弹出的快捷菜单中选择“羽化”选项，如图 3-83 所示，将“羽化半径”设置为 0.5 像素，如图 3-84 所示。

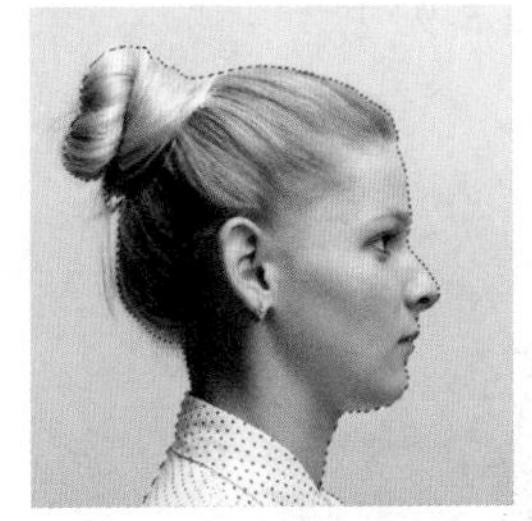

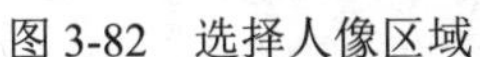

图 3-82　选择人像区域

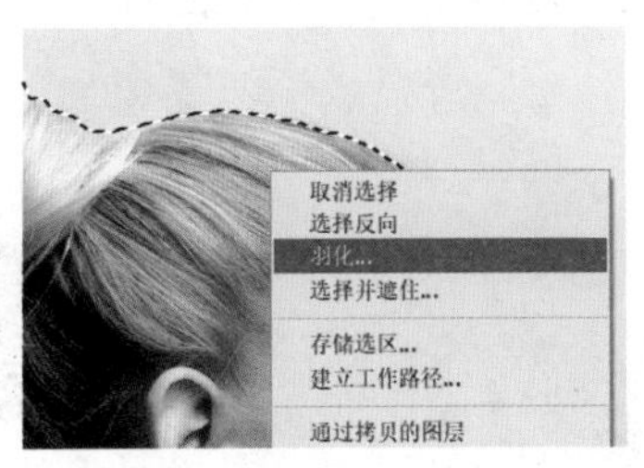

图 3-83　选择“羽化”

图 3-84　“羽化”参数设置

步骤 3 在“图层面板”选中“背景”图层，按“Ctrl+J”快捷键复制“背景”图层，得到已抠除了背景的“图层 1”，如图 3-85 所示。

步骤 4 选择“背景”图层，右击选择“删除图层”选项，保留“图层 1”，如图 3-86 所示。

步骤 5 在“工具箱”中选择“裁剪工具”，在画布上画出比原画布更大的范围，如图 3-87 所示，单击“裁剪工具”上方工具栏中的“√”按钮确认操作（或者按“Enter”键确认）。

图 3-85　得到抠像图层

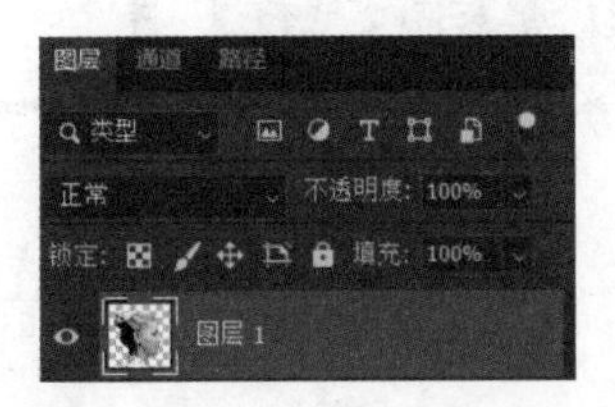

图 3-86　删除“背景”图层

图 3-87　裁剪画布

步骤 6 单击“图层面板”下方的按钮，创建“纯色”填充图层，如图 3-88 所示。

步骤 7 在弹出的“拾色器”对话框中选择白色（参考值 #fefefc），如图 3-89 所示。

图 3-88　创建“纯色”填充图层

图 3-89　设置填充颜色

步骤 8 选中“图层 1”，将其拖动放置于“颜色填充 1”图层上方，如图 3-90 所示。

步骤 9 按“Ctrl+Shift+U”快捷键设置图像为黑白效果，如图 3-91 所示。

图 3-90　移动“图层 1”

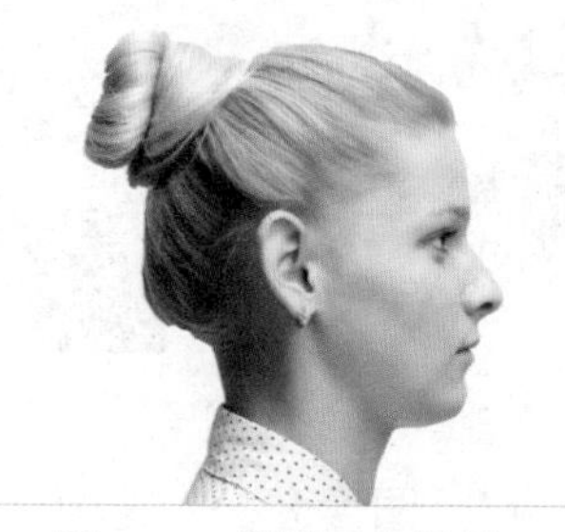

图 3-91　设置黑白效果

步骤 10 置入“哥斯达黎加阿雷纳尔火山”素材，调整大小与位置，如图 3-92 所示。

步骤 11 为方便调整图层位置，将“哥斯达黎加阿雷纳尔火山”图层的“不透明度”设置为 50%，如图 3-93 和图 3-94 所示，待调整完成后，恢复“不透明度”为 100%。

图 3-92　置入素材

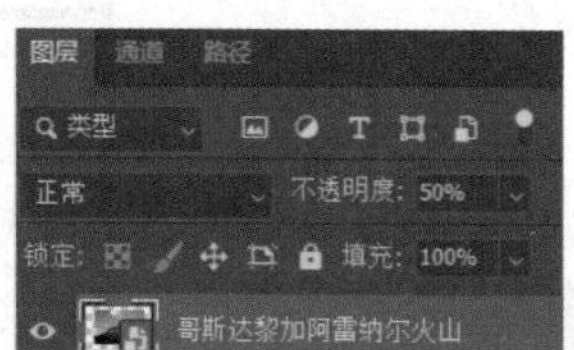

图 3-93　设置图层不透明度　图 3-94　设置图层不透明度的效果图

步骤 12 按住“Ctrl”键，同时单击“图层 1”的“图层缩览图”，得到“人像”选区，如图 3-95 所示。

无须改变选中图层，当前图层依然为“火山”图层。

步骤 13 在“图层面板”下方单击“添加矢量蒙版”按钮，给“火山”图层添加蒙版，如图 3-96 和图 3-97 所示。

图 3-95　得到“人像”选区

图 3-96　添加蒙版

图 3-97　添加蒙版后的效果图

步骤14 复制“图层 1”，并将复制图层拖动至“火山”图层上方。

步骤15 选择“图层 1 拷贝”，将其“图层混合模式”设置为“变亮”，“不透明度”设置为 50%，如图 3-98 所示。

步骤16 参照步骤 13，给“图层 1 拷贝”图层添加蒙版。

步骤17 选中“火山”图层，单击“图层蒙版缩览图”，如图 3-99 所示。

图 3-98 设置参数

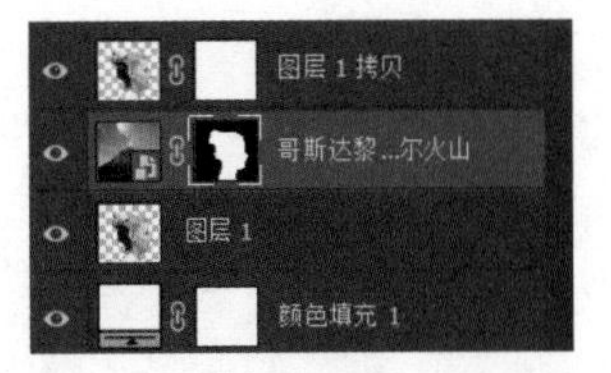

图 3-99 单击“火山”图层的“图层蒙版缩览图”

注意

选中状态为四边有框线，请不要选择“图层缩览图”或“智能对象缩览图”。

步骤18 选择“画笔工具”，在工具箱单击“设置前景色”按钮，将前景色设置为黑色（#000000），在“画笔工具”对应的工具栏调整画笔的“不透明度”为 40%，如图 3-100 所示。用“画笔”涂抹蒙版，让人物面部得到显现，如图 3-101 所示。

不透明度: 40% 流量: 100%

图 3-100 设置画笔的不透明度

步骤19 作品成品效果如图 3-102 所示。

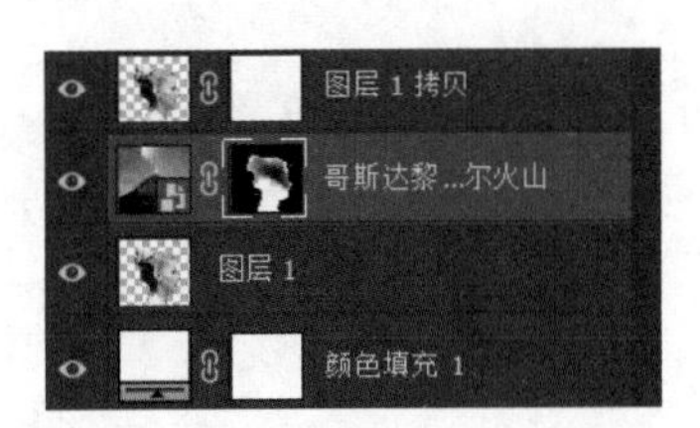

图 3-101 用“画笔工具”涂抹蒙版

图 3-102 作品成品效果图

3.5.3 拓展阅读

阿雷纳尔火山

阿雷纳尔火山（Arenal Volcano）在距离哥斯达黎加首都圣何塞西北大约 147 千米处，海拔 1633 米，是世界上最活跃的火山之一，其特点是相对对称的山体形状。这座火山底部的景观是一片郁郁葱葱的森林，有湖泊、洞穴、温泉、瀑布等。火山喷发期间，会在上空造成很大的火山灰雾和巨大的轰鸣声，在几十千米外都能见到。到了晚上，阿雷纳火山的景观更加壮观，岩浆卷着被高温熔化的山石向坡下翻滚，形成了诡异却又无比灿烂的“焰火”，通常至少延绵5千米远，为中美洲著名的奇观之一。

第4章　小试牛刀

学习目标

（1）巩固图层命名、图层编组、调整图层顺序等基本操作。

（2）了解合并图层、链接图层、解锁图层、调整图层不透明度、填充等操作。

（3）熟悉移动工具、文字工具、自由变换、魔棒工具的操作。

（4）掌握画笔工具、渐变工具、油漆桶工具、橡皮擦工具的使用。

（5）掌握矩形工具、椭圆工具的使用。

（6）了解钢笔工具、对象选择工具的使用。

（7）了解滤镜的参数设置与使用。

（8）激发创作思维，学会多种工具的综合运用和设计。

本章从主题式设计入手，以校园文化、环保公益、节日文化、景观等为题材，类型主要为海报及明信片等设计，目的在于通过设计启发学习者思考和感知身边的事物，开拓思维和眼界，发现世界之美。从本章起，教师和学习者可根据教学和学习节奏，在案例中加入个性化创作，从而拓宽思维，突破案例教程的藩篱。本章的知识点分布图如图 4-1 所示。

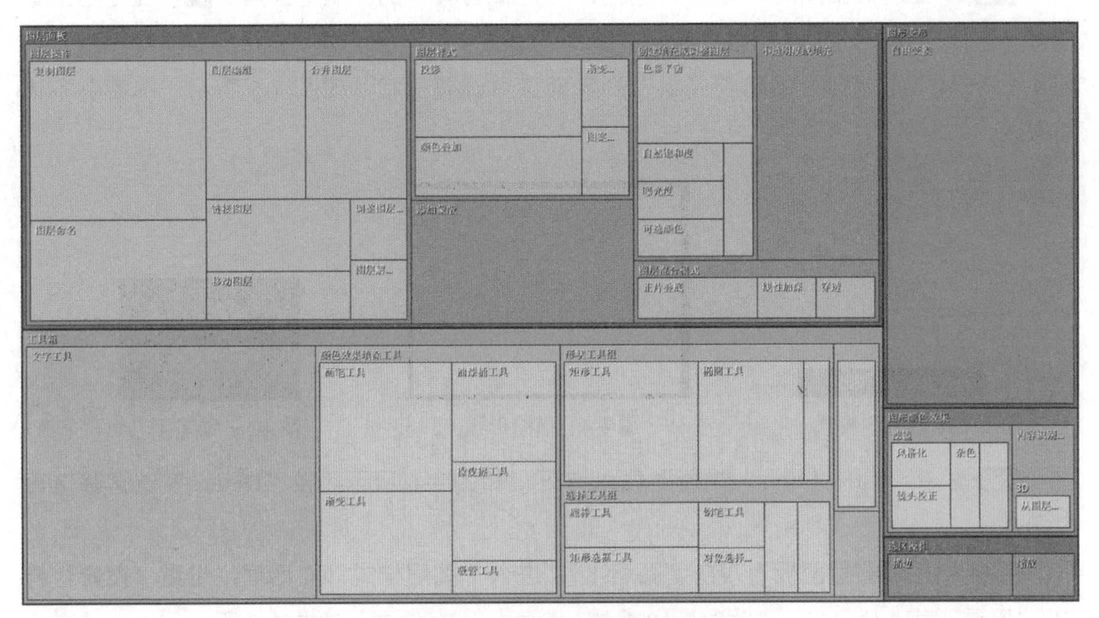

图 4-1　第 4 章知识结构图

第4章
操作视频

4.1 “一起去踏青”剪纸画报

4.1.1 学习引导

“踏青”是中国历史悠久的民俗活动之一，也称为“春日郊游”或“踏春”，一般指初春时到郊外散步游玩。古时踏青节日期因时因地而异，有正月八日，也有二月二日或三月三日，后来以清明出游踏青居多。因此，在春暖花开的季节，满眼的绿色成为本案例设计的主色调。本案例学习引导图如图 4-2 所示。

第4章
成品及素材

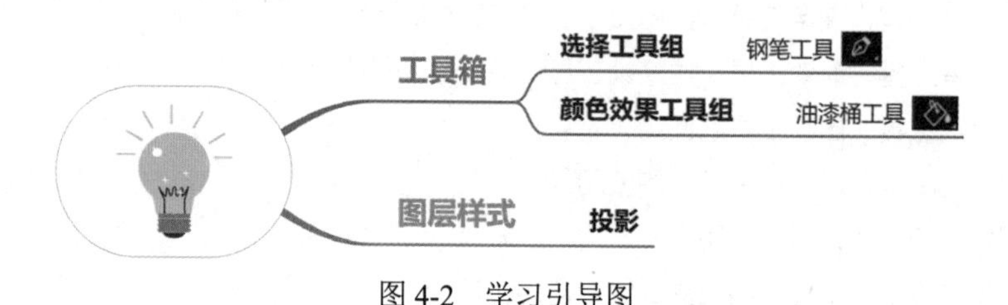

图 4-2　学习引导图

4.1.2 实践操作

步骤 1 新建文件，尺寸为 890 像素 ×1417 像素，分辨率为 300 像素 / 英寸，背景为白色。

步骤 2 复制背景图层，得到“图层 1”，选择工具箱的“钢笔工具”，在上方工具栏将“选择工具模式”修改为“路径”模式，如图 4-3 所示；然后描绘出喜欢的形状，如图 4-4 所示。（可通过“钢笔工具组”的各项工具调整形状，如图 4-5 所示，本案例不详细叙述。）

图 4-3　“路径”模式

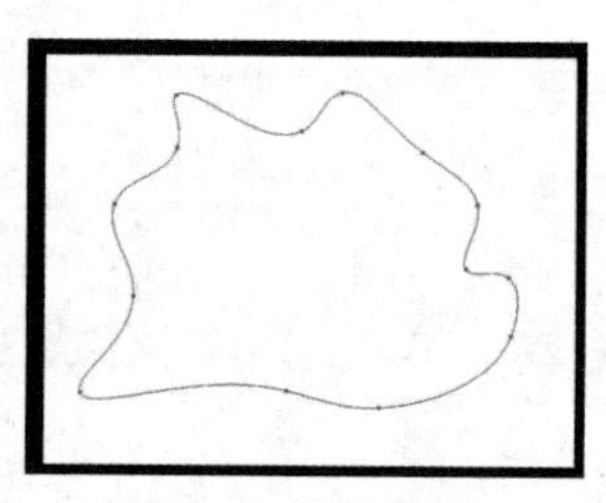

图 4-4　描绘形状

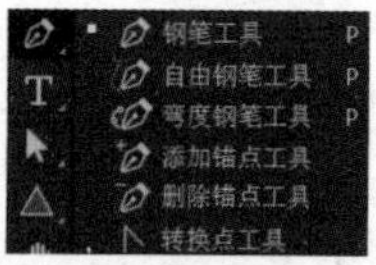

图 4-5　钢笔工具组

步骤 3 按“Ctrl+Enter”快捷键载入选区，如图 4-6 所示，按“Delete”键删除选区内容。

步骤 4 在“图层面板”双击“图层 1”，进入“图层样式”对话框，设置“投影”样式，“不透明度”为 43%，“距离”10 像素，“大小”70 像素，如图 4-7 所示。

步骤 5 “投影”参数设置完毕后，单击“确定”按钮返回画布编辑区，得到如图 4-8 所示效果，按“Ctrl+D”快捷键取消选区。

步骤 6 按“Ctrl+J”快捷键复制“图层 1”，得到“图层 1 拷贝”图层，按“Ctrl+T”快捷键调整“图层 1 拷贝”的大小和角度，如图 4-9 所示。

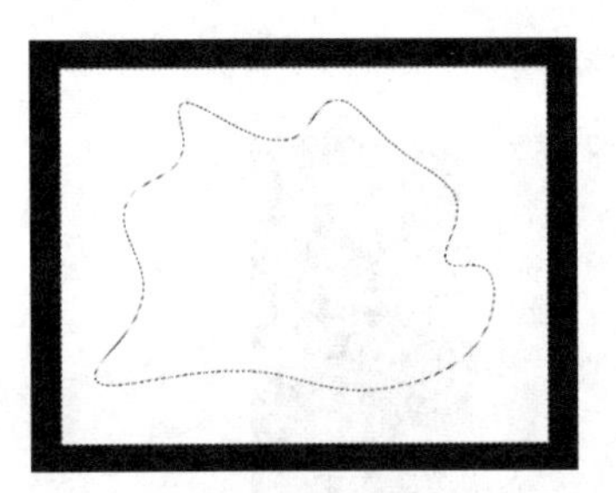

图 4-6 转换为选区

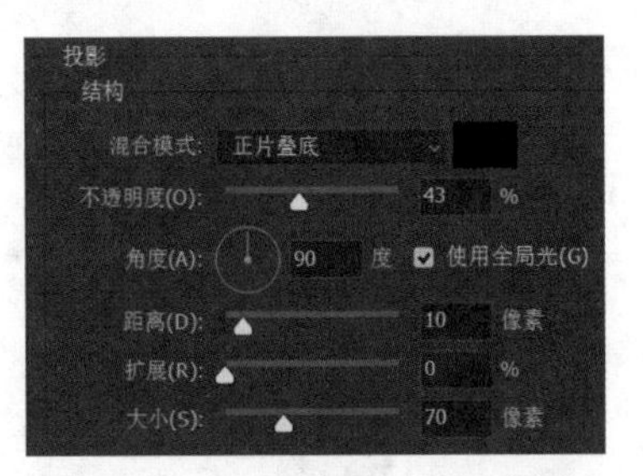

图 4-7 设置“投影”图层样式

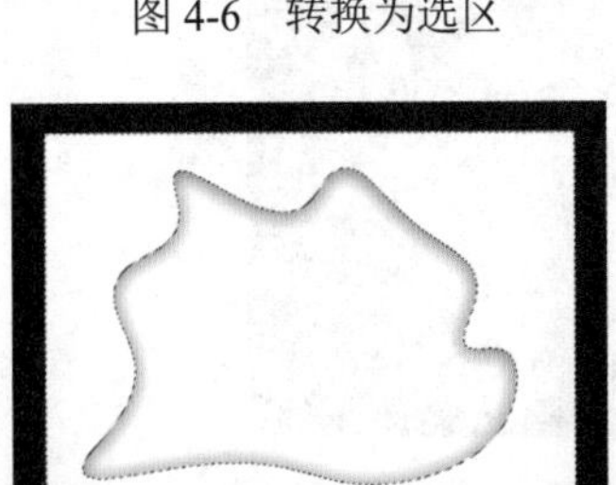

图 4-8 设置“投影”后的效果图

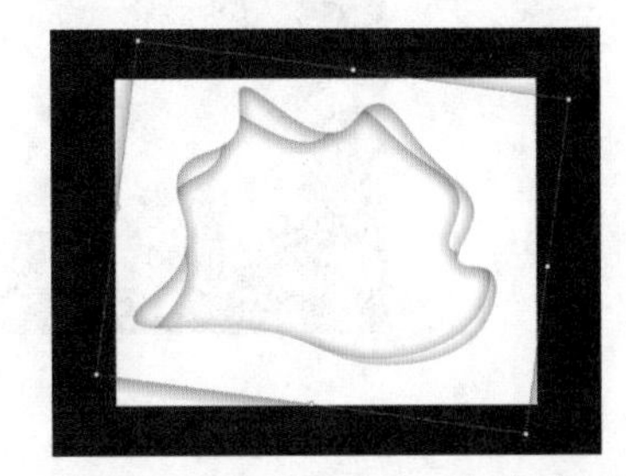

图 4-9 调整图像大小和角度

步骤 7 重复步骤 6，直至层数满足自己的设计需求，如图 4-10 所示效果。

步骤 8 在“工具箱”选择“油漆桶工具”，在“图层面板”选择各图层进行填充，具体操作如下。

①选中“背景”图层，然后在“颜色”面板移动鼠标，将“小圆圈”停留在需要的颜色上，单击即可选择，如图 4-11 所示。（“颜色”面板可按“F6”键打开，或选择“菜单栏”→“窗口”→“颜色”选项。也可通过设置“前景色”进行填充，背景颜色参考值为 #c5efae。）

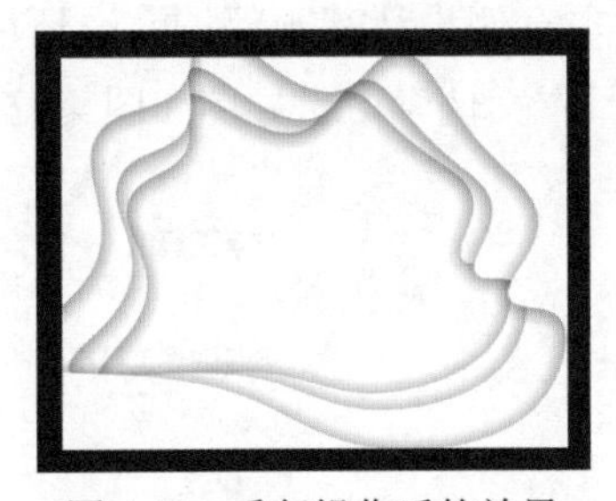

图 4-10 重复操作后的效果

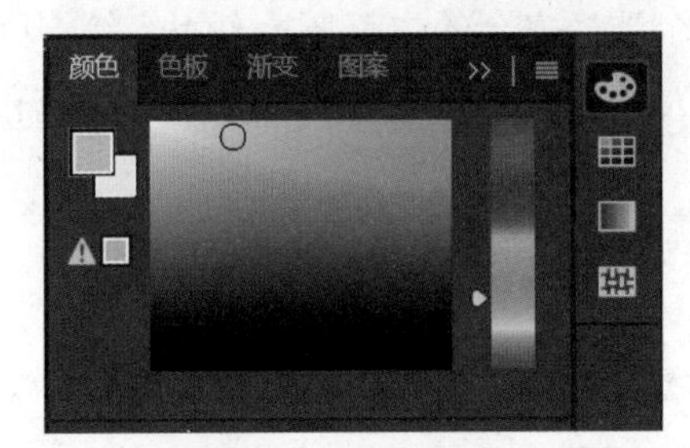

图 4-11 “颜色”面板

②单击图片任意位置，即可得到如图 4-12 所示的效果。

③重复步骤①至②，依次添加颜色，得到如图 4-13 所示的效果。

图 4-12 设置背景图层颜色

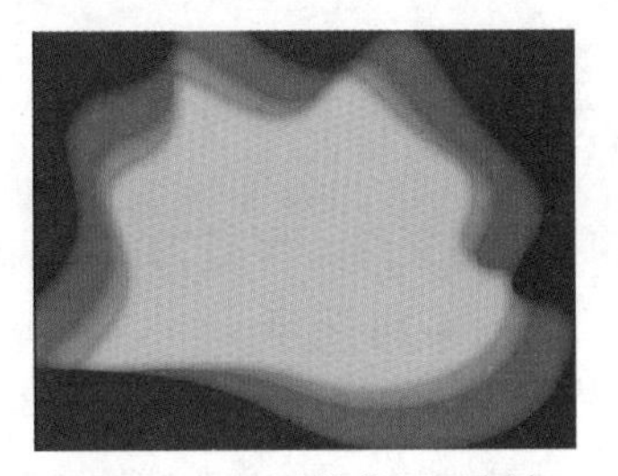

图 4-13 设置其他图层颜色

步骤 9 添加相应的素材，作品成品如图 4-14 所示。

图 4-14　作品成品效果图

4.2 “保护海洋生物”海报

4.2.1 学习引导

2018 年 5 月，泰国南部宋卡府地区一处运河浅湾中发现一只搁浅的未成年鲸鱼，经过人们长达 4 天的守护救援，小鲸鱼仍不幸死亡。专业人员在小鲸鱼体内发现大量塑料制品，仅垃圾袋就有 80 只，塑料制品对海洋生物造成了生存危机。清理塑料垃圾，还海洋生物们一个洁净安全的生存环境刻不容缓。因此，本案例设计基于保护海洋环境的理念，呼吁全球人民重视并提高环保意识，保护海洋生物。本案例学习引导图如图 4-15 所示。

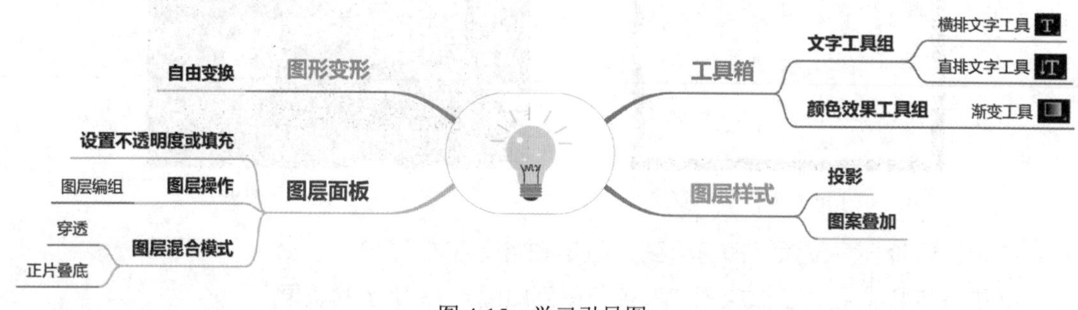

图 4-15　学习引导图

4.2.2 实践操作

步骤 1 新建文件，尺寸为 1300 像素 ×1700 像素，分辨率为 200 像素 / 英寸，背景色为白色，如图 4-16 所示。

步骤 2 选择“菜单栏”→“文件”→“置入嵌入对象”选项，置入“鱼缸”素材（或将目标文件夹的“鱼缸”文件直接拖到画布编辑区），调整大小和位置，如图 4-17 所示。

图 4-16　新建文件

图 4-17　置入“鱼缸”素材

步骤 3 选中“背景”图层，选择“渐变工具”，在“渐变工具”工具栏单击“径向渐变”按钮，如图 4-18 所示。然后单击“渐变编辑器”，弹出“渐变编辑器”对话框，选择“预设”→“蓝色”→“蓝色 _16”选项，如图 4-19 所示。单击“确定”按钮返回画布编辑区，效果如图 4-20 所示。

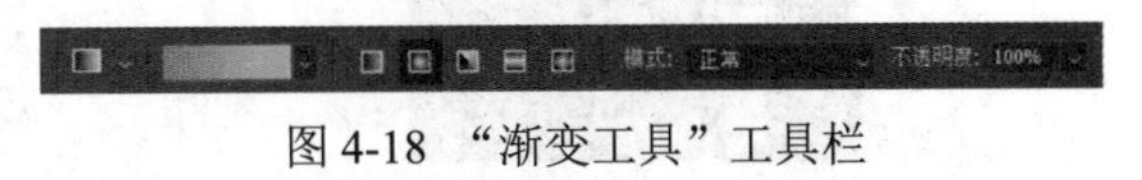

图 4-18　“渐变工具”工具栏

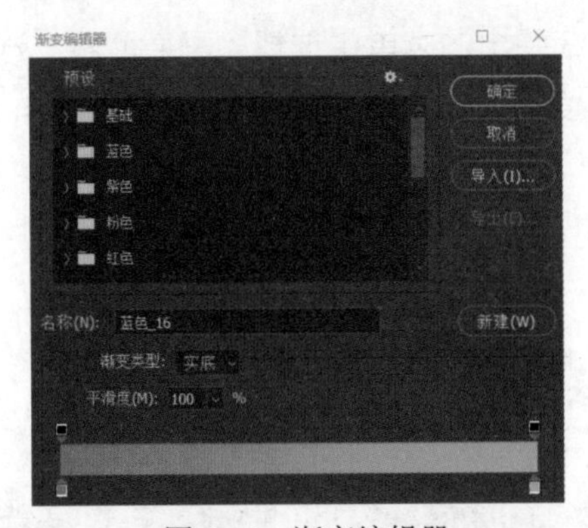

图 4-19　渐变编辑器

图 4-20　设置了渐变效果的效果图

步骤 4 置入“鲸鱼”素材，调整大小和位置，如图 4-21 所示。

步骤 5 置入“垃圾”素材（也可以自行寻找类似素材替换），调整大小和位置，修改图层组名为“垃圾组 1”，将图层组设置为“正片叠底”图层混合模式，如图 4-22 所示，增强素材与画面的融合感，效果如图 4-23 所示。

图 4-21　置入“鲸鱼”素材

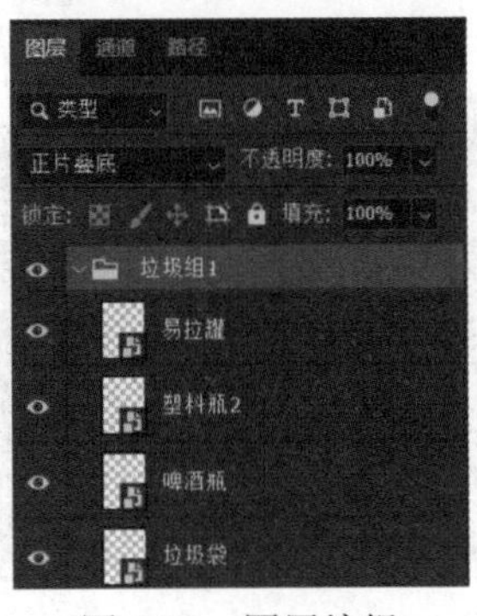

图 4-22　图层编组

图 4-23　“正片叠底”图层混合模式效果

步骤 6 置入漂浮于水面和沉于水底的其他垃圾素材，图层组命名为“垃圾组 2”，如图 4-24 所示。也可以分别设置各素材的图层混合模式，效果如图 4-25 所示。

图 4-24 图层编组

图 4-25 置入“垃圾”素材后的效果图

步骤 7 选中“鲸鱼”图层，按“Ctrl+J”快捷键复制图层，得到“鲸鱼 拷贝”图层，按“Ctrl+T”快捷键并在画布编辑区右击，在弹出的菜单中选择“垂直翻转”选项，调整“鲸鱼 拷贝”翻转后的位置，降低图层透明度和填充度，如图 4-26 所示，制作倒影效果，如图 4-27 所示。

步骤 8 参照步骤 7，复制底部垃圾图层，制作倒影，效果如图 4-28 所示。

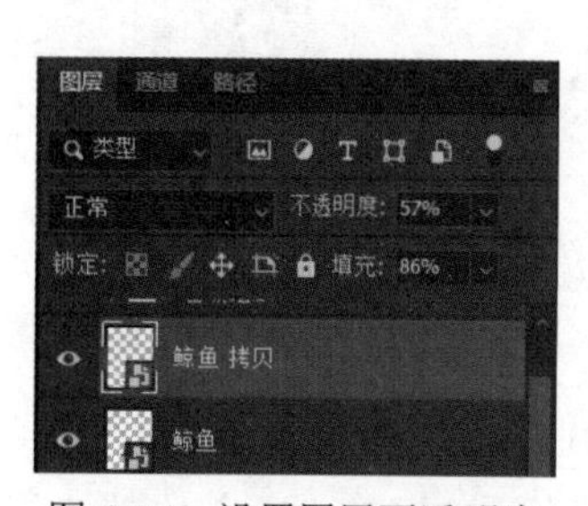

图 4-26 设置图层不透明度

图 4-27 制作“鲸鱼”倒影

图 4-28 制作“垃圾”倒影

步骤 9 使用“横排文字工具” T 设置文字标题，双击文字图层，设置“图层样式”，凸显文字立体感，如图 4-29 至图 4-31 所示。

步骤 10 作品成品效果如图 4-32 所示。

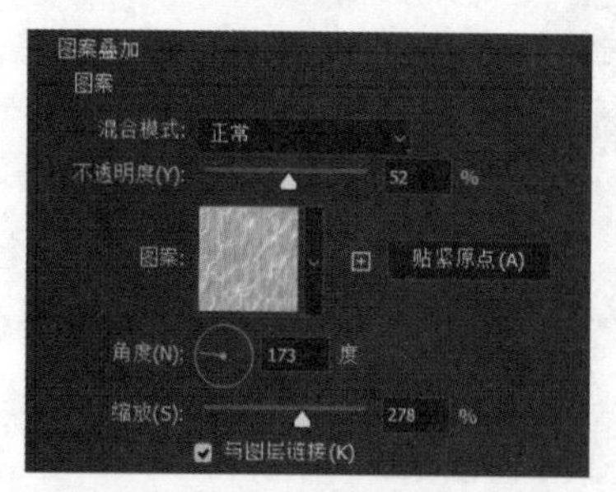

图 4-29 设置“图案叠加”样式

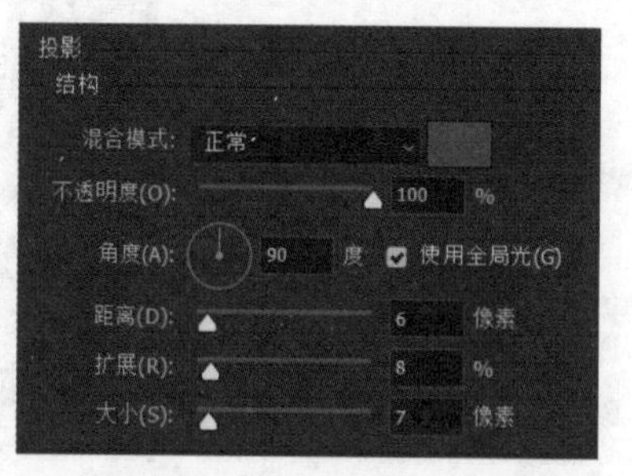

图 4-30 设置“投影”样式

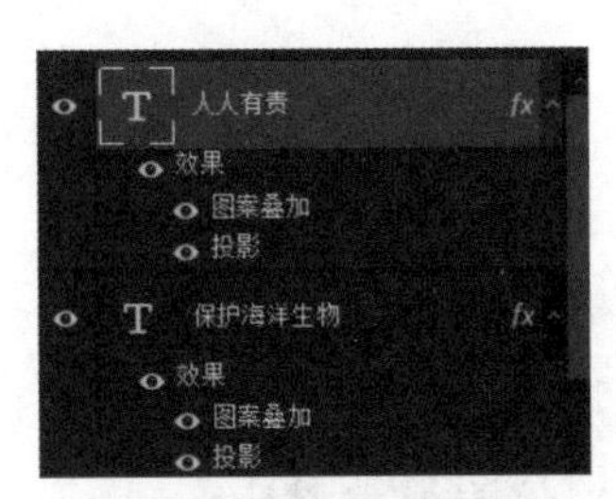

图 4-31　图层面板

图 4-32　作品成品效果图

> **提示**
>
> 此例子的整体操作难度不高，但需要细心和耐心。去水印和抠图的工作量较大，尤其是在抠比较小的垃圾时，需要配合使用“套索工具”和“魔棒工具”，并用“橡皮擦工具”进行修饰，比较费时费力。在处理鲸鱼腹内的垃圾时，图层叠加后，垃圾的清晰度降低，可考虑不使用“叠加”模式，而采用原图进行亮度、对比度等调整，以达到比较自然的效果。

4.3　校园运动会海报

4.3.1　学习引导

“苏神”（苏炳添，中国田径运动员，现为暨南大学体育学院教授）在东京奥运会上不但跑出了“超人”的速度，也跑出了暨南大学的“983”。校园运动会是我国运动员的种子来源之一，校运会的举办也正是发现这些优秀种子选手的初赛场。因此，本案例设计的目的在于通过海报宣传校运会，呼吁同学们强身健体。本案例学习引导图如图 4-33 所示。

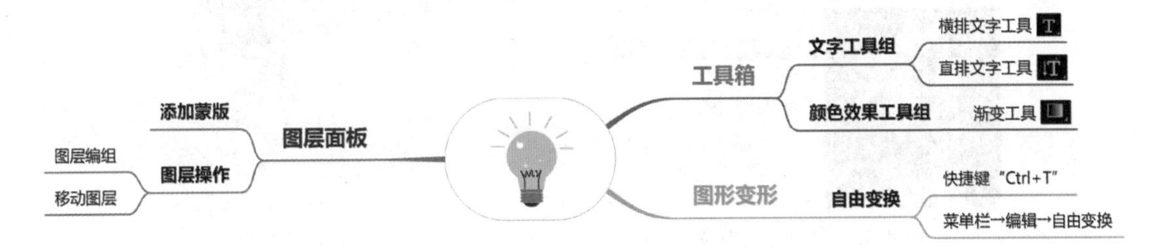

图 4-33　学习引导图

4.3.2 实践操作

步骤 1 新建文件，尺寸为 1080 像素 ×1620 像素，分辨率为 72 像素 / 英寸，背景为白色。

步骤 2 置入“背景 1”素材，调整图片的大小和位置，按“Enter”键确认操作，将图层的“不透明度”设置为 20%，如图 4-34 所示。

步骤 3 置入“跑步”素材，调整图片的大小和位置，按“Enter”键确认操作，如图 4-35 所示。

图 4-34 置入背景图

图 4-35 置入“跑步”素材

步骤 4 选中“跑步”图层，添加图层蒙版，选择“渐变工具”，在“渐变编辑器”中设置从黑色到透明的渐变色（或将前景色设为黑色后，在“渐变编辑器”中选择“预设”→“基础”→“前景色到透明渐变”选项），单击“确定”按钮返回画布编辑区。然后单击“跑步”图层的“图层蒙版缩览图”，拖动鼠标从画布的最左边往右边拉一小段直线。

步骤 5 置入“背景 2”，右击该图层，选择“创建剪贴蒙版”选项，如图 4-36 所示，效果如图 4-37 所示。

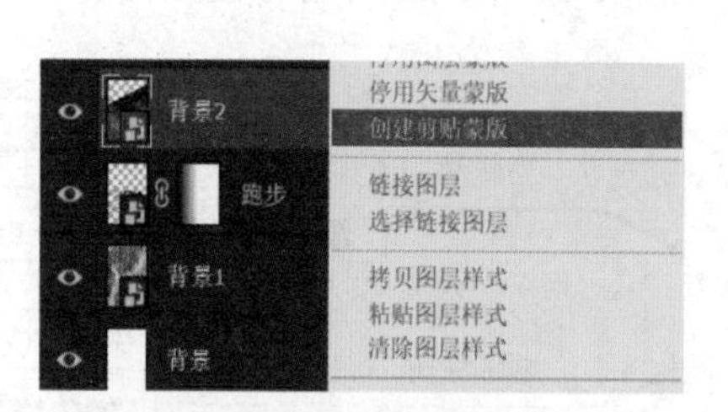

图 4-36 创建剪贴蒙版

图 4-37 效果图

步骤 6 按“Ctrl+T”快捷键进入“自由变换”，调整“跑步”图层的位置、大小及角度，如图 4-38 所示。

步骤 7 单击“横排文字工具” T 按钮，输入海报上的文字，字体、字号、颜色等参数自定，效果如图 4-39 所示。

图 4-38　图形调整

图 4-39　添加文字

步骤 8 选中海报标题的 3 个文字图层，按“Ctrl+G”快捷键给图层编组，命名为“组 1”，如图 4-40 所示。

步骤 9 复制“背景 2”图层，并将其移动至“组 1”图层上方，如图 4-41 所示。

步骤 10 选中“背景 2　拷贝”图层，右击，在弹出的菜单中选择“创建剪贴蒙版”选项，并调整蒙版的大小、位置及角度，效果如图 4-42 所示。

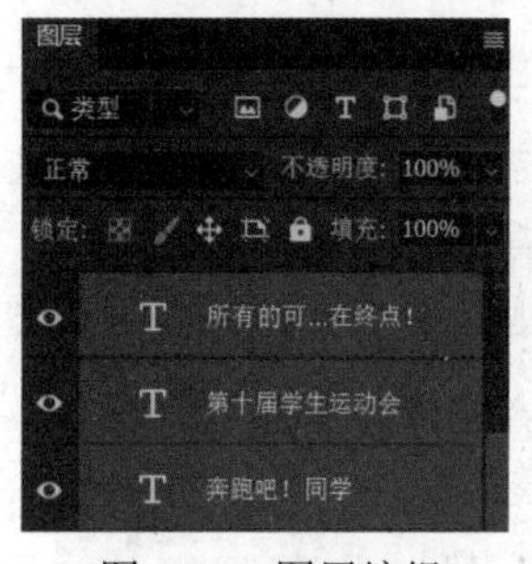

图 4-40　图层编组

图 4-41　移动图层

图 4-42　调整蒙版

步骤 11 选中“组 1”图层，按“Ctrl+T”快捷键进入“自由变换”，调整标题的大小，效果如图 4-43 所示。

步骤 12 参照步骤 9 ～ 11，给“活动时间”图层“创建剪贴蒙版”，效果如图 4-44 所示。

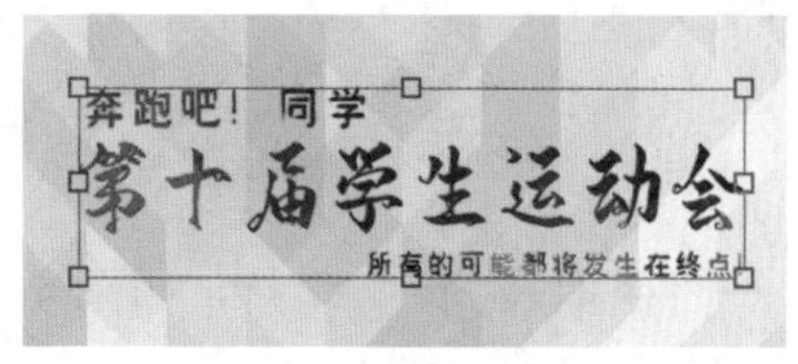

图 4-43　调整标题文字组

图 4-44　创建剪贴蒙版

步骤 13 添加学校 Logo，作品成品如图 4-45 所示。

图 4-45　作品成品效果图

4.4 “我爱广州”手提袋

4.4.1 学习引导

广州市简称“穗”，别称羊城、花城，是广东省辖地级市、广东省省会、首批国家历史文化名城、广府文化的发祥地。广州市地处中国南部珠江下游，濒临南海，是中国通往世界的南大门，也是粤港澳大湾区、泛珠江三角洲经济区的中心城市以及“一带一路”的枢纽城市。广州具有深厚的文化底蕴，有包罗万象的各色美食，有高楼林立的繁华商圈，也是一座千年历史古城。本案例以广州地标建筑和景点为设计素材，学习引导图如图 4-46 所示。

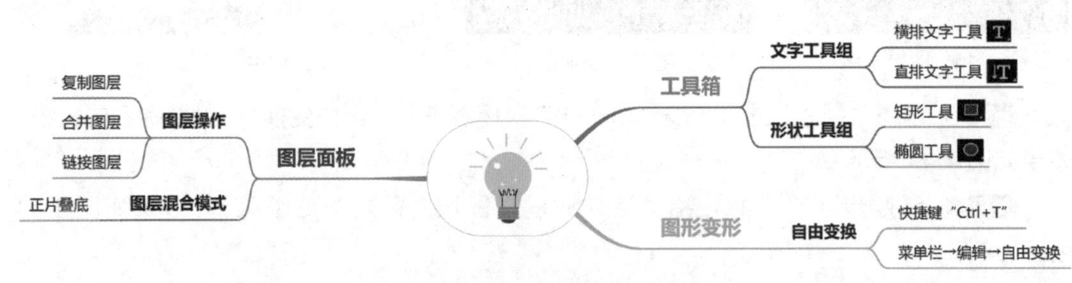

图 4-46　学习引导图

4.4.2 实践操作

步骤 1 打开“第 4 章”→“4.4”→“素材”→“手提袋 .jpg”素材，如图 4-47 所示，单击“背景”图层的锁图标，解锁背景图层，图层命名为“手提袋”。

步骤 2　置入“朋友”素材，图层命名为“我爱广州”，按“Ctrl+T”快捷键调整大小及位置，如图 4-48 所示。（可用“变形”操作，使图片更加贴合手提袋。）

图 4-47　打开“手提袋”素材

图 4-48　置入“朋友”素材

步骤 3　选择“矩形工具” ，按住“Shift”键在画布编辑区画一个红色（参考值 #fb0522）、无边框的正方形，如图 4-49 所示，“矩形工具” 的工具栏参数设置如图 4-50 所示。

图 4-49　绘制矩形

图 4-50　矩形参数设置

步骤 4　选择“椭圆工具” ，按住“Shift”键，画一个直径与正方形边长相同的圆形，如图 4-51 所示。

步骤 5　按“Ctrl+J”快捷键复制“椭圆 1”图层，并移动复制后的图层，使图形变成心形，如图 4-52 所示。

步骤 6　在“图层面板”按住“Ctrl”键，选中 3 个形状图层，右击，在弹出的菜单中选择“合并形状”选项，如图 4-53 所示。

步骤 7　将合并后的图层命名为“心形”，按“Ctrl+T”快捷键调整“心形”的角度，如图 4-54 所示。

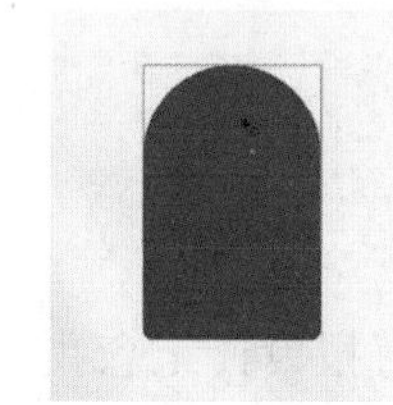

图 4-51　绘制圆形

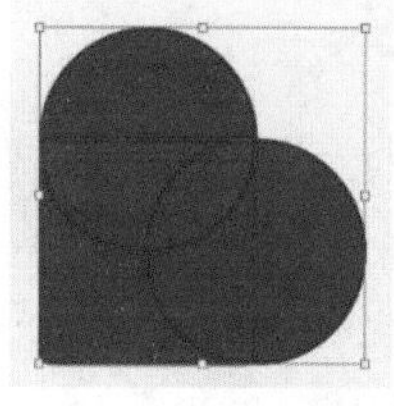

图 4-52　图形拼接

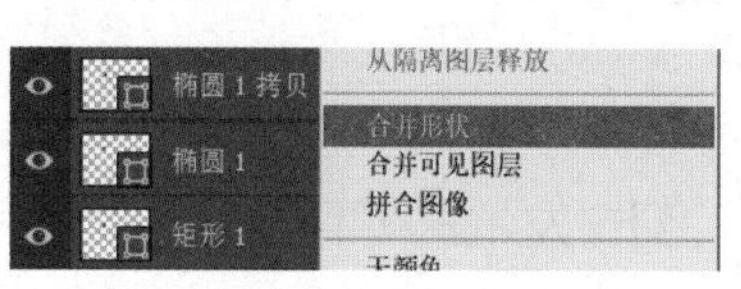

图 4-53　合并形状

图 4-54　合并后的形状

步骤 8 使用“横排文字工具” T 输入“我 广州”，调整文字的位置及大小，字体、字号自定，然后调整心形的位置及大小，如图 4-55 所示。

步骤 9 选中“我爱广州”图层、“心形”图层和“我 广州”文字图层，按“Ctrl+G”快捷键编组，命名为“左边袋子”，并将“左边袋子”组的“图层混合模式”设置为“正片叠底”，如图 4-56 和图 4-57 所示。

图 4-55 添加文字

图 4-56 图层编组

图 4-57 设置“正片叠底”的效果图

步骤 10 复制“左边袋子”组，命名为“右边袋子”组，选中该组图层，用“移动工具”将复制后的素材移至右边袋子，删除“我爱广州”图层，将文字调整至合适位置。

步骤 11 在“手提袋”图层上方一层置入“建筑”素材，调整大小及位置，如图 4-58 所示。

步骤 12 将“建筑”图层的混合模式设置为“深色”，如图 4-59 所示，如多余部分有痕迹，可添加图层蒙版进行处理。最后，作品成品如图 4-60 所示。

图 4-58 置入“建筑”素材

图 4-59 设置“图层混合模式”

图 4-60 作品成品效果图

4.5 毕业季海报

4.5.1 学习引导

又是一年毕业季，同窗友谊深刻且温暖，校园生活精彩难忘，通过海报设计纪念我们此刻的心情。本案例学习引导图如图 4-61 所示。

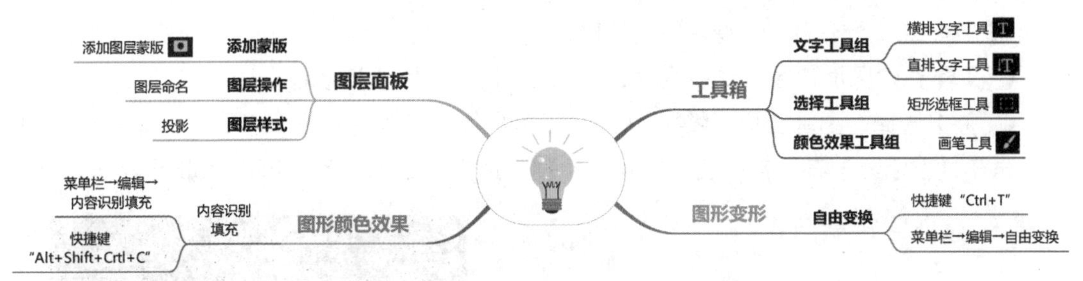

图 4-61 学习引导图

4.5.2 实践操作

步骤 1 新建文件，尺寸为 1080 像素 ×1620 像素，分辨率为 72 像素 / 英寸（如需要印刷可设为 300 像素 / 英寸），背景为白色。

步骤 2 置入“集体照”素材，调整图片大小和位置，如图 4-62 所示，选中图层右击，在弹出的菜单中选择“栅格化图层”选项。

步骤 3 选择“矩形选框工具”，选取图 4-63 所示的选区。

图 4-62 置入素材　　图 4-63 框选选区

步骤 4 选择“菜单栏”→“编辑”→“内容识别填充”选项，进入“内容识别填充”界面，可通过单击“取样画笔工具”按钮涂抹选取的区域，如图 4-64 所示。在右边的“内容识别填充”属性框可以设置“取样区域叠加”等参数，如图 4-65 所示。参数改变后，需要等待一些时间，预览界面才可显示预览效果。单击“确定”按钮返回画布编辑区，系统会自动生成一个填充图层，如图 4-66 所示。

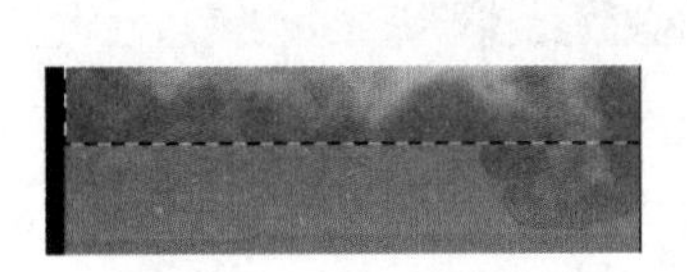

图 4-64 涂抹选取区域

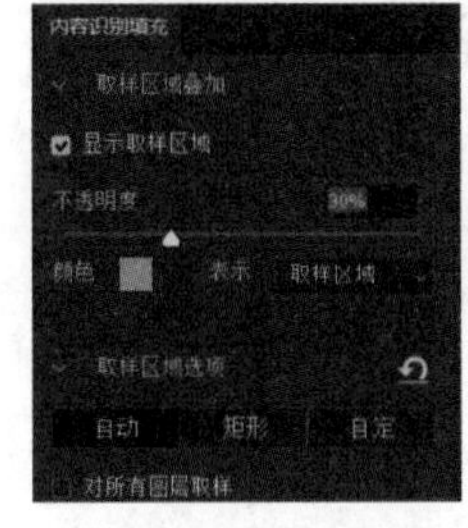

图 4-65 “内容识别填充”属性框

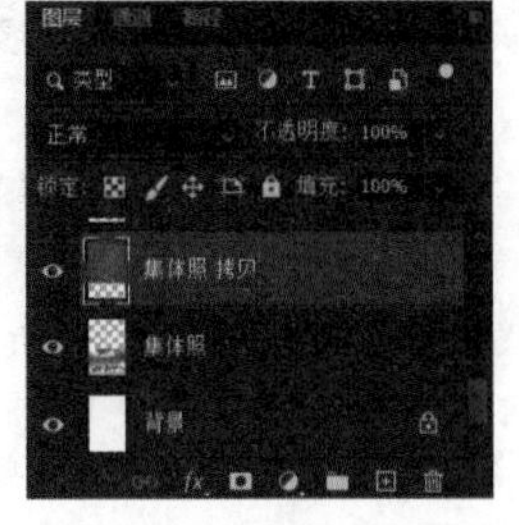

图 4-66 生成填充图层

步骤 5 按“Ctrl+D”快捷键取消选区。

步骤 6 新建图层，图层命名为“云”，给“云”图层添加蒙版。

步骤 7 选择“画笔工具”，在上方工具栏单击“画笔预设”选取器，如图 4-67 所示。再在“选取器”右上方单击齿轮状图标，选择“导入画笔”选项，如图 4-68 所示。

图 4-67　设置笔刷

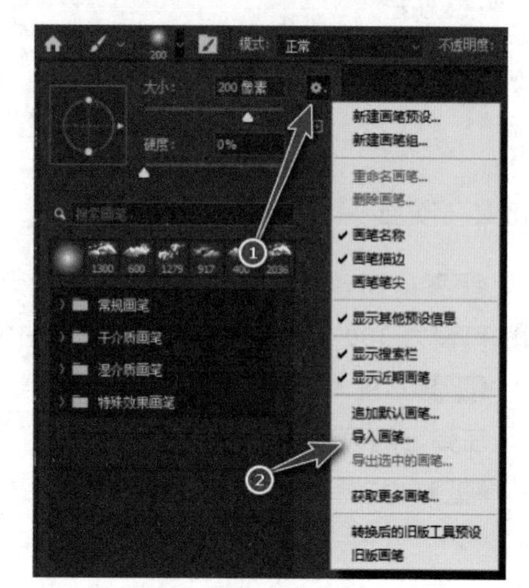

图 4-68　导入画笔

步骤 8 在“载入”窗口中选择放置“云 - 笔刷 .abr”的路径，并选择“云 - 笔刷 .abr”，单击“载入”按钮，返回画布编辑区。

步骤 9 此时，“画笔工具”已载入“云 - 笔刷”的画笔，在笔刷形状里选择“hjr_douds2”笔刷，调整画笔大小，并将前景色调整为白色，则可以在“云”图层中添加云朵，如图 4-69 所示。

步骤 10 继续使用“云 - 笔刷”，选择“hjr_douds1”笔刷，调整画笔大小，增加云朵，如图 4-70 所示。

图 4-69　添加云朵

图 4-70　添加云朵

步骤 11 新建图层，图层命名为“文字框”。

步骤 12 选择“矩形选框工具”，在画布编辑区画一个矩形，选择“菜单栏”→“编辑”→“描边”选项，宽度为 2 像素，颜色为白色，单击“确定”按钮返回画布编辑区，按“Ctrl+D”快捷键取消选区，如图 4-71 所示。

图 4-71　绘制矩形

步骤13 选择“矩形选框工具”，在画布编辑区画一个矩形，如图 4-72 所示。选择“菜单栏”→“编辑”→“自由变换”选项（或“Ctrl+T”快捷键），将矩形选框旋转一定角度，按“Ctrl+D”快捷键取消选区，如图 4-73 所示。

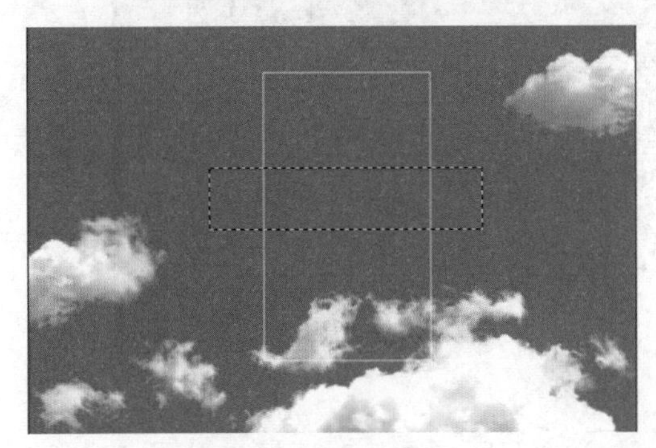

图 4-72　绘制矩形

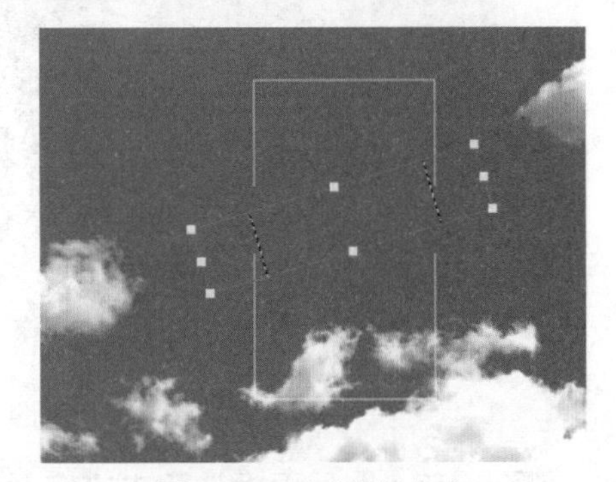

图 4-73　矩形旋转角度

步骤14 选择“直排文字工具”，分别输入文字“青春”和“毕业季”，设置合适的字体、字号、颜色等，如图 4-74 及图 4-75 所示。

图 4-74　添加文字“青春”

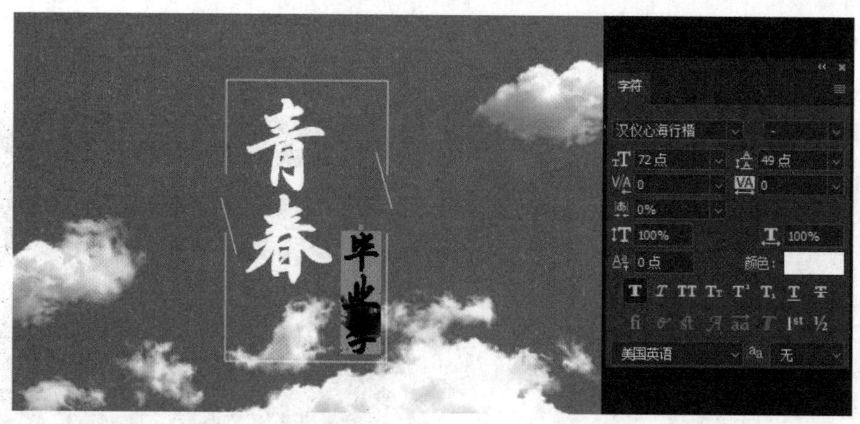

图 4-75　添加文字“毕业季”

步骤15 选择“横排文字工具” T，输入文字“GRADUATION SEASON”，设置合适的字体、字号、颜色等，如图 4-76 所示。

图 4-76　添加文字

步骤16 在“图层面板”双击文字图层，进入“图层样式”对话框，设置“投影”效果，具体参数设置如图 4-77 所示，单击“确定”按钮返回画布编辑区。

步骤17 选中已设置“图层样式”的文字图层，右击，在弹出的菜单中选择“拷贝图层样式”选项，然后选中没有设置“图层样式”的文字图层，右击，在弹出的菜单中选择“粘贴图层样式”选项，如图 4-78 所示，为三个文字图层设置相同的图层样式。

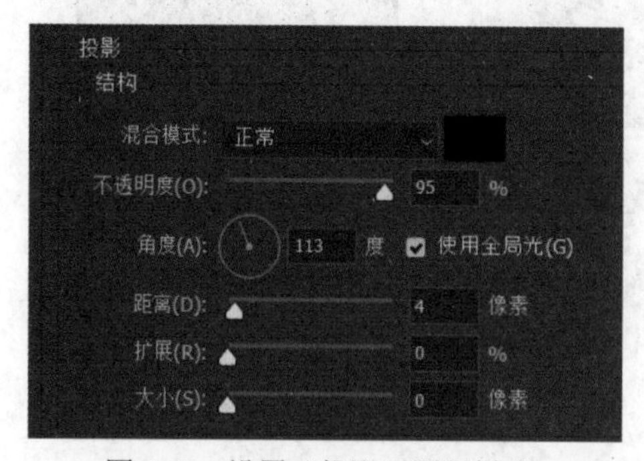

图 4-77　设置“投影”图层样式

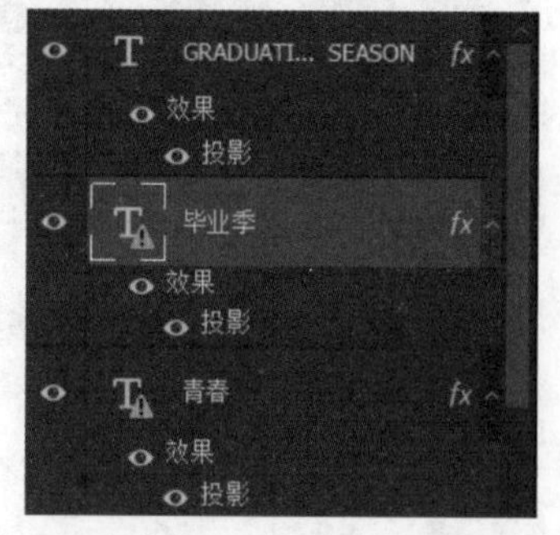

图 4-78　其他文字图层拷贝图层样式

步骤 18 选中“云”图层，添加图层蒙版，选择黑色“画笔工具”，设置合适的笔刷和大小，如图 4-79 所示，在画布编辑区拖动鼠标，对“云”图层蒙版挡住文字的部分进行涂抹，使文字显露出来，作品成品如图 4-80 所示。

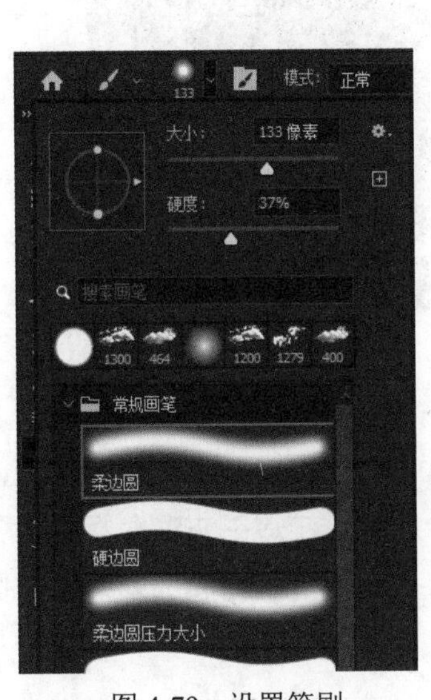

图 4-79　设置笔刷

图 4-80　作品成品效果图

4.6　春分海报

4.6.1　学习引导

春分是二十四节气之一，位于春季的第四个节气，于每年公历 3 月 19 至 22 日交节。在气候上，春分具有比较明显的特征，中国除青藏高原、东北地区、西北地区和华北地区北部外，均进入雨水充沛、温和明媚的春天。春分时节，中国民间有放风筝、吃春菜、立蛋等风俗。因此，本案例设计以春天的绿色为主色调，寓意万物复苏，细雨代表春分时节的气候。本案例学习引导图如图 4-81 所示。

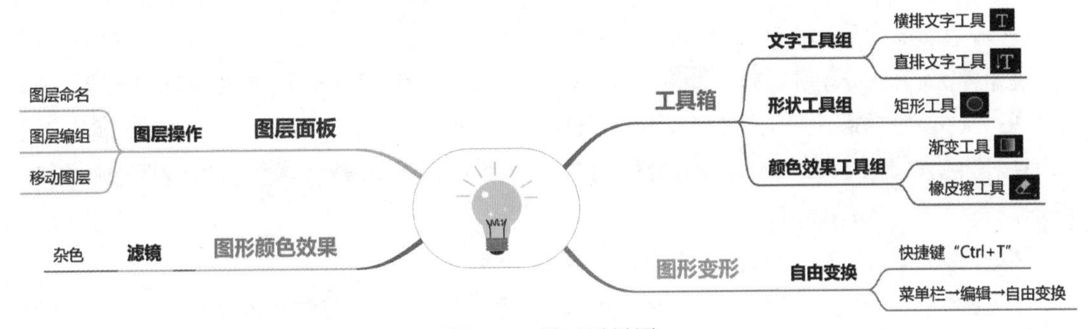

图 4-81　学习引导图

4.6.2 实践操作

步骤 1 新建文件，尺寸为 60 厘米 ×80 厘米，背景为白色，如图 4-82 和图 4-83 所示。

图 4-82 新建文件

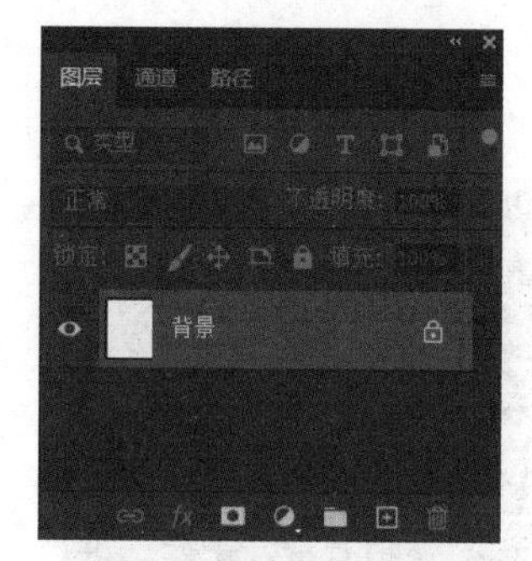

图 4-83 背景图层

步骤 2 在“工具箱”选择“渐变工具”，并在“渐变工具”工具栏选择“径向渐变”，单击“渐变编辑器”进入渐变颜色的选择，如图 4-84 所示。

步骤 3 在“渐变编辑器”中调整色标颜色，在颜色条最左端下方的色标中选取水绿色（参考值 #aedacf），在最右端下方的色标中选取浅的绿色（参考值 #d0e9e5），如图 4-85 所示。

图 4-84 “渐变工具”工具栏

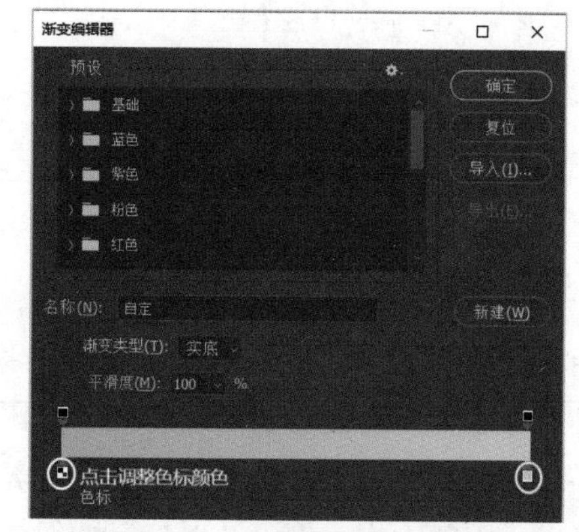

图 4-85 “渐变编辑器”对话框

步骤 4 单击“确定”按钮回到画布编辑区，拖曳鼠标，沿箭头方向从右下角到左上角给背景填充渐变颜色，如图 4-86 所示。

步骤 5 选择“椭圆工具”，同时按住“Shift”键和鼠标左键绘制标准圆形，图层命名为“橙色椭圆 1”。在“形状属性面板”设置圆形外观，无描边，填色单击按钮选取浅橙色（参考值 #e6caab），如图 4-87 和图 4-88 所示，形状属性面板设置如图 4-89 所示。

步骤 6 把圆形移动到海报左上方，如图 4-90 所示。

步骤 7 在“图层面板”选中“橙色椭圆 1”图层，右击，在弹出的菜单中选择“栅格化图层”选项，如图 4-91 所示。

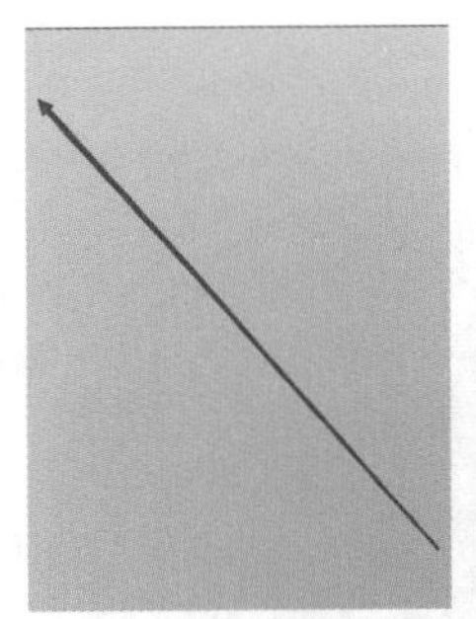

图 4-86 渐变填充方向

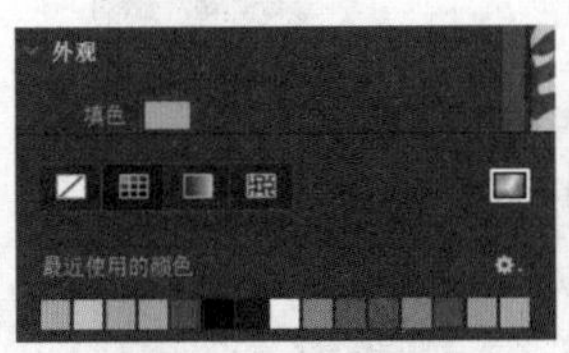

图 4-87 “填色”面板

图 4-88 设置颜色

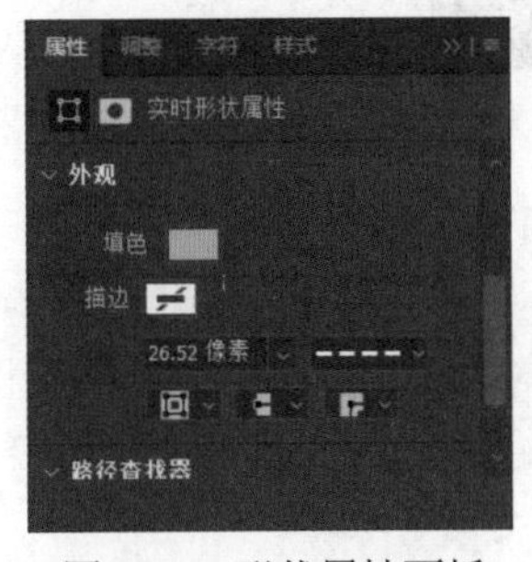

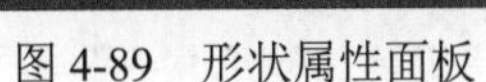

图 4-89 形状属性面板

图 4-90 移动圆形位置

图 4-91 栅格化图层

步骤 8 选择“橡皮擦工具”，选择“常规画笔”→“柔边圆”选项，调至合适大小（笔刷“大小”参考值为 2931 像素），“硬度”调为 0%，“不透明度”为 50%，如图 4-92 所示。涂抹圆形图像，如图 4-93 所示状态。

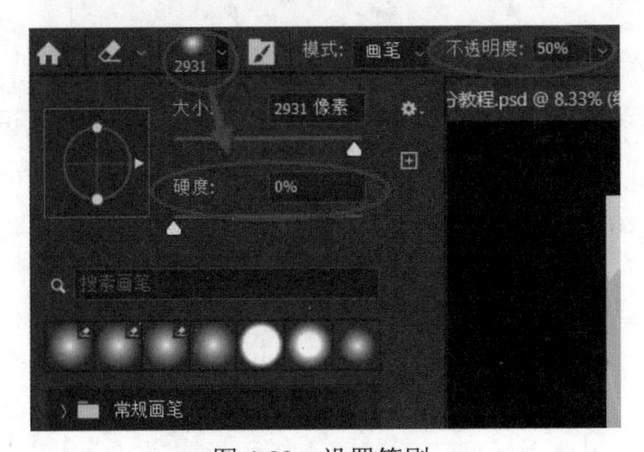

图 4-92 设置笔刷

图 4-93 使用笔刷的效果图

步骤 9 选择“菜单栏”→“滤镜”→“杂色”→“添加杂色”选项，如图 4-94 所示。“数量”为 20%，选择“平均分布”，如图 4-95 所示。单击“确定”按钮返回画布编辑区，效果如图 4-96 所示。

步骤 10 参照步骤 5 ～ 9，在海报对应位置分别再绘制三个标准圆形，并进行相关设置，如图 4-97 和图 4-98 所示。（为规范图层管理，按“Ctrl”键依次选中椭圆图层，按“Ctrl+G”快捷键将椭圆图层归为“椭圆组”。）

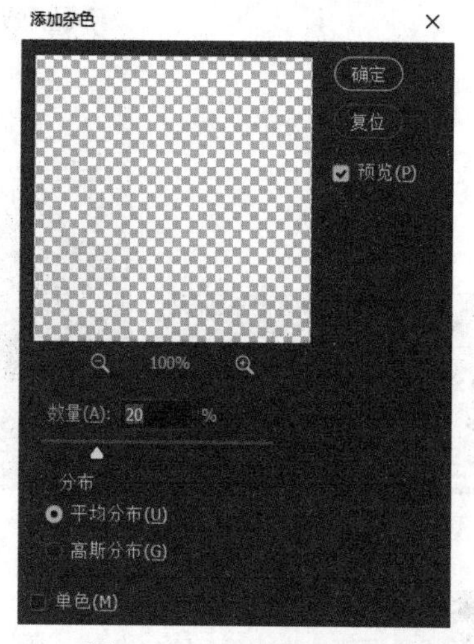

图 4-94　选择“添加杂色”滤镜

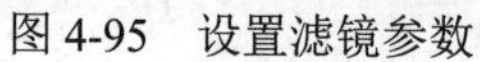

图 4-95　设置滤镜参数

图 4-96　滤镜效果图

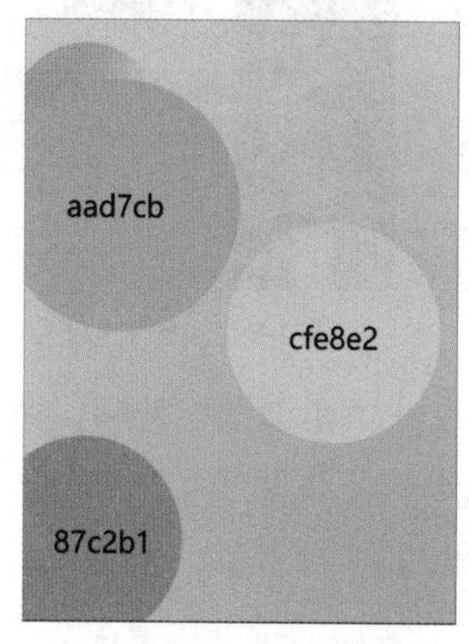

图 4-97　填充颜色

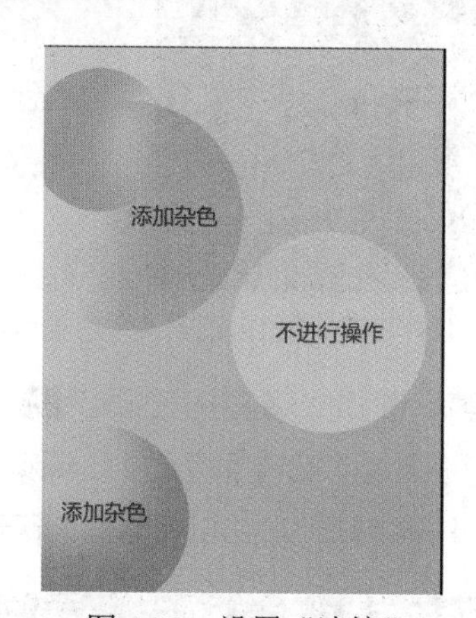

图 4-98　设置“滤镜”

步骤 11 选择“文字工具” ，分别输入“春”和“分”，在“字符”属性面板设置字体为“华文行楷”，文字颜色为深绿色（参考值为 #1d6e4d），文字横向间距为 160，如图 4-99 所示，并将文字移动至如图 4-100 所示的位置。

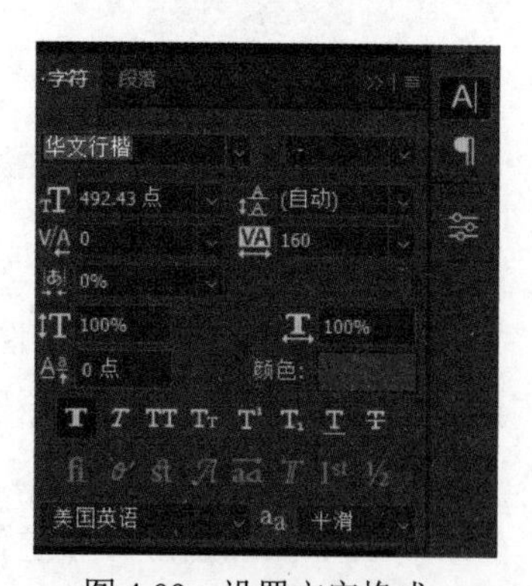

图 4-99　设置文字格式

图 4-100　添加文字

步骤 12 选择“横排文字工具” ，输入文字“斗指壬，约行周天 / 太阳黄经达 0°，于每年3月19日—22日交节/南北两半球昼夜均分，又当春之半”（说明：“/”表示另起一行），设置字体（本案例使用的是“演示春风楷”字体，也可以使用常用的楷体等字体），如图4-101所示。字号、行间距、字间距等数值自定，文字加粗，颜色为深绿色（参考值为#1d6e4d），如图4-102所示。

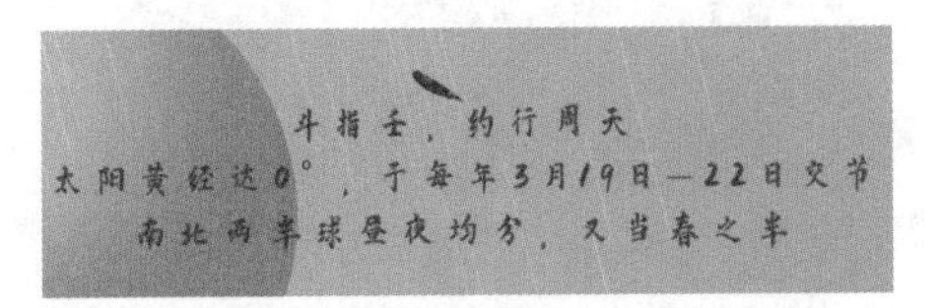

图4-101　添加文字

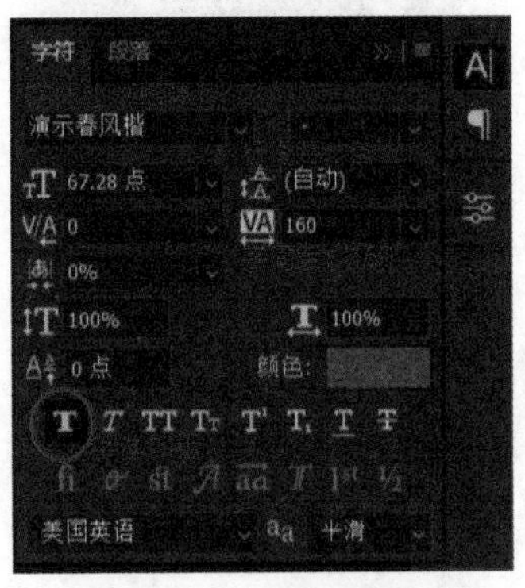

图4-102　设置文字格式

步骤13 选择“横排文字工具”和“直排文字工具”，在海报相应位置输入文字，并设置合适的字体、字号和颜色，参考设置如图4-103所示。（按“Ctrl”键依次选中文字图层，按“Ctrl+G”快捷键将文字图层归为“文字组”。）

步骤14 置入“柳树”“燕子”“二十四节气”素材，移动至相应位置，并按“Ctrl+T”快捷键调整大小，如图4-104所示。

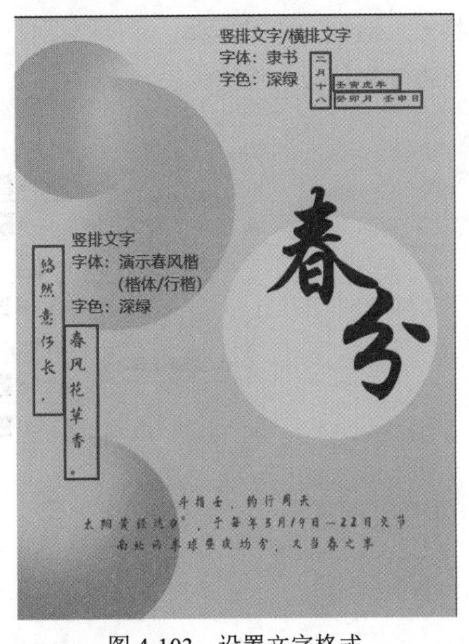

图4-103　设置文字格式

图4-104　置入相关素材

步骤15 置入“细雨”素材，在“图层面板”将其移动至“椭圆组”下方，以增加穿透效果，如图4-105所示。

步骤16 保存文件，作品成品如图4-106所示。

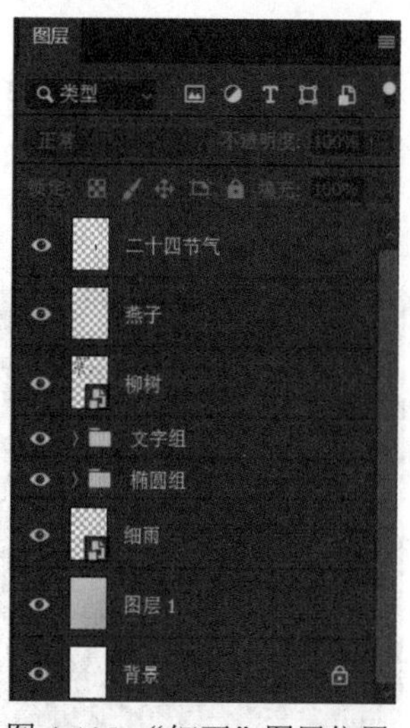

图 4-105 “细雨”图层位置

图 4-106 作品成品效果图

4.7 立秋海报

4.7.1 学习引导

立秋是“二十四节气”的第十三个节气，也是秋季的起始。立秋意味着降水、湿度等开始减少或下降，与立春、立夏、立冬并称“四立”，也是古时“四时八节”之一。秋天是禾谷成熟、收获的季节，立秋时，古时民间有祭祀土地神。庆祝丰收、贴秋膘、咬秋等习俗。因此，本案例设计以橘黄色为主色调，以银杏叶为秋天来临的代表元素，学习引导图如图 4-107 所示。

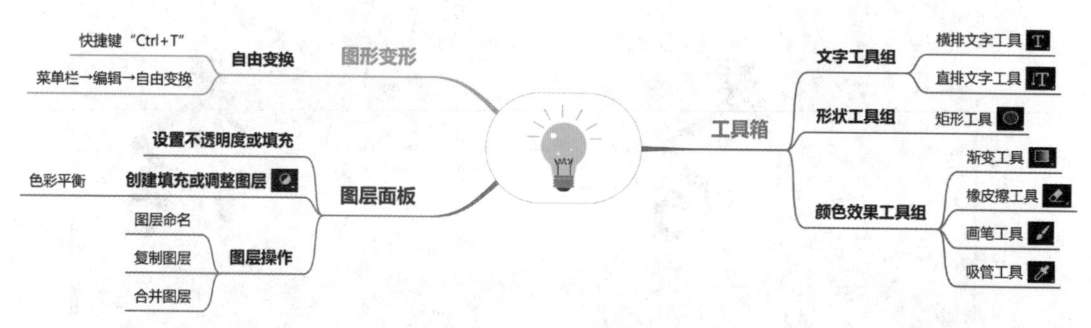

图 4-107 学习引导图

4.7.2 实践操作

步骤 1 新建文件，尺寸为 60 厘米 ×80 厘米，分辨率为 300 像素 / 英寸，背景为白色，如图 4-108 所示。

步骤 2 置入“银杏叶”素材，按“Ctrl+J”快捷键多次复制“银杏叶”图层，按“Ctrl+T”快捷键旋转“银杏叶”的角度和调整大小、位置，如图 4-109 所示。

步骤 3 在“图层面板”按住“Ctrl”键，同时单击所有银杏叶的图层，在所选图层上右击，在弹出的菜单中选择“合并图层”选项，将所有银杏叶图层合并为一个图层，图层命名为“银杏叶”，将图层“不透明度”设为 80%，如图 4-110 所示。

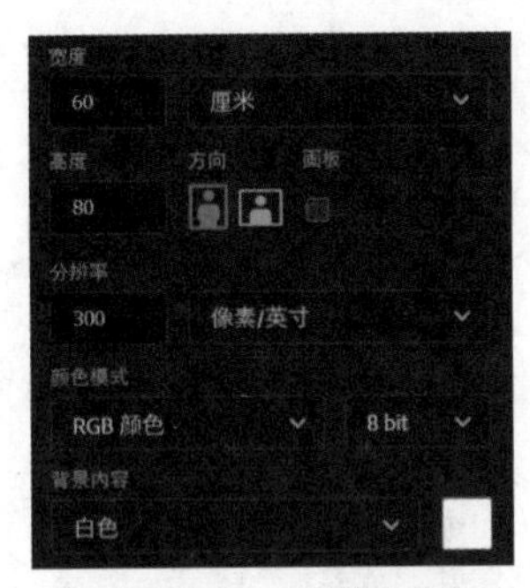

图 4-108　新建文件

图 4-109　复制图层并调整

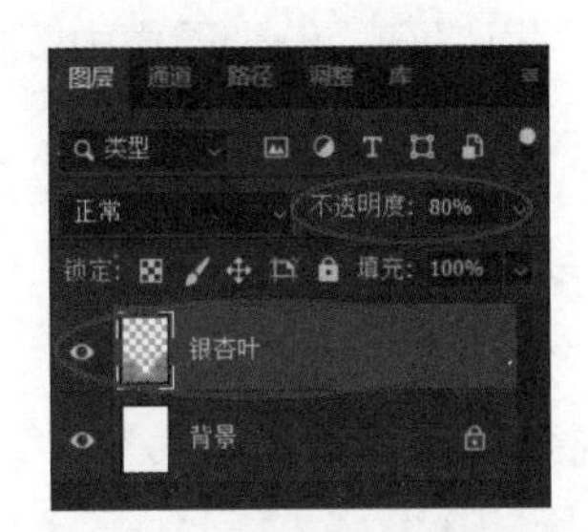

图 4-110　设置图层不透明度

步骤 4 选中“银杏叶”图层，选择“菜单栏”→“图像”→“调整”→“色彩平衡”选项（或按“Ctrl+B”快捷键进入“色彩平衡”设置），将“青色”→“红色”颜色条的三角形光标向红色方向挪动，直至第一个色阶数值为 +50 左右，或直接修改第一个色阶数值，如图 4-111 所示。

步骤 5 选择“橡皮擦工具”，将“橡皮擦工具”的“硬度”调为 0，可起到模糊边缘的作用，笔刷大小根据页面设置，拖动鼠标擦除“银杏叶”图层边缘，效果如图 4-112 所示。

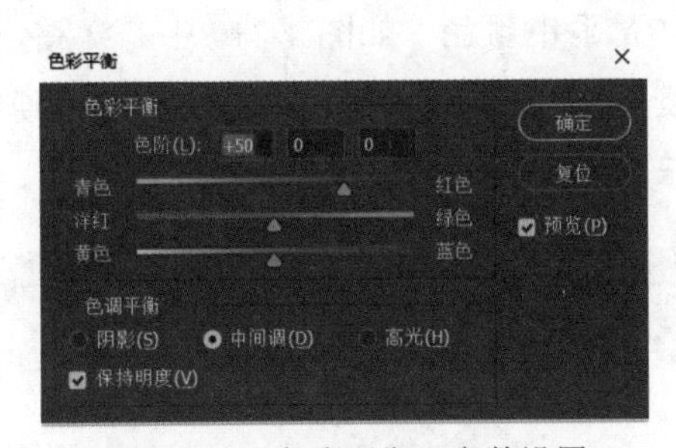

图 4-111　“色彩平衡”参数设置

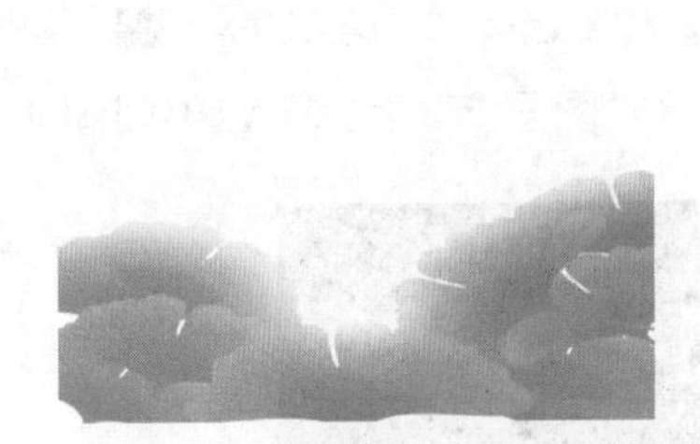
图 4-112　使用“橡皮擦工具”的效果图

步骤 6 在“银杏叶”图层下方新建一个图层，如图 4-113 所示。选择“渐变工具”，在“渐变工具”的渐变编辑器中选择渐变颜色时，左边色标选取银杏叶中最深色部位的颜色，最右边的色标选取边缘淡化部位的颜色，如图 4-114 所示。

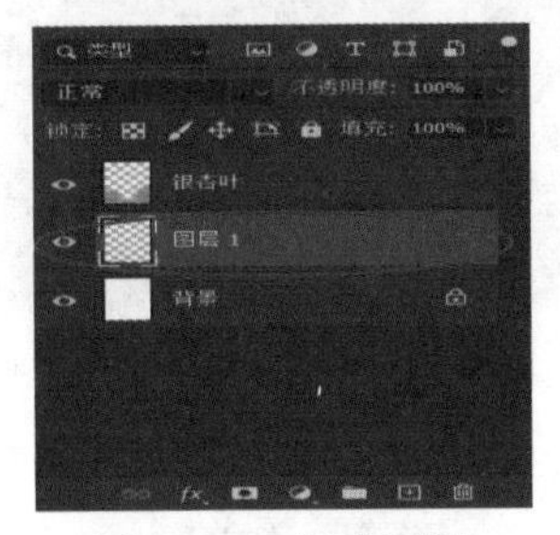

图 4-113　新建图层

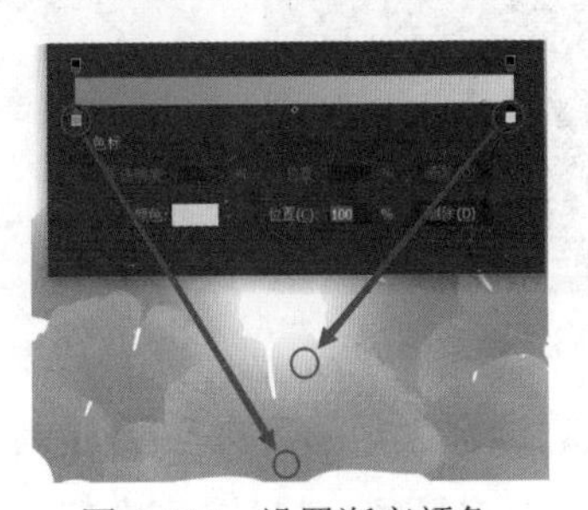
图 4-114　设置渐变颜色

步骤 7 在画布编辑区用“渐变工具” 从海报底部拉至上方三分之一的位置，如图 4-115 所示。

步骤 8 置入 5 个“银杏叶”素材，摆放位置如图 4-116 所示。

步骤 9 参考步骤 4，通过“色彩平衡”调整银杏叶的颜色，如图 4-117 所示。“色彩平衡”可以在同一个图像中多次运用，达到色彩叠加的效果。

图 4-115 渐变方向

图 4-116 置入素材

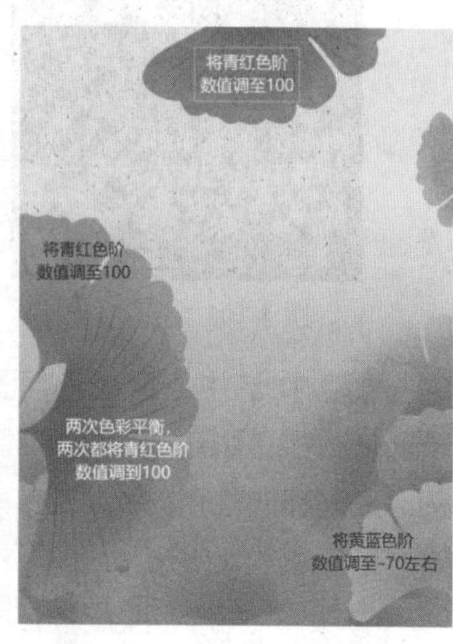

图 4-117 设置“色彩平衡”

步骤 10 在“银杏叶”图层下方新建一个图层，图层名为“图层 2”，如图 4-118 所示。

步骤 11 选择“吸管工具” ，选取海报中最深的颜色，如图 4-119 中的红圈处。

步骤 12 选择“画笔工具” ，将“画笔工具”的“不透明度”调至 50%，“硬度”调至 0，给“图层 2”上色，效果如图 4-120 所示。

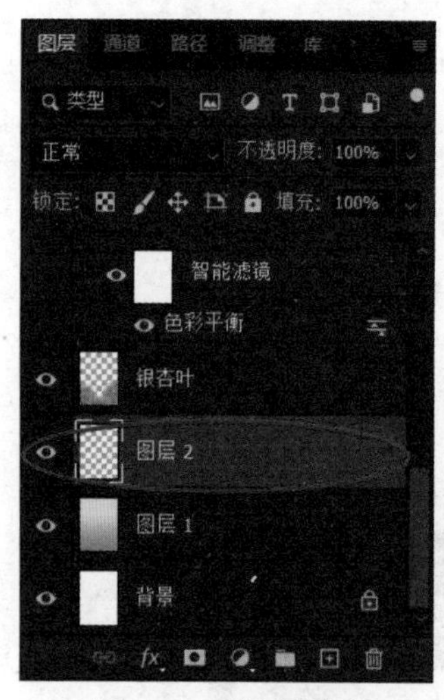

图 4-118 新建图层

图 4-119 吸取颜色

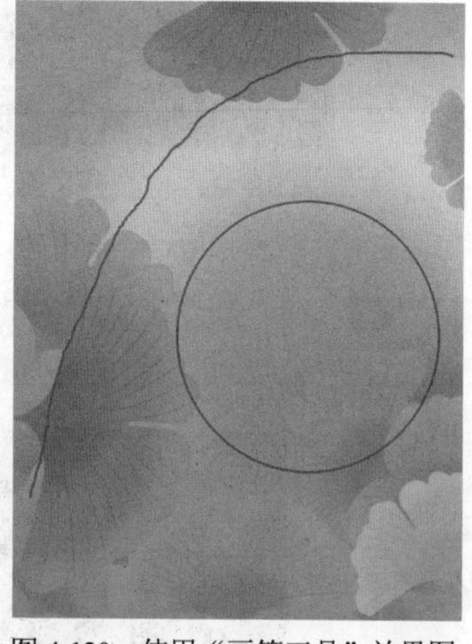

图 4-120 使用“画笔工具”效果图

步骤 13 选择“矩形工具” 绘制一个长方形，在“矩形工具”工具栏或属性面板修改设置，无填充颜色，“描边”为白色，“描边粗细”为 50 像素，如图 4-121 所示，得到一个空心矩形；按“Ctrl+J”快捷键复制“矩形”图层，将两个矩形如图 4-122 所示位置摆放。

步骤 14 选择“文字工具”T，在海报上添加文字，如图 4-123 所示。（可根据个人喜好设置字体、字号、颜色等。）

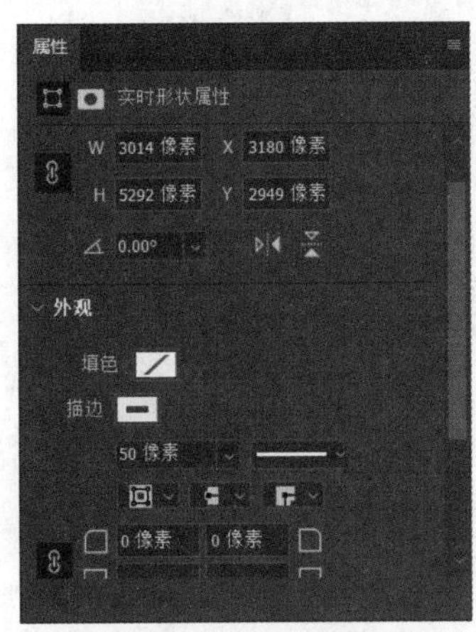

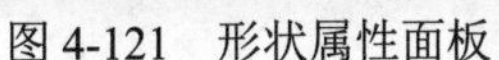
图 4-121　形状属性面板

图 4-122　两个矩形的位置

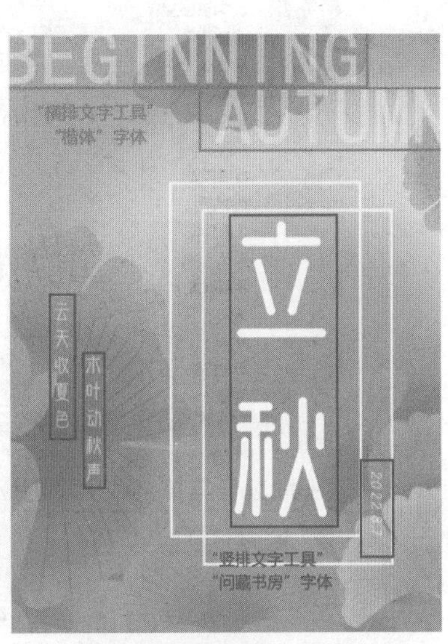

图 4-123　添加文字

步骤 15 置入两个“银杏叶”素材，将两个银杏叶图层合并为一个图层，效果如图 4-124 所示。

步骤 16 按住“Ctrl”键，单击两片银杏叶的“图层缩览图”，得到银杏叶选区，然后将色板中的白色色块拖动到框选出的银杏叶轮廓内，如图 4-125 所示。如果找不到“色板”，可选择“菜单栏”→“窗口”→“色板”选项，如图 4-126 所示。

步骤 17 作品成品如图 4-127 所示。

图 4-124　添加两片银杏叶

图 4-125　拖动“色板”的白色色块

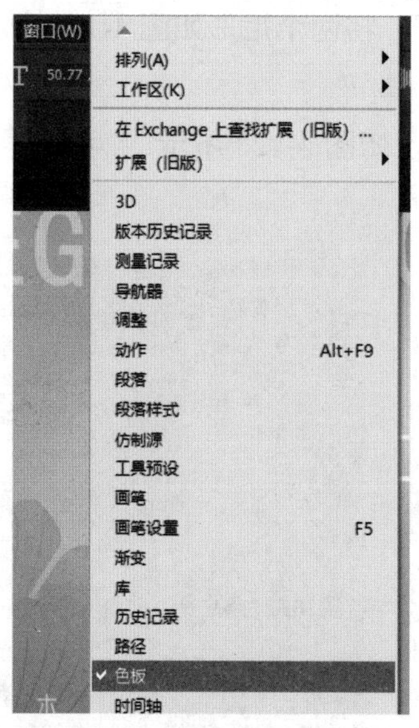

图 4-126 菜单栏调出“色板”

图 4-127 作品成品效果图

4.8 猫咪明信片系列

4.8.1 学习引导

在当今社会，越来越多的人开始关注流浪猫，每只猫都有自己的特点，有的可爱温顺，十分亲人；有的高傲冷淡，“藐视”人类。在平凡而又紧张的学习生活中，关注校园内这些可爱的小生命，与它们互动，关心它们的生活，从中可以获取治愈系的气息。本案例设计旨在呼吁保护动物，共创和谐美好的校园生活。学习引导图如图 4-128 所示。

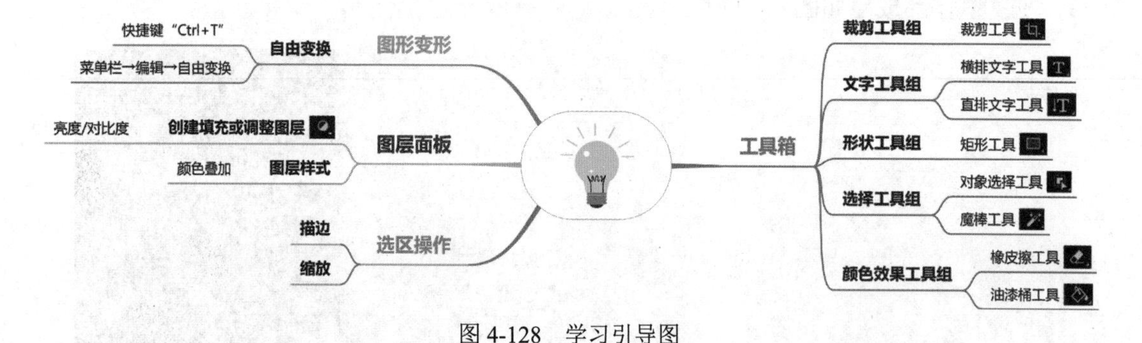

图 4-128 学习引导图

4.8.2 实践操作

1. 明信片封面设计

步骤 1 打开“第 4 章”→“4.8”→“素材”→“猫 .jpg”素材，按“Ctrl+J”快捷键复制图层，使用“裁剪工具”裁切图片大小，如图 4-129 所示。

步骤 2 在“工具箱”中选择“横排文字工具” T，在画布编辑区输入文字“岁月静好“和”只因有喵”，并调整位置，如图 4-130 和图 4-131 所示。

步骤 3 选择“菜单栏”→“文件”→“置入嵌入对象”选项，选择“爪印”素材，单击“置入”按钮，按“Enter”键，在“图层面板”中选中“爪印”图层，右击，在弹出的快捷菜单中选择“栅格化图层”选项。

步骤 4 选择“魔棒工具”，单击“爪印”的白色区域并按“Delete”键删除，如图 4-132 所示。

步骤 5 双击“爪印”图层，进入“图层样式”对话框，添加“颜色叠加”样式，调整颜色，如图 4-133 所示。单击“确定”按钮返回画布编辑区，并调整素材的大小及位置。

图 4-129　裁切图片

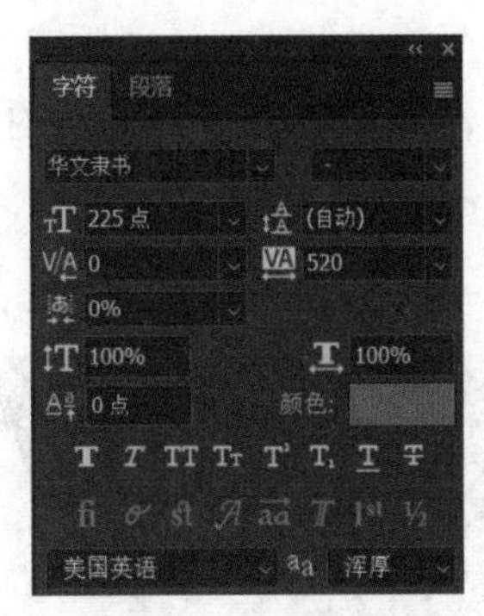

图 4-130　文字工具设置

图 4-131　输入文字

图 4-132　选取白色区域

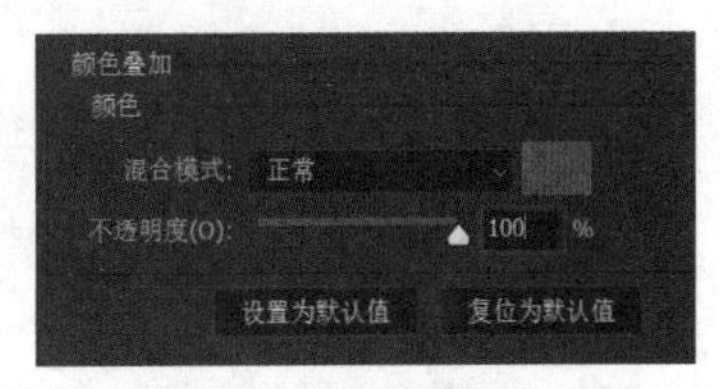

图 4-133　“颜色叠加”设置

步骤 6 复制“爪印”图层，得到“爪印 拷贝”图层，选择“菜单栏”→“编辑”→“自由变换”选项（或按“Ctrl+T”快捷键），在画布编辑区右击，在弹出的快捷菜单中选择“水平翻转”选项，如图 4-134 所示，并调整图像的角度、颜色、位置及大小，效果如图 4-135 所示。

步骤 7 置入“皇冠”素材，在“图层面板”右击该图层，在弹出的菜单中选择“栅格化图层”选项。

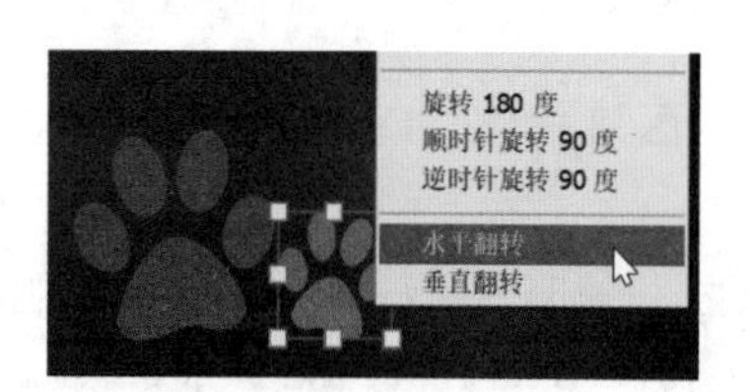

图 4-134　图形变换

图 4-135　调整后的效果图

步骤 8 用“魔棒工具”把“皇冠”的白色区域选中并删除，如有多余部分，可用“橡皮擦工具”擦除。（注意：此步骤也可以使用“对象选择工具”进行选择，方法更为简便，但需要较新版本支持。）

步骤 9 调整“皇冠”的大小及位置，如图 4-136 所示。

步骤 10 选择“菜单栏”→“图像”→“调整”→“亮度 / 对比度”选项，设置“亮度”为 –15，“对比度”为 –50，如图 4-137 所示。

图 4-136　调整“皇冠”素材

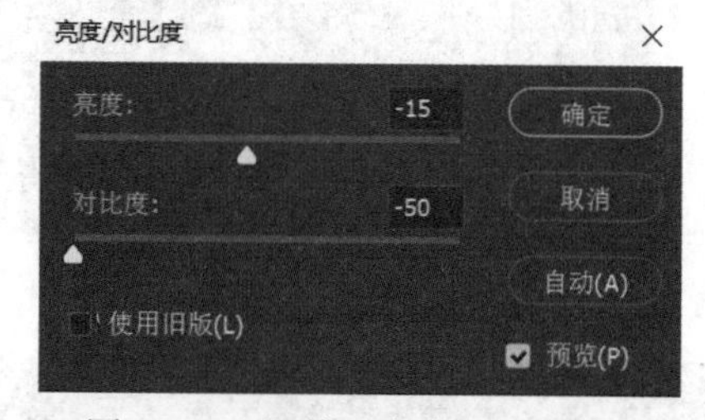

图 4-137　调整“亮度 / 对比度”

步骤 11 明信片封面设计的效果如图 4-138 所示，为方便后续设计，可分别保存 PSD 和 JPG 格式的文件。JPG 格式的保存方法：选择“菜单栏”→“文件”→“存储副本”→“保存类型”（选择 JPEG）→“保存”选项。（因 JPG 为合成文件格式，如需保留图层还需保存为 PSD 格式。）

图 4-138　“封面”成品效果图

2. 封底设计

步骤 1 打开“封面”成品图（JPG 格式），可以得到与封面一样大小的尺寸。

步骤 2 新建一个图层，把背景图层的“眼睛”关闭，隐藏“背景”图层，如图 4-139 所示。

步骤 3 使用“油漆桶工具”给“图层 1”填充白色。

步骤 4 按“Ctrl+A”快捷键全选“图层 1”区域，选择“菜单栏”→“选择”→“修改”→“收缩”选项，在“收缩选区”对话框中设置“收缩量”为 50 像素，勾选“应用画布边界的效果”复选框，如图 4-140 所示。

图 4-139 隐藏图层

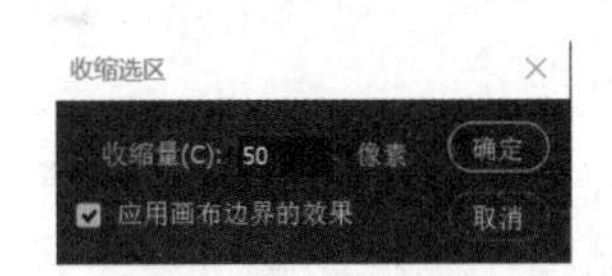

图 4-140 收缩选区

步骤 5 选择“菜单栏”→“编辑”→“描边”选项，在“描边”对话框中设置“宽度”为 2 像素，“颜色”调整为深灰色（参考色标为 #373636），单击“确定”按钮，如图 4-141 所示。

步骤 6 按“Ctrl+D”快捷键取消选区，置入“蝙蝠”素材，并“栅格化图层”。

步骤 7 调整“蝙蝠”图片的大小及位置，并复制调整到其他 3 个边角，如图 4-142 所示。

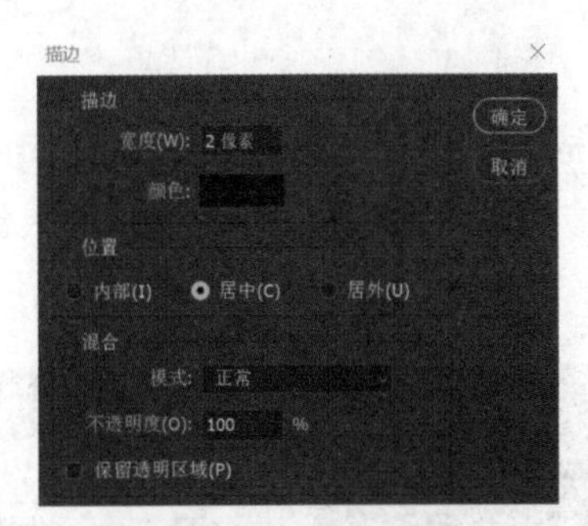

图 4-141 描边设置

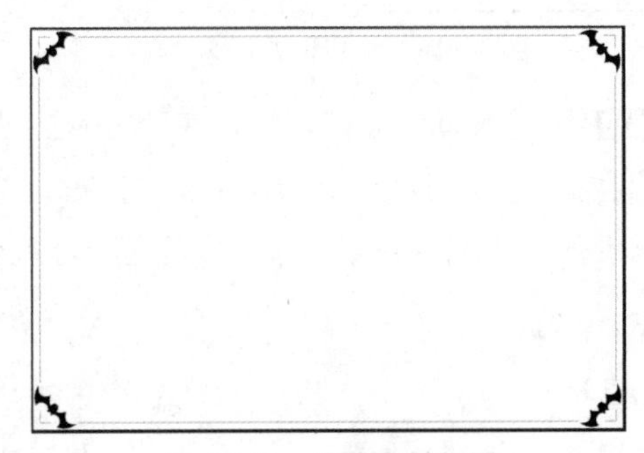

图 4-142 调整素材位置

步骤 8 使用“横排文字工具” 输入“POST CARD”，调整文字属性及位置，如图 4-143 和图 4-144 所示。

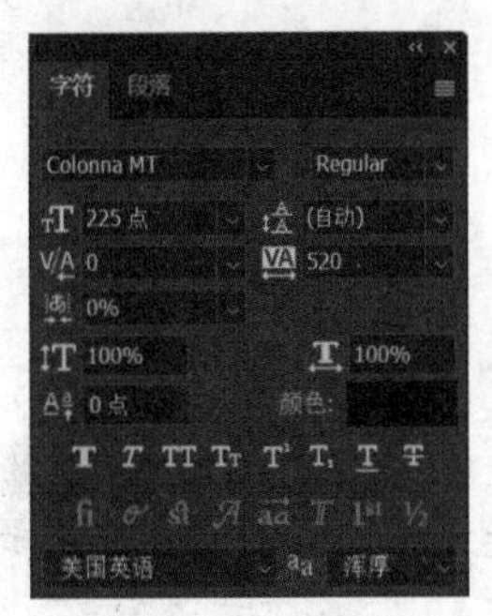

图 4-143 文字属性设置

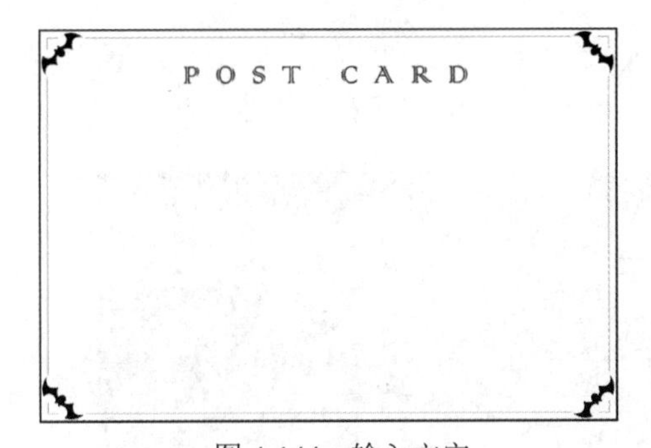

图 4-144 输入文字

步骤 9 在“工具箱”选择中“矩形工具” （注意：不是“矩形选框工具” ，“矩形工具”主要用于绘制形状，“矩形选框工具”为选择区域的工具，两者均可绘制矩形，但方法不一），在“矩形工具”的工具栏设置“描边”为 2 像素，无填充颜色，当前状态为“形状”，如图 4-145 所示。

图 4-145 “矩形工具”工具栏

步骤 10 选择“矩形工具”，按住“Shift”键的同时拖动鼠标画一个正方形，如图 4-146 所示。

步骤 11 按“Ctrl+J”快捷键复制 5 次正方形，一共得到 6 个尺寸相同的正方形，按间距排好，如图 4-147 所示。

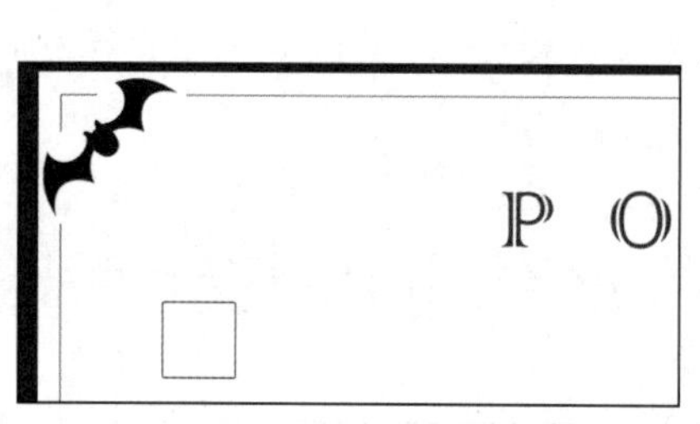

图 4-146 绘制正方形

图 4-147 制作邮政编码框

步骤 12 置入其他装饰素材，使明信片封底更加风格化，成品效果如图 4-148 所示。

步骤 13 导入图片素材（猫 01、猫 02、猫 03），参考前面的方法，并结合个人创意，设计猫系列的明信片，如图 4-149 至图 4-151 所示。

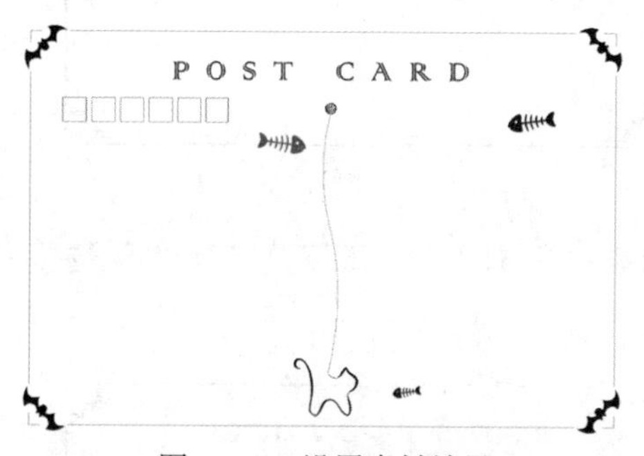

图 4-148 设置素材效果

图 4-149 明信片封面效果图 1

图 4-150 明信片封面效果图 2

图 4-151 明信片封面效果图 3

4.9　景观明信片系列

4.9.1　知识引导

英国媒体 2014 年盘点了世界十大自然人文奇迹，它们从著名旅行出版物《孤独星球》的 50 个全球景点中脱颖而出。大自然的鬼斧神工与人文景观相辅相成，其中包括维多利亚瀑布、东非大裂谷、巨人之路、泰姬陵、秦始皇陵兵马俑、长城、恩戈罗恩戈罗火山口、夏威夷基拉韦厄火山、圣索菲亚大教堂、布达拉宫。因此，本案例设计通过明信片的方式来宣传奇迹景观，学习引导图如图 4-152 所示。

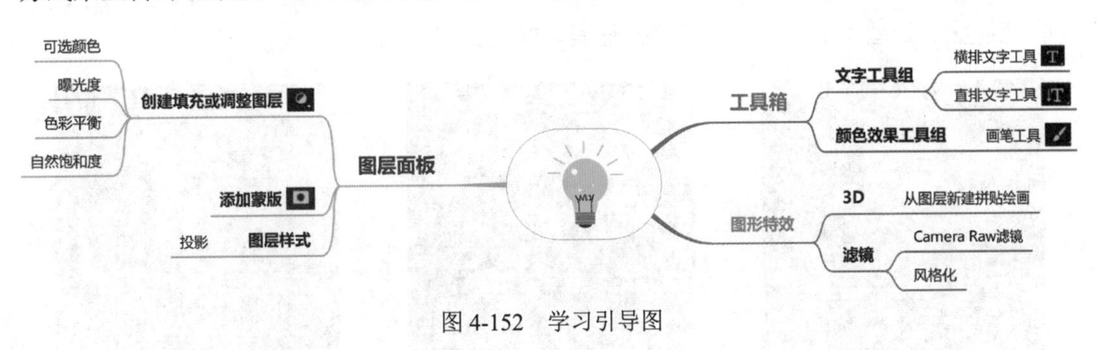

图 4-152　学习引导图

4.9.2　实践操作

1. 效果一：创建新的填充或调整图层

步骤 1 新建文件，命名为“明信片 1- 长城”，尺寸为 3000 像素 ×1685 像素，分辨率为 200 像素 / 英寸。

步骤 2 置入“长城”素材，调整图片大小和位置，如图 4-153 所示。

图 4-153　置入“长城”素材

步骤 3 选中“长城”图层，在“图层面板”下方的快捷工具栏单击“创建新的填充或调整图层”按钮，在出现的菜单中选择“曝光度”选项，如图 4-154 所示，并调整“曝光度”面板的参数，如图 4-155 所示，使照片色彩更明亮。

图 4-154　创建“曝光度”调整图层

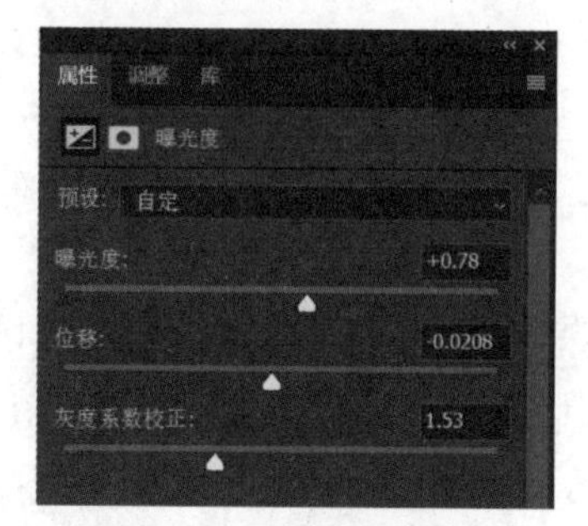

图 4-155　设置“曝光度”

步骤 4　创建“自然饱和度”（如图 4-156 所示）、“色彩平衡”（如图 4-157 所示）、“可选颜色”（如图 4-158 所示）等调整图层，并设置其参数。

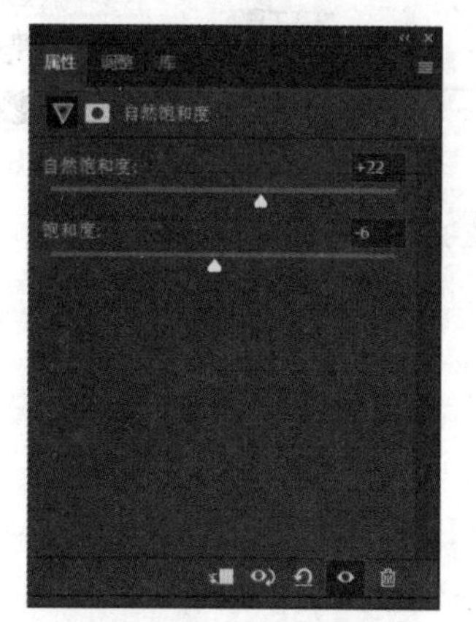

图 4-156　设置“自然饱和度”

图 4-157　设置“色彩平衡”

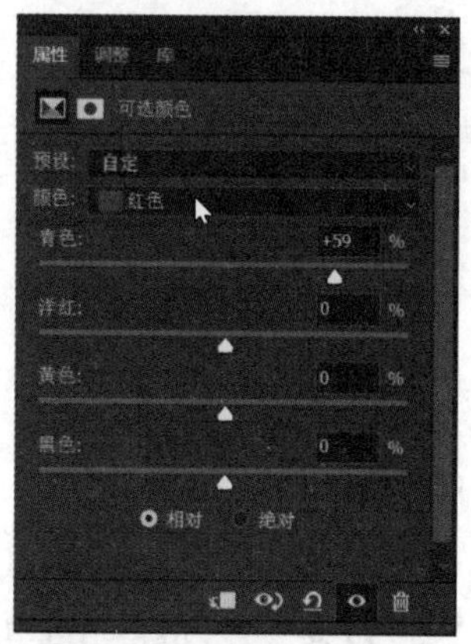

图 4-158　设置“可选颜色”

步骤 5　选择“横排或竖排文字工具” T，在画布编辑区输入“长城”，并设置其字体、字号、颜色等，如图 4-159 所示。双击“文字图层”（注意：不是双击文字），进入文字的“图层样式”对话框，设置“投影”等样式（注意：选择“投影”选项，选中状态为灰白色，方可显示此选项的具体参数设置界面），如图 4-160 所示。

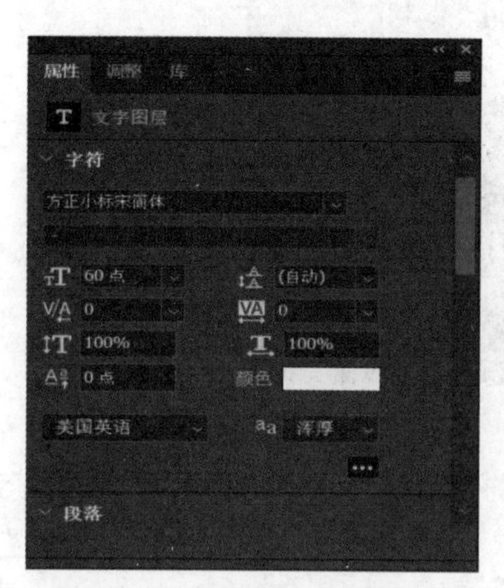

图 4-159　设置文字参数

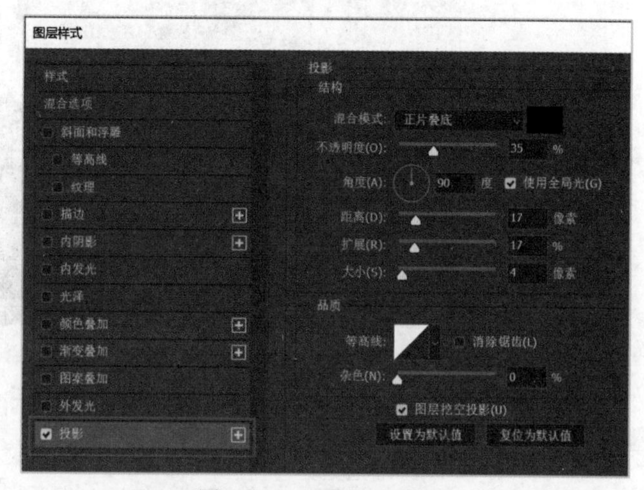

图 4-160　设置图层样式

步骤 6 “明信片 1- 长城”效果如图 4-161 所示（可打开原素材图对比效果）。

图 4-161　作品成品效果图

2. 效果二：蒙版效果

步骤 1 新建文件，命名为“明信片 2- 布达拉宫”，尺寸为 3000 像素 ×1685 像素，分辨率为 200 像素 / 英寸。

步骤 2 置入“布达拉宫”素材，并调整大小与位置，如图 4-162 所示。

步骤 3 在“图层面板”下方的快捷工具栏单击“添加矢量蒙版”按钮，如图 4-163 所示。

图 4-162　置入“布达拉宫”素材

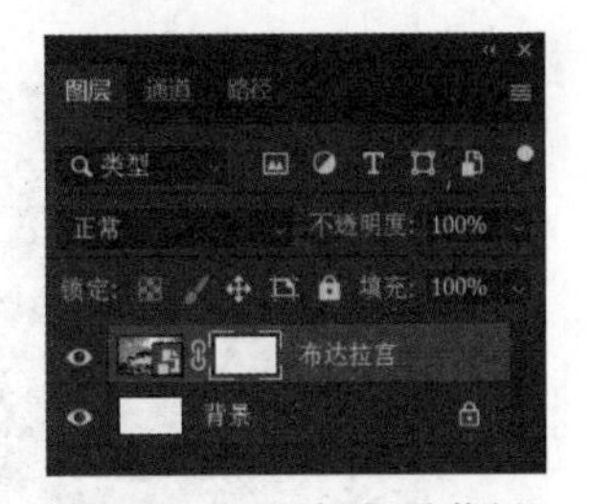

图 4-163　添加矢量蒙版

说明

一般来说，Photoshop 通过选区建立的蒙版是图层蒙版，通过路径建立的蒙版是矢量蒙版。在同时有图层蒙版和矢量蒙版存在的情况下，在图层面板中矢量蒙版的图标排在图层蒙版的图标之后。图层蒙版被蒙住的地方是全黑的，矢量蒙版被蒙住的地方是灰色的。矢量蒙版的优点是可以用路径工具对蒙版进行精细调整，也就是外形的精确调整，但没灰度（透明度）。本案例主要为了显示蒙版的效果，不做图层和路径的区分。

步骤 4 选择“菜单栏”→“编辑”→“填充”选项（或“Shift+F5”快捷键），在出现的“填充”对话框中选择填充“内容”为黑色，如图 4-164 所示，则将添加的矢量蒙版填充为黑色。此时，因原图像被蒙版完全遮住，编辑区全部显示为白色。

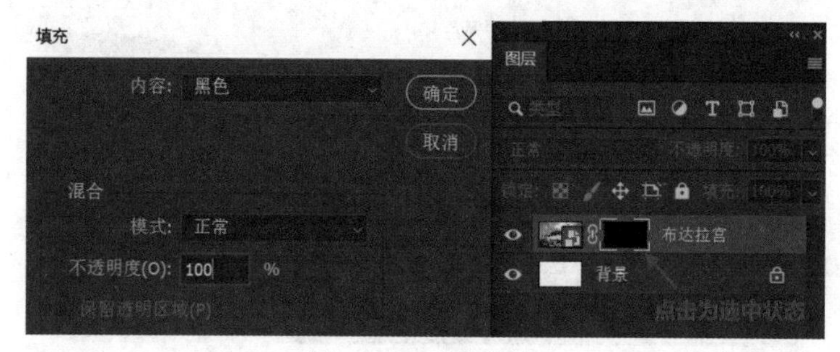

图 4-164 填充蒙版

> **注意** 在操作时，需注意当前选择状态为蒙版，图层面板所显示的被选中状态为▇。

步骤 5 选择“画笔工具”，并在上方对应的工具栏设置画笔大小及笔刷形状，如图 4-165 和图 4-166 所示。

步骤 6 设置画笔颜色为白色，在画布编辑区填涂，可根据个人喜好设置蒙版的各项参数，如羽化像素，如图 4-167 所示。

图 4-165 “画笔工具”工具栏

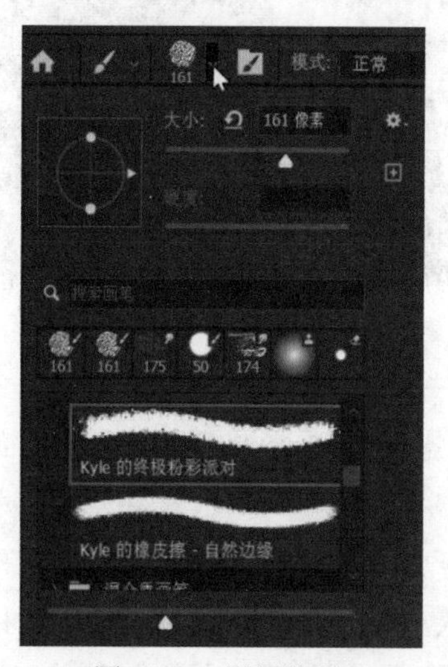

图 4-166 设置笔刷

图 4-167 设置羽化

步骤 7 选择“文字工具”，输入文字“布达拉宫”，根据个人喜好设置字体、字号等，作品成品如图 4-168 所示。（提醒：请记得存储文件哦！）

图 4-168 作品成品效果图

3. 效果三：滤镜效果 - 镜头校正

步骤 1 新建文件，命名为“明信片 3- 兵马俑”，尺寸为 3000 像素 ×1685 像素，分辨率为 200 像素 / 英寸。

步骤 2 置入“兵马俑”素材，并调整大小与位置，如图 4-169 所示。

图 4-169 置入“兵马俑”素材

步骤 3 选择“菜单栏”→“滤镜”→“镜头校正”选项，如图 4-170 所示，或者按“Shift+Ctrl+R”快捷键，在出现的“镜头校正”编辑窗口右侧设置镜头参数，如图 4-171 所示，不同的镜头参数呈现不同的效果。

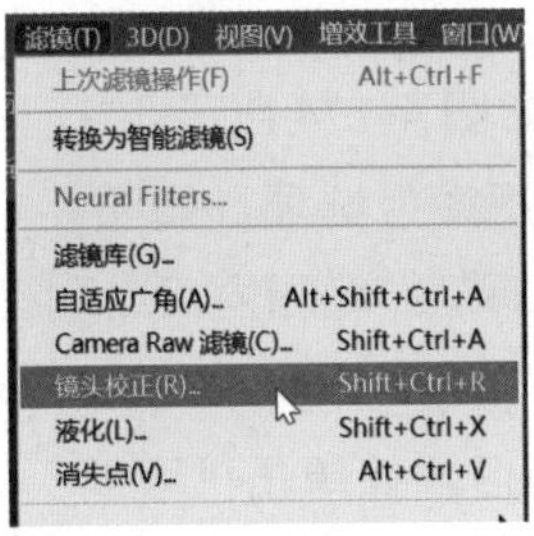

图 4-170 选择“镜头校正”选项

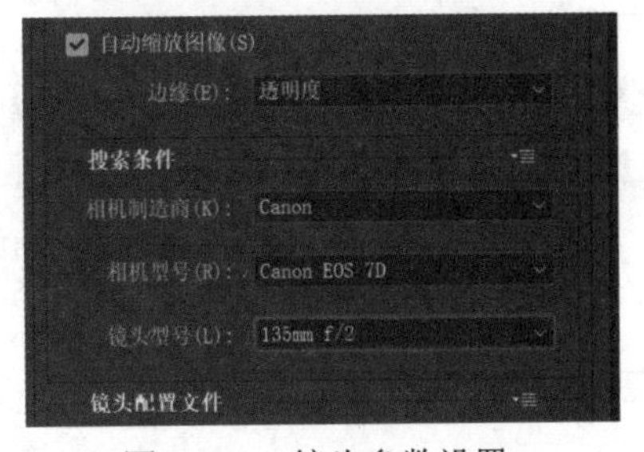

图 4-171 镜头参数设置

步骤 4 在左侧快捷工具栏结合使用“移去扭曲工具”、“拉直工具”，使画面产生不同角度、变形等效果，如图 4-172 所示。

图 4-172　设置“镜头校正”滤镜效果

步骤 5 设置完毕后，单击“确定”按钮返回画布编辑区，如单击“取消”按钮则放弃当前操作。

步骤 6 选择“文字工具”，输入文字“兵马俑”，作品成品如图 4-173 所示。

图 4-173　作品成品效果图

4. 效果四：滤镜效果 -Camera Raw 滤镜

步骤 1 新建文件，命名为“明信片 4- 巨人之路”，尺寸为 3000 像素 ×1685 像素，分辨率为 200 像素 / 英寸。

步骤 2 置入“巨人之路”素材，并调整大小与位置，如图 4-174 所示。

步骤 3 选择“菜单栏”→“滤镜”→“Camera Raw 滤镜”选项，如图 4-175 所示，或者按“Shift+Ctrl+A”快捷键，在出现的“Camera Raw 滤镜”编辑窗口右侧设置参数，如图 4-176 所示，因参数众多，可按个人喜好设置。

步骤 4 设置完毕后，单击“确定”按钮返回画布编辑区，如单击“取消”按钮则放弃当前操作。

图 4-174　置入“巨人之路”素材

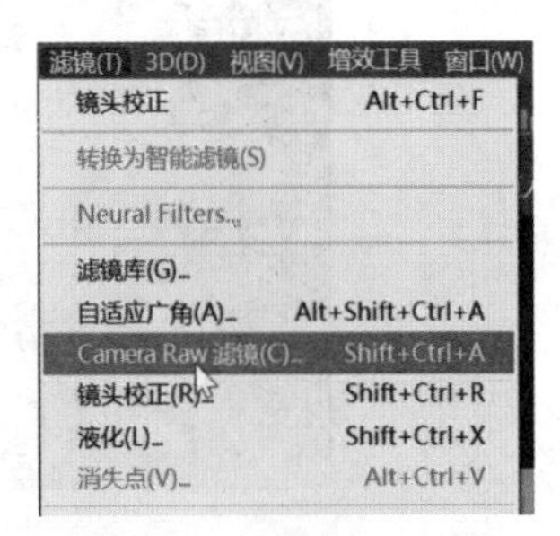

图 4-175　从菜单栏选择滤镜

图 4-176　设置“Camera Raw 滤镜”参数

步骤 5　选择“文字工具” T，输入文字“巨人之路”，作品成品如图 4-177 所示。

图 4-177　作品成品效果图

步骤 6　使用不同的滤镜做出不同的效果，如图 4-178 所示（选择“菜单栏”→“滤镜”→“风格化”→“油画”选项）。

步骤 7　选择“菜单栏”→“3D”→“从图层新建拼贴绘画”选项，效果如图 4-179 所示。

图 4-178　油画效果的明信片

图 4-179　拼贴绘画效果的明信片

4.10　端午节海报

4.10.1　学习引导

端午节又称端阳节、龙舟节等，日期在每年农历五月初五，是集拜神祭祖、祈福辟邪、欢庆娱乐和品尝美食为一体的民俗大节，与春节、清明节、中秋节并称为中国四大传统节日。中华传统文化是我们国家的瑰宝，本案例通过设计海报宣扬中华优秀传统文化，学习引导图如图 4-180 所示。

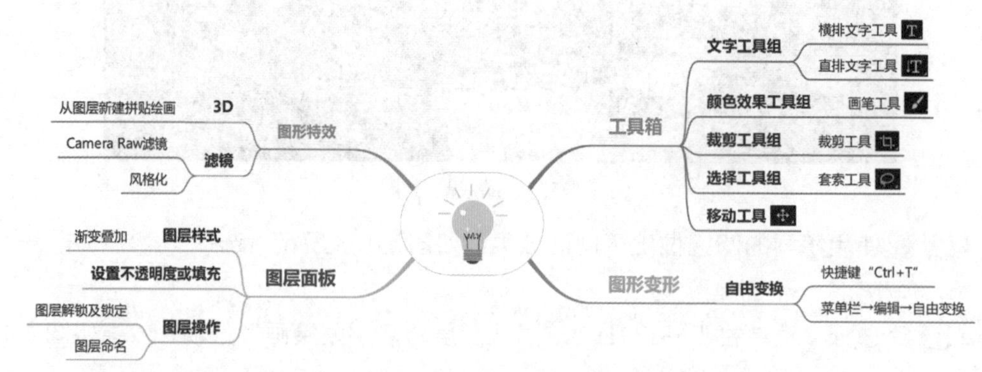

图 4-180　学习引导图

4.10.2 实践操作

步骤 1 新建文件，尺寸为 1000 像素 ×1500 像素，分辨率为 300 像素 / 英寸，背景为白色，并命名为“端午节海报”，如图 4-181 所示。

步骤 2 在“图层面板”单击“背景”图层右边的锁图标🔒，如图 4-182 所示，则可对图层进行解锁。解锁后，“背景”图层名自动修改为“图层 0”。（为方便识别，也可以手动将图层名修改为“背景”。）

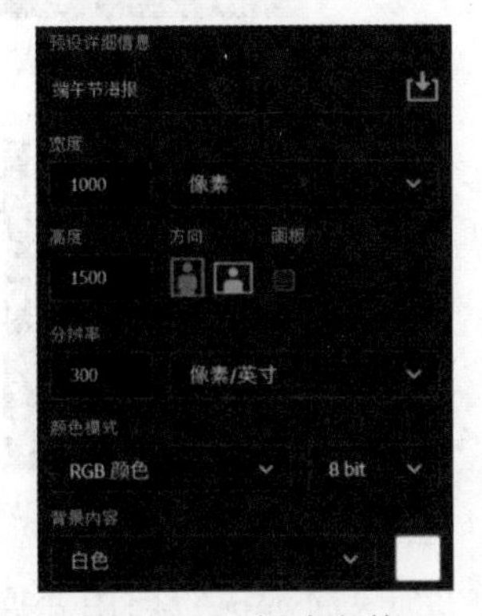

图 4-181 新建文件

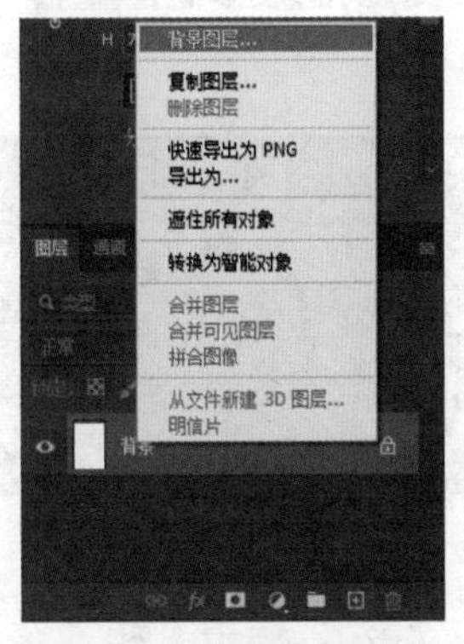

图 4-182 解锁背景图层

步骤 3 双击“背景”图层，进入“图层样式”对话框，添加“渐变叠加”样式，并设置参数，如图 4-183 所示。单击“渐变编辑器”，在“渐变编辑器”对话框中选择“预设”→“绿色”→“绿色 _16”选项，如图 4-184 所示，按“确定”按钮返回，使背景渐变协调。

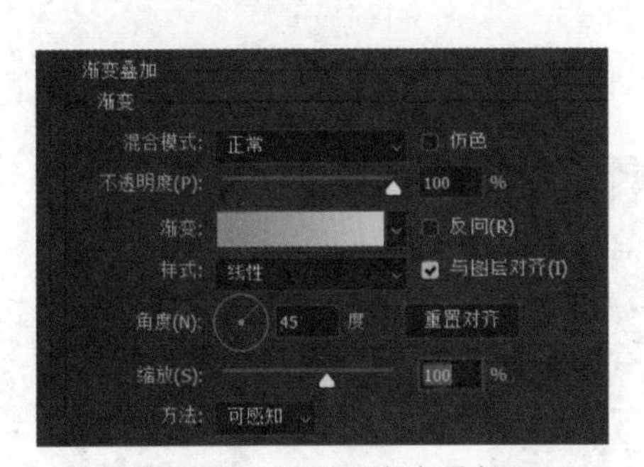

图 4-183 设置“渐变叠加”

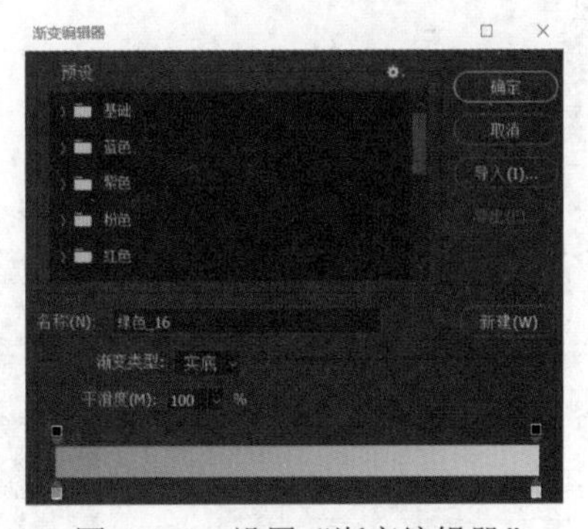

图 4-184 设置“渐变编辑器”

步骤 4 打开“竹子”素材，用“套索工具”（或任何一种选择工具）选择部分竹叶，并移至文件“端午节海报”左边，图层命名为“竹叶”，“不透明度”设为 70%，如图 4-185 所示。

步骤 5 参照步骤 4，用“套索工具”选取“竹叶”图层的部分竹叶，如图 4-186 所示。然后复制（快捷键为“Ctrl+C”）和粘贴（快捷键为“Ctrl+V”）得到新的竹叶图层，将图层命名为“部分竹叶”，如图 4-187 所示。（此步骤也可从“竹子”素材中选取。）

步骤 6 将“部分竹叶”图层的“不透明度”设为 35%，如图 4-188 所示。

步骤 7 按“Ctrl+T”快捷键，对“部分竹叶”图层进行“自由变换”，在画布编辑区右击，在弹出的菜单中选择“水平翻转”选项，并调整大小和位置，如图 4-189 所示。

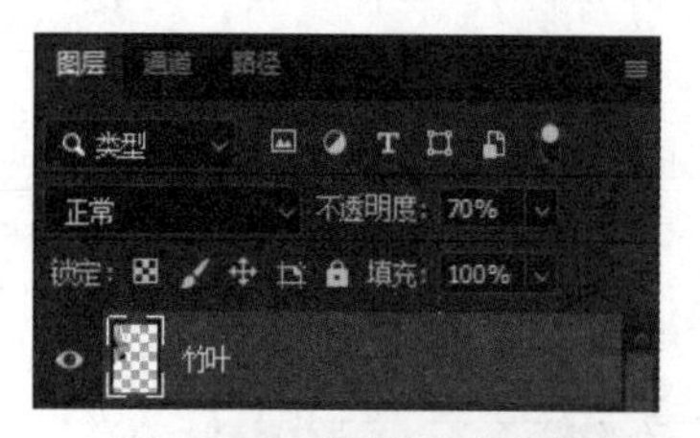

图 4-185 设置不透明度

图 4-186 圈选部分竹叶

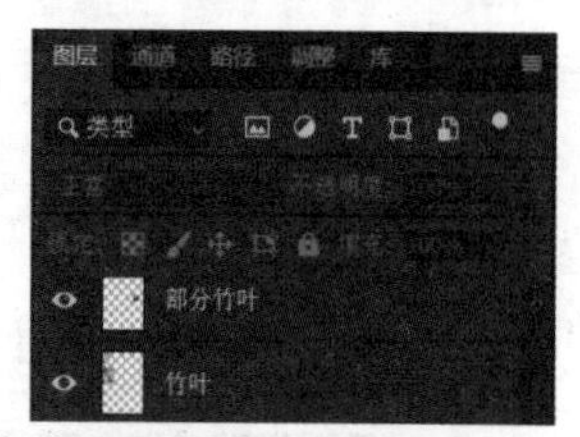

图 4-187 图层命名

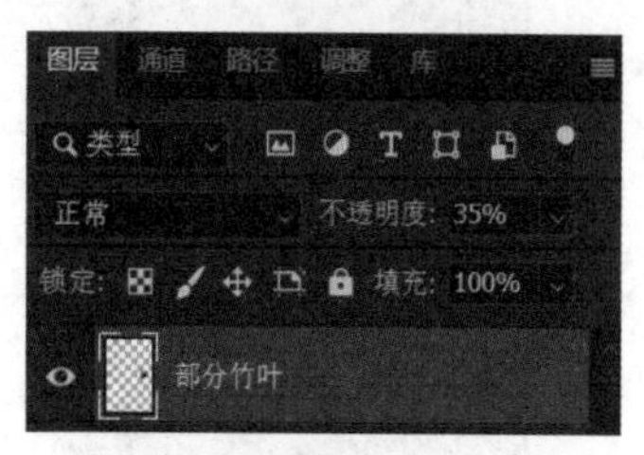

图 4-188 设置不透明度

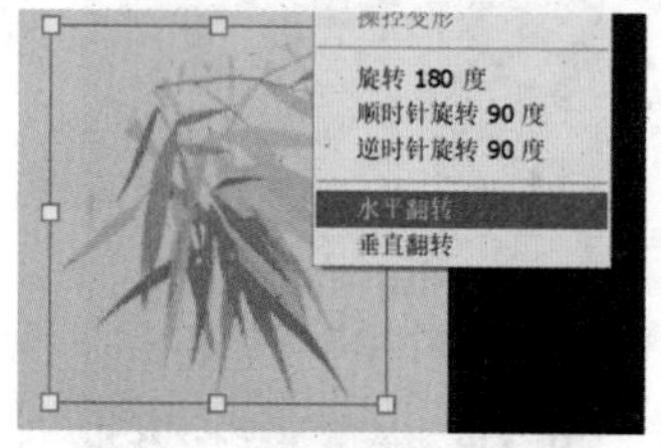

图 4-189 设置“水平翻转”

步骤 8 置入“粽子”和“龙舟”素材，按“Ctrl+T”快捷键执行自由变换，调整其位置和大小，如图 4-190 所示。

步骤 9 置入“竹林”素材，使用“直排文字蒙版工具”，输入“端午”二字，设置合适的字体和字号（参考值为 72），如图 4-191 所示。然后将文字移至合适位置，如图 4-192 所示。

图 4-190 置入素材

图 4-191 设置文字蒙版

图 4-192 整体效果图

步骤 10 制作印章：新建图层，命名为“印章”，选择“画笔工具”，前景色设置为红色，在“画笔工具”工具栏选择“常规画笔”→“柔边圆”选项，设置合适的笔刷大小，如图 4-193 所示，在“午”字右下角画一个红色印章底纹，如图 4-194 所示。

步骤 11 使用“直排文字工具”，设置合适的字体与字号（参考值为 5），颜色为白色，输入“五月初五”，如图 4-195 所示。

步骤12 选择“直排文字工具”IT，输入描写端午节的诗句（如宋代诗人苏轼的诗句：彩线轻缠红玉臂，小符斜挂绿云鬟），改变文字颜色为绿色，将诗句置于右上角。

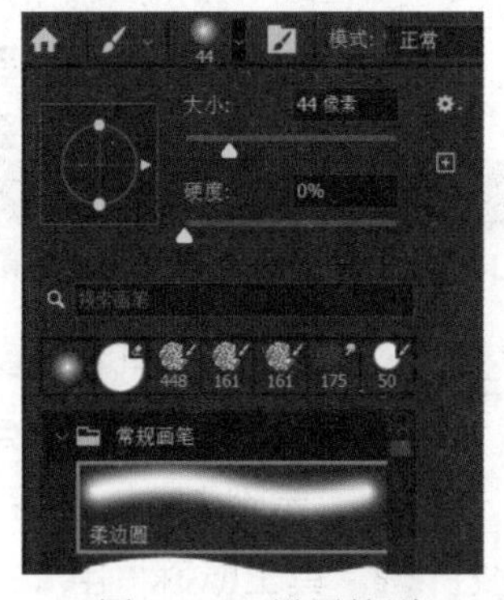

图 4-193　设置笔刷

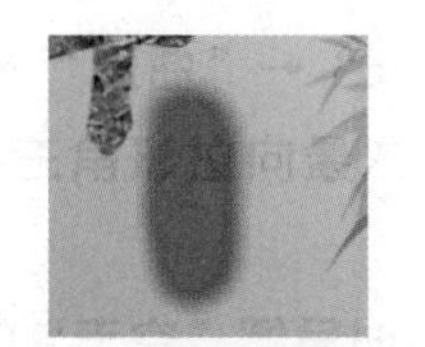

图 4-194　制作印章底纹

图 4-195　印章效果图

步骤13 作品成品如图 4-196 所示。

图 4-196　作品成品效果图

4.11　跳蚤市场宣传海报

4.11.1　学习引导

跳蚤市场（Flea Market）是欧美等西方国家对旧货地摊市场的别称，由一个个地摊摊位组成，市场规模大小不等。中国的许多学校也会组织学生们拿出自己的旧书在学校里摆摊来卖，培养孩子们爱惜书和多读书、多看书的好习惯。在中国大学的毕业季，学校会组织跳蚤市场，买卖旧书、学习用品、生活用品等活动。本案例设计主要以平面海报的形式对跳蚤市场活动进行宣传。素材以生活用品为主，设计放射条纹背景使设计更具冲击力，学习引导图如图 4-197 所示。

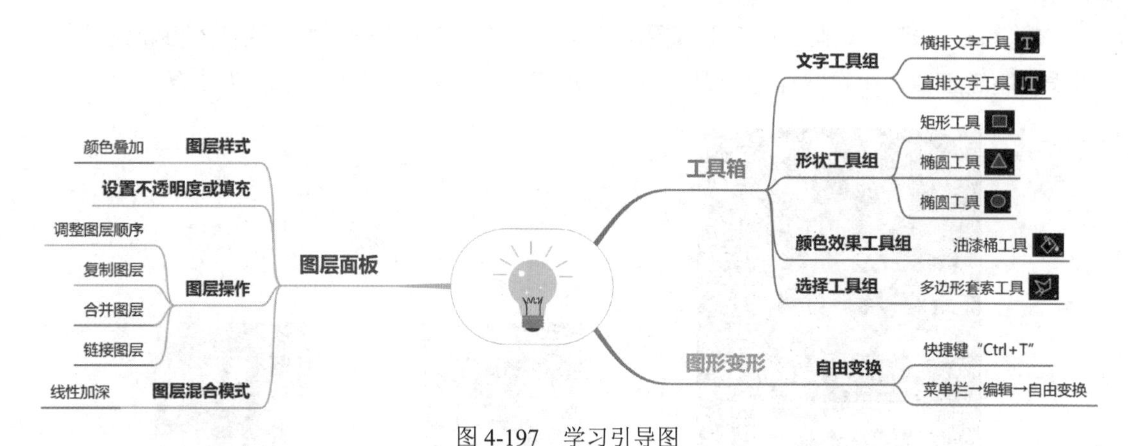

图 4-197　学习引导图

4.11.2　实践操作

步骤 1 新建文件，尺寸为 1080 像素 ×1620 像素，分辨率为 72 像素 / 英寸，背景为白色。

步骤 2 使用“三角形工具”在工具栏设置填充颜色为淡黄色（参考值 #fbf3bd），无描边，如图 4-198 所示，绘制一个长的三角形，如图 4-199 所示。

图 4-198　“三角形工具”工具栏

步骤 3 按“Ctrl+J”快捷键复制“三角形 1”图层，按“Ctrl+T”快捷键进入“自由变换”操作，将“三角形 1 拷贝”图层移动并旋转，使两个三角形的顶点重合，然后按“Enter”键确认操作，如图 4-200 所示。

步骤 4 按“Ctrl+Alt+Shift+T”快捷键重复上一步，可快速完成放射状条纹的制作，如图 4-201 所示。

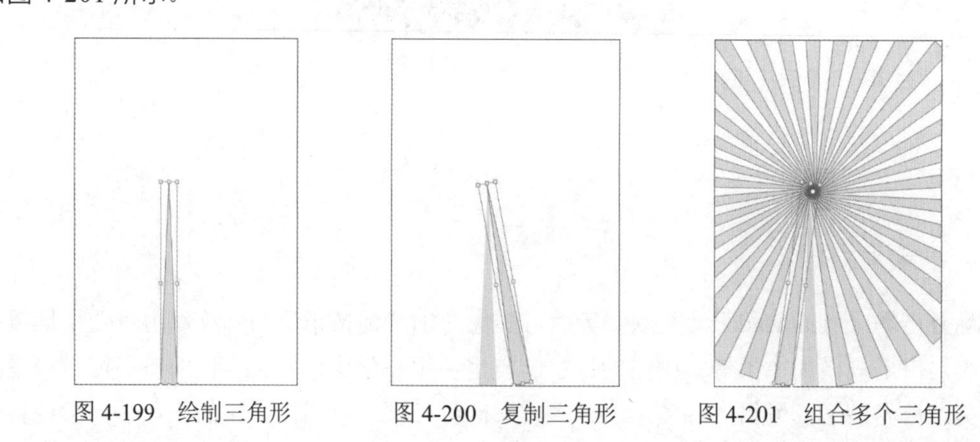

图 4-199　绘制三角形　　图 4-200　复制三角形　　图 4-201　组合多个三角形

步骤 5 选中“三角形 1”及“三角形 1 拷贝”两个图层，按“Ctrl+E”快捷键合并形状，如图 4-202 所示，图层命名为“三角形组合”。然后按“Ctrl+T”快捷键调整合并后的图层大小，使线条充满画布，将图层“不透明度”设置为 39%，如图 4-203 所示。

步骤 6 置入“文具组合”素材，“图层混合模式”设置为“线性加深”，“不透明度”为 13%，如图 4-204 所示。按“Ctrl+J”快捷键复制图层，填满画布，如图 4-205 所示。

步骤 7 置入“男孩”“洗衣机”等素材，调整图片的位置及大小（也可根据情况后续再进行微调），如图 4-206 所示。

步骤 8 选择“横排文字工具”，输入文字“跳”，字体、字号等参数自定。双击文字图层，进入“图层样式”对话框，设置“颜色叠加”样式，如图 4-207 所示。

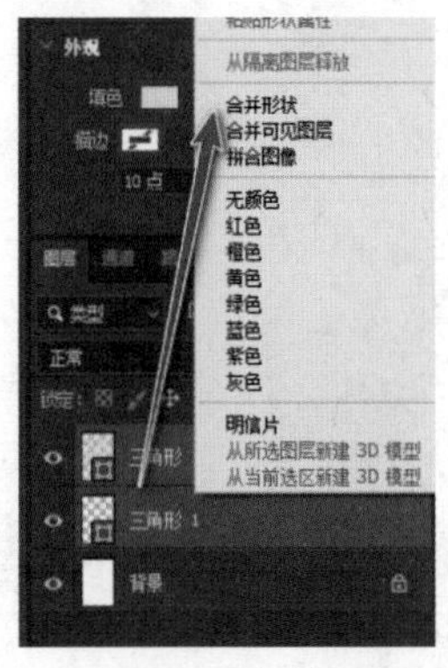

图 4-202 合并形状

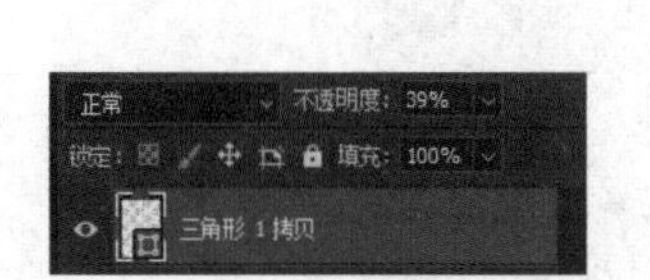

图 4-203 设置图层不透明度

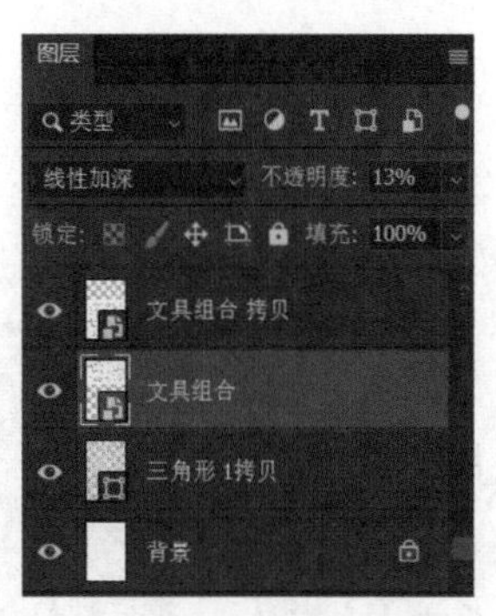

图 4-204 设置“线性加深”

图 4-205 置入素材效果图

图 4-206 置入多个素材

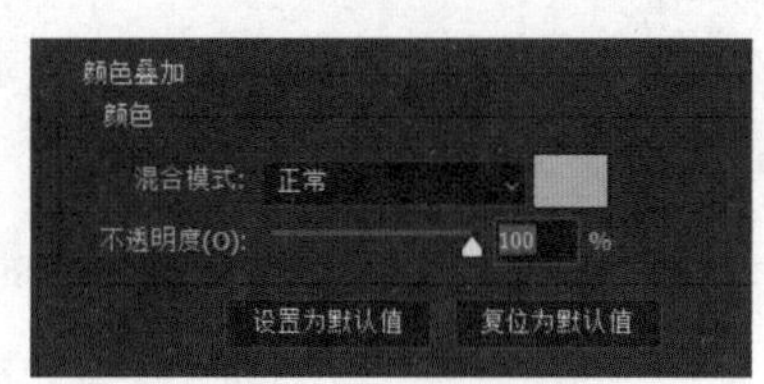

图 4-207 设置图层样式

步骤 9 选中“跳”文字图层，按“Ctrl+J”快捷键复制两次，分别调整复制图层的“图层样式”中的“颜色叠加”参数，效果如图 4-208 所示。

步骤 10 选中 3 个“跳”字的文字图层，按“Ctrl+G”快捷键，图层编组为“跳”。

步骤 11 参照步骤 8 ～ 10，分别输入“蚤”“市”“场”，并调整图层顺序和编组，如图 4-209 所示，效果如图 4-210 所示。

步骤 12 新建图层，图层名为“图层 1”，选择“多边形套索工具”（或“钢笔工具”），绘制燕尾形状。

步骤 13 选择“油漆桶工具”，给“图层 1”填充绿色（参考值 #57bbb5），如图 4-211 所示。

步骤 14 复制“图层 1”，按“Ctrl+T”快捷键进入“自由变换”，在画布编辑区右击，在弹出的菜单中选择“水平翻转”选项，并调整两个“燕尾形状”的位置，如图 4-212 所示。

步骤 15 选择“矩形工具”，绘制矩形，填充颜色（参考值 #019b92），调整角度及位置，放置在两个“燕尾形状”中间，如图 4-213 所示。

步骤 16 选择“矩形工具”，在海报下方绘制两个橙色（参考值 #f6c981）矩形，如图 4-214 所示。

图 4-208　文字效果图

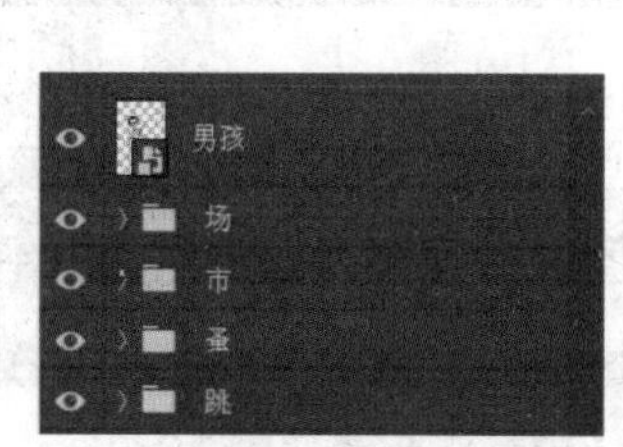

图 4-209　图层编组

图 4-210　文字效果图

图 4-211　绘制形状

图 4-212　调整形状位置

图 4-213　绘制矩形

图 4-214　海报底部绘制矩形

步骤 17 将图层编组，在合适的位置输入相关标语和文字、Logo 等，作品成品如图 4-215 所示。

图 4-215　作品成品效果图

第5章　图像特效

学习目标

（1）熟悉“图层样式”的设置，包括斜面和浮雕、内阴影、投影、颜色叠加、渐变叠加、外发光等。

（2）掌握图层的基本操作，包括复制图层、图层编组、载入选区、移动图层、盖印图层、图层解锁或锁定、添加蒙版、创建剪切蒙版等。

（3）掌握“工具箱”中常用工具的使用，包括文字工具、画笔工具、矩形工具、渐变工具等。

（4）掌握“自由变换”“选择反向”的操作。

（5）了解“滤镜”的参数设置与使用，包括模糊、杂色、扭曲、液化、透视变形等。

本章以图像特效处理为案例，通过多种工具和功能的综合应用，设计多种效果的图像特效。为了使学习者建立综合设计思维，书中还结合了特定的主题来体现图像特效，读者可结合自设主题进行设计延伸，以达到学以致用和学习迁移的效果。本章的知识点分布如图 5-1 所示。

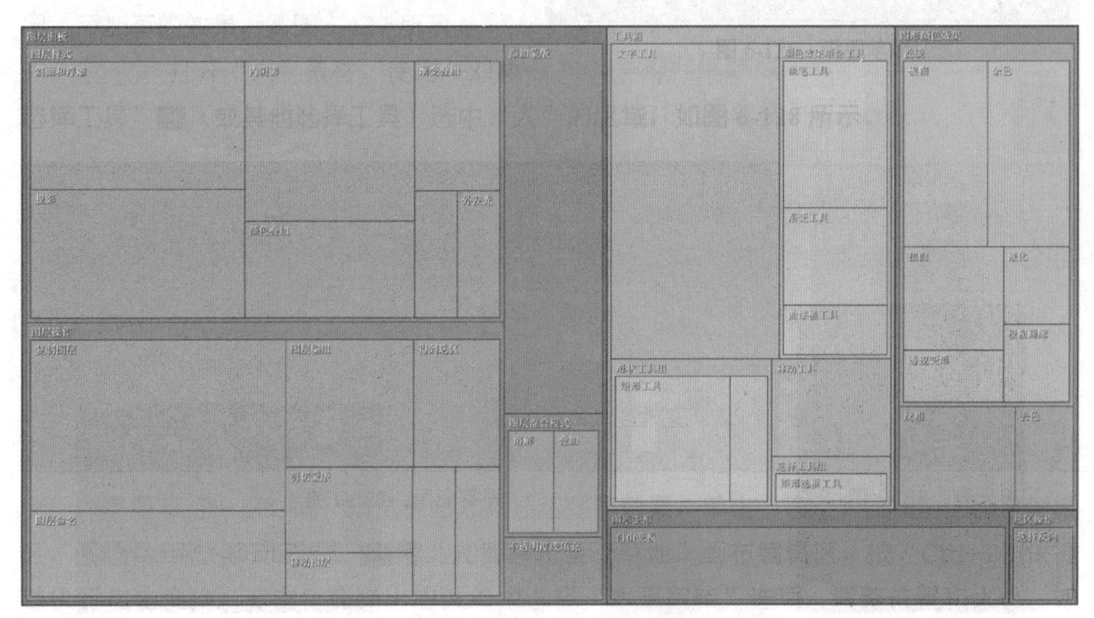

图 5-1　第 5 章知识结构图

第5章
操作视频

5.1　弥散光效果

5.1.1　学习引导

弥散光效果适用于各种风格、主题及内容形式，尤其适用于需要营造梦幻感、氛围感的作品，建议用于海报设计、Banner 设计。本案例以春季为灵感，配合弥散光效果，营造主题“春光明媚”的氛围感。学习引导图如图 5-2 所示。

图 5-2　学习引导图

第5章
成品及素材

5.1.2　操作步骤

步骤 1 新建文件，尺寸根据个人设计需求设置（参考尺寸为 1500 像素 ×2000 像素），背景颜色为白色，如图 5-3 所示。

步骤 2 新建图层，选择“画笔工具” 或“矩形工具” ，设置合适的笔刷大小和形状大小，分别选择颜色（如绿色、蓝色、黄色等比较鲜艳的颜色），勾勒出想要的图案或形状，如图 5-4 所示。

注意　一个图层只用一种颜色，如图 5-5 所示。

步骤 3 在“图层面板”选中所有颜色图层，右击，选择“转换为智能图像”选项，则原绘制的颜色图层均保留在“智能对象图层”里，如图 5-5 所示。

图 5-3　新建文件

图 5-4　绘制图案

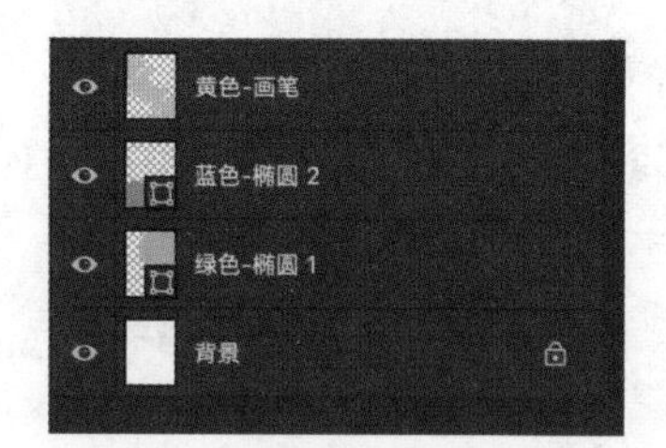

图 5-5　智能对象图层面板

步骤 4 分别选中各颜色图层，选择“菜单栏”→“滤镜”→“模糊”→“高斯模糊”选项，并根据个人喜好设置参数（“半径”参考值为 150 像素），如图 5-6 所示。

步骤 5 为使画面更有质感，选中目标图层后，选择“菜单栏”→“滤镜”→“杂色”→“添加杂色”选项（“数量”参考值为 6.16%，选择“平均分布”，勾选“单色”复选框），如图 5-7 所示。

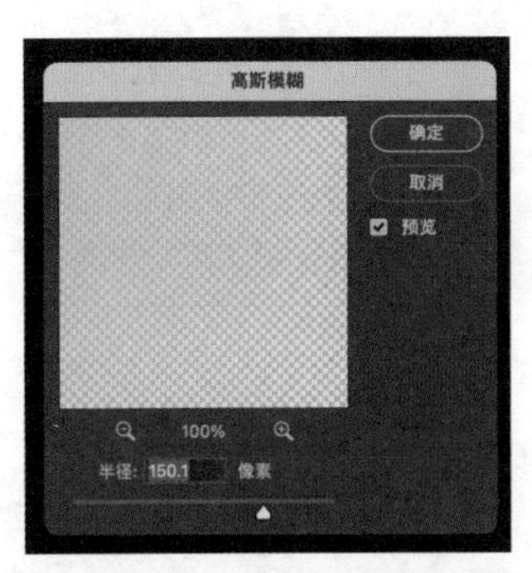

图 5-6 设置“高斯模糊”滤镜

图 5-7 设置“杂色”滤镜

步骤 6 弥散光效果的背景效果如图 5-8 所示。

步骤 7 根据设计需要添加文字，并放至合适位置，作品成品如图 5-9 所示。

图 5-8 背景效果图

图 5-9 作品成品效果图

5.2 丝绸效果

5.2.1 学习引导

本案例以“丝绸之路”为主题设计海报，搭配丝绸质感，令简单的画面与文字的排版变得更加富有活力，赋予画面更多的生命力。学习引导图如图 5-10 所示。

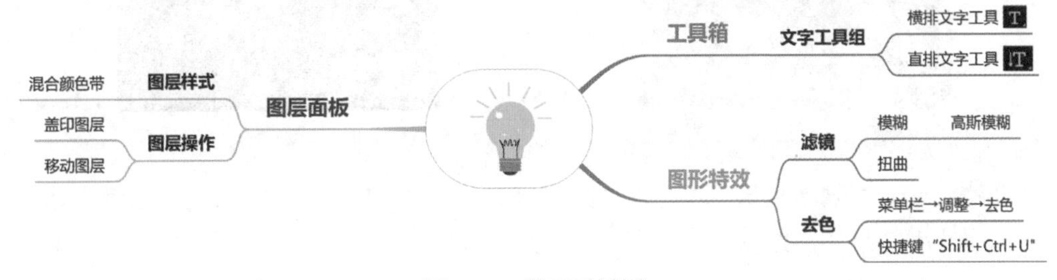

图 5-10 学习引导图

5.2.2　操作步骤

步骤 1 新建合适大小的画布（参考尺寸 1024 像素 ×1369 像素），分辨率为 300 像素 / 英寸，背景颜色为橙色（参考值 #ca9380）。

步骤 2 置入“丝绸”素材，图层命名为“丝绸”，选择“菜单栏”→“调整”→“去色”选项，然后选择“菜单栏”→“滤镜”→“模糊”→“高斯模糊”选项，“半径”设为 2 像素，如图 5-11 和图 5-12 所示。

图 5-11　设置“高斯模糊”滤镜

图 5-12　调整后的效果图

步骤 3 置入“骆驼”“祥云”素材，并输入文字，设置合适的字体、字号，进行排版，如图 5-13 所示。

步骤 4 按“Ctrl+Shift+Alt+E”快捷键盖印可见图层，将“丝绸”图层移动至“盖印图层”下方一层。

步骤 5 选中“盖印图层”，选择“菜单栏”→“滤镜”→“扭曲”→“置换”选项，设置如图 5-14 所示。

图 5-13　文字和素材排版

图 5-14　设置“置换”滤镜

步骤 6 双击“盖印图层”，进入“图层样式”对话框，拖动“混合颜色带”下方的“下一图层”小三角形，如图 5-15 所示，调整至需要的效果。

步骤 7 作品成品如图 5-16 所示。

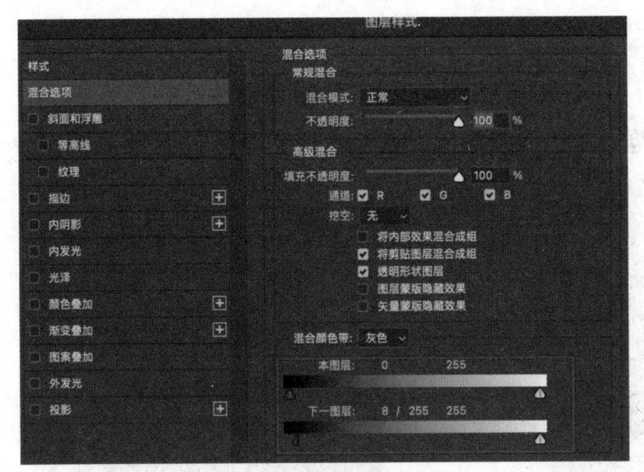

图 5-15　设置“图层样式”

图 5-16　作品成品效果图

5.3　字体穿插效果

5.3.1　学习引导

本案例选择与圣诞节主题相符的元素和颜色进行设计，使用字体穿插效果配合立体字形，令海报更有层次感和空间感。学习引导图如图 5-17 所示。

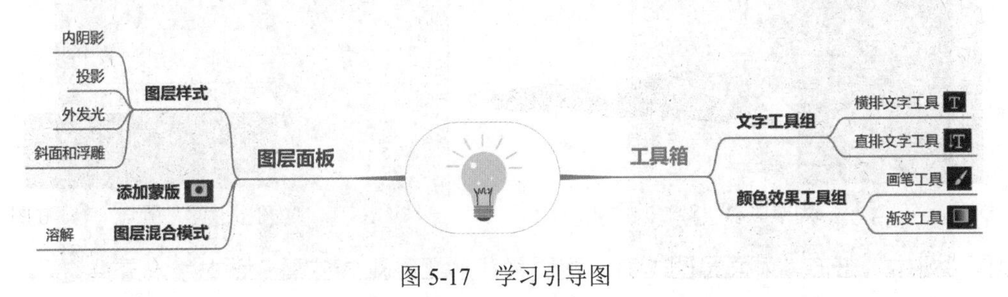

图 5-17　学习引导图

5.3.2　操作步骤

步骤 1 新建合适大小的画布（500 像素 ×700 像素），背景颜色为白色。

步骤 2 新建图层，用喜欢的颜色填充图层（本案例主题为圣诞节，因此主色调为红色，为凸显立体感，可设置为渐变色或者拼接色），如图 5-18 所示。

步骤 3 置入圣诞节相关素材，放置合适位置，如图 5-19 所示。

步骤 4 选择“横排文字工具”，分两行输入“25”“Dec.”，将文字调整至合适大小及位置，如图 5-20 所示。

注意：这一步需要将文字尽量设置得大一些，占据大幅版面，之后设置穿插字体效果会更加明显。

图 5-18　制作背景

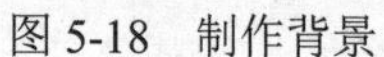

图 5-19　置入素材

图 5-20　添加文字

步骤 5 设置立体字形效果：在“图层面板”双击“文字”图层，进入“图层样式”对话框，分别设置“斜面和浮雕”“内阴影”“外发光”“投影”效果，参数设置如图 5-21 至图 5-24 所示。

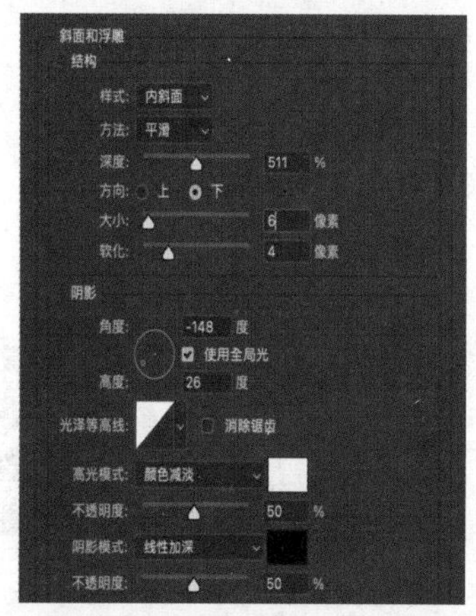

图 5-21　设置“斜面和浮雕”

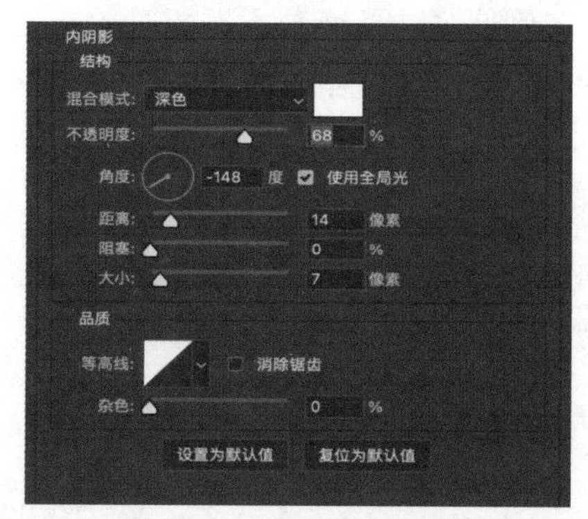

图 5-22　设置“内阴影”

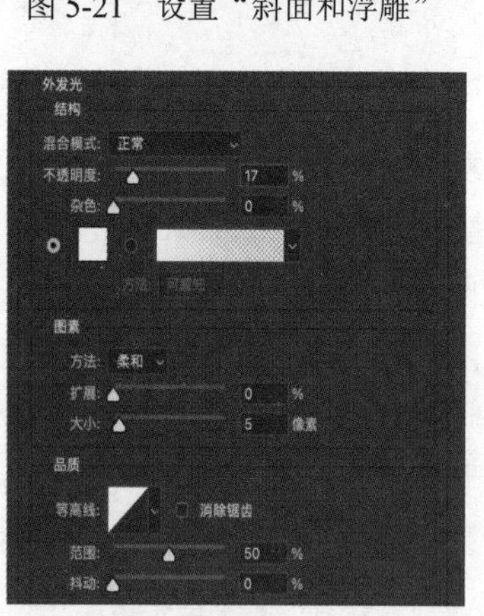

图 5-23　设置“外发光”

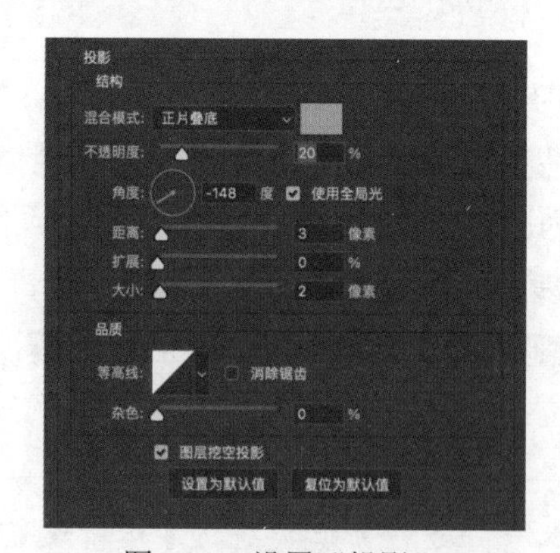

图 5-24　设置“投影”

步骤 6 设置文字穿插效果：选中“文字”图层，单击“图层面板”下方快捷工具栏的“添加图层蒙版”按钮，给“文字”图层添加蒙版，设置“图层蒙版缩览图”的“不透明度”为46%（使后续画笔操作更加清晰可见），如图5-25所示。

步骤 7 选择“画笔工具”，设置“前景色”为黑色，在蒙版上进行涂抹操作，涂抹区域为文字与底部画面的连接处，露出底部画面，使文字与底部画面产生连接感，效果如图5-26所示。

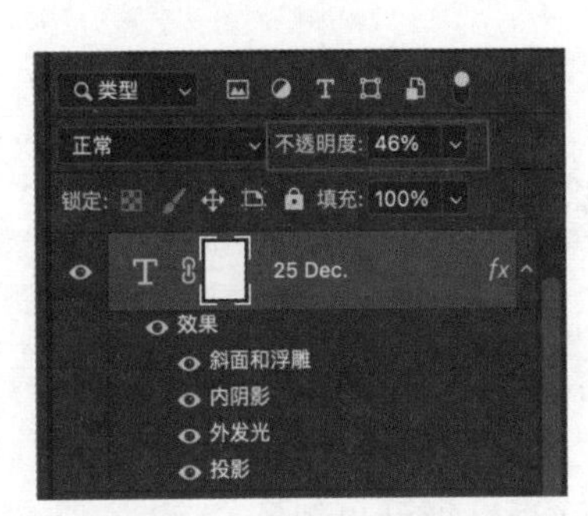

图5-25　设置图层不透明度

图5-26　文字处理效果图

注意

这一步需要较为耐心细致，文字穿插效果的明显程度与底部画面、文字排列均有关系，可以多次尝试，以达到预期效果。

步骤 8 将“图层蒙版缩览图”的“不透明度”调至100%。为了配合画面中雪的元素，以及使文字更有质感，在“图层面板”中将“文字”图层的“图层混合模式”设置为“溶解”，如图5-27所示。作品成品如图5-28所示。

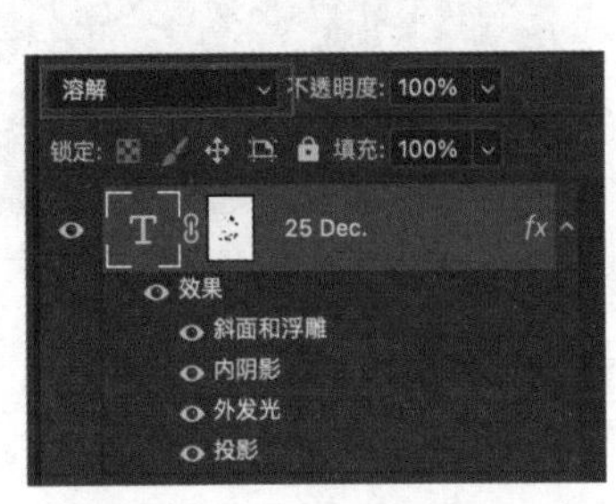

图5-27　设置“图层混合模式”

图5-28　作品成品效果图

5.4 磨砂玻璃效果

5.4.1 学习引导

本案例以“雾里看花”为主题，通过磨砂玻璃效果制造朦胧感，营造意境美。学习引导图如图 5-29 所示。

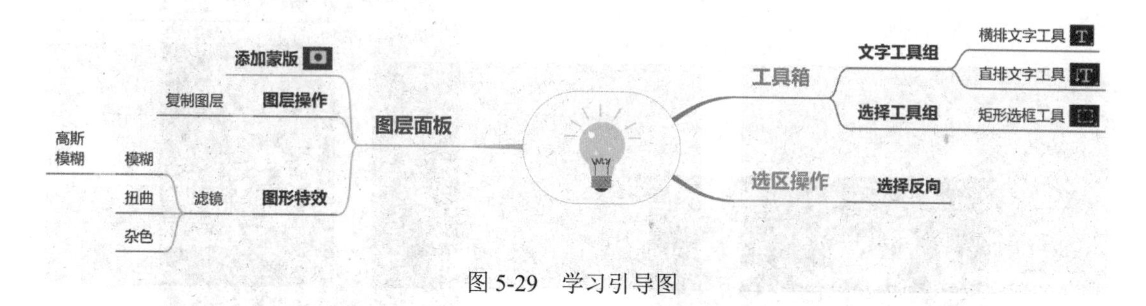

图 5-29　学习引导图

5.4.2 操作步骤

步骤 1 置入“花朵”素材，图层命名为“花朵背景”。

步骤 2 按“Ctrl+J”快捷键复制“花朵背景”图层，得到“图层 1”。

步骤 3 选择“菜单栏”→“滤镜”→“模糊”→“高斯模糊”选项，参考设置如图 5-30 所示。

步骤 4 选择“菜单栏”→“滤镜”→“杂色”→“添加杂色”选项，参考设置如图 5-31 所示。

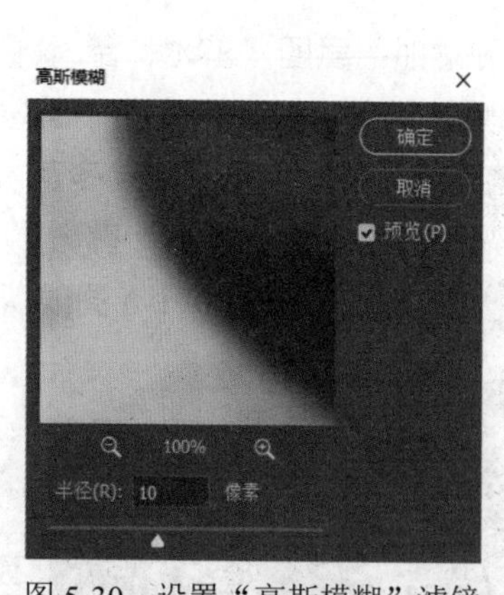

图 5-30　设置“高斯模糊”滤镜

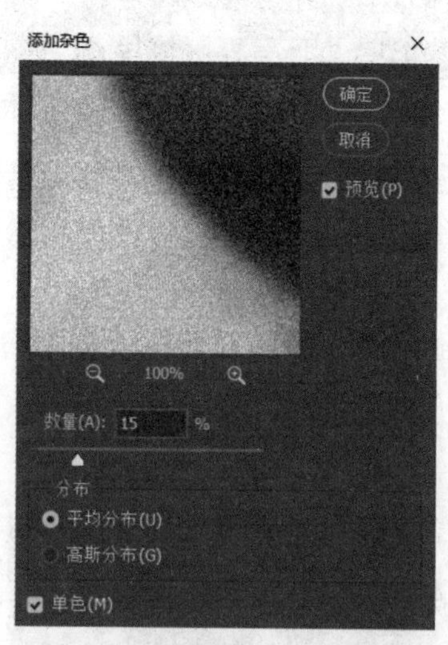

图 5-31　设置“添加杂色”滤镜

步骤 5 选择“菜单栏”→“滤镜”→“滤镜库”，然后在弹出的对话框中选择“扭曲”→“玻璃”，调整数值，参考如图 5-32 所示，效果如图 5-33 所示。

步骤 6 选择“矩形选框工具”，在画布编辑区框选想要清晰显示的区域（如需要同时选取多个区域，可按“Shift”键增加框选区域），如图 5-34 所示。

步骤 7 将鼠标移到选框区域内，右击，在弹出的菜单中选择“选择反向”选项，如图 5-35 所示。然后给“图层 1”添加矢量蒙版，如图 5-36 所示。

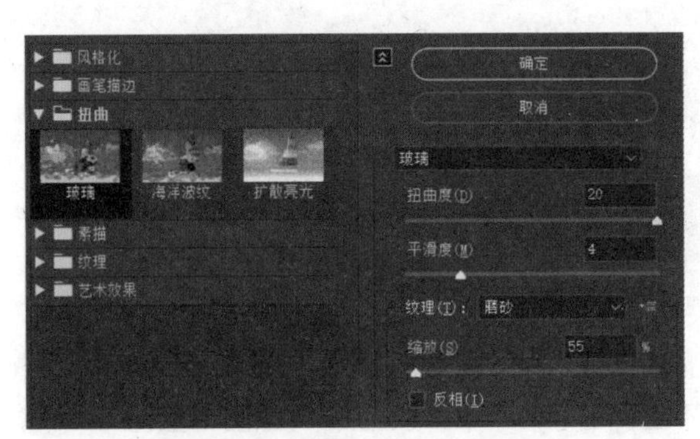

图 5-32　设置“玻璃”滤镜

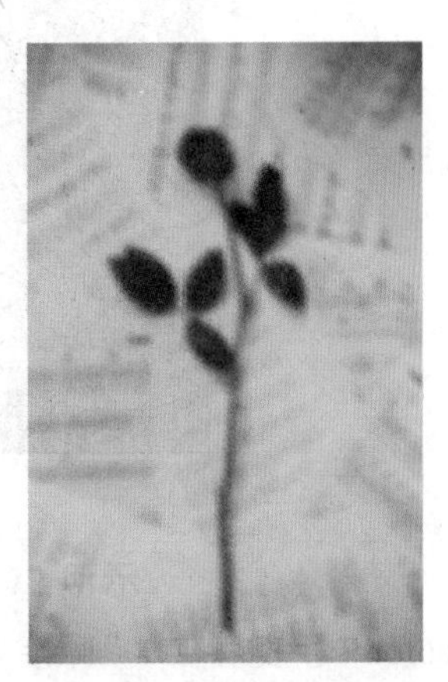

图 5-33　设置滤镜效果图

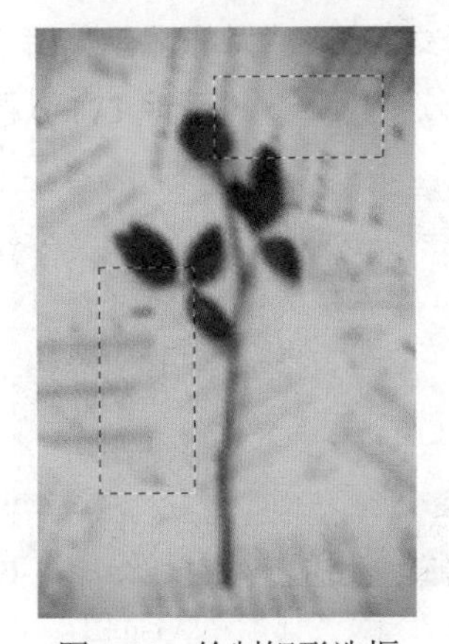

图 5-34　绘制矩形选框

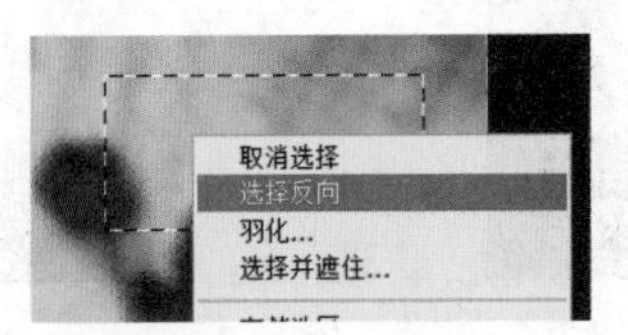

图 5-35　选择反向

图 5-36　添加矢量蒙版

步骤 8 磨砂玻璃效果完成，根据设计需求添加上文字排版，作品成品如图 5-37 所示。

图 5-37　作品成品效果图

5.5 字体分割效果

5.5.1 学习引导

梦境常常是奇妙而又凌乱的，本案例通过搭配字体风格效果来体现梦境的感觉。学习引导图如图 5-38 所示。

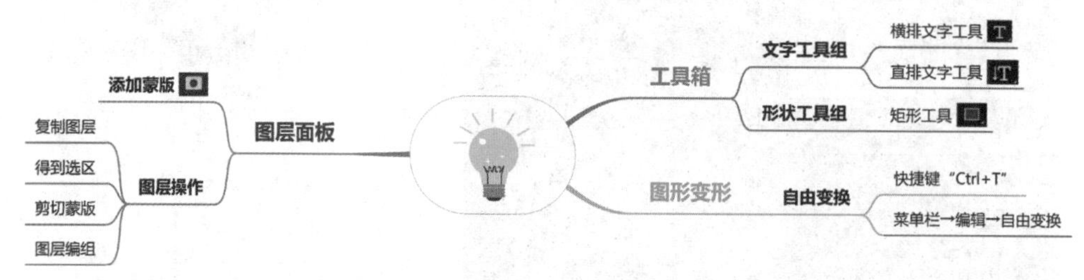

图 5-38　学习引导图

5.5.2 操作步骤

步骤 1 新建文件（参考尺寸为 751 像素 ×811 像素），分辨率为 300 像素 / 英寸，背景颜色为白色。

步骤 2 选择“横排文字工具” ，输入文字“梦境”，参考字体为微软雅黑，字号为 60，加粗，颜色为黑色，如图 5-39 所示。

步骤 3 在“图层面板”选中“梦境”文字图层，右击，在弹出的菜单中选择“栅格化文字”选项。

步骤 4 选择“矩形工具” ，在“梦境”周围绘制矩形，颜色为灰色（参考值 #aaaaaa），无描边。为使操作过程更加清晰，可降低矩形图层的“不透明度”（本案例设为 42%）。

步骤 5 按“Ctrl+J”快捷键复制多个矩形，如图 5-40 所示，并选中所有“矩形”图层，在工具栏单击“水平分布”按钮，如图 5-41 所示。

步骤 6 保持选中所有“矩形”图层的状态，按“Ctrl+G”快捷键编组为“矩形组”，按“Ctrl+T”快捷键进入“自由变换”编辑，旋转整个“矩形组”，并通过四边上的控点进行大小调整，使矩形框的范围覆盖“梦境”这两个字，如图 5-42 所示。

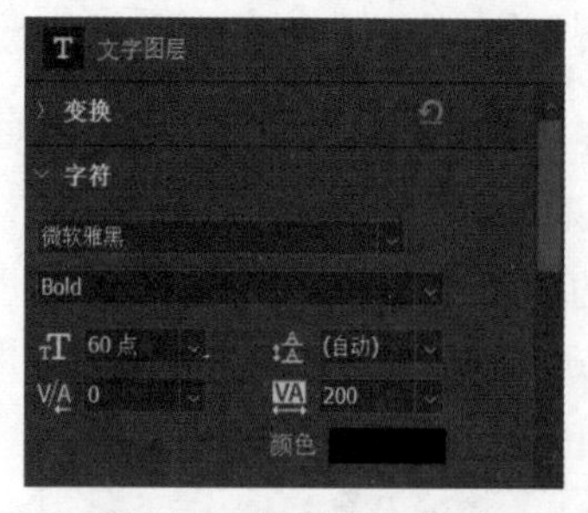

图 5-39　设置文字格式

图 5-40　复制多个矩形

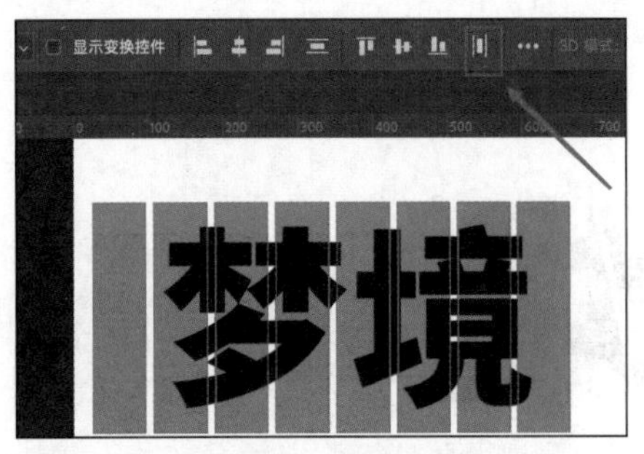

图 5-41 设置“水平分布”排列

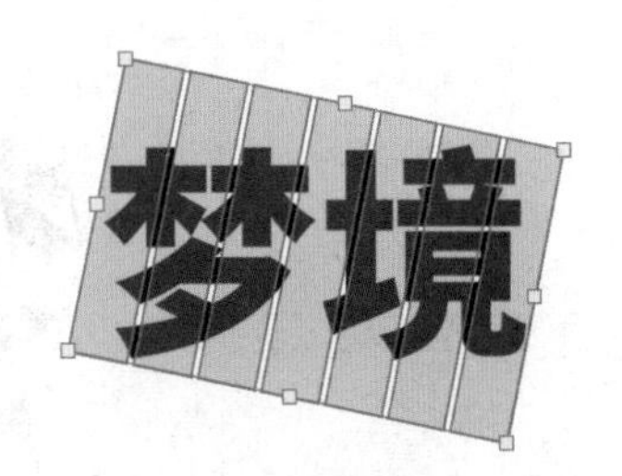

图 5-42 调整“矩形组”角度

步骤 7 按住“Ctrl”键，选中“矩形 1”图层的“图层缩览图”，得到“矩形 1”图层的选择区域，如图 5-43 所示。

图 5-43 载入选区

步骤 8 选中“梦境”图层（注意：是选中“图层”，而非“图层缩览图”），按“Shift+Ctrl+J”快捷键（“通过剪切的图层”对应的快捷键），会出现一个带有步骤 7 中的矩形选区的新图层。（或选择“菜单栏”→“图层”→“新建”→“通过剪切的图层”选项。）

步骤 9 重复步骤 7 ～ 8，将所有矩形框逐一进行剪切。

步骤 10 隐藏图层：单击“矩形组”和“文字”图层的“眼睛”图标，即可隐藏图层。

步骤 11 移动剪切后的图层，使其看上去错落有致，如图 5-44 所示。然后选中所有剪切图层，按“Ctrl+G”快捷键将其编组为“剪切形状组”。

步骤 12 置入“梦境图”素材，放在“剪切形状组”图层上面，选中“梦境图”图层，右击，在弹出的菜单中选择“创建剪贴蒙版”选项，如图 5-45 所示。

图 5-44 剪切图层后的效果图

图 5-45 创建剪贴蒙版

步骤 13 最后，置入其他装饰素材，作品成品如图 5-46 所示。

图 5-46　作品成品效果图

5.6　液体气泡效果

5.6.1　学习引导

本案例以夏季为灵感，配合液体气泡效果，搭配泳池背景，选取蓝、绿灯，营造夏季清新的感觉。学习引导图如图 5-47 所示。

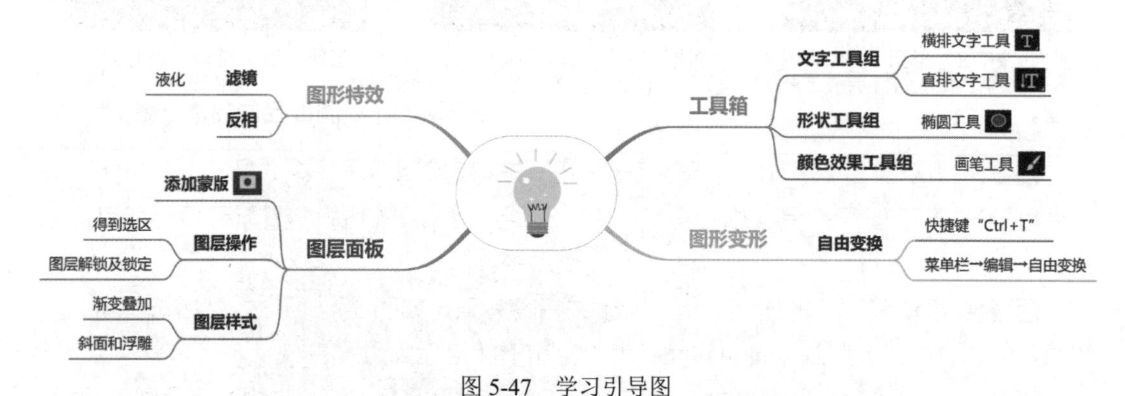

图 5-47　学习引导图

5.6.2　操作步骤

步骤 1 新建文件（参考尺寸为 1080 像素 ×1439 像素），背景颜色为白色。

步骤 2 置入"泳池背景"素材，调整至与背景相同尺寸。

步骤 3 选择"椭圆工具"，在上方工具栏设置"无填充""无描边"，如图 5-48 所示。然后绘制一个椭圆，如图 5-49 所示，图层名为"椭圆 2"。

图 5-48　“椭圆工具”工具栏

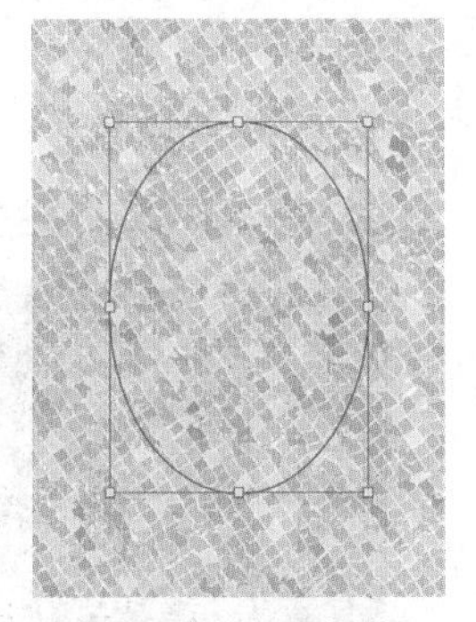

图 5-49　绘制椭圆

步骤 4 在“图层面板”双击“椭圆 2”图层，进入“图层样式”对话框，分别设置“渐变叠加”“斜面和浮雕”“等高线”样式，如图 5-50 至图 5-52 所示。

步骤 5 按住“Ctrl”键，单击“图层面板”中“椭圆 2”图层的“图层缩览图”（如果是智能对象图层，则为“智能对象缩览图”），如图 5-53 所示，然后得到“椭圆 2”图层的选区（虚线描边边框），如图 5-54 所示。

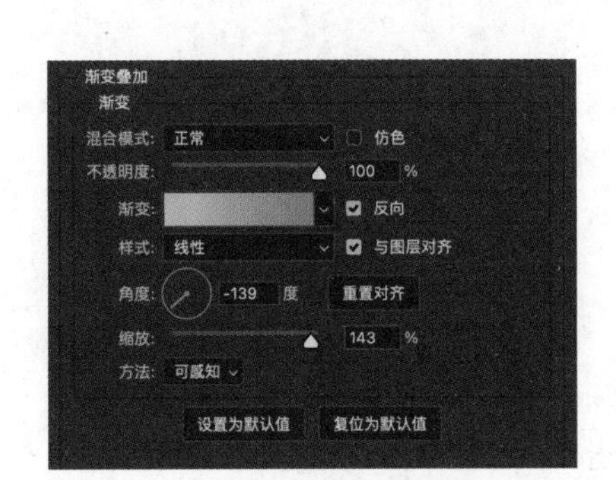

图 5-50　设置“渐变叠加”

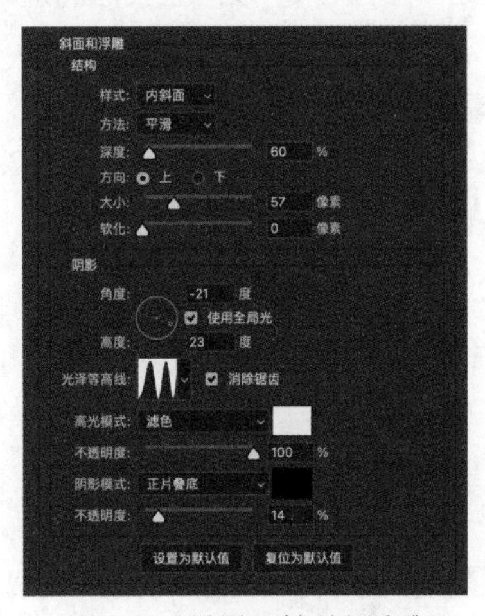

图 5-51　设置“斜面和浮雕”

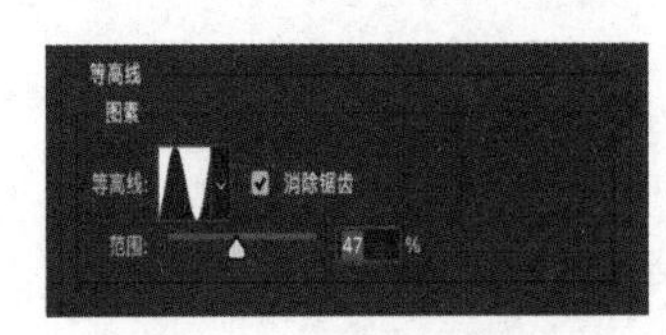

图 5-52　设置“等高线”

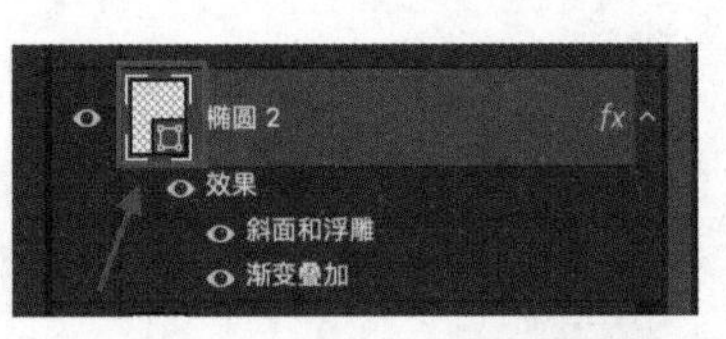

图 5-53　单击“图层缩览图”

图 5-54　载入选区

步骤 6 在“图层面板”选中“椭圆 2”图层，并在“图层面板”底部单击“添加图层蒙版”按钮，如图 5-55 所示。然后按“Ctrl+I”快捷键，对蒙版执行“反相”操作。

步骤 7 单击“椭圆 2”图层的“图层缩览图”与“图层蒙版缩览图”中间的链接图标 ，取消蒙版与图层的链接，如图 5-56 所示。

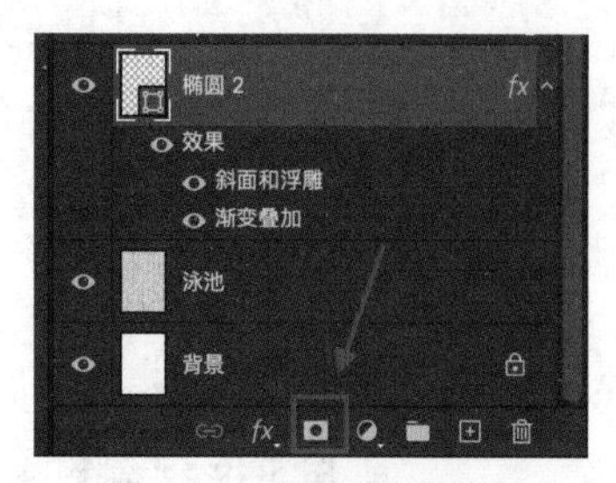

图 5-55 添加图层蒙版

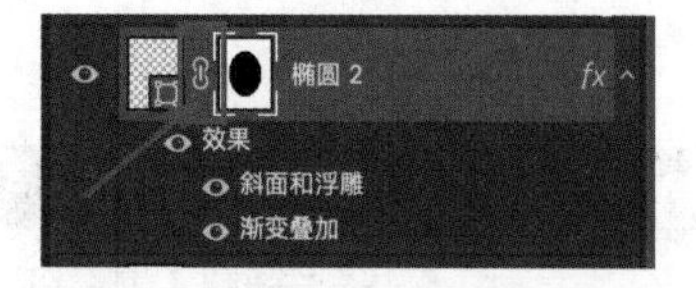

图 5-56 取消蒙版与图层的链接

步骤 8 单击“椭圆 2”图层的“图层缩览图”，按“Ctrl+T”快捷键进入“自由变换”，在画布编辑区调整椭圆大小，使椭圆露出边缘，如图 5-57 所示。

步骤 9 单击“椭圆 2”图层的“图层蒙版缩览图”（如何单击“图层蒙版缩览图”见图 5-53），选择“画笔工具” ，在工具栏选择“柔边圆”笔刷，设置合适的笔刷大小，在气泡上任意涂抹，以凸显气泡的透明感，如图 5-58 所示。

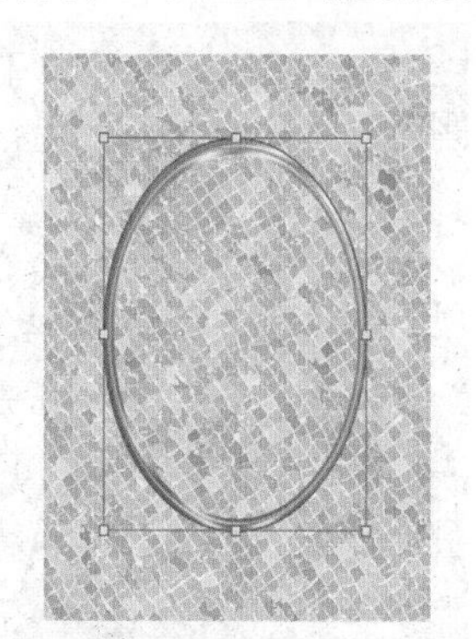
图 5-57 调整椭圆大小

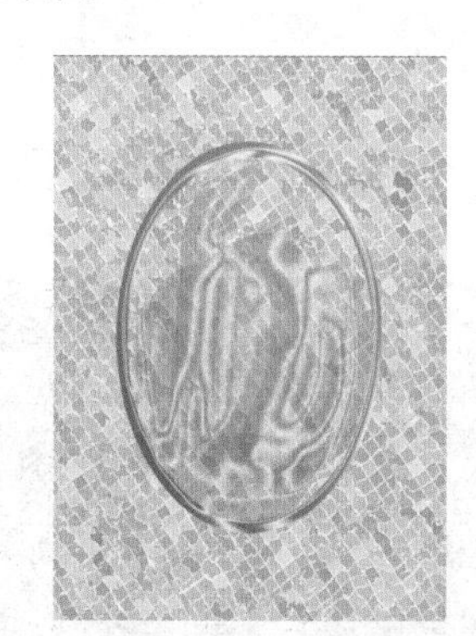
图 5-58 使用“画笔工具”涂抹

步骤 10 单击“椭圆 2”图层的“图层缩览图”，选择“菜单栏”→“滤镜”→“液化”选项，调整气泡形状至合适状态，如图 5-59 所示。

步骤 11 气泡效果制作完毕，根据设计需要进行文字和素材的排版，作品成品如图 5-60 所示。

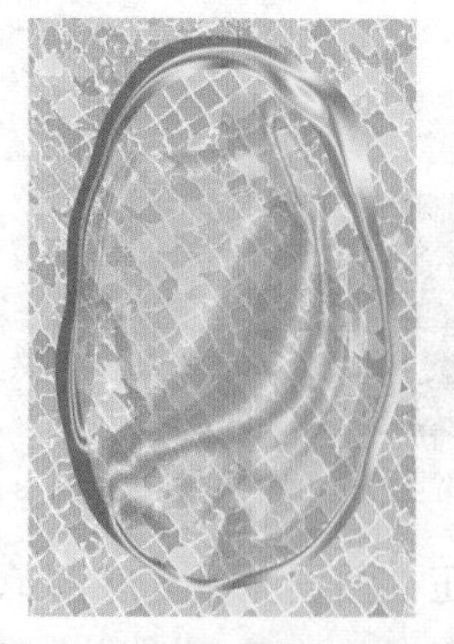
图 5-59 设置“液化”滤镜

图 5-60 作品成品效果图

5.7　文字翻页 + 背景磨砂效果

5.7.1　学习引导

翻页效果与鼓励开卷阅读活动适配，磨砂质感背景则是模仿纸质书页的效果，本案例通过鼓励阅读活动主题海报，来分析如何制作“文字翻页”与“背景磨砂”效果，学习者可以灵活使用、搭配这两种效果，根据不同的需求发挥设计创意。学习引导图如图 5-61 所示。

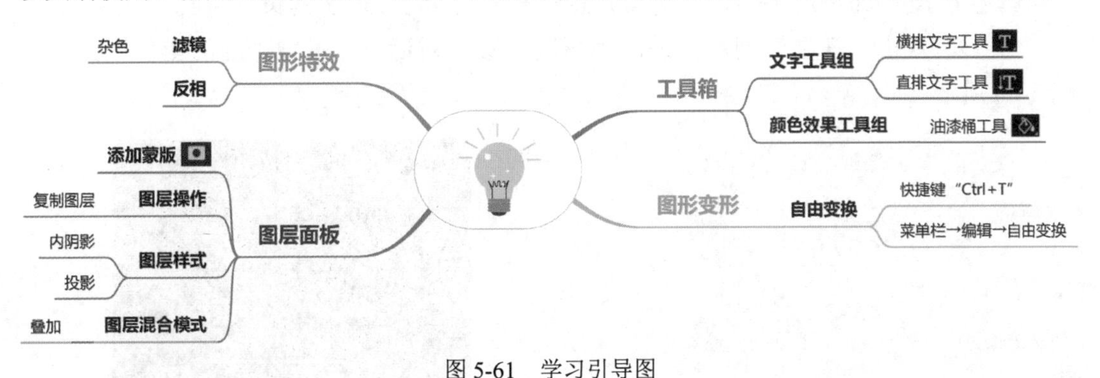

图 5-61　学习引导图

5.7.2　操作步骤

步骤 1　新建文件（参考尺寸为 3537 像素 ×5305 像素），分辨率为 300 像素 / 英寸，背景颜色为浅灰色（参考值为 #b2aeae）。

步骤 2　新建图层，图层名为“图层 1”，按“Shift+F5”快捷键，弹出“填充”对话框，将“内容”设置为白色，则图层填充为白色，如图 5-62 所示。（此步骤也可以使用“油漆桶工具”或菜单栏的“编辑”→“填充”命令等多种方法填充颜色。）

步骤 3　选择“菜单栏”→“滤镜”→“杂色”→“添加杂色”选项，在弹出的“添加杂色”对话框中，设置“数量”为 150%，选择“高斯分布”，勾选“单色”复选框，如图 5-63 所示。

步骤 4　将“图层 1”的“图层混合模式”设置为“叠加”，如图 5-64 所示。

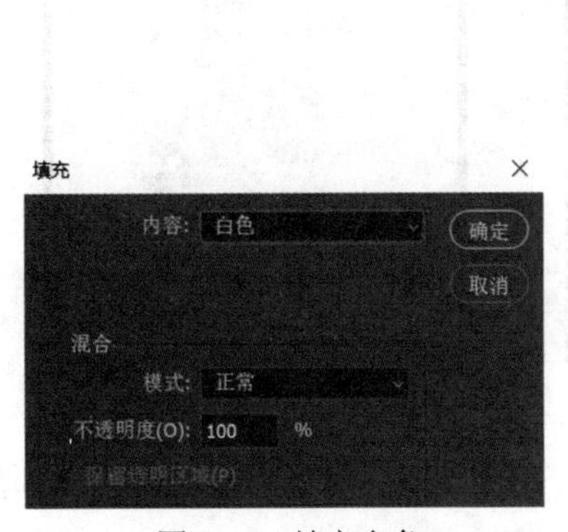

图 5-62　填充白色

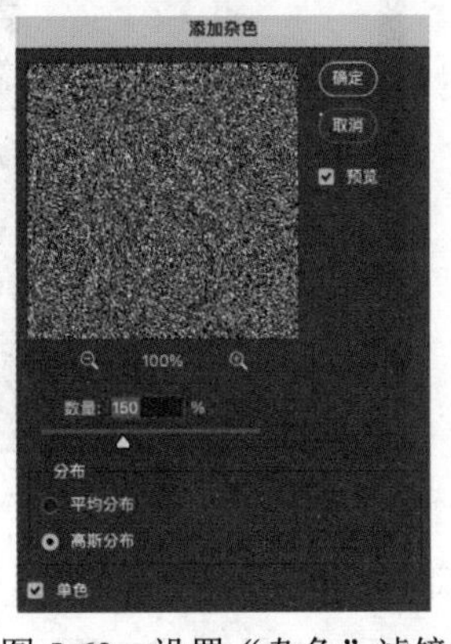

图 5-63　设置“杂色”滤镜

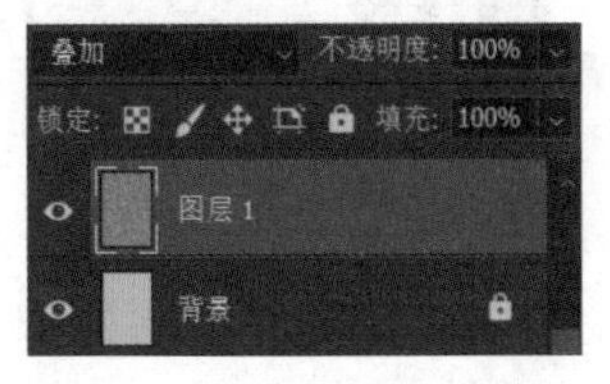

图 5-64　设置“叠加”模式

步骤 5 选中“图层 1”图层，按“Ctrl+J”快捷键复制图层，得到“图层 1 拷贝”图层，选中此图层，按“Ctrl+I”快捷键执行“反相”操作；通过“↑”“←”“↓”“→”键移动调整，得到合适的磨砂效果，如图 5-65 所示。

步骤 6 选择“直排文字工具”，输入文字“开卷”，设置合适的文字颜色、字体与字号（建议选取黑体、方正小标宋简体等字体，本案例字号设置为 500），然后在“图层面板”的“开卷”文字图层上右击，在弹出的菜单中选择“栅格化文字”选项。

步骤 7 按“Ctrl+J”快捷键复制“开卷”图层，得到“开卷 拷贝”图层。

步骤 8 双击“开卷”图层，进入“图层样式”对话框，设置“内阴影”效果，如图 5-66 所示。

图 5-65 “反相”效果图

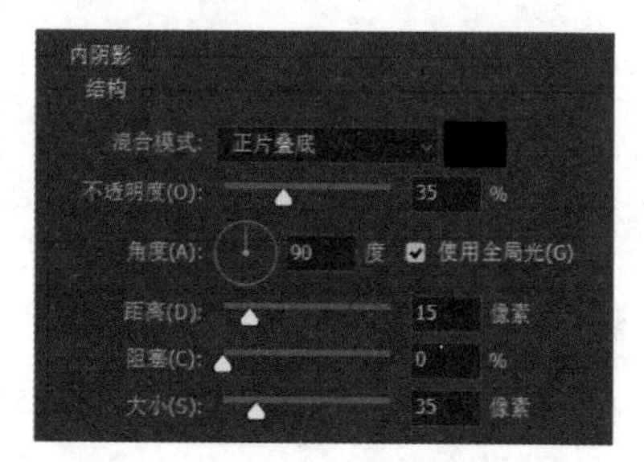

图 5-66 设置“内阴影”样式

步骤 9 置入“背景”素材，选中“背景素材”图层，右击，在弹出的菜单中选择“栅格化图层”图层；然后再次对着该图层右击，选择“创建剪贴蒙版”选项，如图 5-67 所示。

步骤 10 选中“开卷 拷贝”图层，按“Crtl+T”快捷键进入“自由变换”操作，在画布编辑区对着自由变换区域右击，在弹出的快捷菜单中选择“变形”选项（说明：也可以单击工具栏中的“变形”按钮，如图 5-68 所示），调整文字角度，制作翻页效果，如图 5-69 所示。

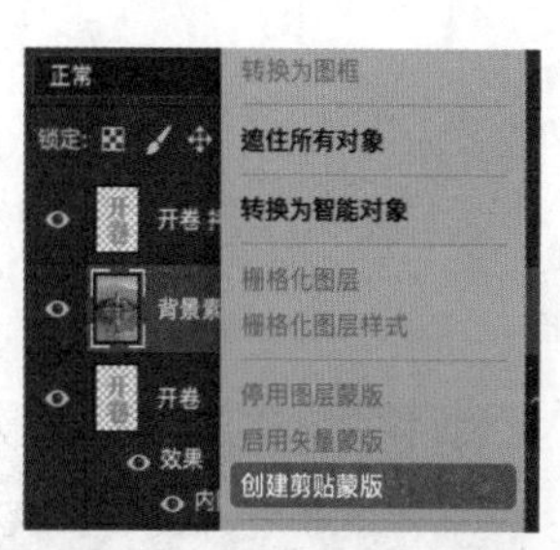

图 5-67 创建剪贴蒙版

图 5-68 “变形”模式

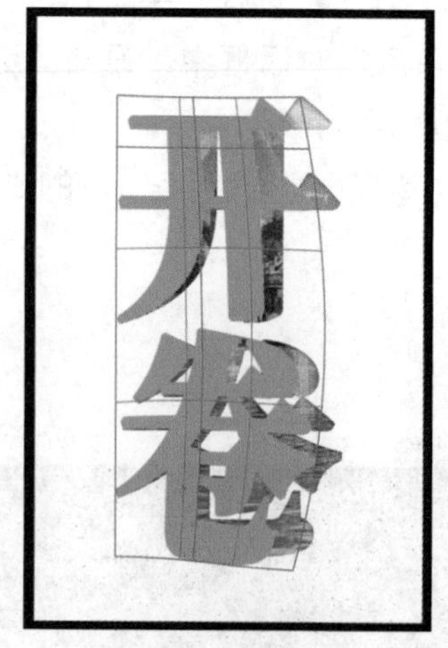

图 5-69 “变形”效果

步骤 11 在“图层面板”双击“开卷 拷贝”图层，进入“图层样式”对话框，设置“投影”样式，参数如图 5-70 所示，作品成品如图 5-71 所示。

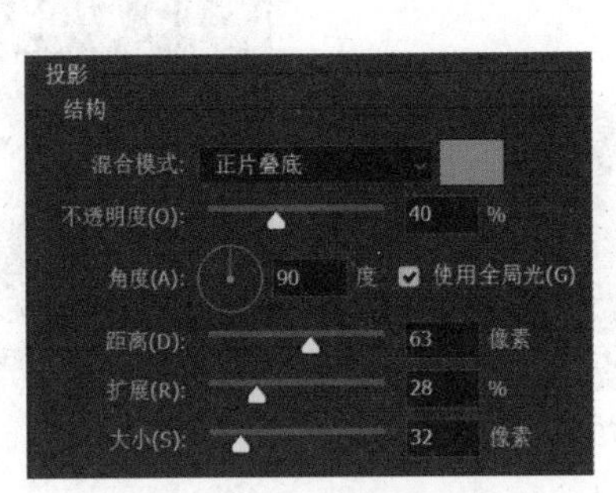

图 5-70　设置“投影”效果

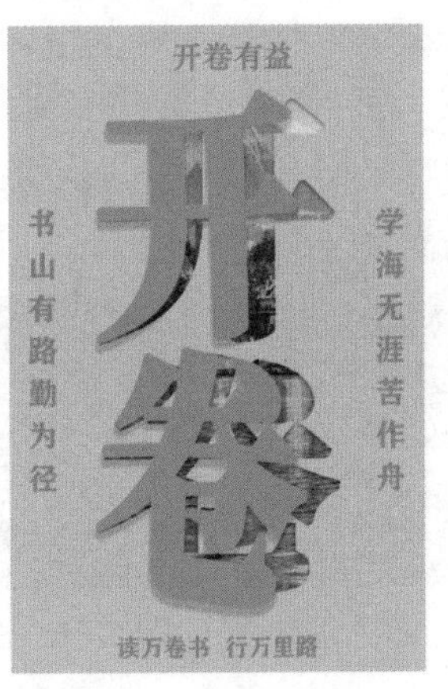

图 5-71　作品成品效果图

5.8　翻页效果

5.8.1　学习引导

十二生肖，又叫属相，是中国与十二地支相配以记录人出生年份的十二种动物，包括鼠、牛、虎、兔、龙、蛇、马、羊、猴、鸡、狗、猪。生肖中的“兔”对应着十二地支中的卯。在民间文化里面，兔子又被称为“玉兔”，也可称为“月兔”。因此，本案例以兔子为元素，以贺年喜庆的红色为主色调进行贺卡设计，学习引导图如图 5-72 所示。

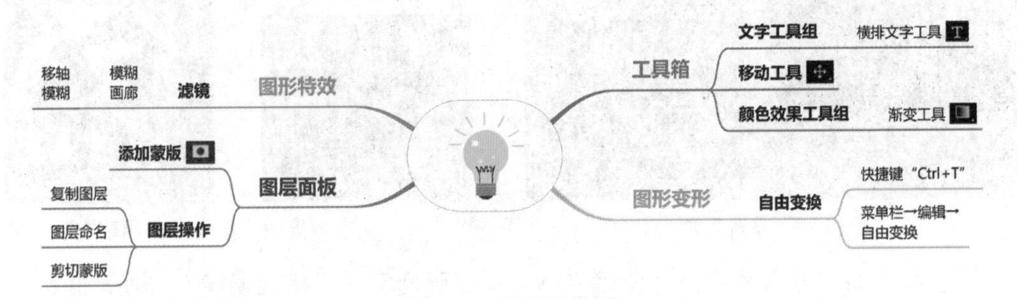

图 5-72　学习引导图

5.8.2　操作步骤

步骤 1 新建文件，参考尺寸为 1280 像素 ×1920 像素，分辨率为 72 像素 / 英寸，背景色为红色（参考值为 #f71818）。

步骤 2 置入“贺新年”素材，并调整位置和大小，如图 5-73 所示。

步骤 3 选择“文字工具”，输入“兔”字，设置合适的字体、字号，如图 5-74 和图 5-75 所示。

步骤 4 在“图层面板”中右击“兔”文字图层，选择“转换为形状”选项。

步骤 5 按“Ctrl+J”快捷键复制两次“兔”图层，分别命名为“阴影层”和“卷曲层”，如图 5-76 所示。

图 5-73　置入素材

图 5-74　输入文字

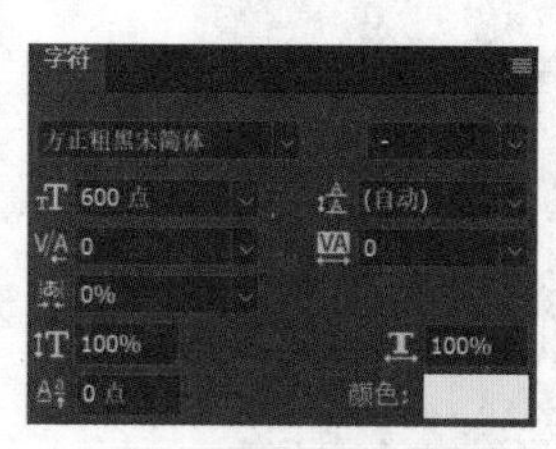

图 5-75　设置文字格式

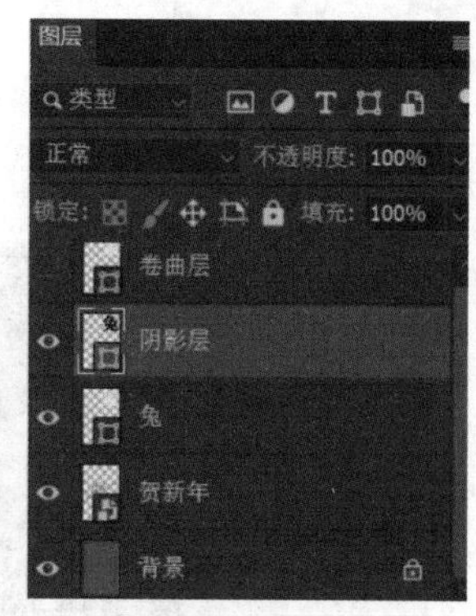

图 5-76　复制图层

步骤 6 单击“卷曲层”图层左边的“眼睛”图标，隐藏图层；然后双击“阴影层”图层的“图层缩览图”，在弹出的“拾色器”对话框中设置填充颜色为深红色（参考值为#810404），如图 5-77 和图 5-78 所示。

步骤 7 按“Ctrl+T”快捷键进入“自由变换”，按住“Ctrl”键拖动控点，将文字向下斜切，如图 5-79 所示，按“Enter”键确认操作。

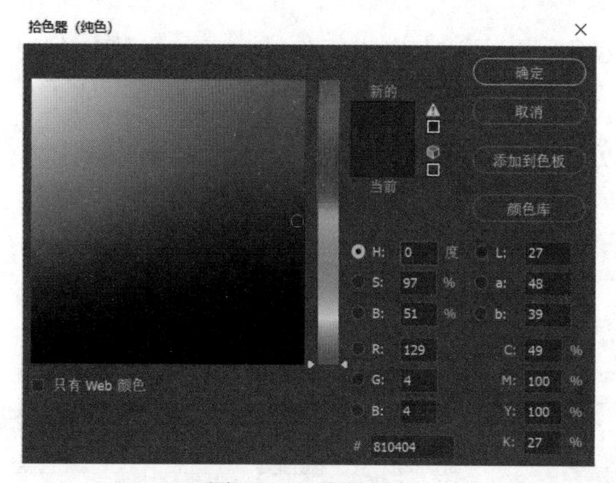

图 5-77　设置颜色

图 5-78　文字效果图　图 5-79　调整文字效果图

步骤 8 选择“菜单栏”→“滤镜”→“模糊画廊”→“移轴模糊”选项，调整移轴位置，如图 5-80 所示，并单击“确定”按钮返回画布编辑区。

步骤 9 给“阴影层”图层添加图层蒙版，选择“渐变工具”，单击上方工具栏的“渐变编辑器”，设置渐变颜色为“黑，白渐变”，单击“确定”按钮返回画布编辑区，拖动鼠标从左往右绘制渐变色，如图 5-81 所示。

图 5-80　设置“移轴模糊”滤镜

图 5-81　添加蒙版

步骤10 选中“卷曲层”图层，单击图层左边的正方形图标■取消“隐藏图层”，双击该图层的“图层缩览图”，填充与背景相同的颜色（#f71818），按“Ctrl+T”快捷键进入“自由变换”，按住“Ctrl”键调整控点，如图 5-82 所示。然后右击，在弹出的菜单中选择“变形”选项，做一个带弧度的变形处理，如图 5-83 所示，按“Enter”键确认操作。（此步骤可根据个人喜好进行调整。）

步骤11 打开“兔年背景”素材，用“移动工具”将其中一只兔子移至画布编辑区，置于“兔”图层上方，如图 5-84 所示。然后右击该图层，选择“创建剪贴模板”选项，即可得到翻页效果，如图 5-85 所示。（如“卷曲层”的文字不够突出，可增加描边。）

步骤12 参照步骤 11，可制作其他文字。

步骤13 置入其他素材，作品成品如图 5-86 所示。

图 5-82　调整图形

图 5-83　图形变形操作

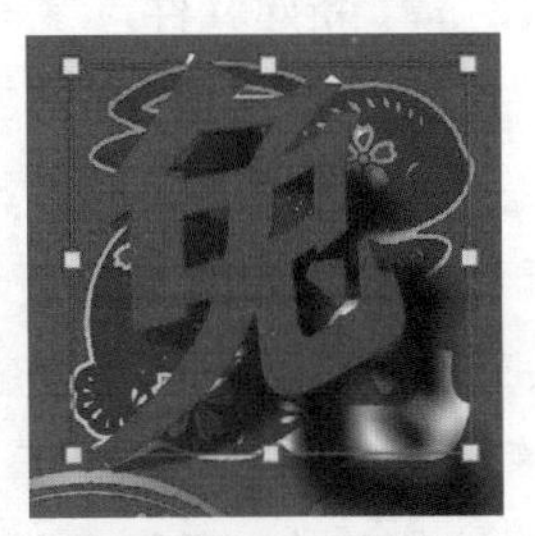

图 5-84　置入素材

图 5-85　创建剪贴模板

图 5-86　作品成品效果图

5.9　立方体效果

5.9.1　学习引导

红色是中国人喜爱的颜色之一，代表着喜庆、平安、热闹与祥和等。中国的近代历史就是一部红色的历史，承载着很多难忘的红色印记。本案例以红色为主色调，以立方体衬托文字，寓意方方面面均呈现国泰民安。学习引导图如图 5-87 所示。

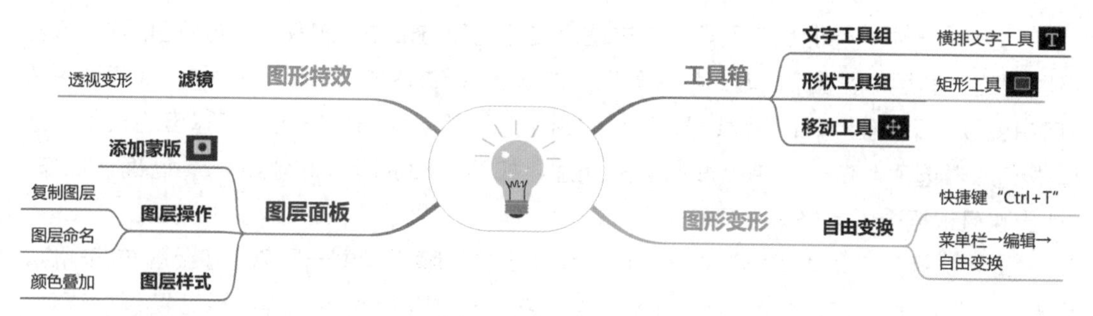

图 5-87　学习引导图

5.9.2　操作步骤

步骤 1　新建文件，参考尺寸为 1912 像素 ×1600 像素，分辨率为 72 像素 / 英寸，背景色为红色（参考值 #f52525）。

步骤 2　选择“矩形工具”，在上方工具栏设置：“填充”为无，“描边”为白色，“像素”为 12，如图 5-88 所示。然后按住“Shift”键，拖动鼠标绘制一个正方形，如图 5-89 所示。

图 5-88　设置“矩形工具”工具栏

步骤 3　选择“文字工具”，输入文字，选择合适的字体，设置字号并调整文字位置，如图 5-90 和图 5-91 所示。

图 5-89　绘制正方形

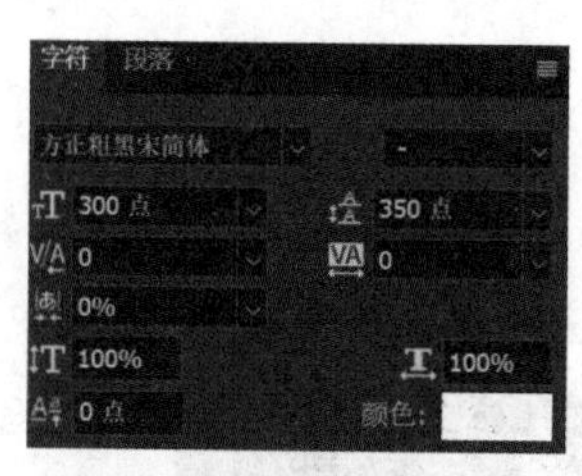

图 5-90　设置文字格式

图 5-91　文字效果图

步骤 4　按住“Ctrl”键的同时选中矩形和文字图层，右击，在弹出的菜单中选择“转换为智能对象”选项，如图 5-92 所示，转换后的智能对象图层名为“左侧”。

步骤 5　按两次“Ctrl+J”快捷键复制“文字”智能对象图层，得到两个复制图层，分别命名为“右侧”和“顶部”，用“移动工具”将“右侧”图层移至右边，如图 5-93 所示。

步骤 6　按“Ctrl+T”快捷键进入“自由变换”，再按住“Ctrl”键不放，拉动图形顶点，增加图形透视效果，对 3 个图层分别进行如此操作，效果如图 5-94 所示。

步骤 7　双击“左侧”图层，进入“图层样式”对话框，添加“颜色叠加”样式（颜色参考值为 #ed7b7b），增加光影感，设置如图 5-95 所示，效果如图 5-96 所示。

步骤 8　右击“左侧”图层，选择“拷贝图层样式”选项；选中“右侧”图层，右击，在弹出的菜单中选择“粘贴图层样式”选项，则“右侧”图层也得到了步骤 7 的设置。

步骤 9　选中“左侧”“右侧”“顶部”3 个图层，右击，在弹出的菜单中选择“转换为智能对象”选项，转换后的智能对象图层命名为“立方体”。

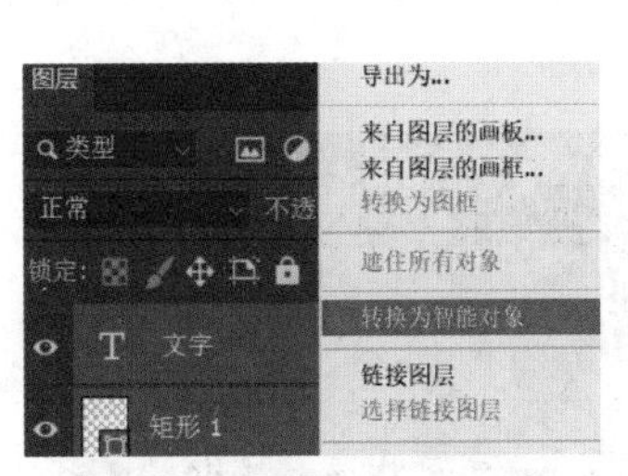

图 5-92　转换为智能对象

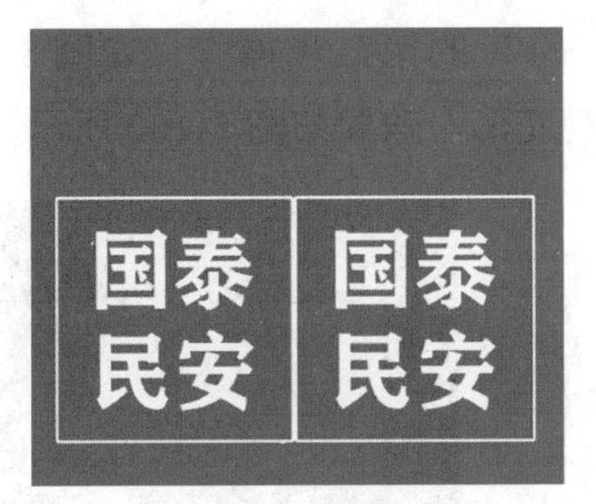

图 5-93　复制图层

图 5-94　图形透视效果图

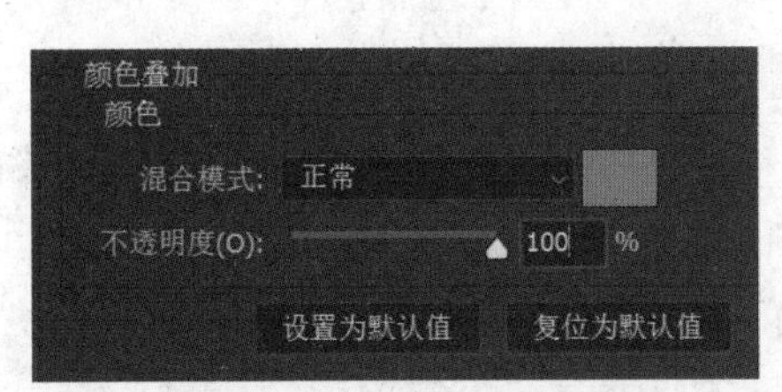

图 5-95　设置“颜色叠加”

图 5-96　效果图

步骤 10 选择“菜单栏”→“编辑”→“透视变形”选项，出现“透视变形”操作提示，如图 5-97 所示，然后在画布编辑区的立方体中，选定其中一个平面的直角点，单击鼠标，得到网格形状，拖动控点（图钉）定位，需定义 3 个平面，如图 5-98 所示。

步骤 1（共 2 步）

单击并拖动以定义平面。
将两个或更多平面合在一起以定义边角。

图 5-97　操作提示

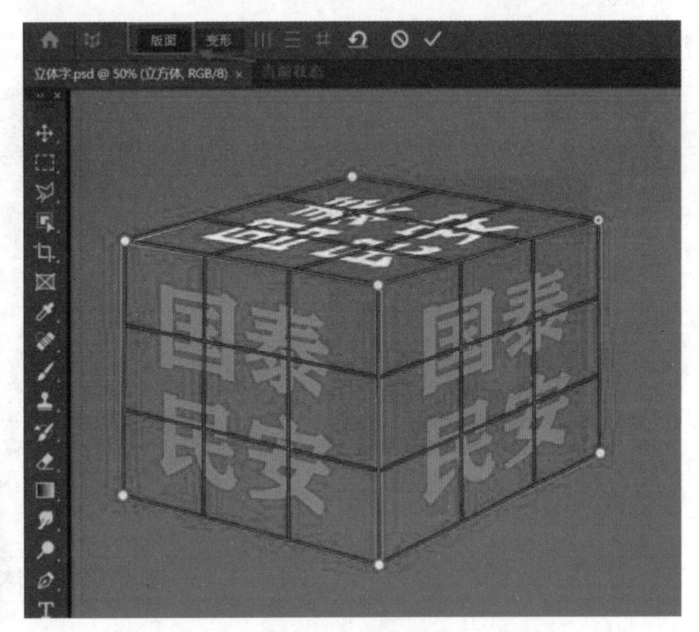

图 5-98　定义平面

注意　当前操作为“版面”模式。

步骤11 接着进行“透视变形”的第二步操作，如图 5-99 所示，切换到“变形”模式，拖动图钉以操控图形的透视变形，效果如图 5-100 所示。

图 5-99　操作提示

图 5-100　操控图形透视变形

步骤12 调整好透视变形后，单击上方工具栏的“√”按钮确认操作，则“立方体”图层下方出现“智能滤镜”效果，如图 5-101 所示，如需要修改可双击“透视变形”进入编辑状态。

步骤13 作品成品如图 5-102 所示。

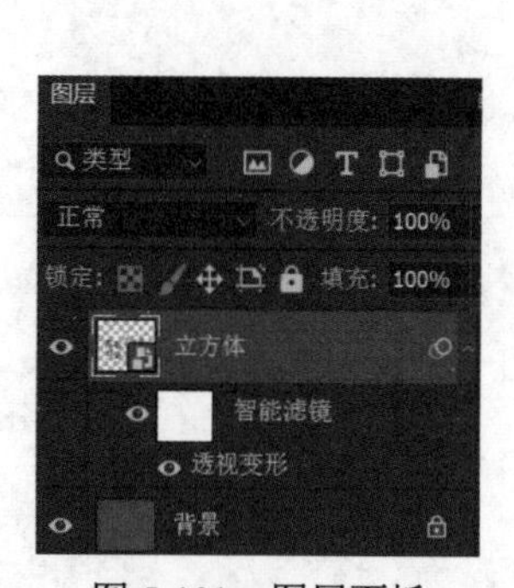

图 5-101　图层面板

图 5-102　作品成品效果图

5.10　字体凹陷效果

5.10.1　学习引导

凹陷字体可赋予画面立体感，本案例以植树节宣传卡为设计题材，以绿色为主色调，令主体呼之欲出，更具有视觉冲击力。学习引导图如图 5-103 所示。

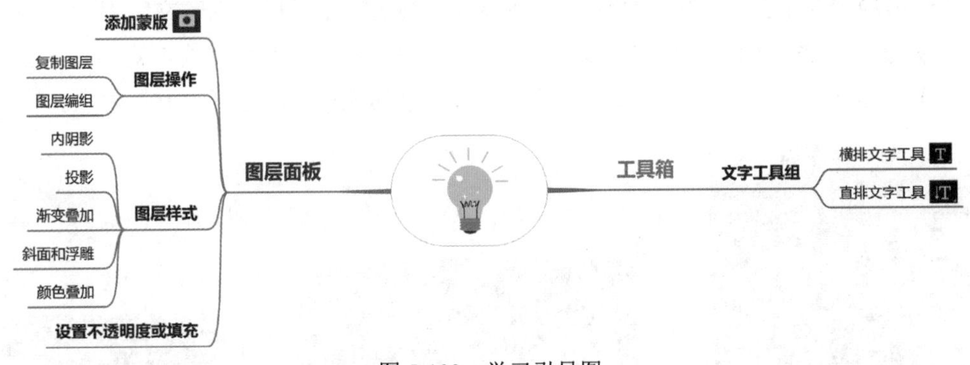

图 5-103　学习引导图

5.10.2　操作步骤

步骤 1　新建合适大小的画布（参考尺寸 1200 像素 ×1200 像素），分辨率为 300 像素 / 英寸，背景颜色为绿色（参考值 #83bc86）。

步骤 2　选择“横排文字工具”和“直排文字工具”，分别输入文字，字体和字号可按个人喜好设定，文字颜色为黑色，如图 5-104 所示。

步骤 3　按“Ctrl”或“Shift”键（“Ctrl”键为逐个选择，“Shift”键为连续选择），同时选中 4 个文字图层，右击，在弹出的菜单中选择“转换为智能对象”选项，如图 5-105 所示，得到“文字”智能对象图层。（双击“智能对象缩览图”，则进入智能对象编辑区进行文字编辑与修改，如不需要修改，可关闭进入智能对象编辑区。）

图 5-104　添加文字

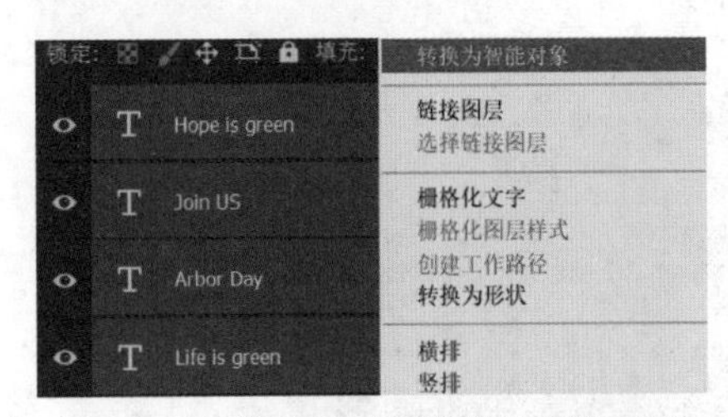

图 5-105　将文字图层转换为智能对象

注意

智能对象编辑区与源文件编辑区为两个独立的编辑区，如图 5-106 所示，智能对象可包含多个图层，保留了图像的源内容和原始特性，对图层具有一定的保护编辑作用。

图 5-106　文件名标识

步骤 4　在“图层面板”将“文字”图层的“填充”设置为 0%，然后按“Ctrl+J”快捷键复制图层，复制 3 次，分别得到“文字 拷贝”“文字 拷贝 2”“文字 拷贝 3”3 个图层，同时选中这 3 个图层，按“Ctrl+G”快捷键，将这 3 个图层编为“文字组”。

步骤 5 在“图层面板”双击“文字 拷贝”图层，进入“图层样式”对话框，分别设置“斜面和浮雕”“内阴影”“投影”效果，参数设置如图 5-107 至图 5-109 所示。

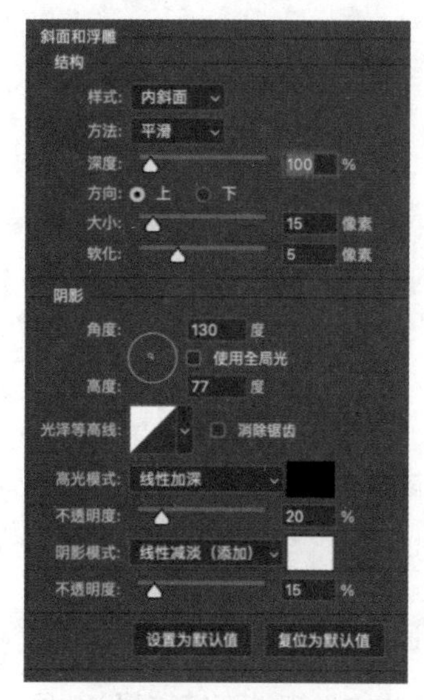

图 5-107 设置“斜面和浮雕”

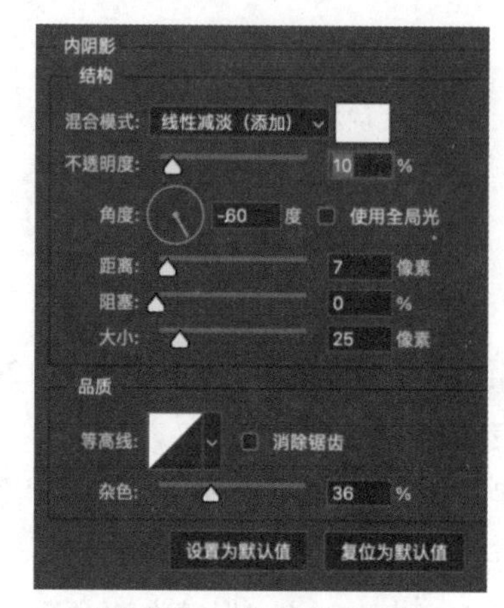

图 5-108 设置“内阴影”

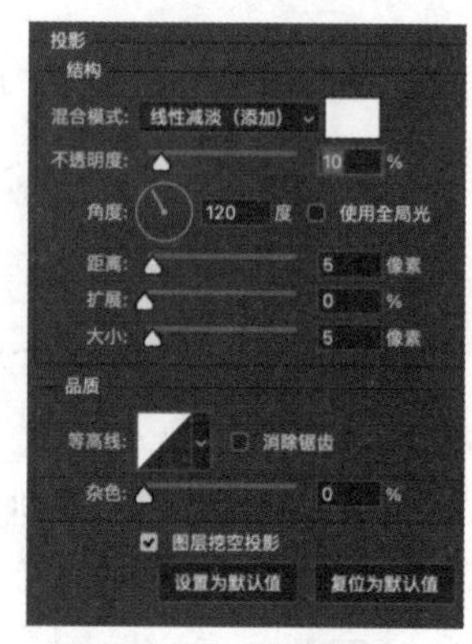

图 5-109 设置“投影”

步骤 6 对“文字 拷贝 2”图层设置“斜面和浮雕”“纹理”（此项为“斜面和浮雕”的子项）、“内阴影”“颜色叠加”“渐变叠加”“投影”效果，参数设置如图 5-110 至图 5-115 所示。

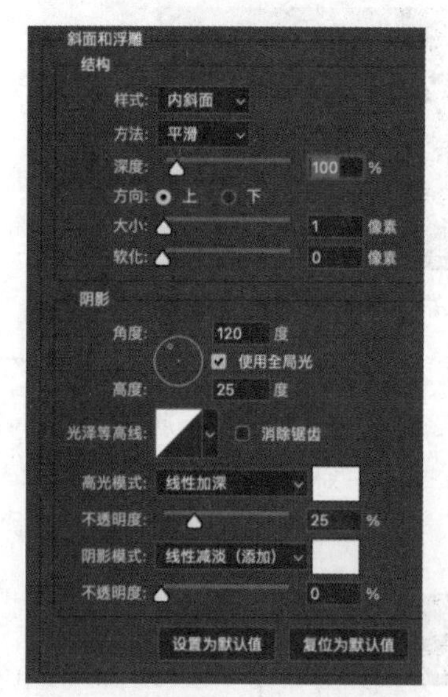

图 5-110 设置“斜面和浮雕”

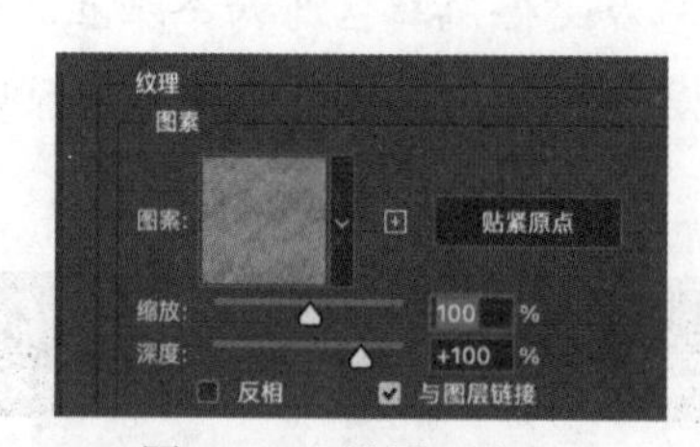

图 5-111 设置“纹理”

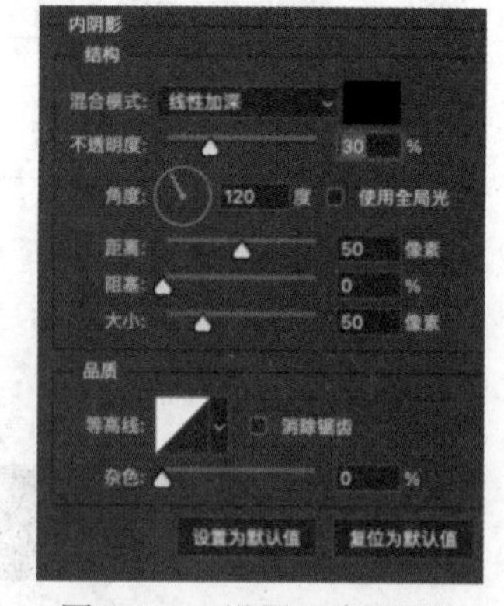

图 5-112 设置“内阴影”

步骤 7 对“文字 拷贝 3”图层设置“斜面和浮雕”“内阴影”“投影”效果，参数设置如图 5-116 至图 5-118 所示。

步骤 8 文字部分凹陷效果完成，如图 5-119 所示。

步骤 9 在“文字组”图层上方置入“树”素材，将“树”图层的“填充”设置为0%，如图5-120所示。

图5-113 设置“颜色叠加”

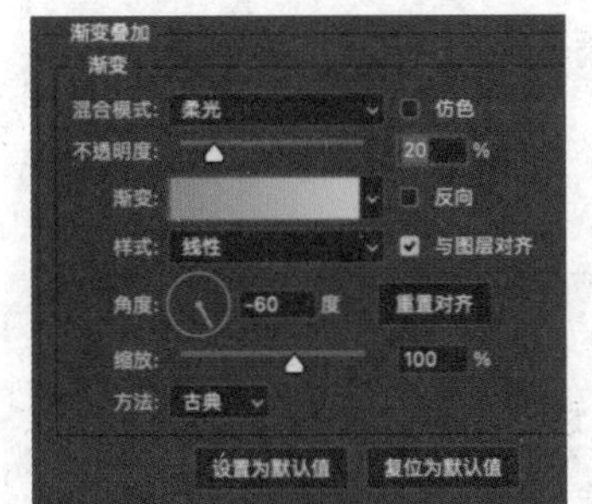
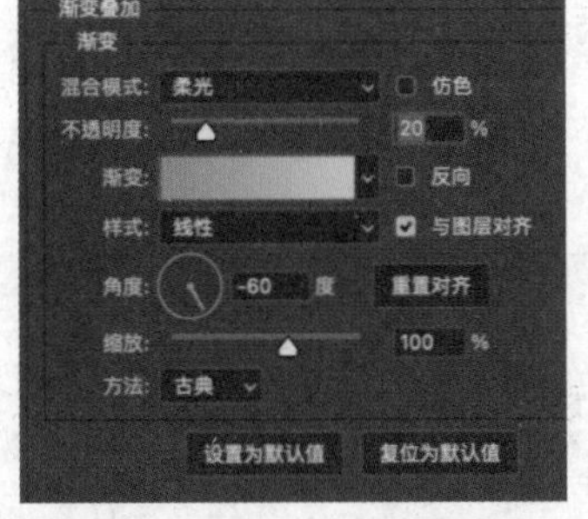

图5-114 设置“渐变叠加”

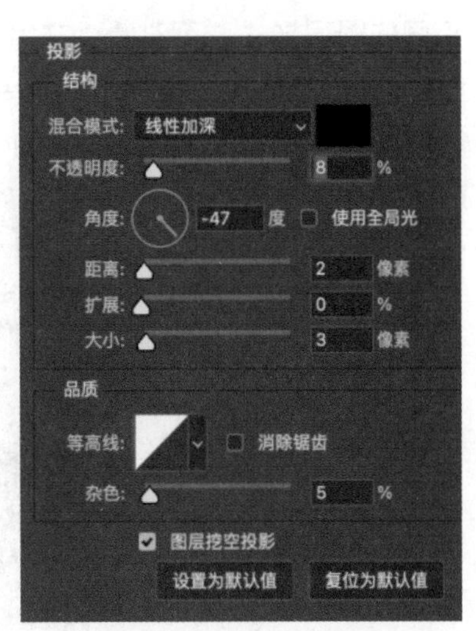

图5-115 设置“投影”

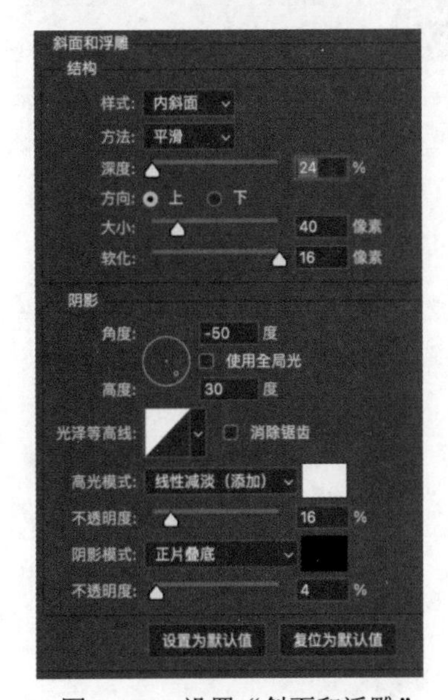

图5-116 设置“斜面和浮雕”

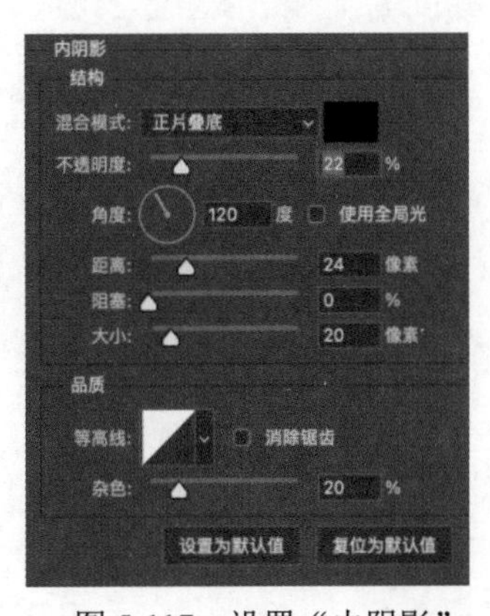

图5-117 设置“内阴影”

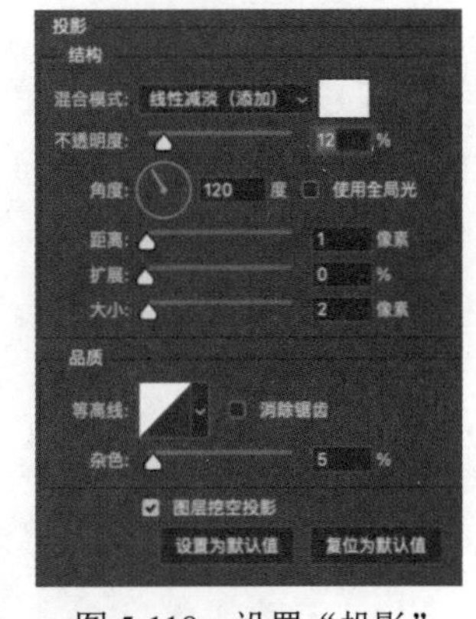

图5-118 设置“投影”

图5-119 文字凹陷效果图

图5-120 设置“填充”

步骤10 按“Ctrl+J”快捷键，复制3次“树”图层，得到“树 拷贝”“树 拷贝2”“树 拷贝3”3个图层，参照步骤5至步骤7，制作“树”的立体凹陷效果。（如果需要相同的图层样式，可对着“文字”图层右击，选择“拷贝图层样式”选项，然后在对应的“树”图层上右击，在弹出的菜单中选择“粘贴图层样式”选项。）

步骤11 作品成品如图5-121所示。

图5-121 作品成品效果图

第6章　进阶实践

学习目标

（1）巩固图层的基本操作，包括图层命名、复制图层、图层编组、载入选区、盖印图层、图层解锁或锁定、调整图层顺序、添加蒙版、设置不透明度或填充等。

（2）掌握“创建填充或调整图层”的常用设置，包括曲线、色相和饱和度、色彩平衡、纯色、自然饱和度等。

（3）掌握“图层混合模式”的常用设置，包括滤色、柔光、颜色、深色、线性光、正片叠底、叠加、变亮等。

（4）掌握“工具箱”常用工具的使用，包括画笔工具、修补工具、文字工具、矩形工具、渐变工具、钢笔工具、对象选择工具、裁剪工具、矩形选框工具、套索工具等。

（5）掌握“滤镜”的参数设置与使用，包括模糊、渲染、风格化、扭曲、液化等。

（6）熟悉Camera Raw滤镜的使用。

（7）了解如何通过菜单栏对图像的色调效果进行设置，包括色相和饱和度、色彩平衡、色阶、高光、曲线等。

（8）熟悉“自由变换”“选择反向”的操作。

（9）了解“通道面板”的使用。

本章为第二篇的综合应用，因此涵盖的知识点较多，且步骤较多，以供学习者在掌握了比较全面的基本操作后进行实践。慢工出细活，设计需要耐心，同时也需要思考和发散思维，因此如遇到卡壳的步骤，可根据个人知识经验和设计思维考虑替代方法。相信自己，效果也会很快呈现在眼前。本章的知识点分布图如图 6-1 所示。

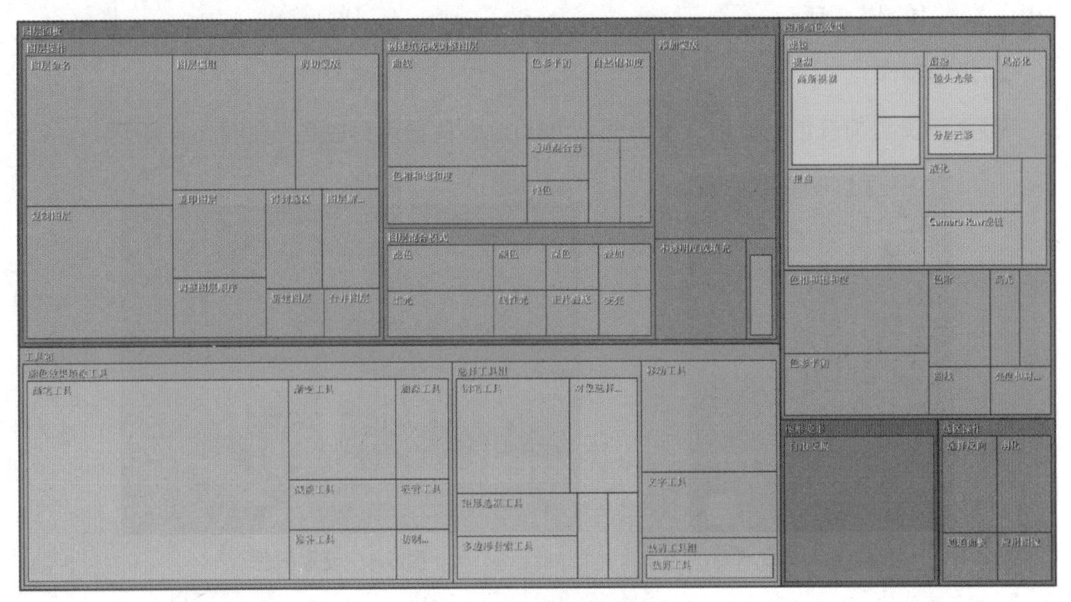

图 6-1　第 6 章知识结构图

第6章
操作视频

6.1 “广州印象”海报设计

6.1.1 学习引导

本案例学习引导图如图 6-2 所示。

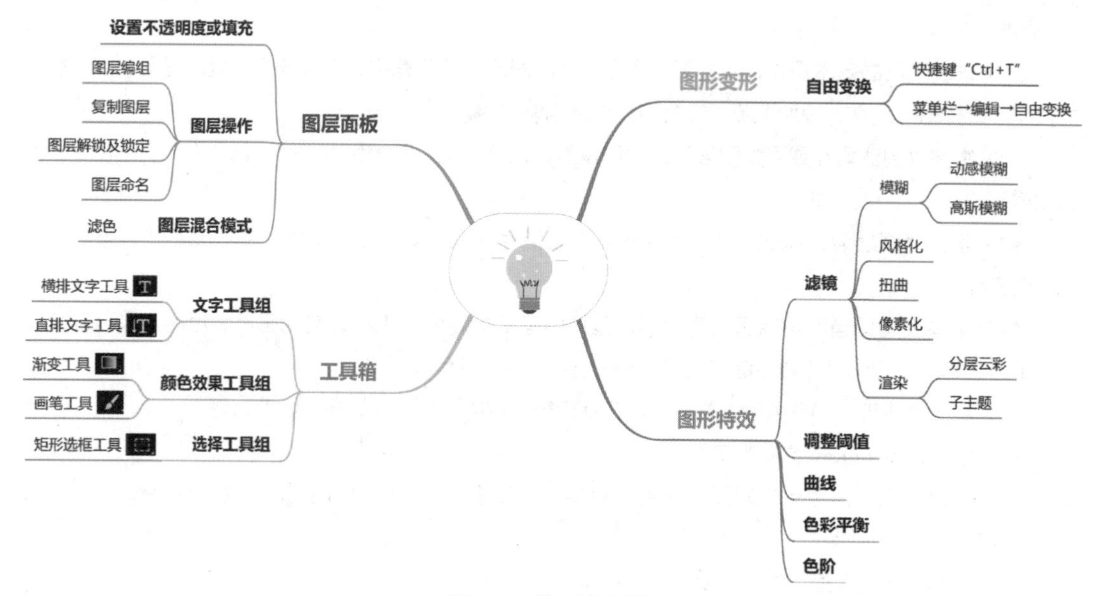

图 6-2 学习引导图

第6章
成品及素材

6.1.2 操作步骤

1. 新建文件

文件名为“广州印象”，尺寸为 1000 像素 ×600 像素，分辨率为 300 像素 / 英寸，背景为白色，如图 6-3 所示。

2. 云彩制作

步骤 1 设置前景色为蓝色（参考值 #2088ff），背景色为白色，如图 6-4 所示。

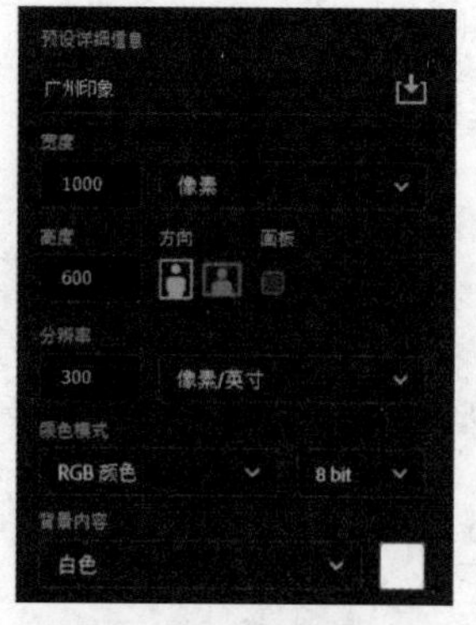

图 6-3 新建文件

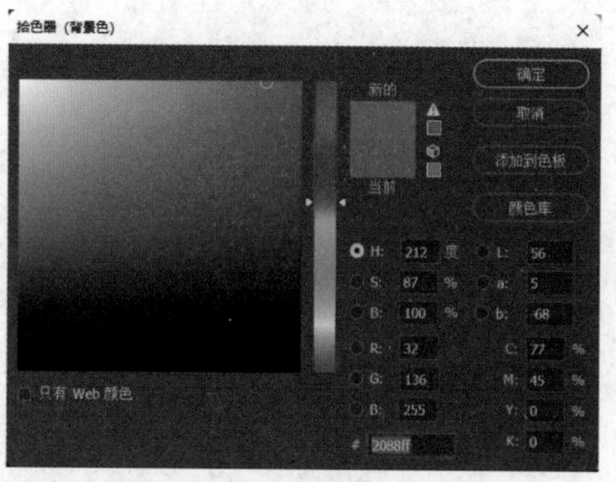

图 6-4 设置颜色

步骤 2 新建图层，图层名为“图层 1”。选择“渐变工具”，单击工具栏的“渐变编辑器”，选择“预设”→“基础”→“前景色到背景色渐变”选项，单击“确定”按钮返回画布编辑区，拖动鼠标绘制蓝白渐变效果，如图 6-5 所示。

图 6-5 渐变色效果图

步骤 3 按“Ctrl+J”快捷键复制“图层 1”，图层命名为“云彩”。选择“菜单栏”→“滤镜”→“渲染”→“分层云彩”选项，效果如图 6-6 所示，重复执行一次“分层云彩”滤镜，效果如图 6-7 所示。

图 6-6 第一次滤镜效果图

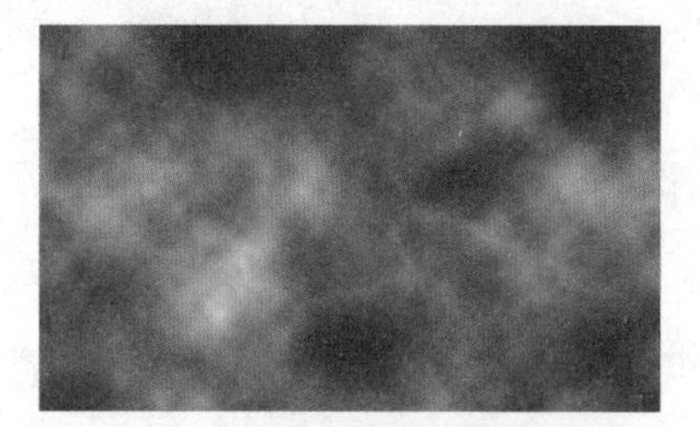

图 6-7 第二次滤镜效果图

步骤 4 按“Ctrl+L”快捷键调出“色阶”对话框，“输入色阶”数字从左到右依次为 26、0.85、200，使色彩对比更明显，如图 6-8 所示。

步骤 5 按“Ctrl+J”快捷键复制“云彩”图层，得到“云彩 拷贝”图层，将这两个图层的“图层混合模式”都设置为“滤色”，如图 6-9 所示。

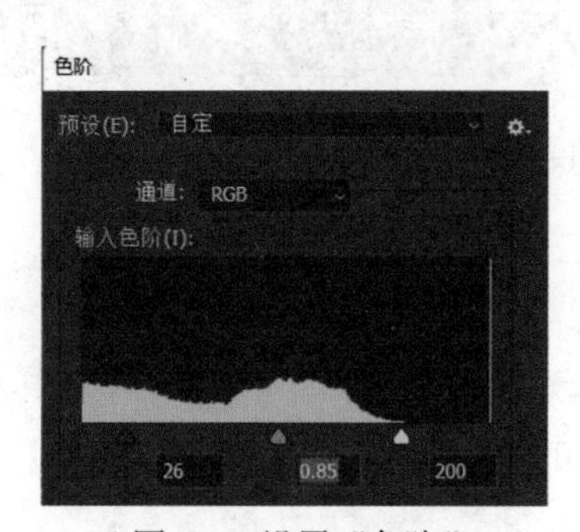

图 6-8 设置“色阶”

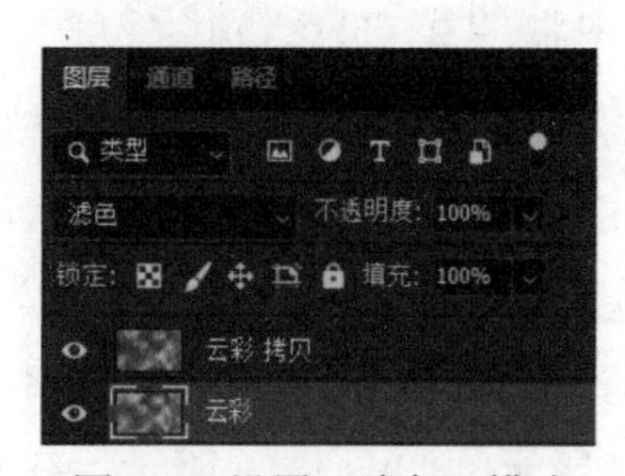

图 6-9 设置“滤色”模式

步骤 6 选中“云彩 拷贝”图层，选择“菜单栏”→“滤镜”→“风格化”→“凸出”选项，如图 6-10 所示，在“凸出”滤镜对话框设置参数，如图 6-11 所示。

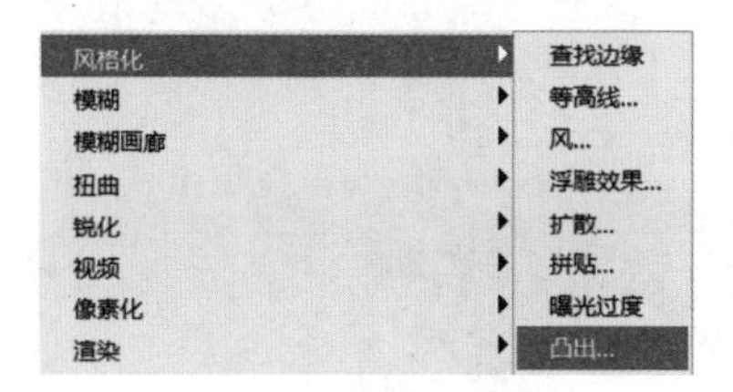

图 6-10 选择“滤镜”

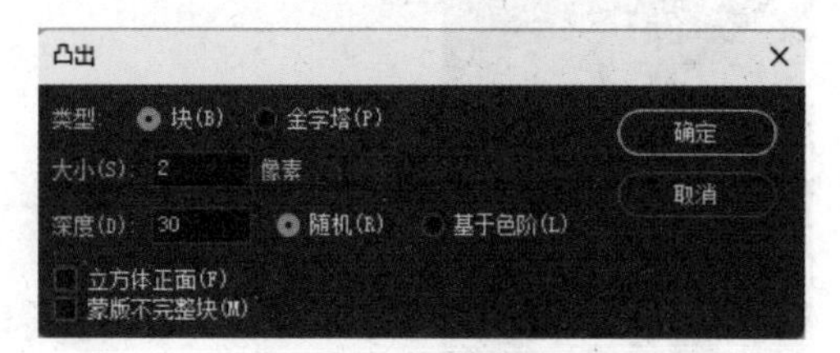

图 6-11 设置滤镜参数

步骤 7 选择“菜单栏”→“滤镜”→“模糊”→“高斯模糊”选项，如图 6-12 所示，在“高斯模糊”滤镜对话框设置“半径”为 2 像素，如图 6-13 所示，图层顺序如图 6-14 所示。为方便后续操作，选中云彩图层后，单击图层面板的🔒图标，将图层锁定。

图 6-12　选择“滤镜”

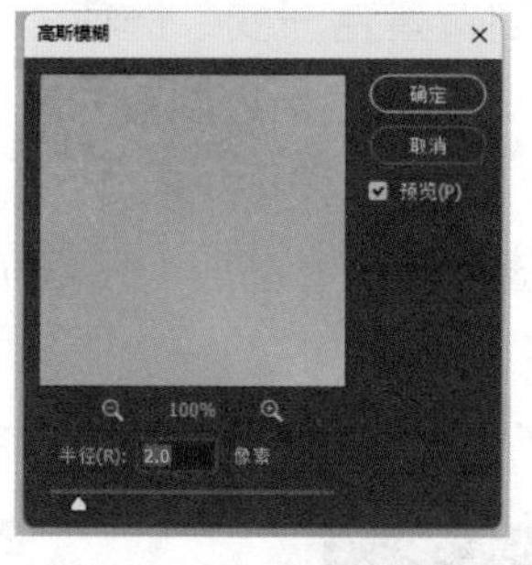
图 6-13　设置滤镜参数

图 6-14　图层顺序

步骤 8　选中除“背景”图层外的图层，按“Ctrl+G”快捷键编组，图层组名为“云彩组”。

3. 城市场景制作

步骤 1　置入“广州”素材，按“Ctrl+B”快捷键调节色彩平衡，“色阶”数值依次为 0、22、100，如图 6-15 所示，使画面偏蓝色，调整后的效果如图 6-16 所示。

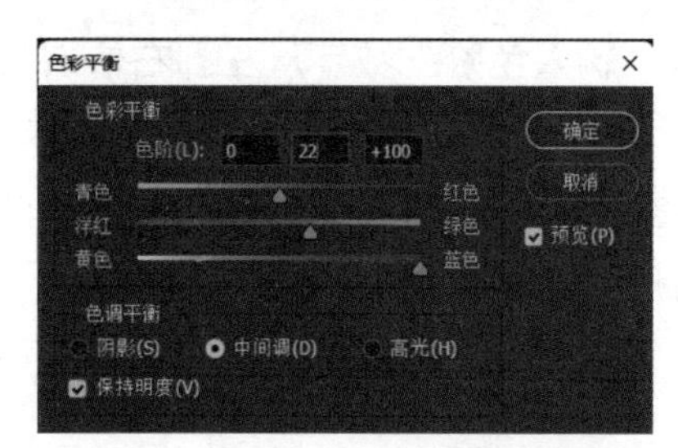
图 6-15　设置“色彩平衡”参数

图 6-16　调整后的效果图

步骤 2　置入“飞机”素材，按“Ctrl+T”快捷键进入“自由变换”，调整飞机位置和大小，如图 6-17 所示。

图 6-17　调整素材大小和位置

步骤 3　选择白色“画笔工具”🖌，设置合适的笔刷（柔边圆或硬边圆均可）和笔刷大小（3 像素），如图 6-18 所示。如图 6-19 所示，在画布上绘制两条线，增加画面动感。

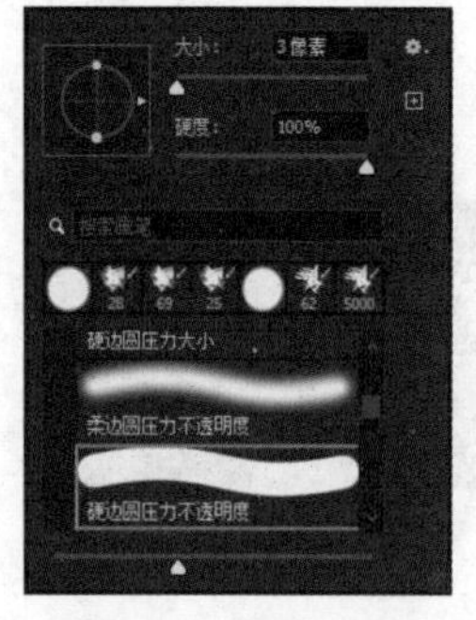
图 6-18　设置笔刷

图 6-19　绘制飞行轨迹

步骤 4 选择“菜单栏”→“滤镜”→“风格化”→“风”选项，在“风”滤镜对话框中，将“方法”设置为“风”，“方向”设置为“从左”，设置如图 6-20 所示，效果如图 6-21 所示。

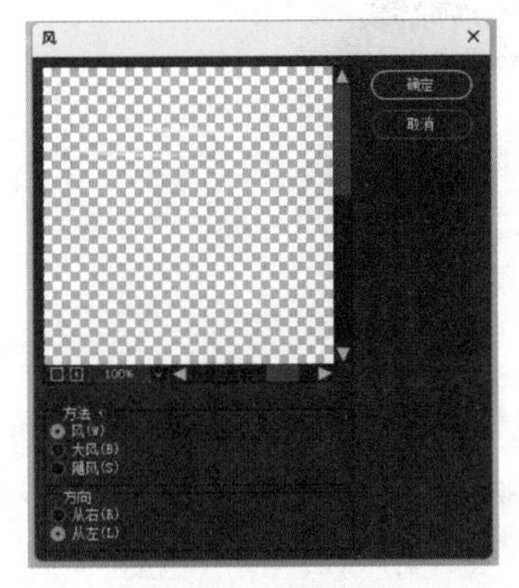

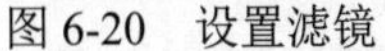

图 6-20　设置滤镜

图 6-21　设置滤镜后的效果图

步骤 5 选中图层 4 至图层 6，按“Ctrl+G”快捷键编组，图层组名为“城市场景组”。

4. 波纹制作

步骤 1 新建图层，命名为“波纹”，选择“矩形选框工具”，绘制一个矩形区域；选择“渐变工具”，在“渐变编辑器”设置由天蓝色（参考值 #00AEEF）到白色的渐变方式，拖动鼠标在画布编辑区填充矩形区域，如图 6-22 所示。

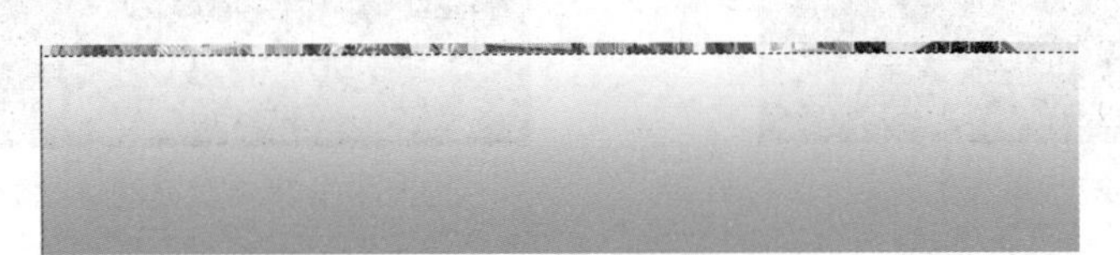

图 6-22　填充矩形

步骤 2 按“Ctrl+D”快捷键取消选区，选择“菜单栏”→“滤镜”→“扭曲”→“波纹”选项，“波纹”滤镜对话框的设置如图 6-23 所示。（“大小”为大，“数量”为 999%。）

步骤 3 再次执行“波纹”滤镜，设置如图 6-24 所示。（“大小”为中，“数量”为 999%。）

步骤 4 选择“菜单栏”→“滤镜”→“扭曲”→“旋转扭曲”选项，“旋转扭曲”滤镜对话框中的设置如图 6-25 所示。（“角度”为 232 度。）

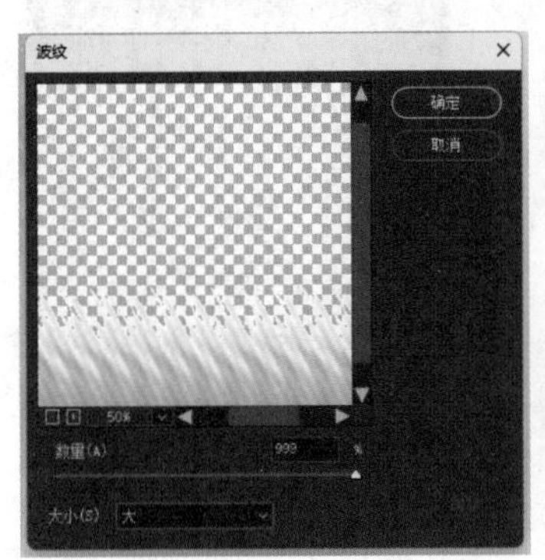

图 6-23　第一次“波纹”滤镜

图 6-24　第二次“波纹”滤镜

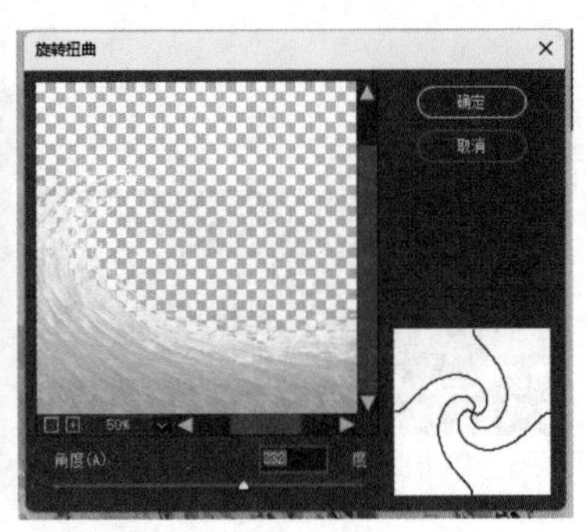

图 6-25　“旋转扭曲”滤镜

步骤 5 按“Ctrl+T”快捷键进入“自由变换”，调整波浪高度，如图 6-26 所示。

图 6-26　波浪效果图

5. 雨滴效果制作

步骤 1 新建图层，命名为“雨滴”，按“Shift+F5”快捷键填充为黑色，如图 6-27 所示。

步骤 2 选择“菜单栏”→“滤镜”→“像素化”→“点状化”选项，“单元格大小”设置为 6 或者 7，如图 6-28 所示。

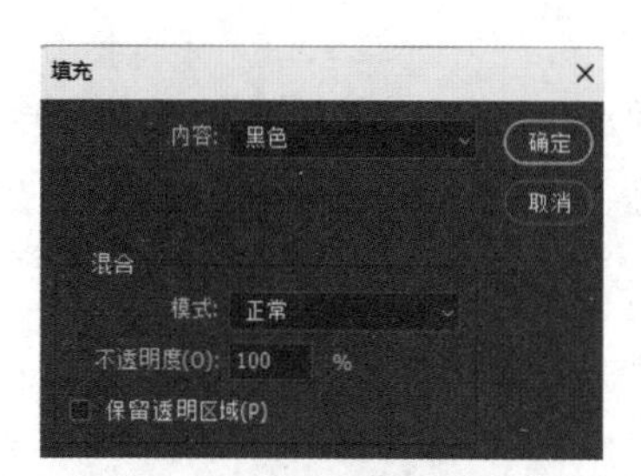

图 6-27　填充黑色

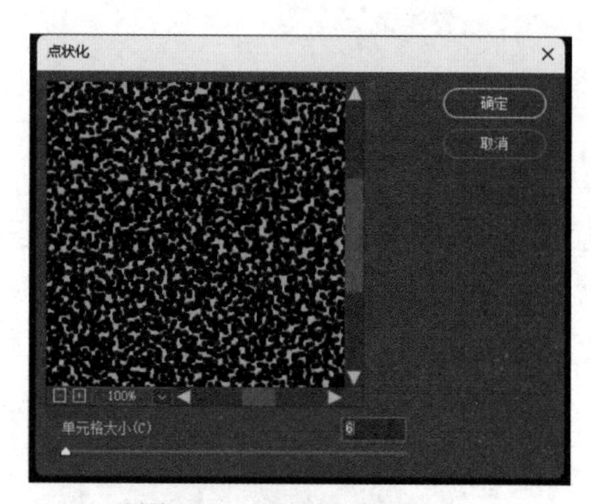

图 6-28　设置滤镜参数

步骤 3 选择“菜单栏”→“图像”→“调整”→“阈值”选项，设置“阈值色阶”为 20 ～ 30，如图 6-29 所示。

步骤 4 在“图层面板”设置“雨滴”图层的“图层混合模式”为“滤色”，选择“菜单栏”→“滤镜”→“模糊”→“动感模糊”选项，如图 6-30 所示。在“动感模糊”对话框设置“角度”为 –60，距离为“50”像素，如图 6-31 所示。

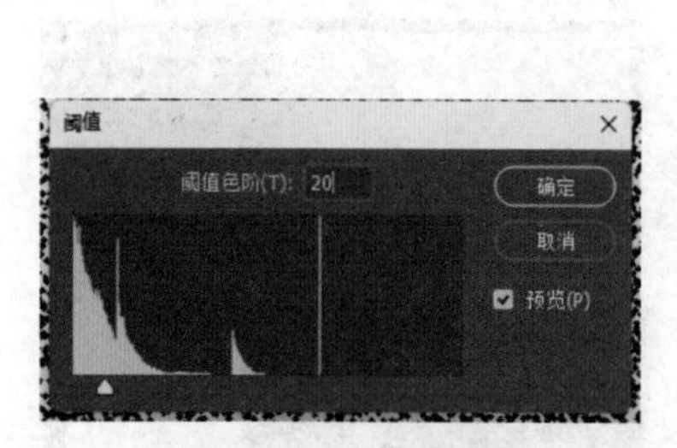

图 6-29　调整阈值

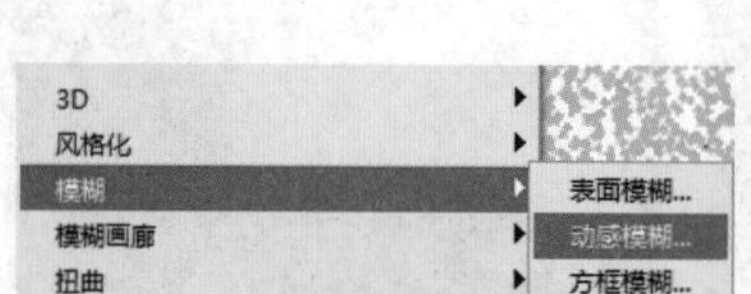

图 6-30　选择“动感模糊”滤镜

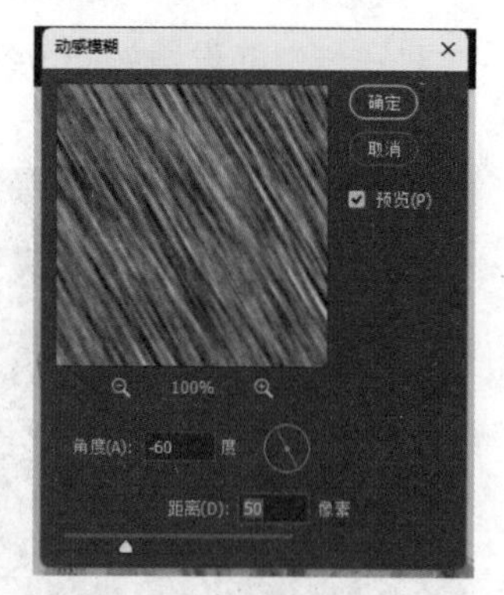

图 6-31　设置滤镜参数

步骤 5 按“Ctrl+L”快捷键，调出“色阶”对话框，“输入色阶”数值从左到右依次为 0、0.5、245，如图 6-32 所示，使雨滴更加自然。

步骤 6 按“Ctrl+B”快捷键，调出“色彩平衡”对话框，“色阶”数值从左到右依次为 0、0、11，微调雨滴的色彩，如图 6-33 所示。

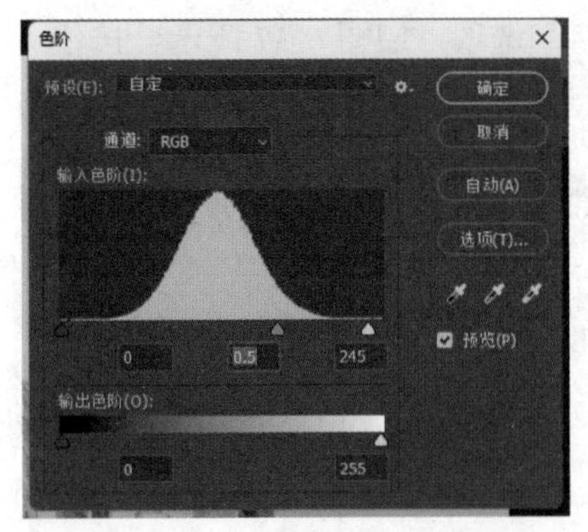

图 6-32　设置“色阶”参数

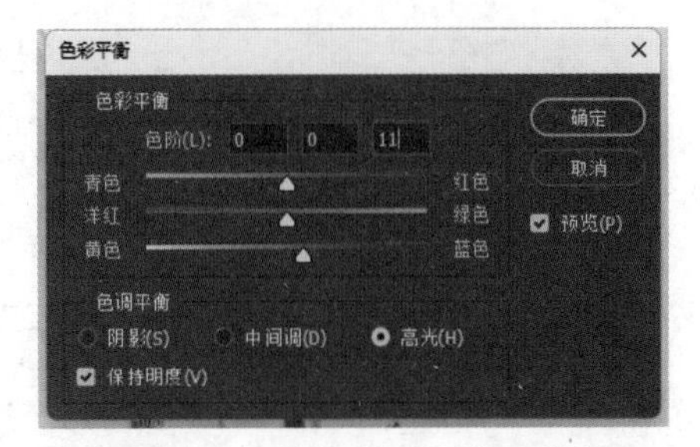

图 6-33　设置“色彩平衡”参数

步骤 7 按“Ctrl+M”快捷键，调出“曲线”对话框，将“输入”设置为 50，如图 6-34 所示，把背景调暗一点儿，使雨滴更加自然。

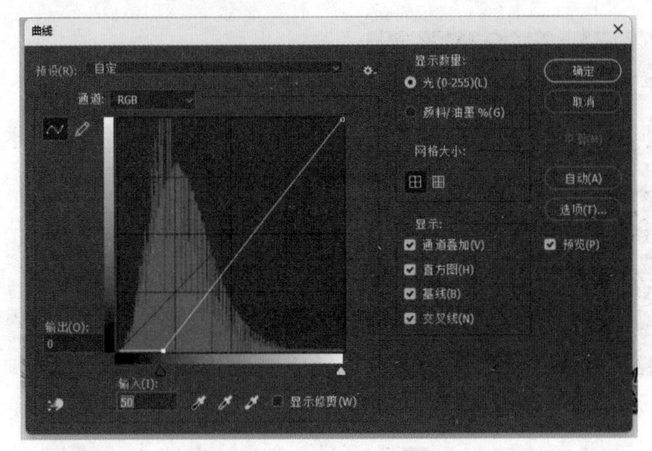

图 6-34　设置“曲线”参数

步骤 8 添加雨滴后的效果如图 6-35 所示。

图 6-35　添加雨滴效果图

6. 文字的制作

步骤 1 选择“横排文字工具”，输入“广州”两个字，字号 24，字体白色，字间距 100，效果如图 6-36 所示。

步骤 2 右击“广州”图层，选择“栅格化文字”选项，如图 6-37 所示。按住“Ctrl”键的同时单击“广州”图层的“图层缩览图”，得到“广州”文字选区，如图 6-38 所示。

图 6-36　文字效果

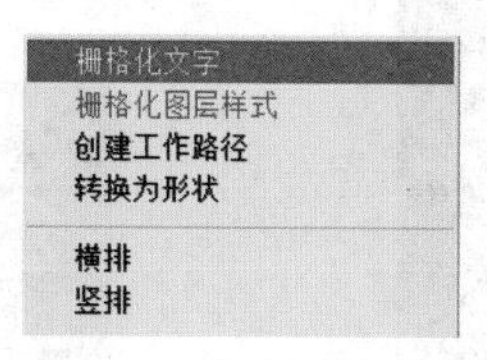

图 6-37　栅格化文字

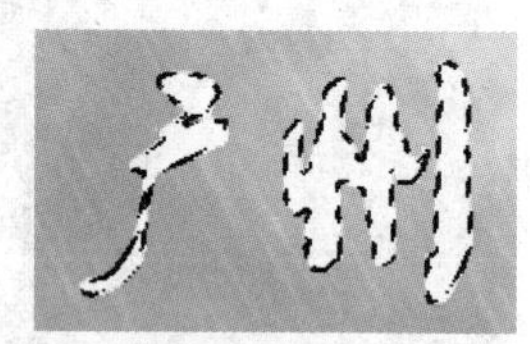

图 6-38　得到文字选区

步骤 3 选择“渐变工具”，在工具栏单击“渐变编辑器”，选择其中一种渐变方向，选择“预设”→“红色”→“红色 _07”选项，如图 6-39 所示。单击“确定”按钮回到画布编辑区，拖动鼠标在“广州”图层选区设置渐变颜色，填充后效果如图 6-40 所示。

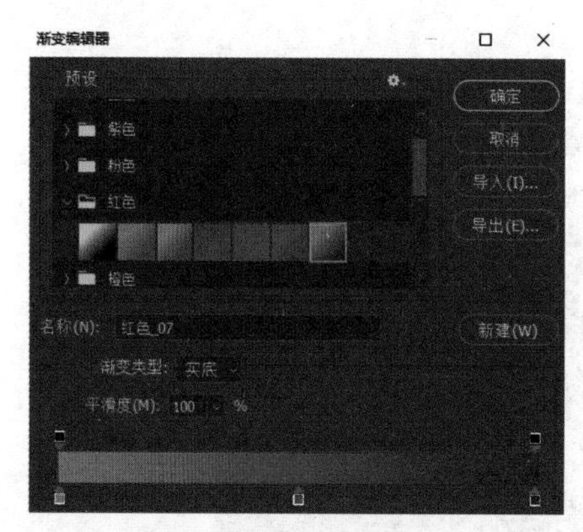

图 6-39　设置“渐变颜色”

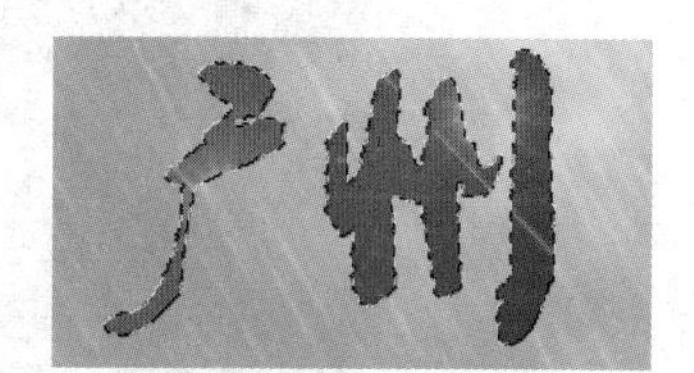

图 6-40　渐变文字效果图

步骤 4 选择“横排文字工具”，输入“印象”两个字，字号 18，字符间距 200，如图 6-41 所示，效果如图 6-42 所示。

步骤 5 选择“横排文字工具”，输入“Impression”，如图 6-43 所示。

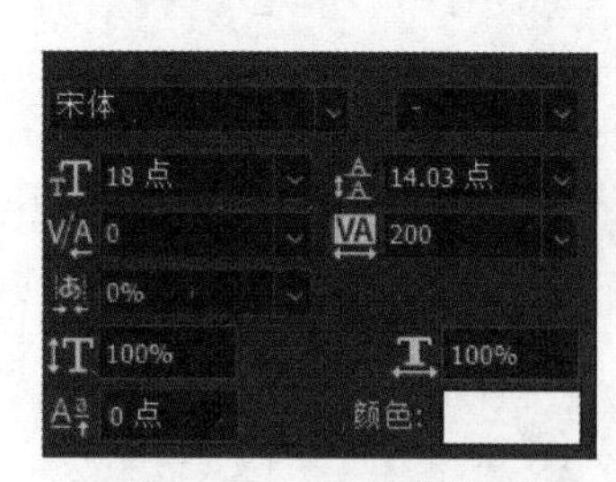

图 6-41　设置文字格式

图 6-42　文字效果图

图 6-43　添加文字

步骤 6 在“广州”图层上方创建新图层，图层名为“图层 8”。选择“画笔工具”，前景色设置为红色（参考值 #fc030f），在工具栏选择“KLYE 终极炭笔 25 像素中等 2”

笔刷，“大小”为 61 像素，如图 6-44 所示。可根据所需设置一定的“流量”（55%），绘制红印底图效果，如图 6-45 所示。

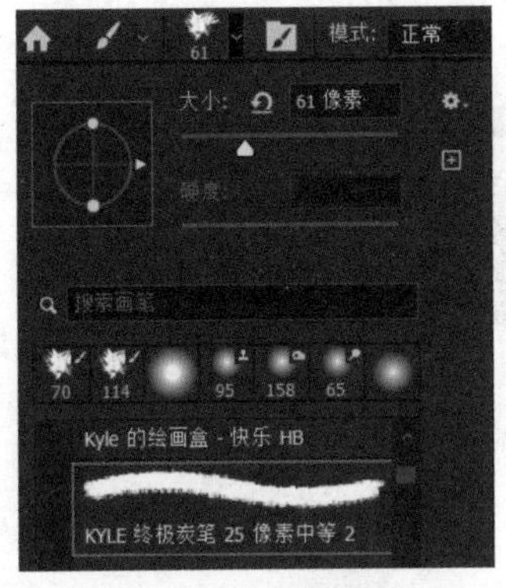

图 6-44 设置笔刷

图 6-45 红印效果图

步骤 7 制作镜头光晕效果：选择“菜单栏”→“滤镜”→“渲染”→“镜头光晕”选项，选择“电影镜头”，“亮度”为 100%，如图 6-46 所示。

步骤 8 再次选择“菜单栏”→“滤镜”→“渲染”→“镜头光晕”选项，选择“电影镜头”，“亮度”为 80%，移动光晕位置，如图 6-47 所示。

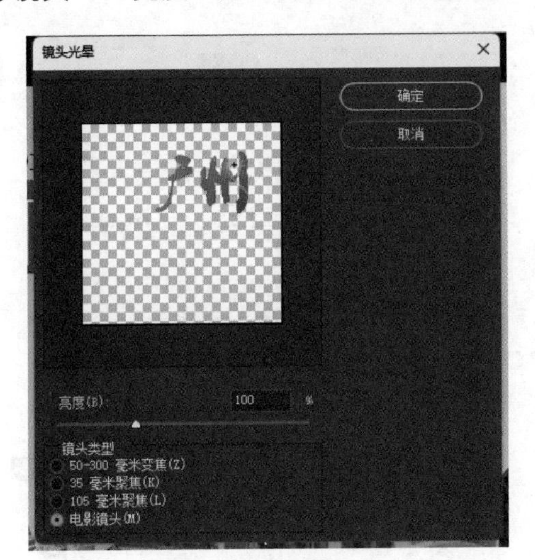

图 6-46 第一次设置“镜头光晕”滤镜

图 6-47 第二次设置“镜头光晕”滤镜

步骤 9 文字效果如图 6-48 所示。

图 6-48 设置滤镜后的文字效果图

步骤 10 选中文字图层，按“Ctrl+G”快捷键编组，图层组名为“文字组”。

步骤 11 作品成品效果如图 6-49 所示。

图 6-49

6.2 Camera Raw：人物精修实例

6.2.1 学习引导

本案例学习引导图如图 6-50 所示。

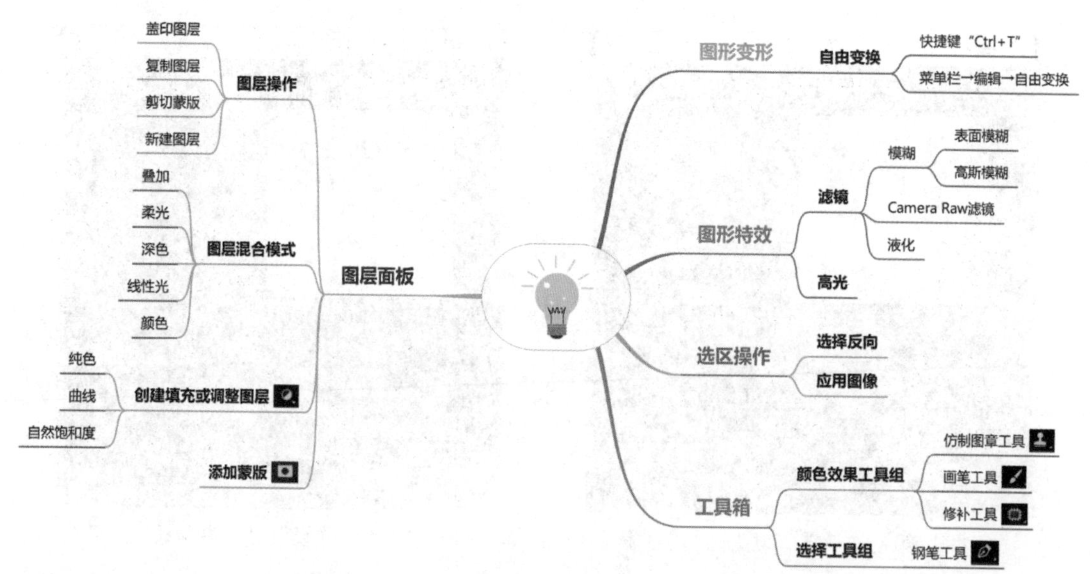

图 6-50　学习引导图

6.2.2 实践操作

步骤 1 在 Photoshop 中打开“人像”素材（raw 格式文件），自动进入 Camera Raw 窗口，如图 6-51 所示，参数设置如图 6-52 和图 6-53 所示，单击“打开”按钮返回画布编辑区。

步骤 2 在“图层面板”按“Ctrl+J”快捷键复制“背景”图层，得到“图层 1”。

步骤 3 选中“图层 1”，选择“修补工具”进行皮肤瑕疵的初步处理（比较明显的痘、皱纹等），如图 6-54 所示。

步骤 4 按“Ctrl+J”快捷键两次，得到两个复制图层，分别命名为“高频”和“低频”，如图 6-55 所示。

图 6-51　Carema Raw 窗口界面

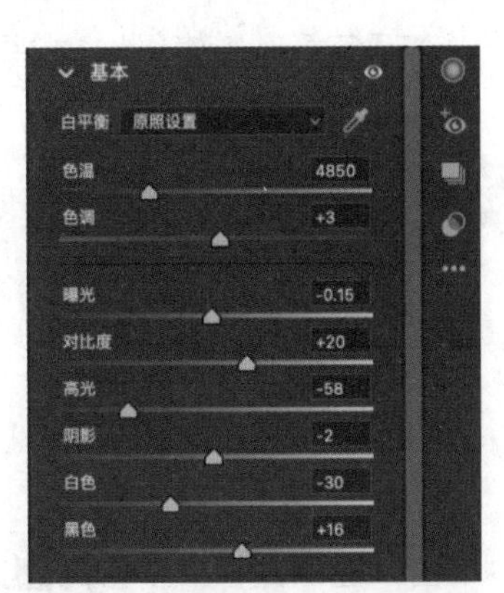

图 6-52　Carema Raw 参数设置

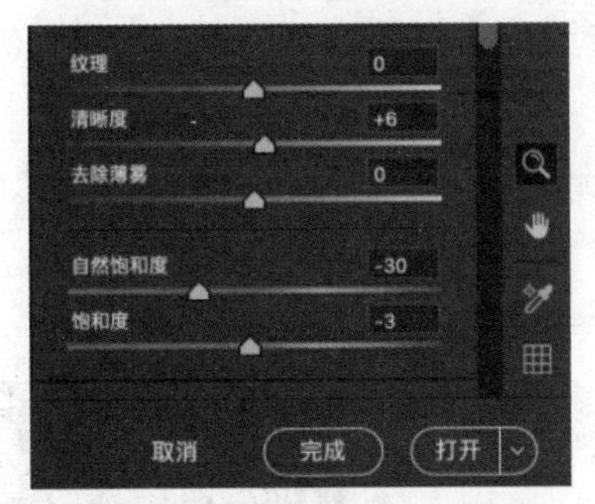

图 6-53　Carema Raw 参数设置

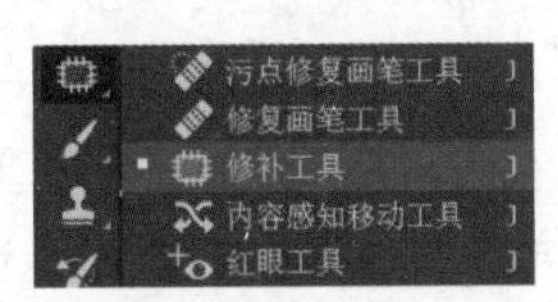

图 6-54　“修补工具”

图 6-55　复制图层

步骤 5 选中“低频”图层，选择“菜单栏”→“滤镜”→“模糊”→“表面模糊”选项，参数设置（“半径”为 10 像素，“阈值”为 40 色阶）如图 6-56 所示，“低频”设置主要用作之后刷光影。

步骤 6 选中“高频”图层，选择“菜单栏”→“图像”→“应用图像”选项，在弹出的对话框中选择“图层”为“低频”，“混合”为“减去”，“缩放”为 2，“补偿值”为 128，如图 6-57 所示。高频设置主要为了保留质感。

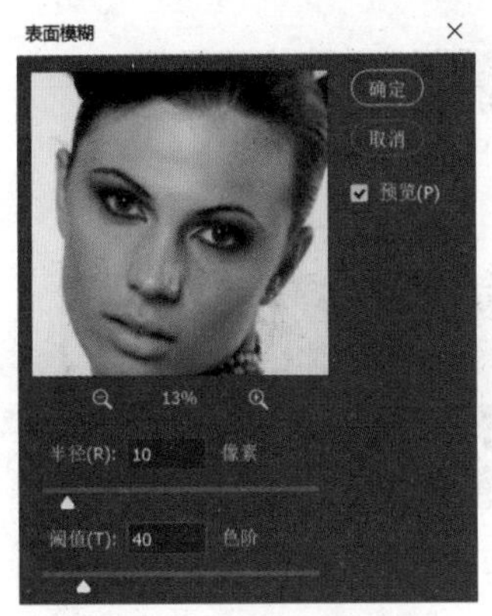

图 6-56　设置滤镜参数

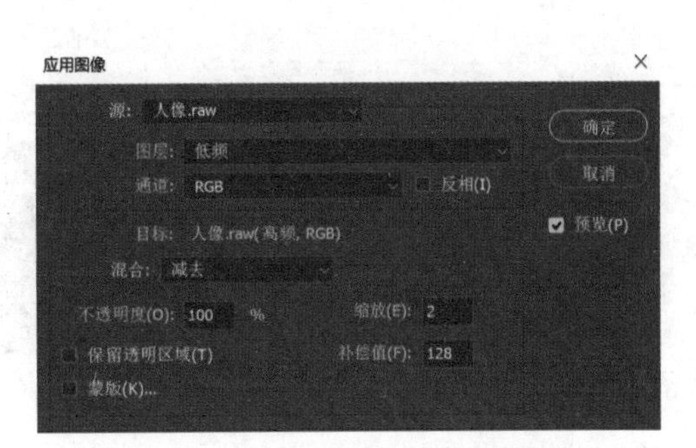

图 6-57　“应用图像”对话框设置

步骤 7 在"图层面板"把"高频"图层的"图层混合模式"改为"线性光"。

*步骤 8 制作"观察器"图层组：这个图层组包含两个图层，一个为"颜色填充 1"，一个为"颜色填充 1 拷贝"，如图 6-58 和图 6-59 所示。(如果不熟练可以跳过这一步。)

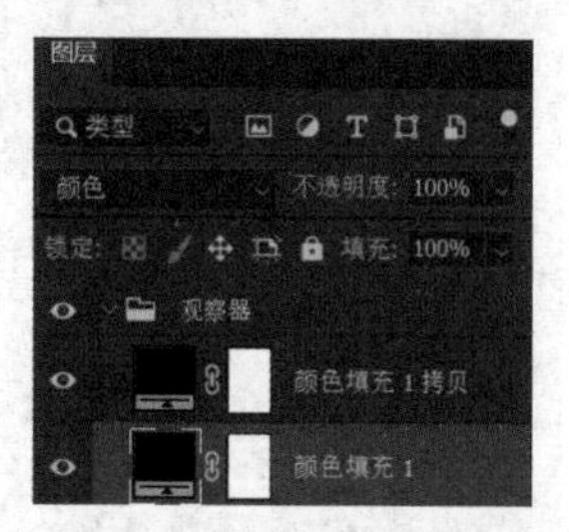

图 6-58 设置为"颜色"模式

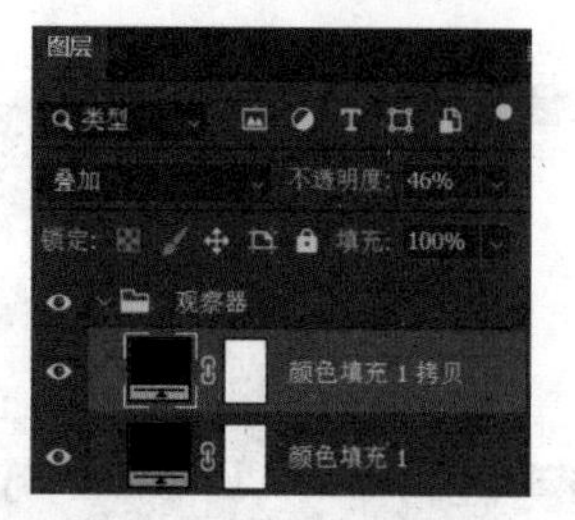

图 6-59 设置为"叠加"模式

单击"图层面板"下方的按钮，创建"纯色"填充图层，在弹出的"拾色器"对话框中选取黑色（#000000），得到"颜色填充 1"图层，将其"图层混合模式"设置为"颜色"。按"Ctrl+J"快捷键复制"颜色填充 1"图层，将复制的图层的"图层混合模式"设置为"叠加"。

注意 观察器主要用作观察黑白灰影调，之后要设置隐藏，不要和其他图层合并。

步骤 9 选中"低频"图层，选择"混合器画笔工具"，如图 6-60 所示，设置前景色为面部肤色（参考值 #d7af92），并在工具栏设置参数，如图 6-61 和图 6-62 所示。

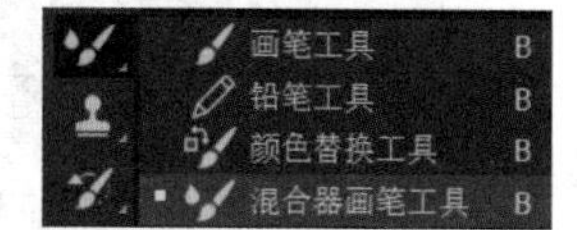

图 6-60 混合器画笔工具

步骤 10 拖动鼠标在人像的脸部进行涂抹，注意面部结构，如图 6-63 所示，无须涂抹"高频"图层。

步骤 11 按"Ctrl+Shift+N"快捷键，弹出"新建图层"对话框，名称为"图层 2"，"模式"选择"柔光"，勾选"填充柔光中性色（50% 灰）"选项，如图 6-64 所示。

图 6-61 设置"混合器画笔工具"工具栏 1

图 6-62 设置"混合器画笔工具"工具栏 2

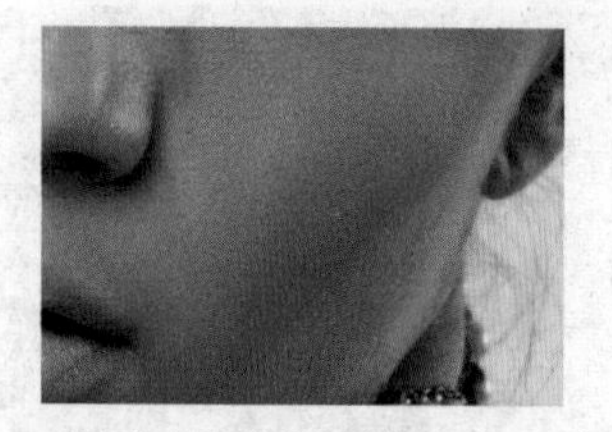

图 6-63 使用"混合器画笔工具"涂抹脸部

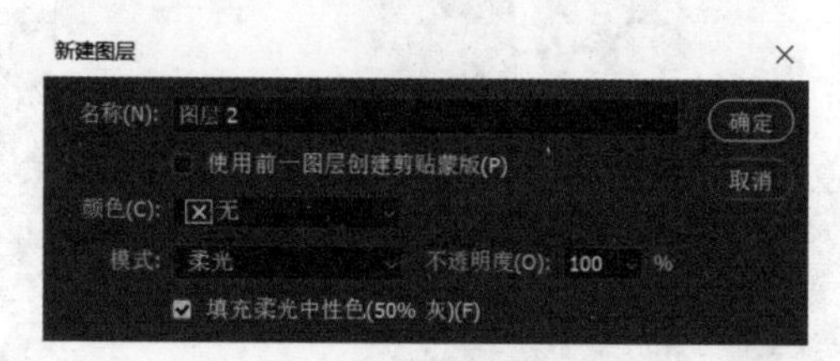

图 6-64 新建图层

步骤 12 选择"画笔工具"，前景色为黑色，笔刷"大小"为 70，"硬度"为 0%，"不透明度”根据照片情况自行调整，如图 6-65 所示，在嘴唇部位涂抹，效果如图 6-66 所示。

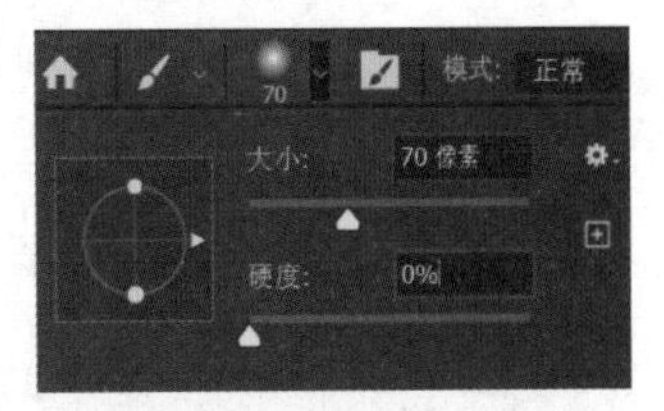

图 6-65 画笔工具栏设置

步骤 13 新建空白图层，图层名为“图层 3”，“图层混合模式”设置为“颜色”。然后选择“画笔工具”，设置前景色为与肤色相近的颜色（参考值 #c9a284），如图 6-67 所示，也可以用“吸管工具”吸取皮肤颜色，单击“确定”按钮返回画布编辑区，拖动鼠标涂抹皮肤中偏灰色的区域，此步骤的作用在于均匀肤色。

步骤 14 按“Ctrl+Shift+Alt+E”快捷键盖印图层，得到“图层 4”，如图 6-68 所示。

图 6-66 调整后的效果图

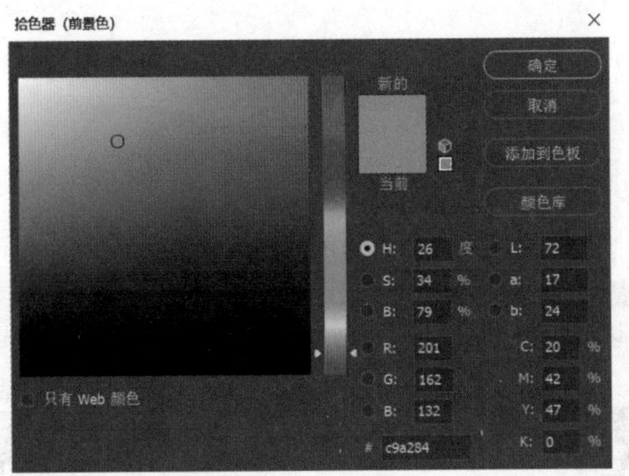

图 6-67 选取颜色

图 6-68 盖印图层

步骤 15 按“Ctrl+Shift+X”快捷键进入“液化”编辑窗口（或者选择“菜单栏”→“滤镜”→“液化”选项），如图 6-69 所示，“画笔工具选项”设置如图 6-70 所示，单击“确定”按钮返回画布编辑区。（此步骤可根据个人喜好设置具体参数。）

图 6-69 “液化”滤镜编辑窗口

步骤16 单击“图层面板”下方的按钮（或在“调整”面板中选择，创建新的填充或调整图层），在“图层4”上方创建“曲线1”调整图层，设置如图6-71所示。

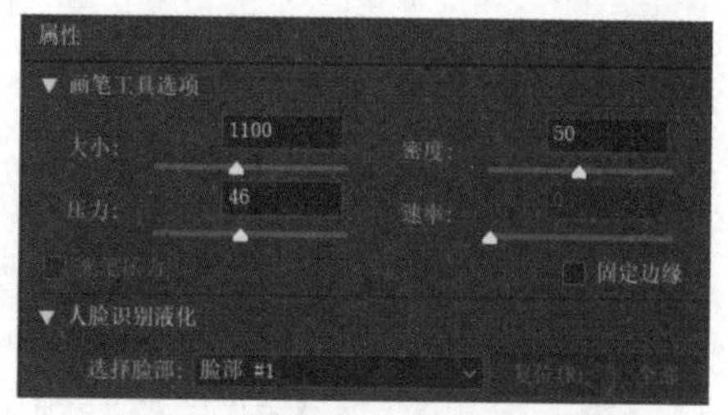
图6-70 “画笔工具选项”设置

步骤17 把“曲线1”图层的蒙版填充为黑色（选中该图层的“图层蒙版缩览图”，按“Shift+F5”快捷键，在弹出的“填充”对话框中设置“内容”为黑色），用白色“画笔工具”涂抹，如图6-72所示，使皮肤明暗过渡自然，使面部和身体的肤色均匀。

步骤18 参考步骤17，新建“曲线2”调整图层，涂抹额头肤色，如图6-73和图6-74所示。

* 步骤19 新建空白图层，图层名为“图层5”，选择“钢笔工具”绘制碎发边缘的轮廓，按“Ctrl+Enter”快捷键载入选区并设置“羽化半径”为3像素，如图6-75所示。选择“仿制图章工具”，工具栏设置如图6-76所示，仿制背景（对所有图层取样）将头发遮盖。（此步骤为细节操作，如操作不熟练，可待熟悉相关工具后再巩固练习。）

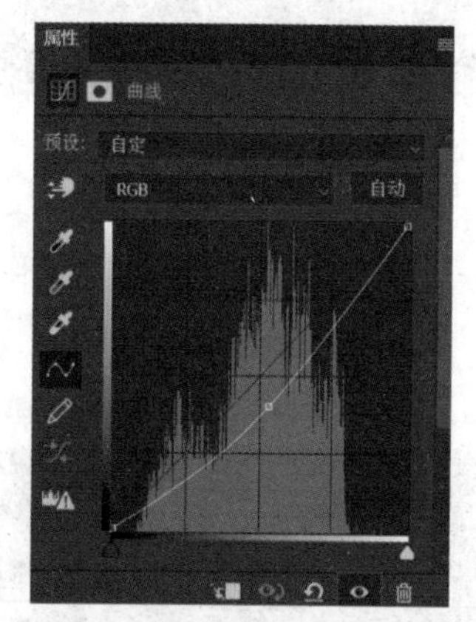
图6-71 调整“曲线1”参数

图6-72 填涂蒙版

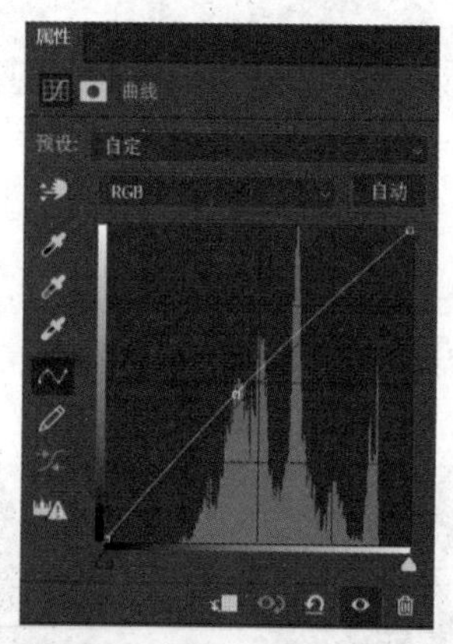
图6-73 调整“曲线2”参数

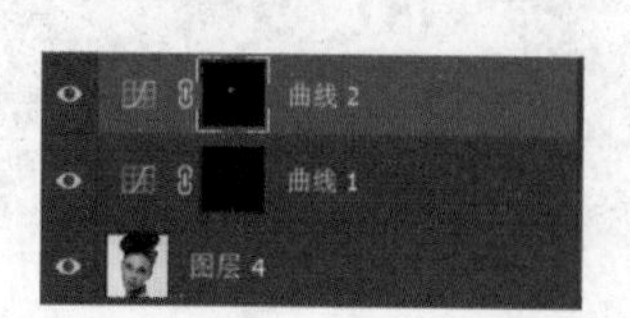
图6-74 填涂“曲线2”蒙版

图6-75 设置“羽化”参数

图 6-76 设置“仿制图章工具”工具栏

步骤 20 按“Ctrl+Shift+Alt+E”快捷键盖印图层，得到“图层 6”，如图 6-77 所示。

步骤 21 按“Ctrl+Shift+X”快捷键进行“液化”滤镜处理，设置相关参数，如图 6-78 所示，使发型效果更饱满，单击“确定”按钮返回画布编辑区，如图 6-79 所示。

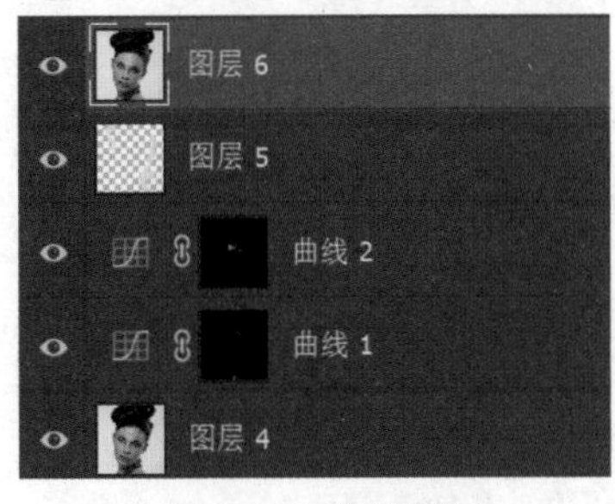

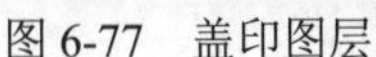

图 6-77 盖印图层

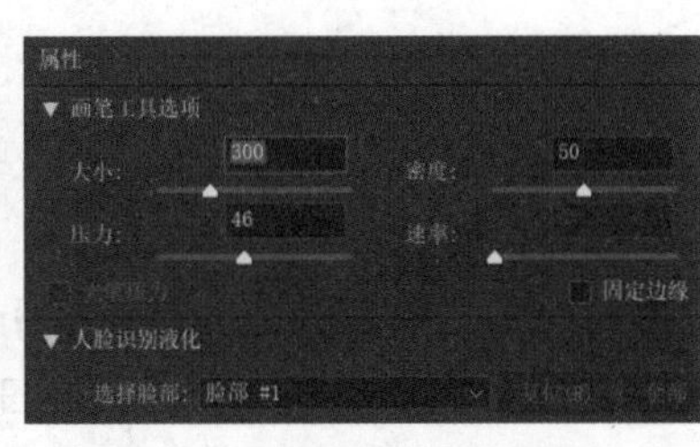

图 6-78 设置“液化”滤镜

图 6-79 设置滤镜的效果图

步骤 22 按“Ctrl+Alt+2”快捷键，得到图层 6 的“高光”选区，按“Ctrl+Shift+I”快捷键执行“反选”命令，如图 6-80 所示。

步骤 23 保持步骤 22 的“反选”状态，给“图层 6”添加“曲线”调整图层，图层名为“曲线 3”，设置如图 6-81 所示，通过带有蒙版的曲线调整图层，提亮阴影部分。

步骤 24 选中“曲线 3”图层，按“Ctrl+Alt+2”快捷键，得到该图层的“高光”选区，添加“曲线”调整图层，图层名为“曲线 4”，设置如图 6-82 所示，提亮画面阴影部分。

图 6-80 “高光”选区反选

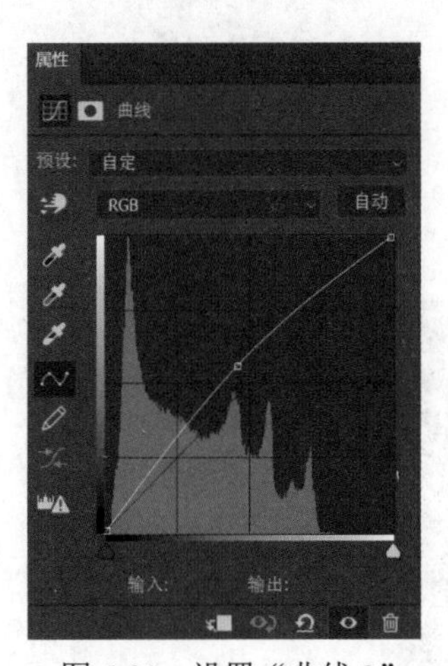

图 6-81 设置“曲线 3”

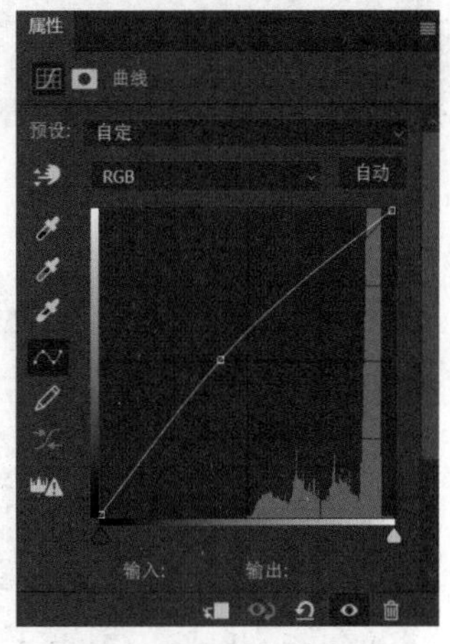

图 6-82 设置“曲线 4”

步骤 25 选中“曲线 4”图层，按“Ctrl+Alt+2”快捷键，得到该图层的“高光”选区，给“曲线 4”图层添加“自然饱和度”调整图层，图层名为“自然饱和度 1”，如图 6-83 和图 6-84 所示，以降低高光的饱和度。

步骤 26 置入“浅蓝壁纸”素材，“图层混合模式”设置为“深色”；然后添加图层蒙版，用黑色“画笔工具”涂抹壁纸与面部的重叠部分，如图 6-85 所示。

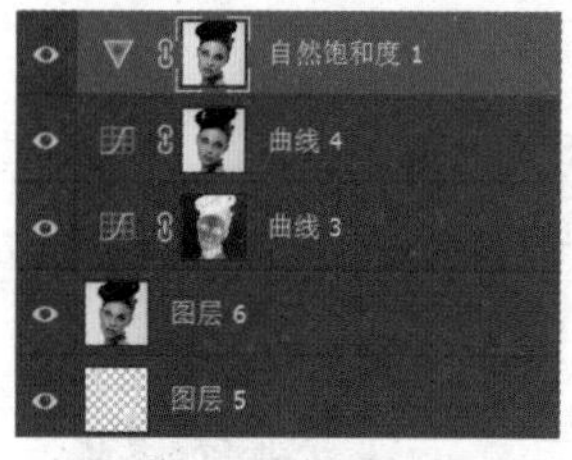

图 6-83　创建调整图层

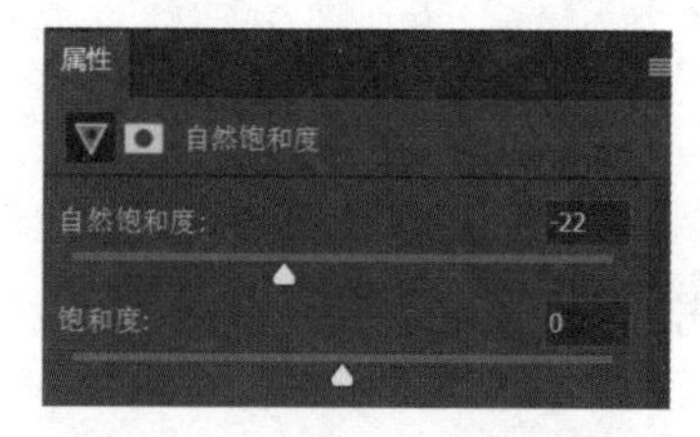

图 6-84　设置“自然饱和度”

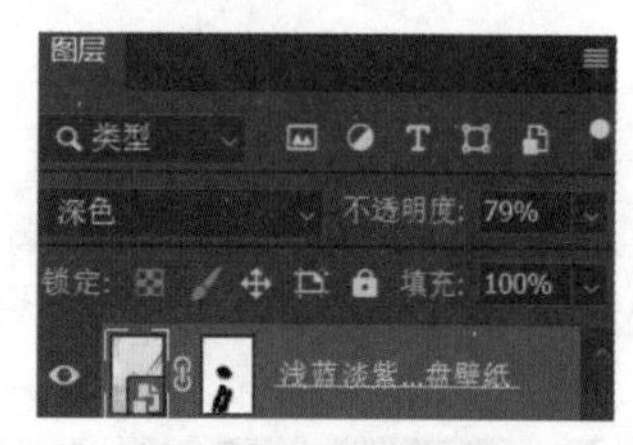

图 6-85　添加蒙版

步骤 27 单击“浅蓝壁纸”图层的“智能对象缩览图”（注意：不是在“蒙版”状态），选择“菜单栏”→“滤镜”→“模糊”→“高斯模糊”选项，对素材进行高斯模糊处理，参数可自行设定，如图 6-86 所示，效果如图 6-87 所示。

步骤 28 添加“自然饱和度”调整图层，在“自然饱和度”属性面板设置相关参数，如图 6-88 所示。单击面板下方的按钮，其作用在于此调整图层只对下方一层（即“浅蓝壁纸”图层）起作用，从而降低“背景”的饱和度，如图 6-89 所示。

步骤 29 作品成品如图 6-90 所示。

图 6-86　设置“高斯模糊”滤镜

图 6-87　效果图

图 6-88　设置“自然饱和度”

图 6-89　图层面板

图 6-90　作品成品效果图

6.3 “月球独行”海报设计

6.3.1 学习引导

在人类对外太空的探索中，月球始终占据不可替代的地位，它是地球唯一的天然卫星，或许因为这样的联系，月球也成为与人类感情最贴近的天体。直径约为地球四分之一的它，和地球相比显得略微渺小，但却承载了古往今来人类的太多情怀和梦想。共享一轮圆月，同望九天星河。月球总是给予我们遐想的空间，也使我们对它有了更多的探知欲望。愿我们能不断地探索星辰的奥秘，挑战一切未知。学习引导图如图 6-91 所示。

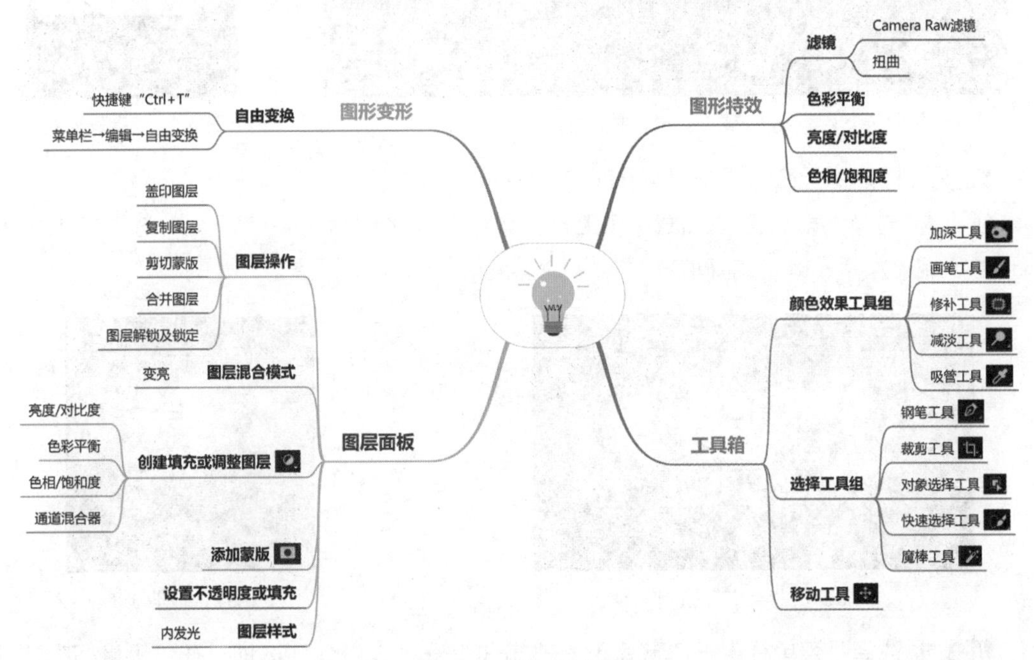

图 6-91 学习引导图

6.3.2 实践操作

步骤 1 打开“草地”素材，如图 6-92 所示。

步骤 2 选择“快速选择工具”选取天空部分，得到“天空”选区，如图 6-93 所示。

图 6-92 “草地”素材

图 6-93 选取“天空”区域

步骤 3 在“图层面板”单击“背景”图层的锁图标，解除锁定，按“Delete”键删除选区图像，如图 6-94 所示。

步骤 4 按“Ctrl+D”快捷键取消选区，选择“裁剪工具”向上扩大画布，如图 6-95 所示，按“Enter”键确定操作。

图 6-94 解锁背景图层

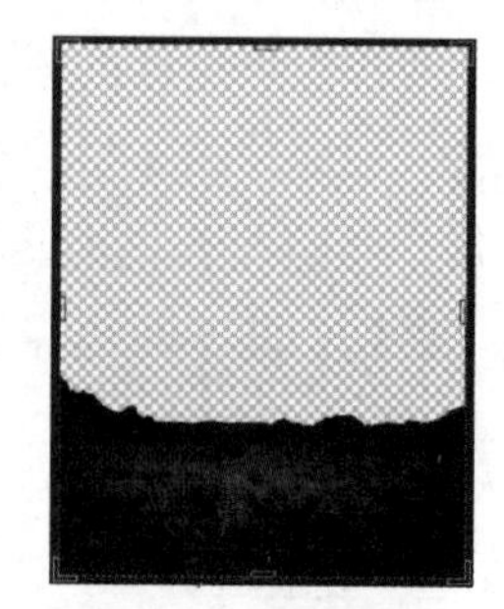

图 6-95 裁剪画布

步骤 5 打开“天空”素材，如图 6-96 所示。

步骤 6 选择“裁剪工具”，在上方工具栏选择比例为 1:1（方形），选取如图 6-97 所示的区域，按“Enter”键确认操作。

图 6-96 “天空”素材

图 6-97 裁剪画布

步骤 7 选择“菜单栏”→“滤镜”→“扭曲”→“极坐标”选项，在“极坐标”滤镜对话框选择“平面坐标到极坐标”，如图 6-98 所示，单击“确定”按钮返回画布编辑区。

步骤 8 选择“修补工具”，选择过渡不自然的区域进行调整，如图 6-99 所示。（“修补工具”的用法是，先选中修改区域，再将光标移动到其他地方，便会用光标所在位置的图像自动填充修补区域。）

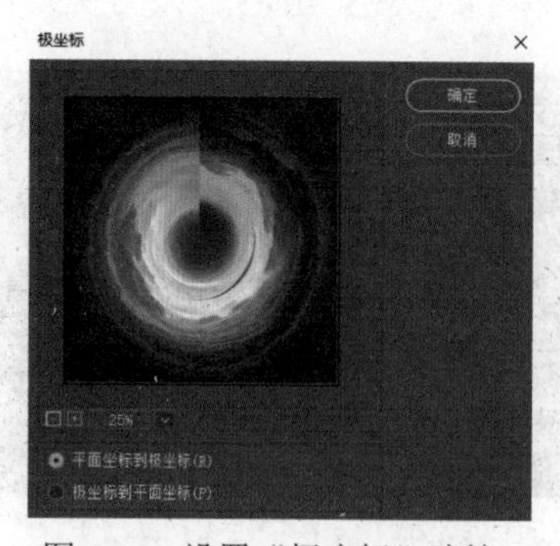

图 6-98 设置“极坐标”滤镜

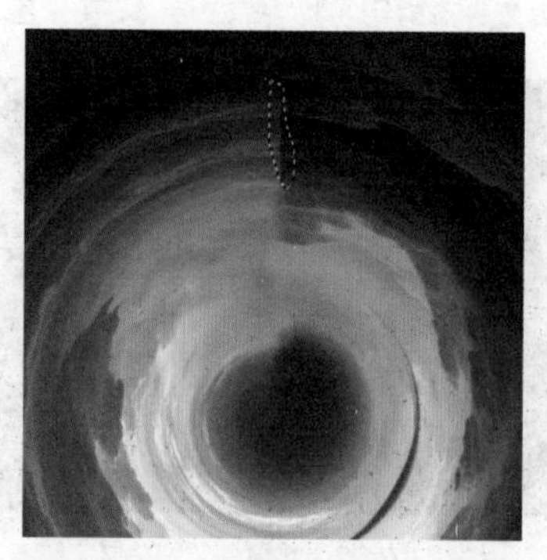

图 6-99 使用“修补工具”调整

步骤 9 使用“混合器画笔工具”，工具栏设置如图 6-100 和图 6-101 所示，“笔刷大小”为 90，只载入纯色，“潮湿”为 62%，载入为 50%，“混合”为 52%，“流量”为 100%，“平滑”为 9%，对过渡不自然的区域进行涂抹。（此步骤可根据个人需要进行参数设置。）

图 6-100 “混合器画笔工具”工具栏 1

载入: 50% 混合: 52% 流量: 100% 9%

图 6-101 “混合器画笔工具”工具栏 2

步骤 10 选择“菜单栏”→“滤镜”→“扭曲”→“球面化”选项，在“球面化”滤镜对话框设置“数量”为 –100（或将小三角形拉向最左边），得到球面凹陷效果，如图 6-102 和图 6-103 所示。

步骤 11 用“移动工具”将处理后的“天空”图层拖动至“草地”画布编辑区。

步骤 12 按“Ctrl+T”快捷键执行自由变换，调整“天空”图片的大小和位置，如图 6-104 所示。

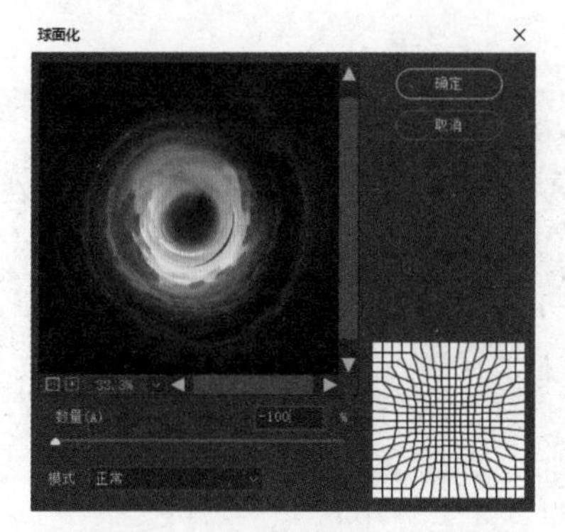

图 6-102 设置“球面化”滤镜图

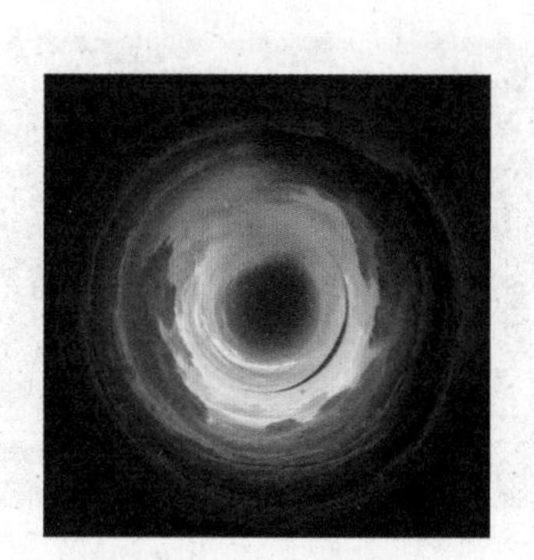

图 6-103 效果图

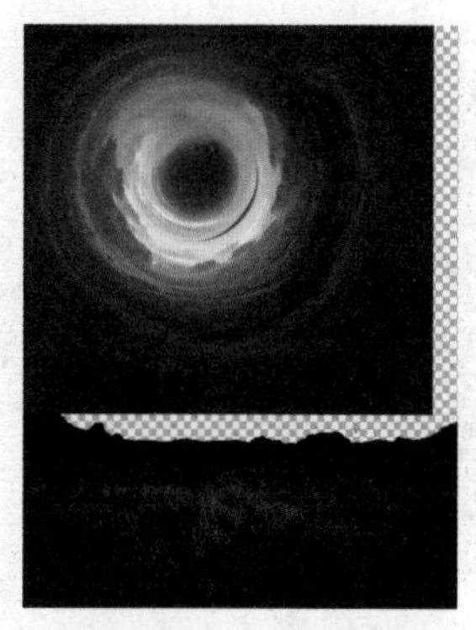

图 6-104 调整图片

步骤 13 按快捷键“Ctrl+U”执行“色相 / 饱和度”命令，将饱和度降低到 –82 左右，如图 6-105 所示。

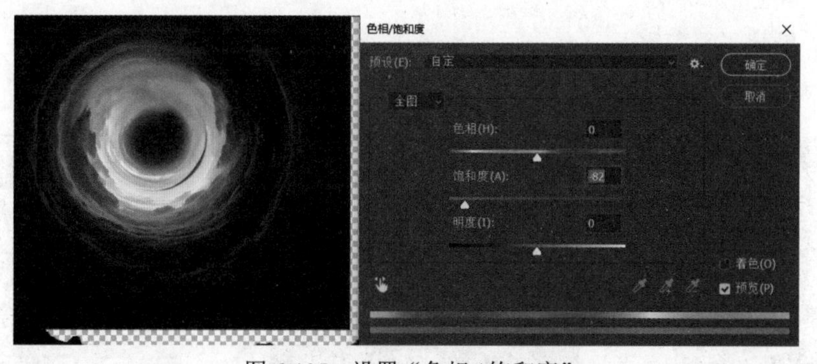

图 6-105 设置“色相 / 饱和度”

步骤 14 在“图层面板”单击“草地”图层，将其拖动至“天空”图层上方；选中“天空”图层，然后按住“Alt”键从中心调整大小，覆盖原来的形状；重复操作两次，制作向外发散晕圈的效果，如图 6-106 所示，图层面板如图 6-107 所示。

步骤15 给步骤 14 复制的两个图层分别建立图层蒙版，使用黑色柔边圆“画笔工具”在“图层蒙版缩览图”进行涂抹，如图 6-108 所示，效果如图 6-109 所示。

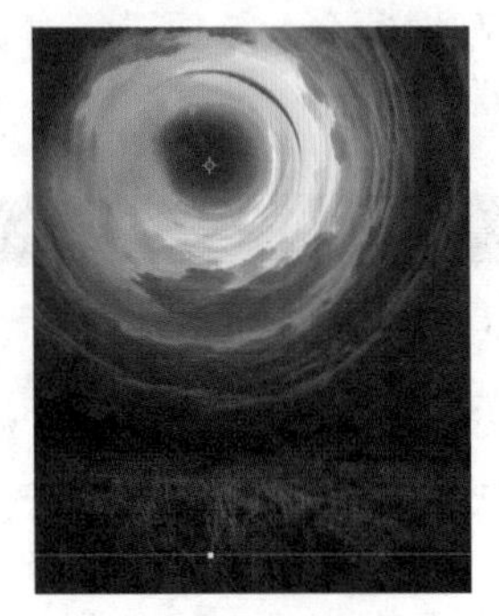

图 6-106 制作光晕效果

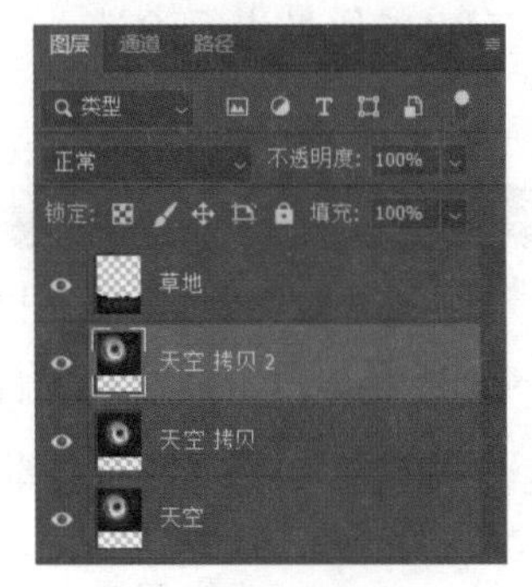

图 6-107 图层面板

图 6-108 填涂蒙版

步骤16 选中“草地”图层，按“Ctrl+U”快捷键执行“色相 / 饱和度”调整，“饱和度”设置为 –63，如图 6-110 所示。

图 6-109 效果图

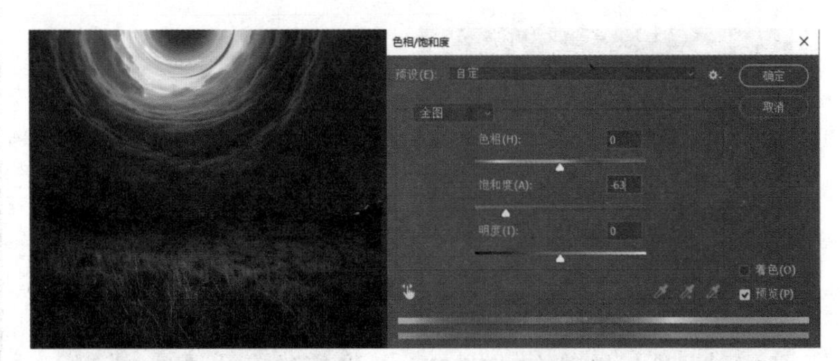

图 6-110 设置“色相 / 饱和度”

步骤17 选中所有“天空”图层，按“Ctrl+E”快捷键合并图层，得到“图层 1 拷贝 2”图层。为此图层创建“亮度 / 对比度”调整图层，如图 6-111 所示，将“亮度”设为 55 左右，如图 6-112 所示。

步骤18 创建“色彩平衡”调整图层，选择“中间调”，“红色”+30，“黄色”–26，如图 6-113 所示。

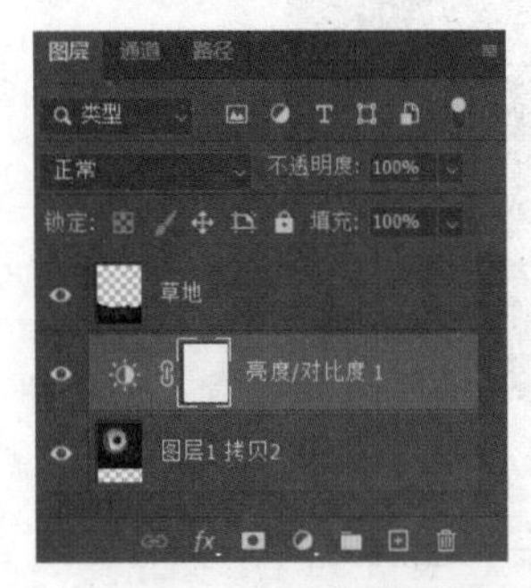

图 6-111 创建调整图层

图 6-112 设置“亮度 / 对比度”

图 6-113 设置“色彩平衡”

步骤19 置入“月亮”素材，图层名为“moon”，右击“moon”图层，选择“栅格化图层”选项，用“魔棒工具”对“月亮”图片进行抠图处理，调整大小和位置，如图 6-114 所示。

步骤 20 选中“moon”图层，将其移至“图层 1 拷贝 2”上方，如图 6-115 所示。选择“菜单栏”→“图像”→“调整”→“亮度 / 对比度”选项，在“亮度 / 对比度”设置“亮度”和“对比度”都为 –20，如图 6-116 所示。

图 6-114　置入“月亮”

图 6-115　移动图层

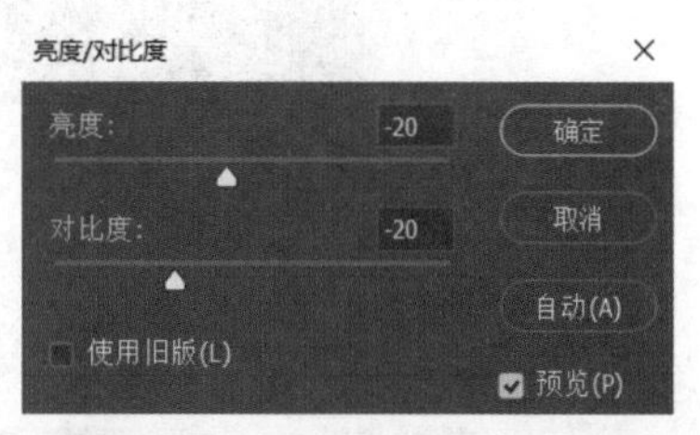

图 6-116　设置“亮度 / 对比度”

步骤 21 双击“moon”图层，进入“图层样式”设置，选择“内发光”，“不透明度”设置为 43%，“颜色”为白色，“大小”为 122 像素，其他参数不变，如图 6-117 所示。

步骤 22 打开“汽车”素材，如图 6-118 所示。

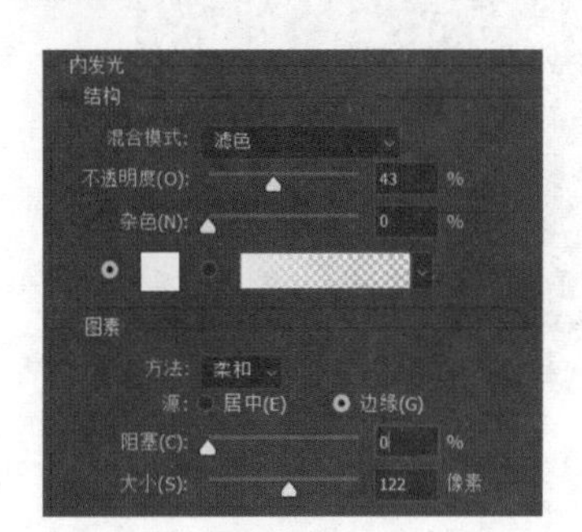

图 6-117　设置“内发光”样式

图 6-118　打开“汽车”素材

步骤 23 选择“钢笔工具”大致绘制出汽车的轮廓，如图 6-119 所示。如果想要节省时间也可以使用“对象选择工具”或者其他选择工具，如图 6-120 所示。

图 6-119　使用“钢笔工具”

图 6-120　使用“对象选择工具”

步骤24 按“Ctrl+Enter”快捷键将路径载入选区（使用“钢笔工具”需要操作此步骤），然后用“移动工具”将其移动至“草地”画布编辑区，调整大小和位置，图层命名为“汽车”。

步骤25 给“汽车”图层添加蒙版，使用黑色柔边“画笔工具”修饰边缘，增加与草地的融合度，如图6-121所示。

图6-121 填涂蒙版

步骤26 创建“通道混合器”调整图层，“红色”0%，“绿色”200%，“蓝色”–100%，并在属性面板下方单击按钮剪切图层，如图6-122所示。

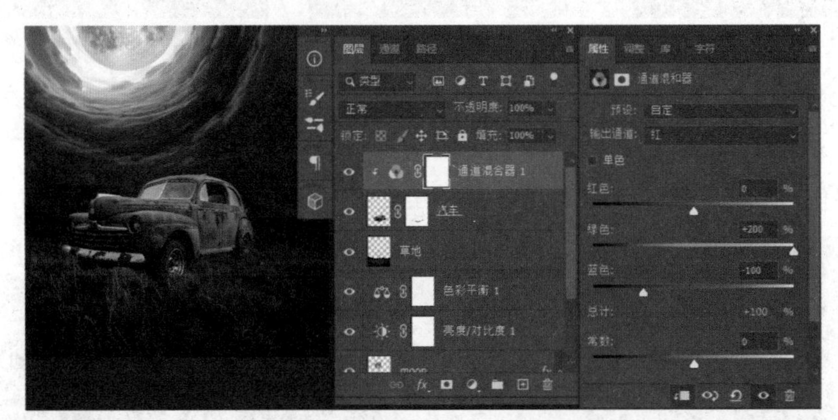

图6-122 设置“通道混合器”

步骤27 将“通道混合器”的“图层混合模式”设置为“变亮”，“不透明度”改为50%，如图6-123所示。

步骤28 创建“亮度/对比度”调整图层，“亮度”为–70，“对比度”为60，在属性面板下方单击按钮剪切图层，如图6-124所示。

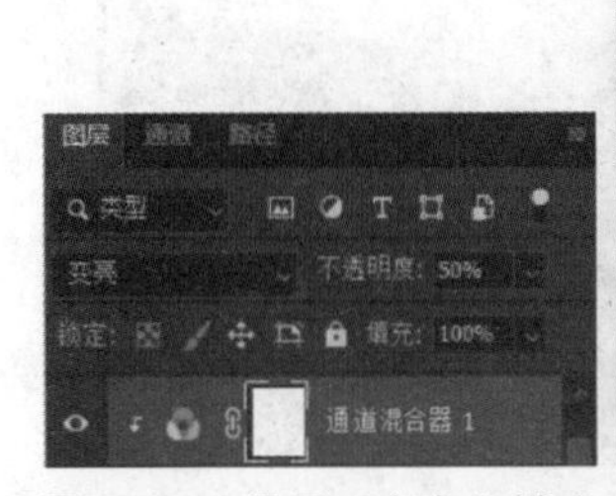

图6-123 设置“变亮”模式

图6-124 设置“亮度/对比度”

步骤29 创建“色相 / 饱和度”调整图层，“饱和度”为 –40，在属性面板下方单击按钮，如图 6-125 所示。

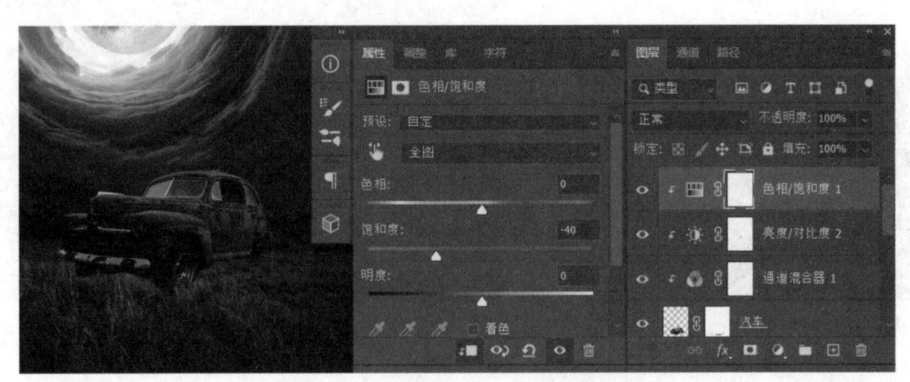

图 6-125　设置“色相 / 饱和度”

步骤30 选中“草地”图层，按“Ctrl+J”快捷键复制图层，将“草地 拷贝”图层移动到图层最上方。

步骤31 按住“Alt”键，单击“图层面板”下方工具栏中的按钮，给“草地 拷贝”图层添加一个黑色蒙版；然后选择白色“画笔工具”，笔刷“大小”设置为 3 像素，如图 6-126 所示。拖动鼠标，涂抹汽车的周围，添加草的效果，如图 6-127 所示。

图 6-126　设置笔刷

步骤32 打开“人”素材，使用“对象选择工具”（或其他选择工具）选中“人”的区域，如图 6-128 所示。

图 6-127　填涂蒙版

图 6-128　载入选区

步骤33 用“移动工具”将“人”移动至“草地”画布编辑区，按“Ctrl+T”快捷键执行自由变换，右击，在弹出的菜单中选择“水平翻转”选项，调整位置和大小，如图 6-129 所示，图层命名为“人”。

步骤34 按“Ctrl+U”快捷键调整“色相 / 饱和度”，“饱和度”为 –50，如图 6-130 所示。

步骤35 选择“菜单栏”→“图像”→“亮度 / 对比度”选项，“亮度”为 –23，“对比度”为 26，如图 6-131 所示。

步骤36 选择“菜单栏”→“图像”→“色彩平衡”选项（或按“Ctrl+B”快捷键）调整“色彩平衡”，“色阶”左边值为 11，右边值为 –11，如图 6-132 所示。

图 6-129　将图像“水平翻转”

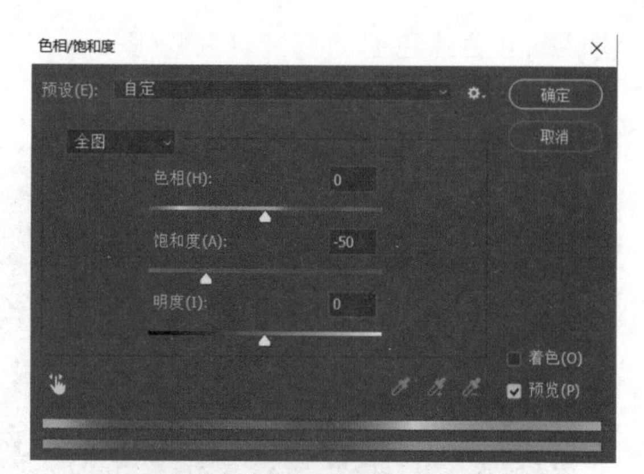

图 6-130　设置“色相 / 饱和度”

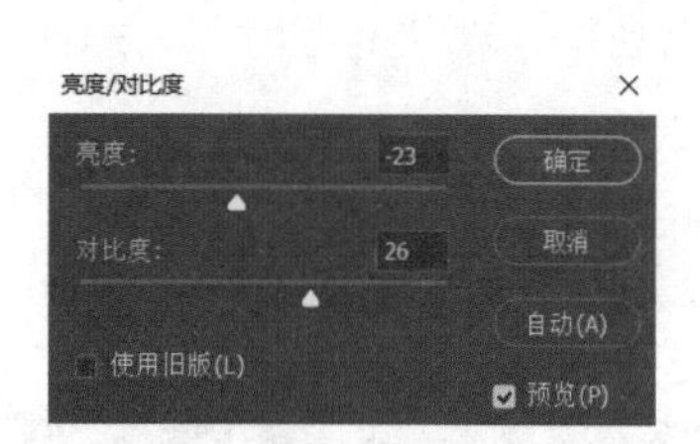

图 6-131　设置“亮度 / 对比度”

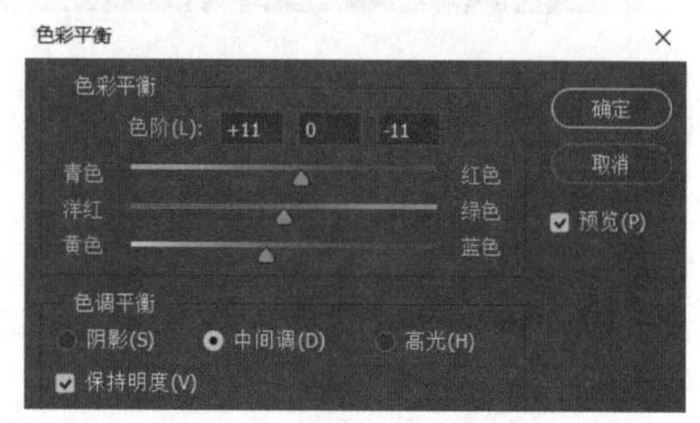

图 6-132　设置“色彩平衡”

步骤 37 新建图层，命名为“影子”，选择黑色柔边圆“画笔工具”，“不透明度”设置为 20%，笔刷“大小”为 25 像素，“硬度”为 28%，绘制影子的形状，如图 6-133 所示。

步骤 38 选择“加深工具”和“减淡工具”，如图 6-134 所示，设置合适的笔刷“大小”，对“人物”和“汽车”图层进行涂抹，面向光的减淡，背光的加深，效果如图 6-135 所示。注意：选对图层，可单击对应图层的“图层缩览图”。

图 6-133　绘制“影子”

图 6-134　工具箱

图 6-135　效果图

步骤 39 在“草地”和“汽车”图层之间新建一个图层，图层名为“图层 1”，使用“吸管工具”吸取天空较暗的颜色，设置图层“不透明度”为 50%，选择“画笔工具”（笔刷“大小”自定），在天空与草地交界处进行涂抹，如图 6-136 所示。

步骤 40 整体色调调整：在图层最上方创建“色彩平衡”调整图层，参数设置（青色→红色，22；黄色→蓝色，–17）如图 6-137 所示，中间调增加红色和黄色，制作复古色调效果。

图 6-136　填涂“新建图层”

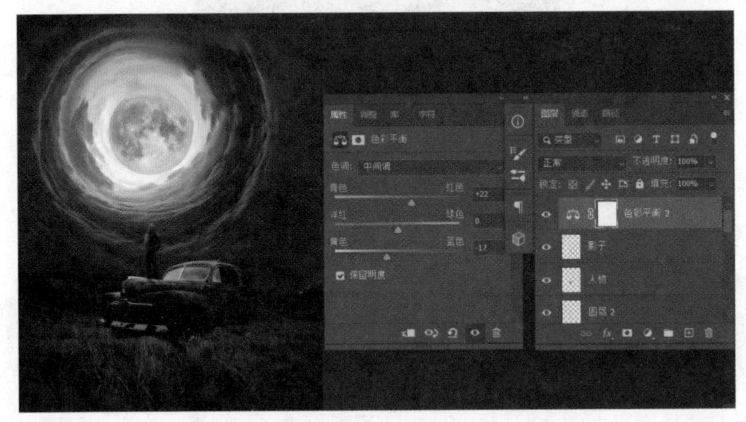
图 6-137　创建“色彩平衡”调整图层

步骤 41 创建“色相 / 饱和度”调整图层，“饱和度”为 –20，如图 6-138 所示。

步骤 42 按“Ctrl+Shift+Alt+E”快捷键，盖印当前可见图层，然后选择“菜单栏”→“滤镜”→“Camera Raw 滤镜”选项，在滤镜编辑窗口根据个人喜好设置各项参数，如图 6-139 至图 6-142 所示。

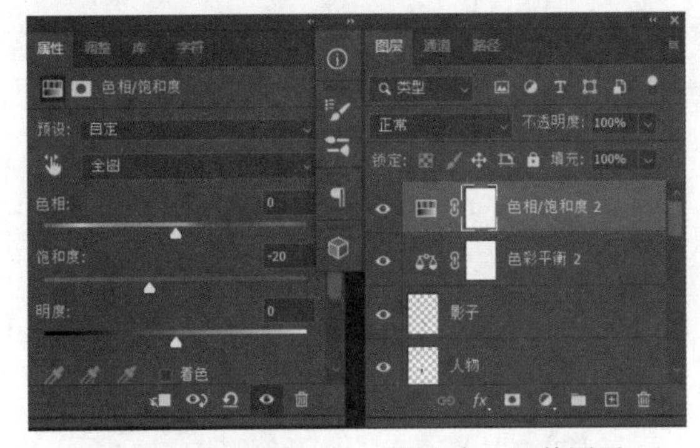
图 6-138　创建“色相 / 饱和度”调整图层

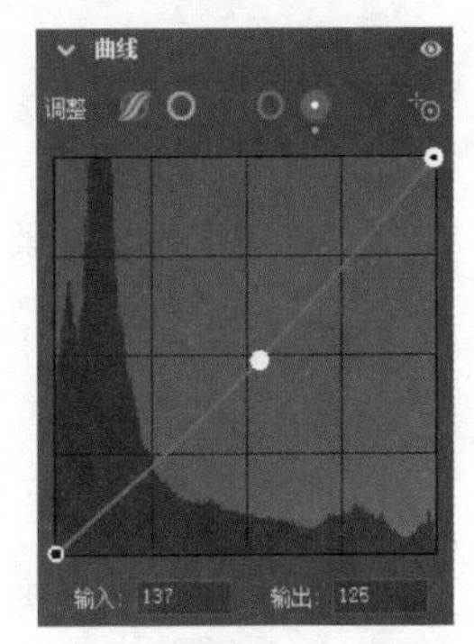
图 6-139　设置滤镜参数 1

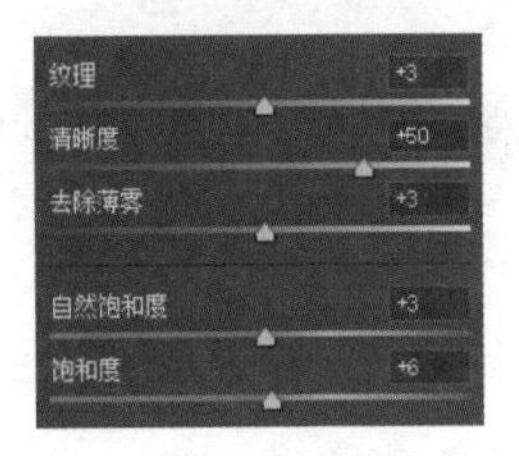

图 6-140　设置滤镜参数 2

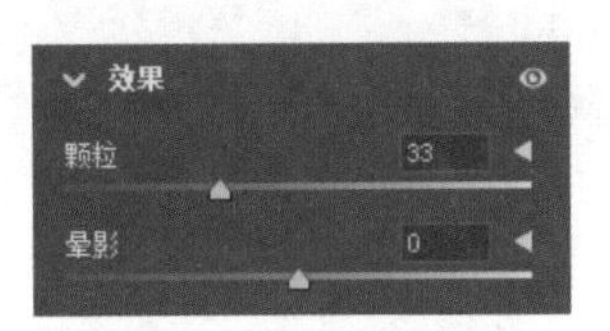

图 6-141　设置滤镜参数 3

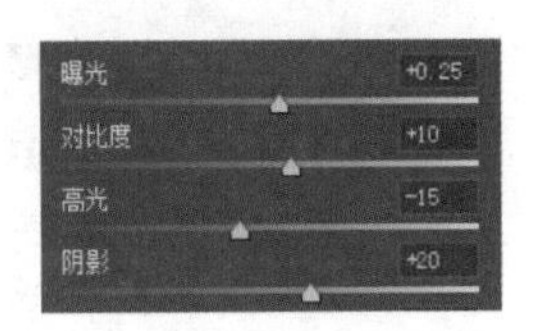

图 6-142　设置滤镜参数 4

步骤 43 作品成品如图 6-143 所示。

图 6-143　作品成品效果图

6.4 “阅读的力量”海报设计

6.4.1 学习引导

中国著名作家麦家说，读书就是回家。英国作家毛姆（Maugham）说，读书就是给自己构建一座随身携带的小型避难所。阅读拥有温暖而强劲的力量，能够长久不衰地体贴灵魂、拨动心弦，触碰到我们情感深处最柔软、最深刻的部位，并且这种力量不会因时间流逝和年代更迭而减弱。希望大家都能在博览群书后，成为腹有诗书气自华的人。学习引导图如图 6-144 所示。

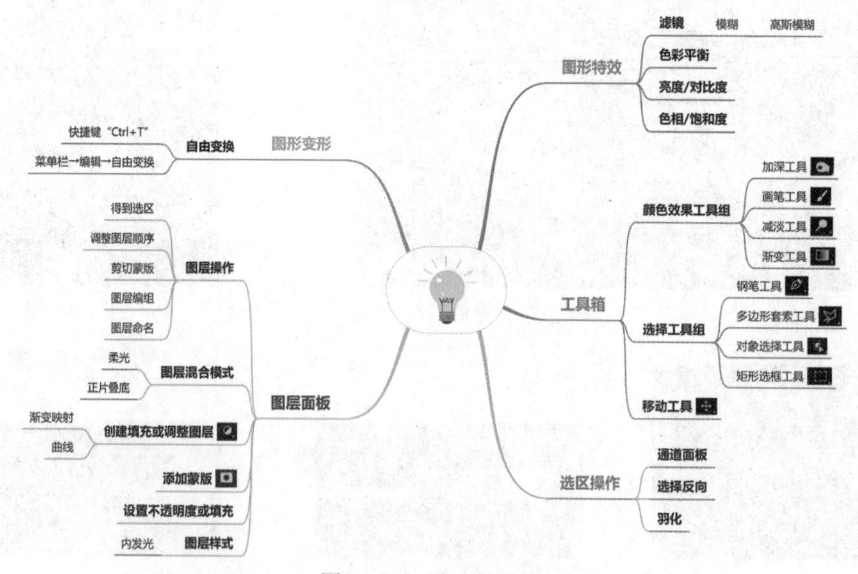

图 6-144　学习引导图

6.4.2　实践操作

步骤 1 打开“书籍”素材，如图 6-145 所示。

步骤 2 使用“钢笔工具”或“对象选择工具”（或其他选择工具），抠取书的轮廓，如图 6-146 所示。

图 6-145　打开素材

图 6-146　选择“书本”区域

步骤 3 按“Ctrl+Enter”快捷键，将路径转为选区（这一步为“钢笔工具”的操作），然后选择“菜单栏”→“选择”→“修改”→“羽化”选项（或按“Shift+F6”快捷键），设置“羽化半径”为 2 像素，如图 6-147 所示。

步骤 4 在“图层面板”给“书”图层添加图层蒙版，如图 6-148 所示。

图 6-147　设置“羽化选区”

图 6-148　添加蒙版

步骤 5 置入“木板”素材，调整至与背景同宽，在“图层面板”右击“木板”图层，选择“栅格化图层”选项，使用“矩形选框工具”框选木板区域，在上方工具栏设置“羽化”为 2 像素，如图 6-149 所示。

步骤 6 在画布编辑区的木板选区内右击，在弹出的菜单中选择“选择反向”选项（或按“Ctrl+Shift+I”快捷键），按“Delete”键删除选区内容，如图 6-150 所示，按“Ctrl+D”快捷键取消选区。

图 6-149　选择“木板”区域

图 6-150　删除选区

步骤 7 在“图层面板”将“木板”图层放在“书”图层下方，按“Ctrl+T”快捷键执行“自由变换”命令，调整“书”的位置和尺寸大小，如图 6-151 所示。

步骤 8 置入“天空”素材，将“天空”图层放在所有图层下方，按“Ctrl+T”快捷键执行“自由变换”命令，调整位置和尺寸大小，在“自由变换”状态下右击，在弹出的菜单中选择“水平翻转”选项，使云层和木板的过渡更加自然，如图 6-152 所示。

图 6-151　调整图层顺序

图 6-152　置入“天空”素材

步骤 9 在“木板”图层上方新建一个图层，命名为“书的影子”，使用黑色柔边圆“画笔工具”，设置合适的笔刷“大小”（参考值 117 像素）、“不透明度”（参考值 73%）、“硬度”（参考值 18%）等参数，给书籍添加投影，参考设置如图 6-153 所示，效果如图 6-154 所示。

步骤 10 选择“菜单栏”→“滤镜”→“模糊”→“高斯模糊”选项，设置“半径”为 50 像素，如图 6-155 所示，单击“确定”按钮确认操作，返回画布编辑区。

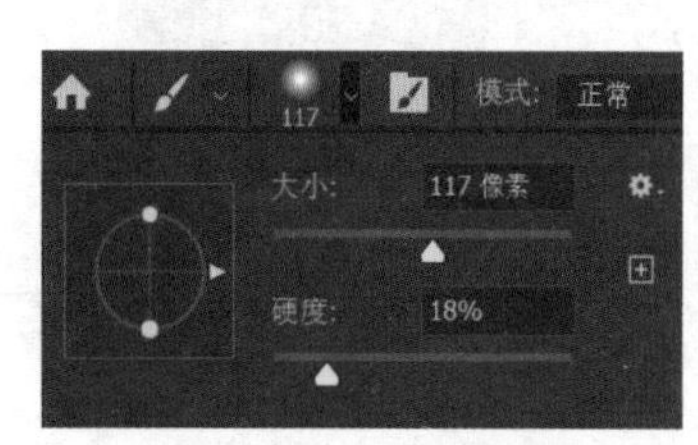

图 6-153　设置笔刷

图 6-154　效果图

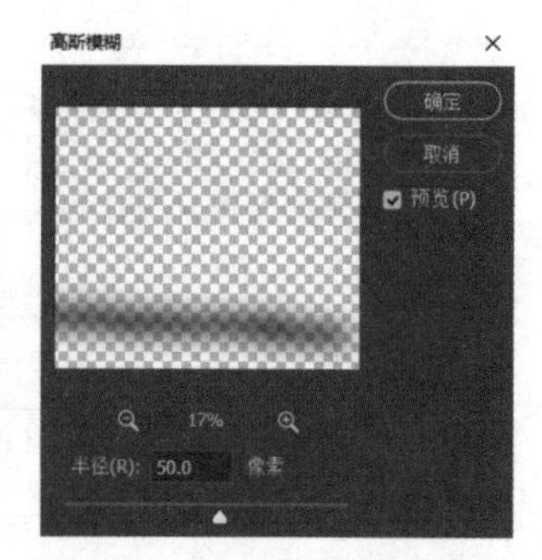

图 6-155　设置“高斯模糊”

步骤 11 在“图层面板”选中“木板”图层，给“木板”图层创建一个“曲线”调整图层，在“属性”面板下方单击按钮（只影响下一图层），然后调整曲线，如图 6-156 所示。

步骤 12 单击“曲线 1”图层的“图层蒙版缩览图”，使用黑色柔边圆“画笔工具”进行涂抹，使“木板”与“天空”接壤的边界更清晰，如图 6-157 所示。

步骤 13 在“图层面板”选中所有图层（按“Ctrl”或“Shift”键均可），按“Ctrl+G”快捷键编组，命名为“场景”，如图 6-158 所示。

步骤 14 使用“钢笔工具”或“多边形套索工具”选择书页区域，并将选择区域填充为黑色（或任意颜色），如图 6-159 所示，将此图层命名为“书页”。

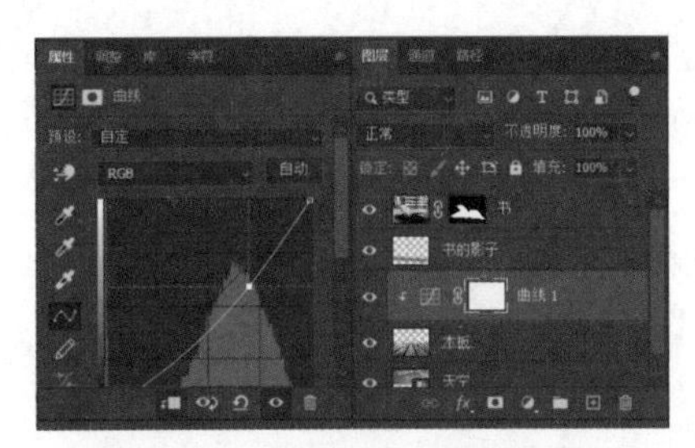

图 6-156　创建“曲线”调整图层

图 6-157　填涂“曲线 1”图层蒙版

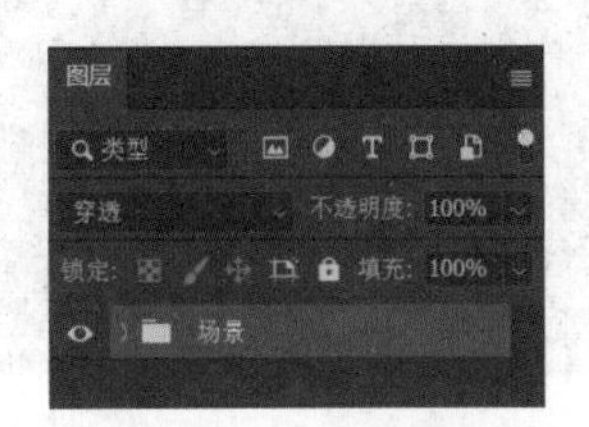

图 6-158　图层编组

图 6-159　制作“书页”

步骤 15 置入“海洋”素材，图层命名为“海洋”，右击图层，选择“栅格化图层”选项。

步骤 16 选中“海洋”图层，按住“Ctrl”键，同时单击“书页”图层的“图层缩览图”，得到“书页”选区，单击“图层面板”下方的◘按钮，给“海洋”图层添加蒙版，如图 6-160 所示。

图 6-160　添加蒙版

步骤 17 打开“鲸鱼”素材，选择“对象选择工具”，得到“鲸鱼”选区，用“移动工具”将抠取的“鲸鱼”移动至“书籍”画布编辑区，调整大小和角度，图层命名为“鲸鱼”，如图 6-161 所示。

步骤 18 选择“加深工具”和“减淡工具”，设置合适的“笔刷大小”，使“鲸鱼”面向光的部分减淡，背光的加深。

步骤 19 给鲸鱼添加水花效果：单击“鲸鱼”画布编辑区，如存在选区，则按“Ctrl+D”快捷键取消选区，单击“通道面板”（如果找不到“通道面板”，可选择“菜单栏”→“窗口”→“通道”选项），如图 6-162 所示。

步骤 20 选择水花与周围差别最大的颜色通道，案例中选择的是“红”通道，然后右击“红”通道，选择“复制通道”选项（或将“红”通道拖至“通道面板”下方的⊞按钮上），得到“红 拷贝”通道，如图 6-163 所示。

图 6-161　添加“鲸鱼”素材

图 6-162　通道面板

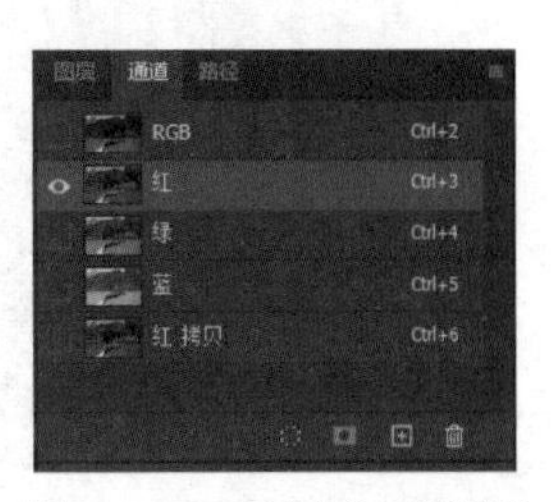

图 6-163　复制“红通道”

步骤21 选中“红 拷贝”通道，按“Ctrl+L”快捷键调出“色阶”，“输入色阶”左边数值为 85，中间数值为 1，右边数值为 216，设置如图 6-164 所示。

步骤22 在“红 拷贝”通道被选中的状态下，使用黑色“画笔工具” ，设置合适的笔刷“大小”，将水花以外的区域涂抹掉，如图 6-165 所示。

步骤23 按住“Ctrl”键，单击“红 拷贝”通道的“通道缩览图”，得到“水花”选区，如图 6-166 所示。

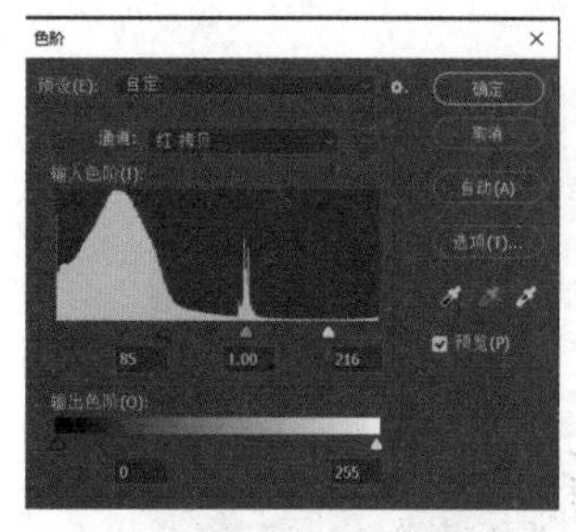

图 6-164 设置“色阶”

图 6-165 填涂“通道”

图 6-166 得到“水花”选区

步骤24 单击“RGB”通道，按“Ctrl+J”快捷键复制选区，单击“图层面板”，“图层 1”即经过“通道”处理的“水花”，如图 6-167 所示。用“移动工具” 将其移动至“书籍”画布编辑区，并调整其大小和位置，如图 6-168 所示，图层命名为“水花”。

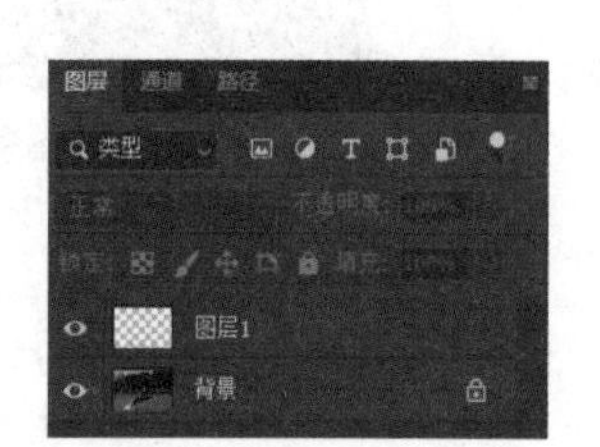

图 6-167 得到“水花”图层

图 6-168 “通道”处理后的效果图

步骤25 给“水花”图层添加蒙版，单击“图层蒙版缩览图”，用黑色“画笔工具” 涂抹“水花”的多余区域，使其与画面融合得更自然，如图 6-169 所示。（如果觉得水花不够多，可多复制几层“水花”图层进行叠加处理。）

步骤26 将“场景”组以上的图层选中，按“Ctrl+G”快捷键编组，图层组命名为“鲸鱼”，如图 6-170 所示。

图 6-169 增加“水花”

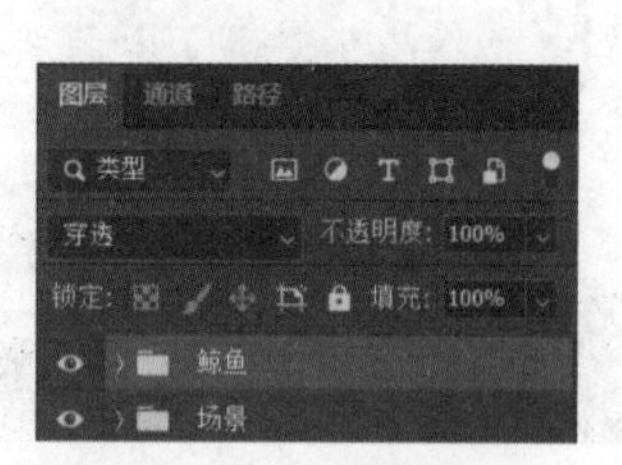

图 6-170 图层编组

步骤27 置入“草地”素材，参照步骤13～16，处理书籍的右边翻页，如图6-171所示。

图6-171 制作书籍右边翻页效果

步骤28 打开“女孩”素材，参照步骤17～18，如图6-172所示。

步骤29 创建新图层，命名为“草”，可在网上下载“草状笔刷”（或者使用Photoshop内置笔刷），按住“Alt”键，吸取草地颜色，选择“画笔工具”，设置合适的笔刷“大小”和“笔刷形状”，在“女孩”的脚部进行涂抹，制作“草”覆盖的效果，以调整细节，如图6-173所示。

图6-172 添加“女孩”素材

图6-173 绘制“草”

步骤30 给“女孩”添加“投影”效果：按“Ctrl+J”快捷键复制“女孩”图层，图层命名为“影子”，按“Ctrl+T”快捷键自由变换，在画布编辑区右击，在弹出的菜单中选择“垂直翻转”选项，调整位置如图6-174所示。

步骤31 按住“Ctrl”键，单击“影子”图层的“图层缩略图”，载入“女孩”选区，按“Shift+F5”快捷键填充为黑色，如图6-175所示。

图6-174 制作“影子”

图6-175 制作“影子”

步骤32 选择“菜单栏”→“滤镜”→“模糊”→“高斯模糊”选项，设置“半径”为20像素，如图6-176所示，如果觉得影子位置不合适，可按“Ctrl+T”快捷键进行调整，也可以降低图层“不透明度”使影子淡化。

步骤33 给书缝添加阴影效果：在“草地”图层上方新建图层，命名为“书缝”，选择黑色“画笔工具”，设置合适的笔刷“大小”“不透明度”“流量”等参数，如图6-177和图6-178所示，拖动鼠标在画布编辑区涂抹，效果如图6-179所示。

步骤34 将未编组的图层选中，按“Ctrl+G”快捷键编组，命名为“草地”，如图6-180所示。

图6-176 设置“高斯模糊”

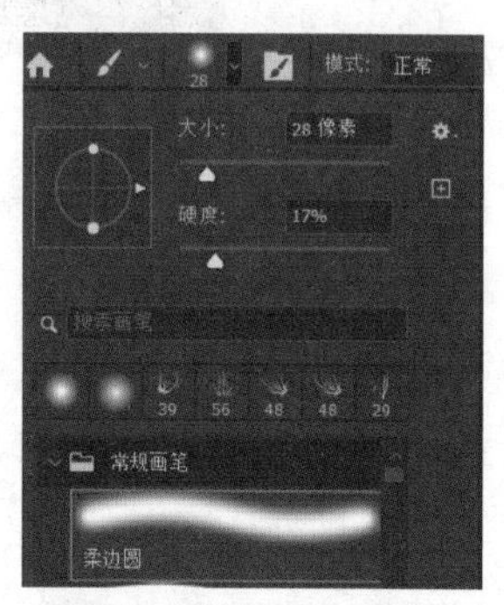

图6-177 设置笔刷

图6-178 设置笔刷

图6-179 效果图

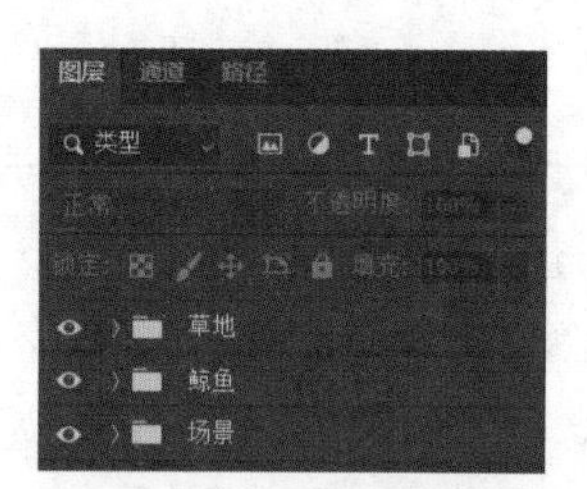

图6-180 图层编组

步骤35 选择“钢笔工具”或“多边形套索工具”，选择如图6-181所示区域，使用“渐变工具”，在“渐变工具”工具栏选择“线性渐变”，单击“渐变编辑器”，选择“基础”→“前景色到透明渐变”选项（或设置“黑色”→“透明渐变”），设置色标的“不透明度”为80%，如图6-182所示，单击“确定”按钮返回画布编辑区，鼠标直线拖动“渐变工具”，制作由浅色到深色的投影效果，如图6-183所示。

步骤36 置入“群鸟”素材，将“图层混合模式”设置为“正片叠底”，并调整位置和大小，如图6-184所示。

图 6-181　选取区域

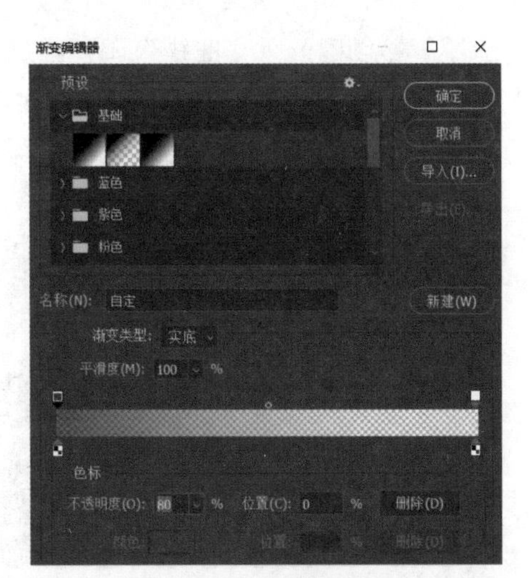

图 6-182　设置渐变颜色

图 6-183　效果图

图 6-184　置入“群鸟”素材

步骤37 调整整体色调：在“群鸟”图层上方创建一个“渐变映射”调整图层，单击“属性面板”的“渐变编辑器”，将“渐变颜色条”左边的色标设置为紫色（色标 #39033c），右边的色标设置为橙色（色标 #fc9003），如图 6-185 所示，单击“确定”按钮返回画布编辑区，将图层“不透明度”设置为 20%，如图 6-186 所示。

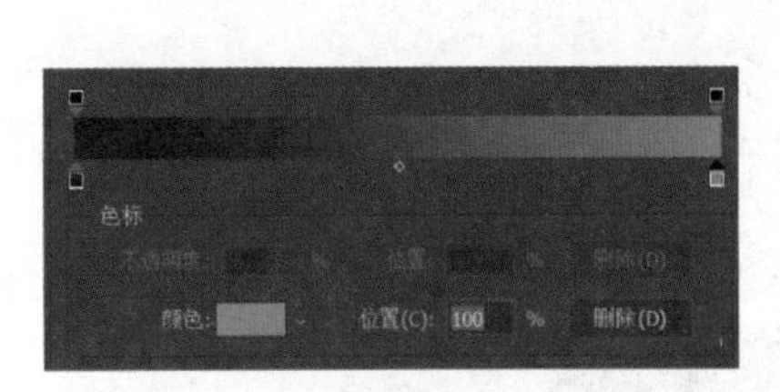

图 6-185　设置“渐变映射”

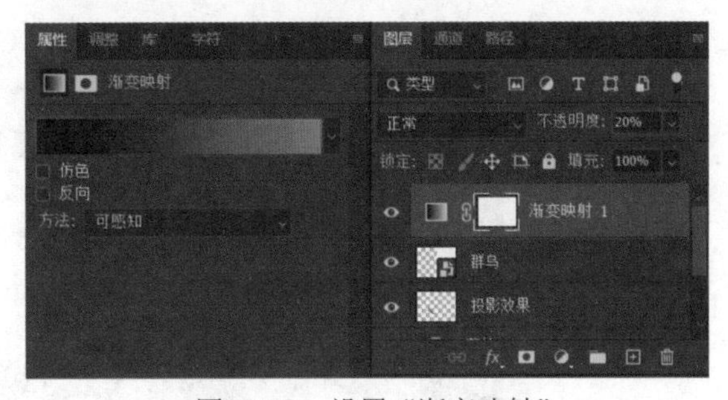

图 6-186　设置“渐变映射”

步骤38 新建图层，命名为“增加亮度”，使用浅黄色（色标 #fcf8b3）“画笔工具”，设置合适的笔刷“大小”进行涂抹，如图 6-187 所示。

步骤39 将“增加亮度”图层的“图层混合模式”设置为“柔光”，“不透明度”设置为 55%，如图 6-188 所示。

步骤40 创建一个“曲线”调整图层，调整“蓝”通道、“红”通道、“RGB”通道的曲线，如图 6-189 至图 6-191 所示。（此步骤的参数也可以根据个人需要自定。）

图 6-187　绘制光晕

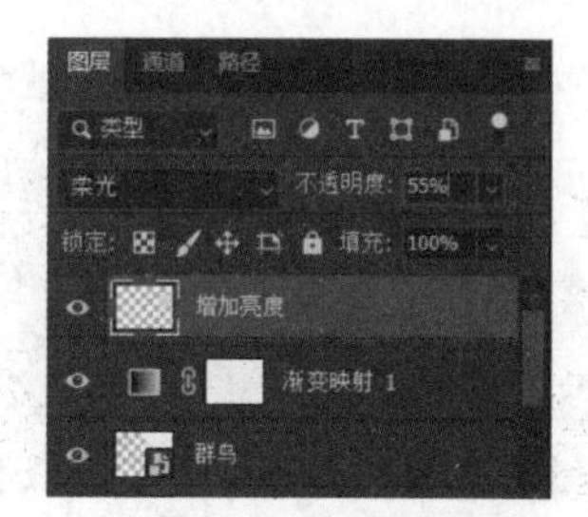

图 6-188　设置“柔光”模式

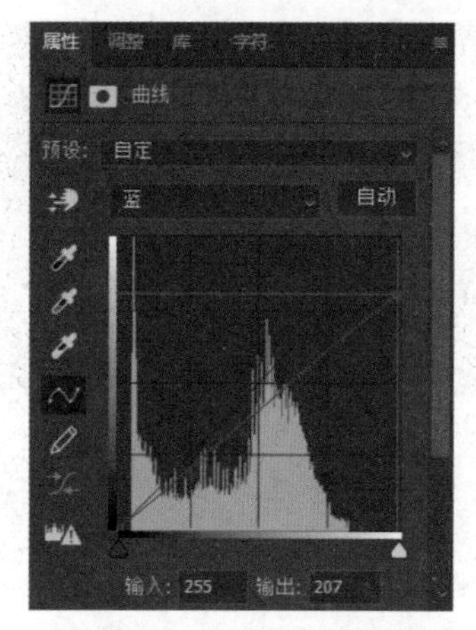

图 6-189　调整“蓝”通道

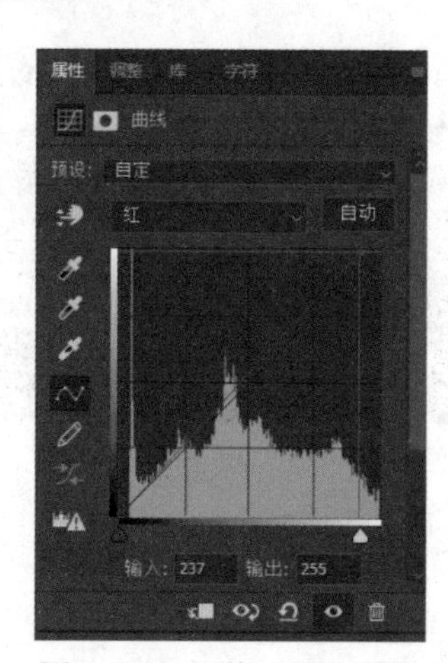

图 6-190　调整“红”通道

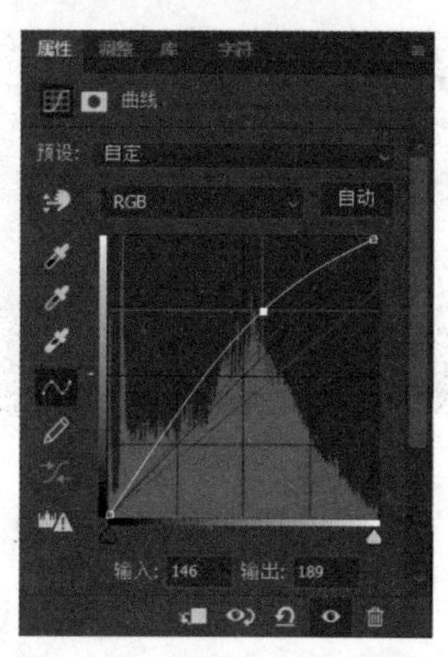

图 6-191　调整“RGB”通道

步骤41 作品成品如图 6-192 所示。

图 6-192　作品成品效果图

第三篇　思维碰撞-创作实践篇

学习目标

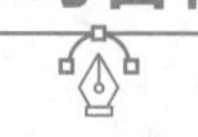

（1）激发创作思维。

（2）回顾所学的知识，通过学习作品创作巩固知识。

（3）了解未知领域与尚未掌握的知识。

（4）达到基本能独立创作的目标。

本篇以“学”为视角，结合海报设计、平面设计等校园创作案例，从环保类、文化类、情感类、宣传类等各类综合设计案例进行展现，目的在于激发学习者的创作思维，通过观看作品激发学习兴趣和创作理念。因本书主要面向校园读者，对于高等教育、职业教育、基础教育等各教育领域来说，在校园文化、中华传统文化、环保公益、心理健康等各方面均可产生一定的正向引导。另外，建议在本案例基础上进行设计拓展与变通，形成自己的设计思想与特色，体现创作的自主性与灵活性。

第7章　环保类海报创作实例

学习目标

（1）掌握多种图层样式的运用：投影、斜面和浮雕、外发光、描边、内发光、光泽、纹理、图案叠加、内阴影等。

（2）巩固“图层”的基本操作，包括图层命名、添加蒙版、图层混合模式、创建填充或调整图层等。

（3）熟悉“工具箱”工具的使用，包括橡皮擦工具、渐变工具、画笔工具、模糊工具、文字工具、对象选择工具、套索工具、矩形工具、椭圆工具等。

（4）应用“滤镜”等特效。

本章以“环保类”海报设计为案例，在设计创作的同时，激发学习者爱护环境的意识，并通过设计宣传爱护环境的理念。通过本章的创作案例实践，可以学习到以下知识，知识点分布如图 7-1 所示。

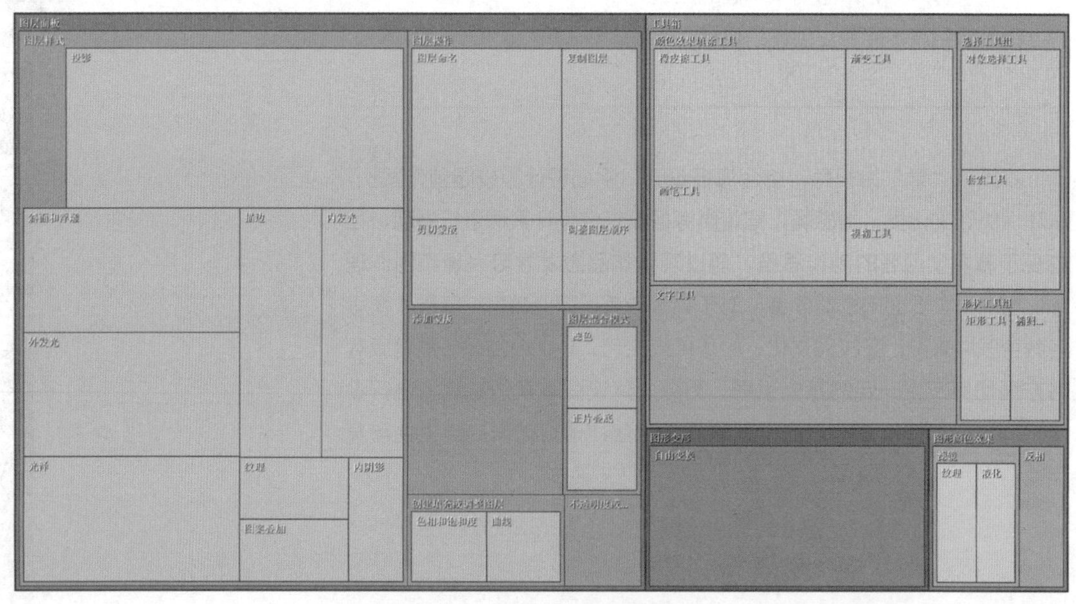

图 7-1　第 7 章知识结构图

7.1　别让地球哭泣

7.1.1　创作灵感

地球本来拥有绿绿的森林、清清的海洋，但是在日益变化的现代生活中，千万吨废气的排放、垃圾的污染，使地球生态逐渐被破坏。因此，本节通过海报设计，以拟人的手法表示地球在哭泣，同时，也提醒人们爱护地球、共同维护环境。我们只有一个地球，每个人都有责任来保护这个地球，并让地球停止哭泣。

7.1.2　学习引导

本案例学习引导图如图 7-2 所示。

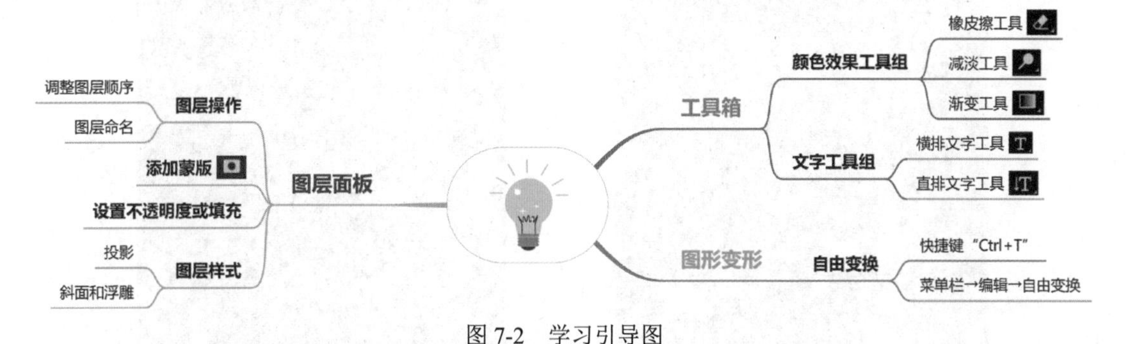

图 7-2　学习引导图

7.1.3　创作步骤

步骤 1　新建文件，尺寸为 1000 像素 ×1414 像素，分辨率为 300 像素 / 英寸，背景色为白色。

步骤 2　新建图层，图层命名为“蓝色背景”，选择“渐变工具”，在“渐变工具”工具栏选择“径向渐变”，如图 7-3 所示，在“渐变编辑器”中选择“预设”→“蓝色”→“蓝色 _20”，如图 7-4 所示。

步骤 3　置入“哭泣”素材，按“Ctrl+T”快捷键调整素材大小及位置。

步骤 4　选择“横排文字工具”，输入文字“别让地球哭泣”，选择合适的字体、字号、颜色，字符面板设置如图 7-5 所示，设置后的效果如图 7-6 所示。

图 7-3　“渐变工具”工具栏

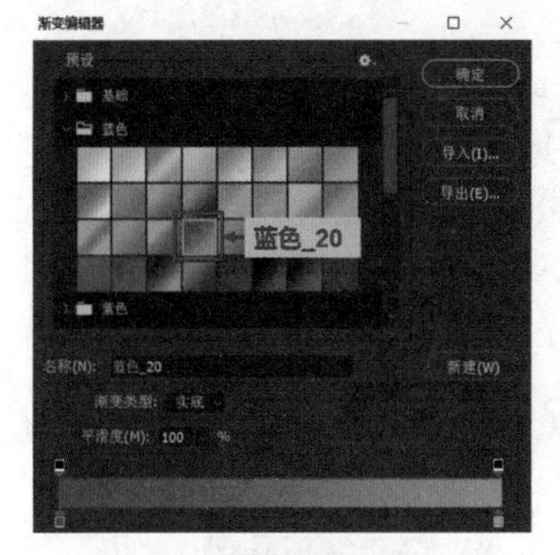

图 7-4　“渐变编辑器”

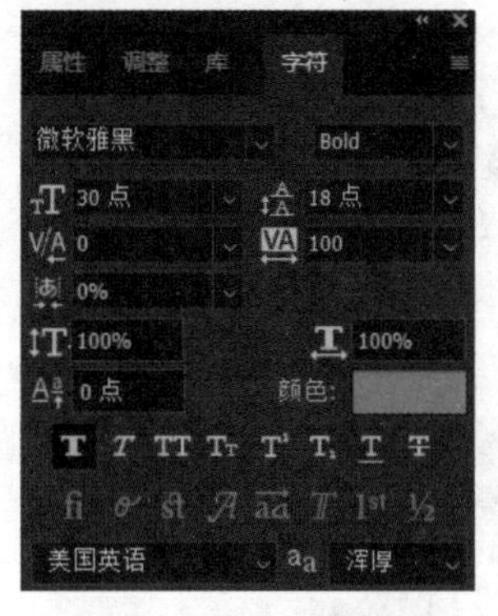

图 7-5　设置文字格式

图 7-6　效果图

步骤 5　在“图层面板”双击文字图层，进入“图层样式”对话框，分别设置“斜面和浮雕”（含“等高线”和“纹理”）、“投影”等参数，如图 7-7 至图 7-10 所示（“纹理”图案可载入灰白色纹理效果的图片）。

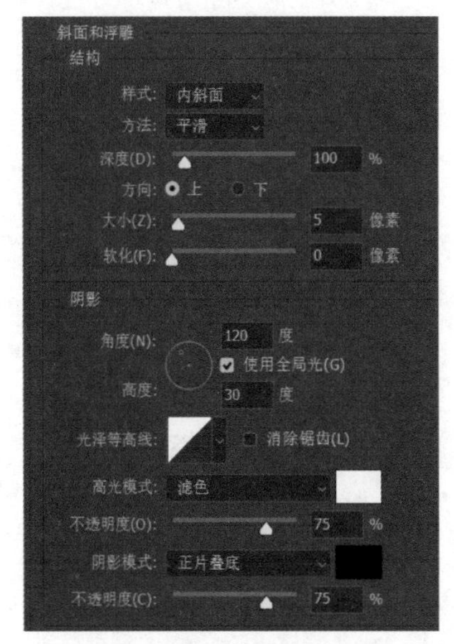

图 7-7　设置“斜面和浮雕”

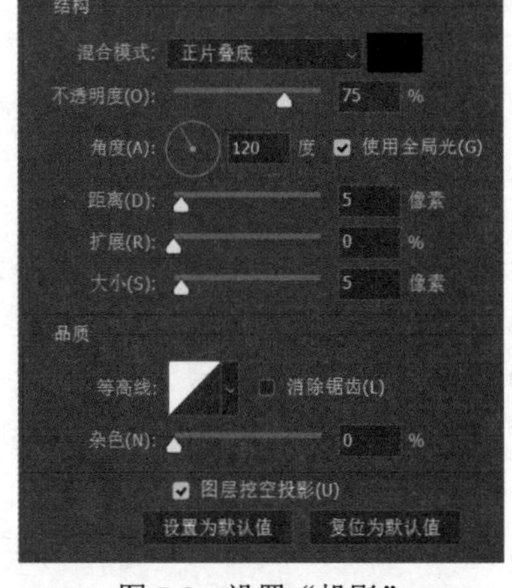

图 7-8　设置“投影”

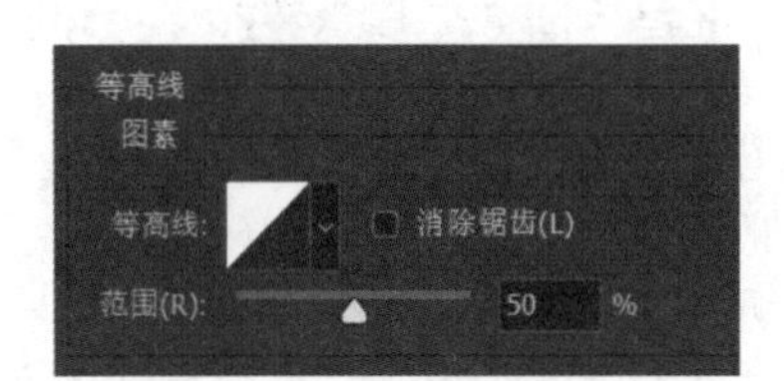

图 7-9　设置“等高线”

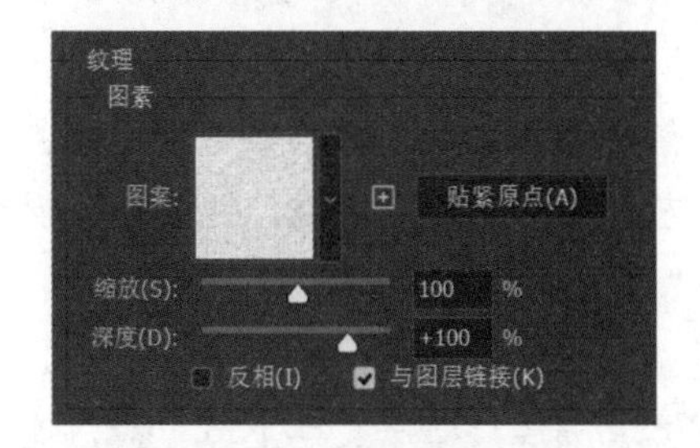

图 7-10　设置“纹理”

步骤 6 选择“横排文字工具” T，输入文字“我们只有一个地球 保护地球 人人有责”，设置合适的字体、字号、颜色，如图 7-11 所示。

步骤 7 置入“绿叶”素材，按“Ctrl+T”快捷键调整大小（将“绿叶”比较亮的部分与文字叠加，可突显文字效果），如图 7-12 所示。

图 7-11　添加文字

图 7-12　置入“绿叶”素材

步骤 8 在“图层面板”将“绿叶”素材的图层名改为“叶子”，然后单击“叶子”图层，右击，选择“创建剪贴蒙版”选项，如图 7-13 所示，“叶子”图层缩览图左边出现一个向下的箭头，如图 7-14 所示，创建剪贴蒙版后的文字效果如图 7-15 所示。

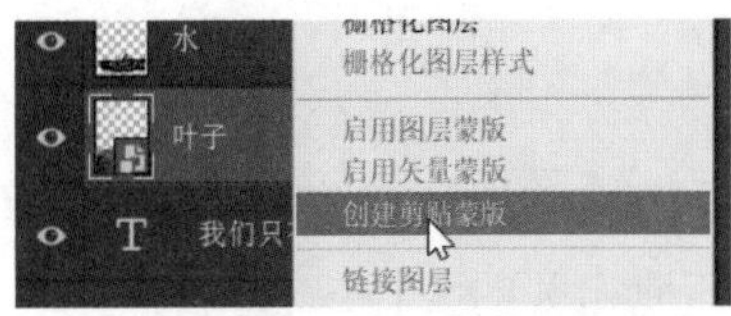

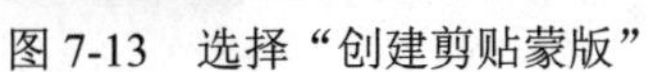

图 7-13 选择“创建剪贴蒙版”

图 7-14 创建剪贴蒙版

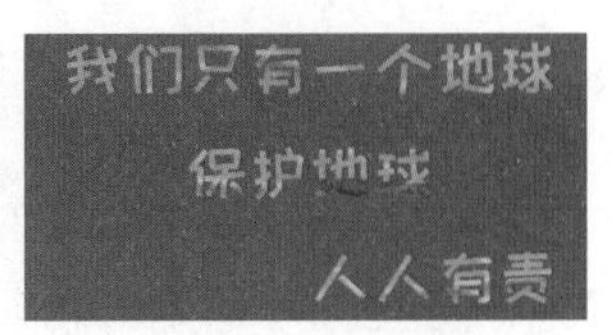

图 7-15 效果图

步骤 9 置入“水滴”素材，右击“图层面板”，在弹出的菜单中选择“栅格化图层”选项，按“Ctrl+T”快捷键调整“水滴”尺寸和位置，拖动图层置于“地球”图层下方，如图 7-16 所示，并用“橡皮擦工具”擦除多余区域，调整图层“不透明度”为 84%，使素材更加适合整体色调，如图 7-17 所示。

步骤 10 置入“水龙头”“大气污染”“噪声污染”等素材，并调整尺寸和大小，使画面元素更加丰富，作品成品如图 7-18 所示。

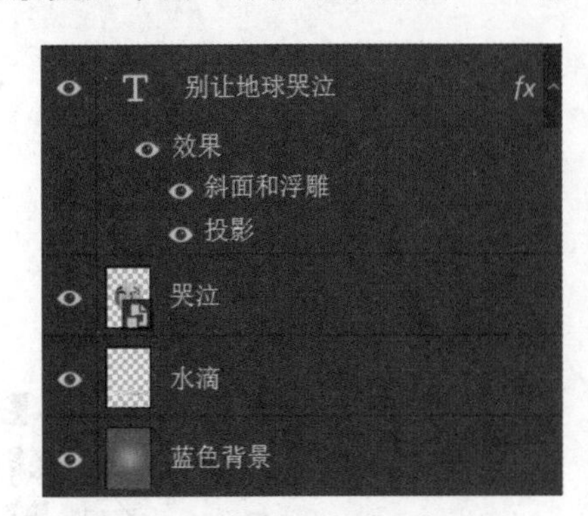

图 7-16 设置“不透明度”

图 7-17 效果图

图 7-18 作品成品效果图

7.1.4 作品特色

通过“图层剪切蒙版”、图层样式等设置和素材的搭配，使设计更加符合主题。我们应该懂得保护环境就是保护我们自己，因为我们只有一个地球，如果地球没有了，我们怎么生存？我们不仅要合理利用资源，更应尽力竭心保护环境，与大自然和谐共存。

7.1.5 感想与反思

此案例的寓意在于，地球已经不再像以前一样生机勃勃了，她正在慢慢地衰弱，人类破坏环境的行为，加速了她的衰弱速度。

所以，大家要从今天起，从小事做起，保护环境，不乱倒垃圾，不要随意捕杀野生动物，尽量节省水和电，一起保护地球，让她永葆青春！

7.2 保护地球

7.2.1 创作灵感

1. 灵感来源

环境、气候变化与整个地球的生态环境息息相关，若任由地球环境继续恶劣下去，最终地球将会一片荒芜。本章将创作一幅与保护地球、保护环境相关的公益广告，呼吁大家爱护环境。

2. 作品含义

人类的眼睛看向上方已是一片污染的环境，眼里的景象却是生机勃勃的绿植，这寓意着人类希望看到的地球是美好的，而眼角流下的一滴泪是对地球环境正在逐步恶化的感伤。一条绿色的藤蔓斜分画面，并在尾端缠绕轻托着毫无生机的环境，表示我们要保护环境，让绿色重新覆满地球。总体含义是，要重视环境的治理与保护，不要让充满生机的星球不复存在，变成只遗留在人类眼里的奢望。

7.2.2 学习引导

本案例学习引导图如图 7-19 所示。

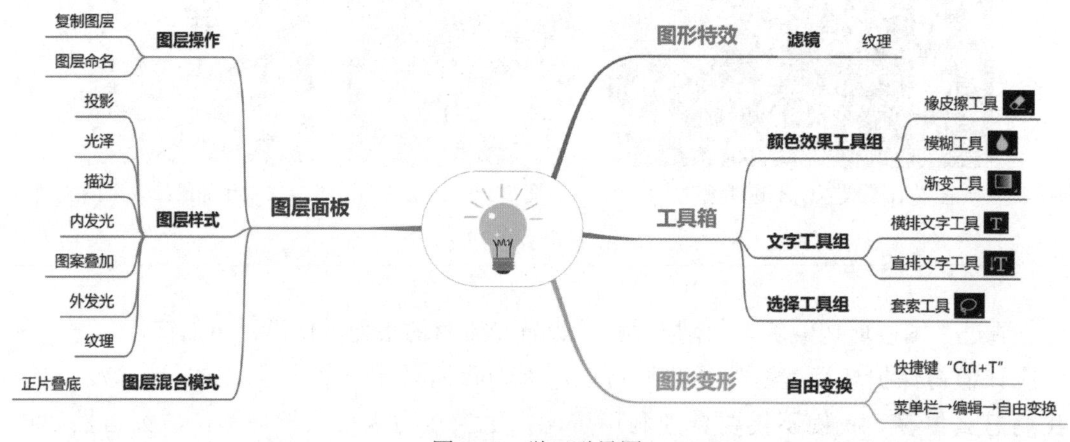

图 7-19 学习引导图

7.2.3 创作步骤

步骤 1 新建文件，尺寸为 1200 像素 ×800 像素，背景色为白色。

步骤 2 选择“渐变工具”，在“渐变工具”工具栏单击“渐变编辑器”，选择“线性渐变”，如图 7-20 所示。

步骤 3 在“渐变编辑器”对话框选择“预设”→“灰色”→“灰色_03”，如图 7-21 所示，单击“确定”按钮返回画布编辑区，斜向拉动鼠标，得到灰色渐变效果。

图 7-20 “渐变工具”工具栏

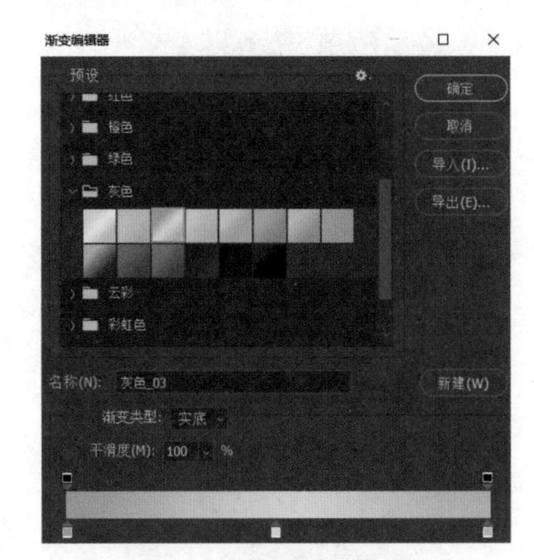

图 7-21　设置渐变颜色

步骤 4 置入“眼睛”素材，并置于画布编辑区的左下角，如图 7-22 所示。

步骤 5 将“眼睛”图层命名为“眼睛”，设置为“正片叠底”，选择“橡皮擦工具”，在“橡皮擦工具”的工具栏设置笔刷为“柔边圆”，笔刷“大小”自定，如图 7-23 所示，笔刷的“不透明度”可设为 43%，然后用“橡皮擦工具”涂抹“眼睛”素材的边线棱角，使“眼睛”与背景融合，如图 7-24 所示。

图 7-22　置入素材

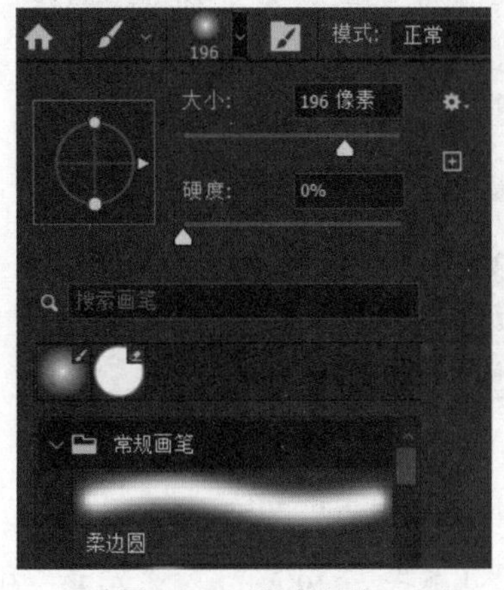

图 7-23　设置笔刷

图 7-24　效果图

步骤 6 置入“绿植”素材，按“Ctrl+T”快捷键调整图片大小和移动位置，使其与“眼睛”的眼珠位置吻合，如图 7-25 所示。

步骤 7 选择“橡皮擦工具”或“套索工具”，将遮住眼皮部分的地球区域擦除，使用“模糊工具”修饰擦除的边缘，增强自然感，如图 7-26 所示。

步骤 8 置入“污染”素材，如图 7-27 所示；按“Ctrl+T”快捷键调整图片大小，选择“菜单栏”→“滤镜”→“滤镜库”→“纹理”→“龟裂缝”选项，增强图片的立体感，如图 7-28 至图 7-30 所示。

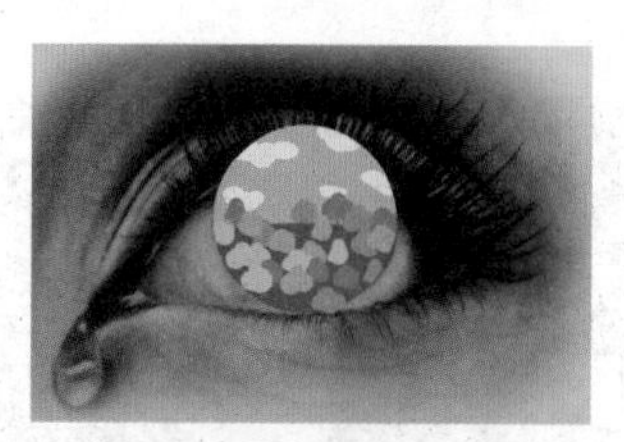

图 7-25　置入“地球”素材

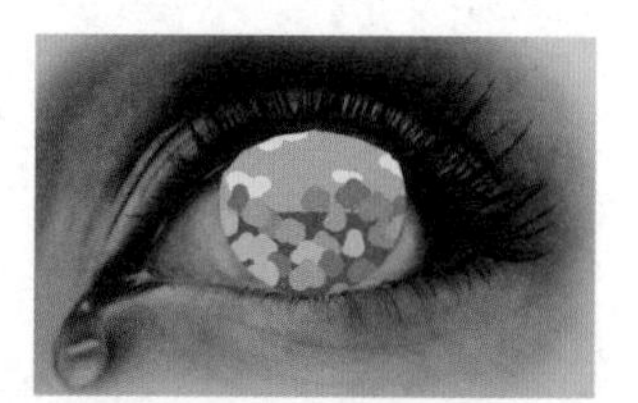

图 7-26　擦除多余区域

图 7-27　置入素材

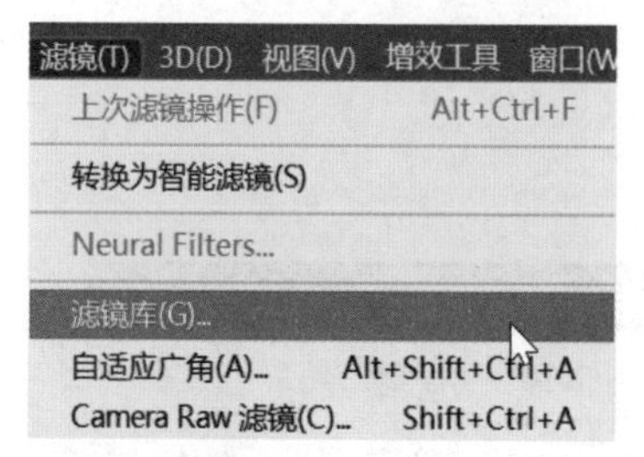

图 7-28　菜单栏

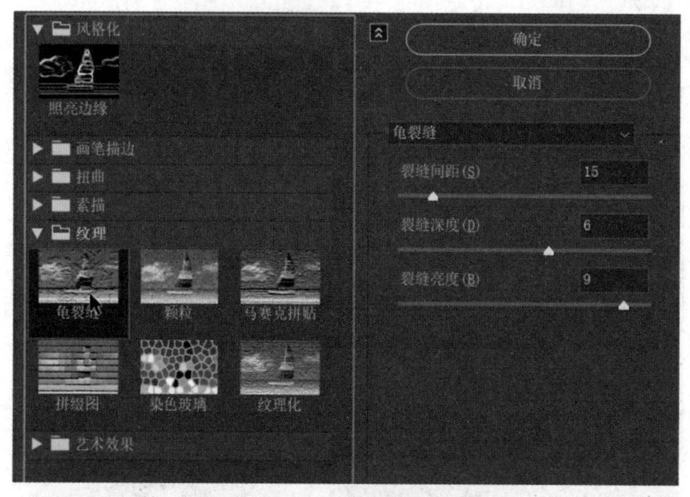

图 7-29　设置“龟裂缝”滤镜

图 7-30　效果图

步骤 9　在“图层面板”双击“污染”图层，进入“图层样式”对话框，添加“描边”（颜色为 #cdcdcd）、“内发光”（颜色为 #d0cfcf）、“光泽”和“投影”效果，参数设置如图 7-31 至图 7-34 所示。

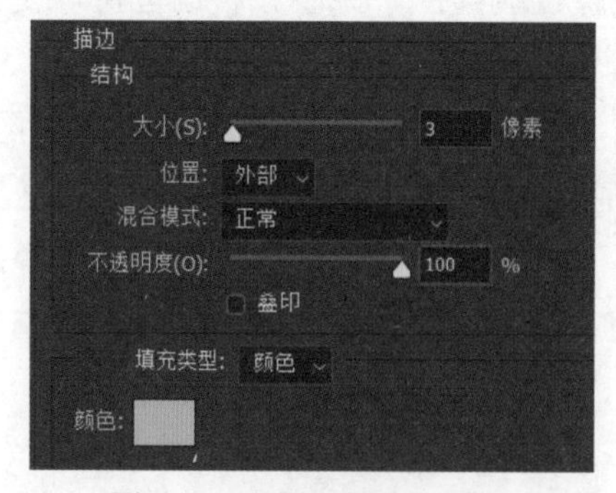

图 7-31　设置“描边”样式

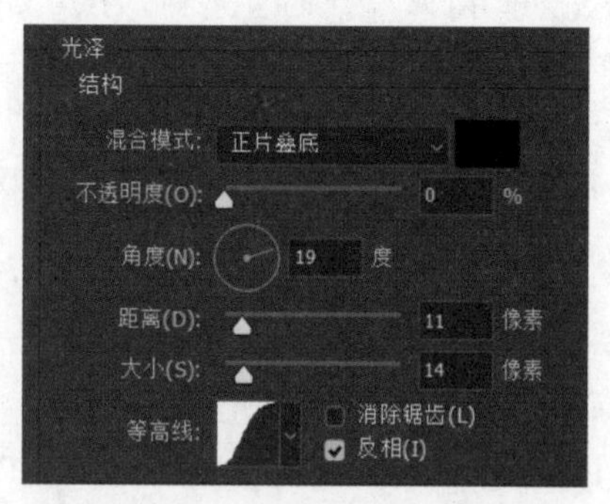

图 7-32　设置“光泽”样式

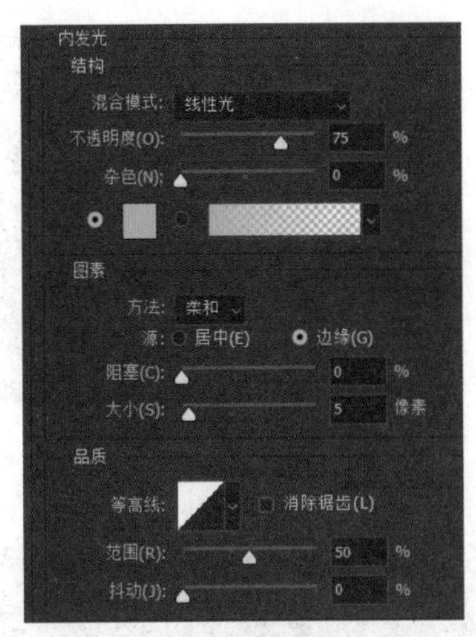

图 7-33　设置内发光”样式

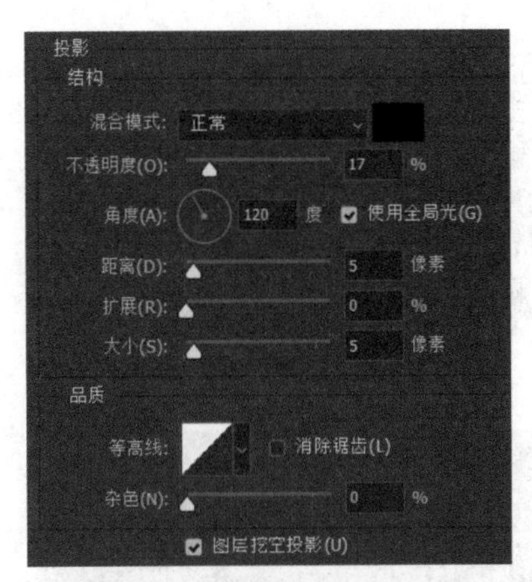

图 7-34　设置“投影”样式

步骤 10 置入“绿色藤蔓”素材，调整其位置，如图 7-35 所示。

步骤 11 在“图层面板”复制“绿色藤蔓”图层，按“Ctrl+T”快捷键进入“自由变换”状态，在画布编辑区右击，在弹出的菜单中选择“扭曲”选项，进行藤蔓方向的调整，使之与“绿色藤蔓”相连，如图 7-36 所示。

图 7-35　置入素材

图 7-36　调整图层

步骤 12 选择“横排文字工具” T，输入“Protect”，双击文字图层，设置文字的图层样式，如图 7-37 至图 7-43 所示，右击“图层面板”，在弹出的菜单中选择“栅格化文字”选项。

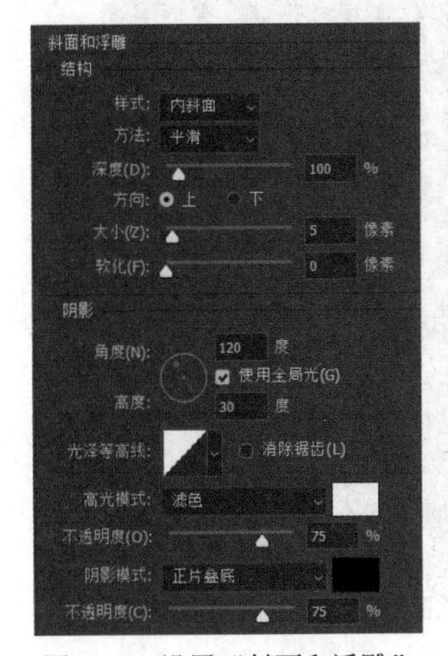

图 7-37　设置“斜面和浮雕”

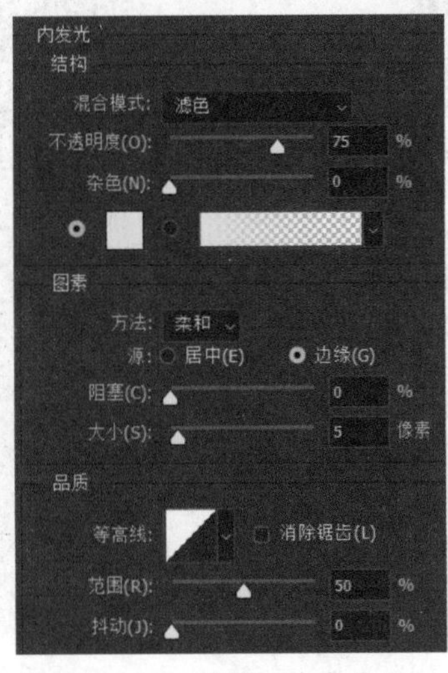

图 7-38　设置“内发光”

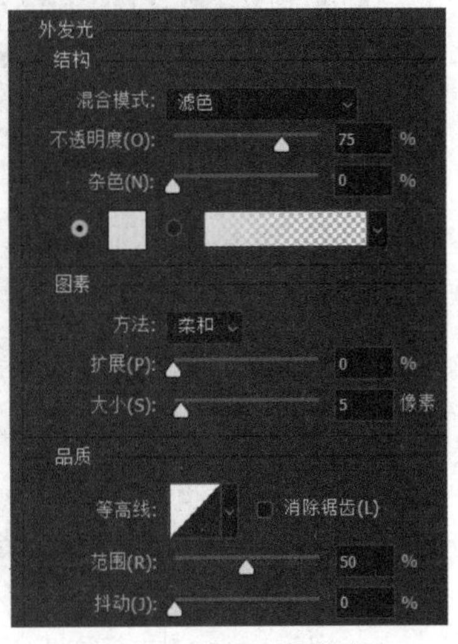

图 7-39　设置“外发光”

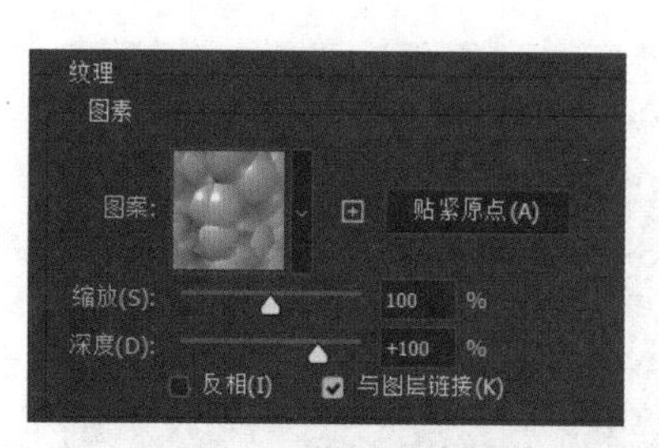

图 7-40　设置“纹理”

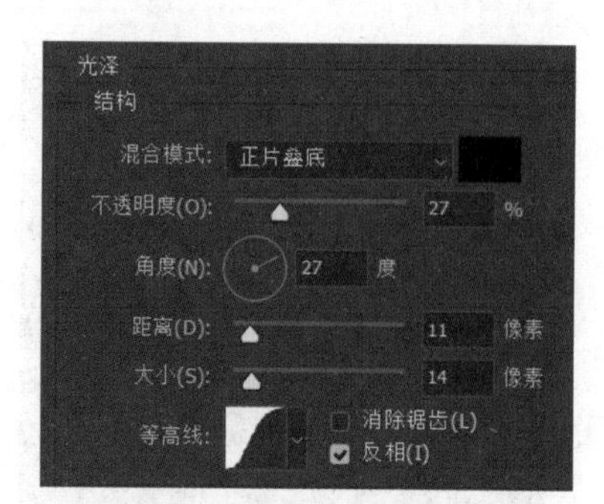

图 7-41　设置“光泽”

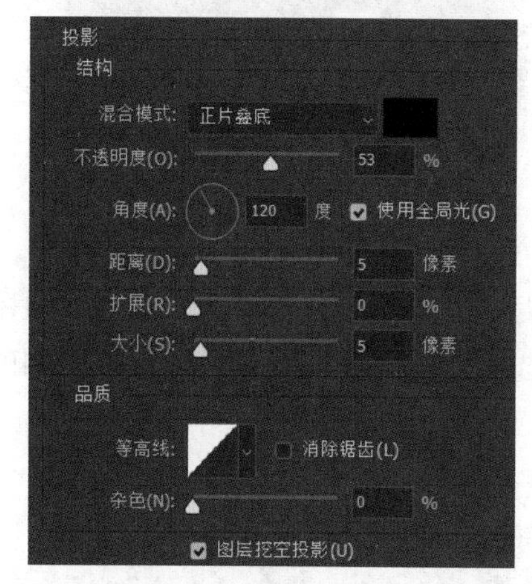

图 7-42　设置“投影”

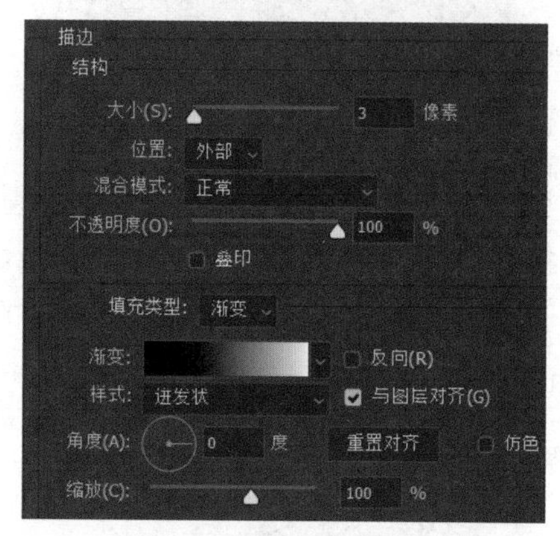

图 7-43　设置“描边”

步骤 13 选择“横排文字工具”T，输入“Environment”，双击文字图层，设置文字的图层样式，如图 7-44 至图 7-50 所示，右击“图层面板”，在弹出的菜单中选择“栅格化文字”选项。

步骤 14 选择“橡皮擦工具”或“套索工具”，将“Protect”图层的“O”擦除，置入“水滴”素材，如图 7-51 所示。

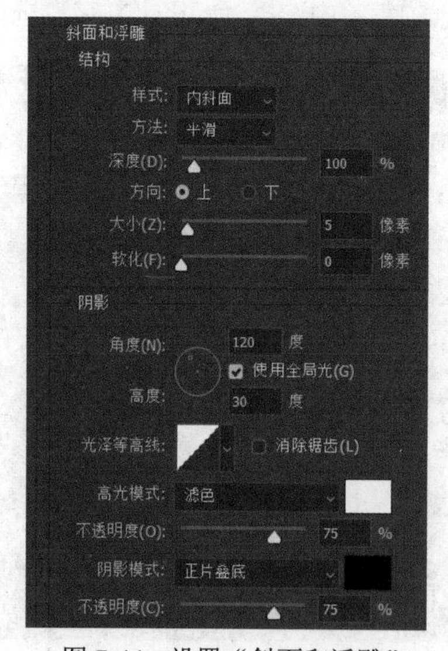

图 7-44　设置“斜面和浮雕”

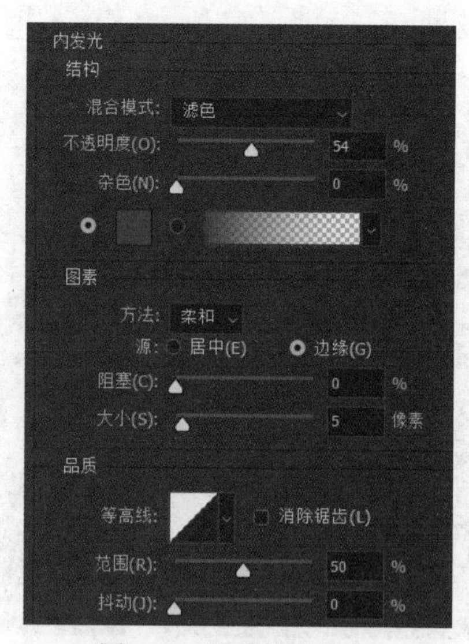

图 7-45　设置“内发光”

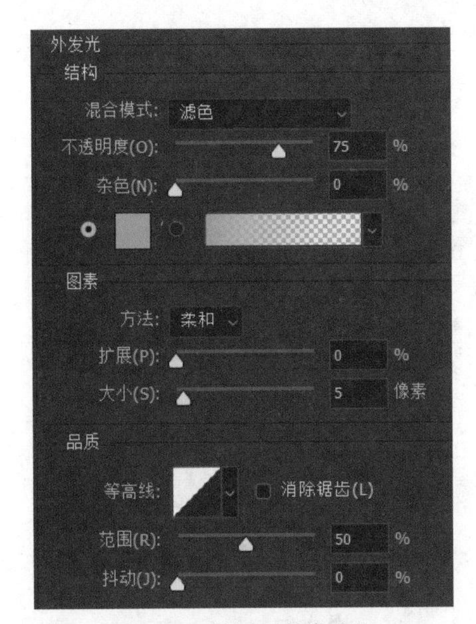

图 7-46　设置“外发光”

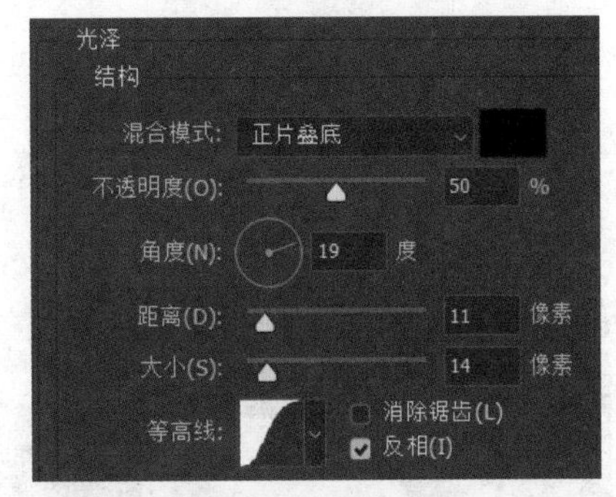

图 7-47　设置“光泽”

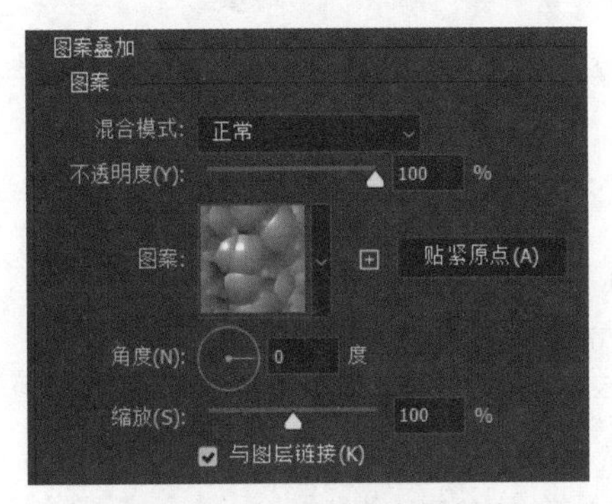

图 7-48　设置“图案叠加”

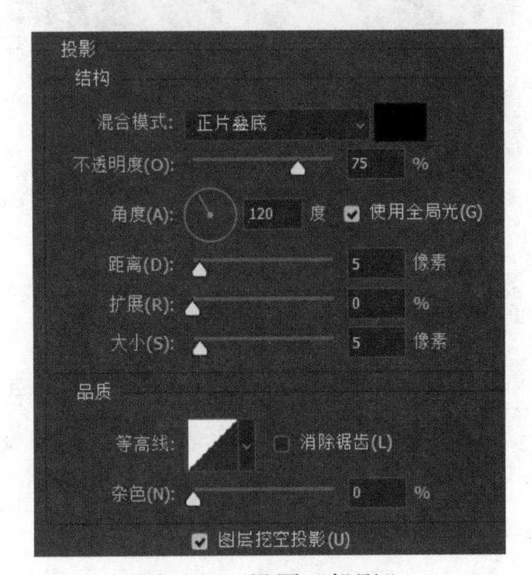

图 7-49　设置“投影”

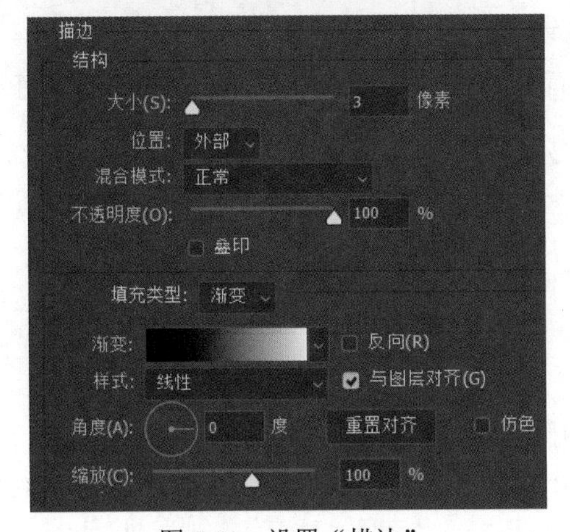

图 7-50　设置“描边”

图 7-51　置入素材

步骤 15 在画面右下方置入“绿色图标”素材，用“横排文字工具” T 输入“EARTH”文字，可参考步骤 11 ～ 12 设置合适的图层样式，作品成品如图 7-52 所示。

图 7-52　作品成品

7.2.4　特色之处

（1）将“绿植”置入“眼球”，组成新的眼睛，突出主题。

（2）使用“龟裂缝”滤镜将地球图片变得更立体，看起来更荒芜。

7.2.5　感想与反思

（1）感想：制作一幅平面设计作品并不简单，需要巧妙的构思和布局。Photoshop 技术可以很方便地进行一系列的作品设计，使设计变得相对简单一点。

（2）反思：作品素材还不够多样化，画面中有些区域没有素材，显得比较空。还有很多 Photoshop 的技巧没有熟练掌握，因而还需多加练习。

7.3　我与海洋有个约定

7.3.1　创作灵感

6 月 8 日是世界海洋日，网络上热烈呼吁大家和海洋进行约定。本节需要设计一张与海洋有关的公益海报，为海洋和海洋动物发声，宣传“保护海洋生态，守护蔚蓝家园”。

7.3.2 学习引导

本案例学习引导图如图 7-53 所示。

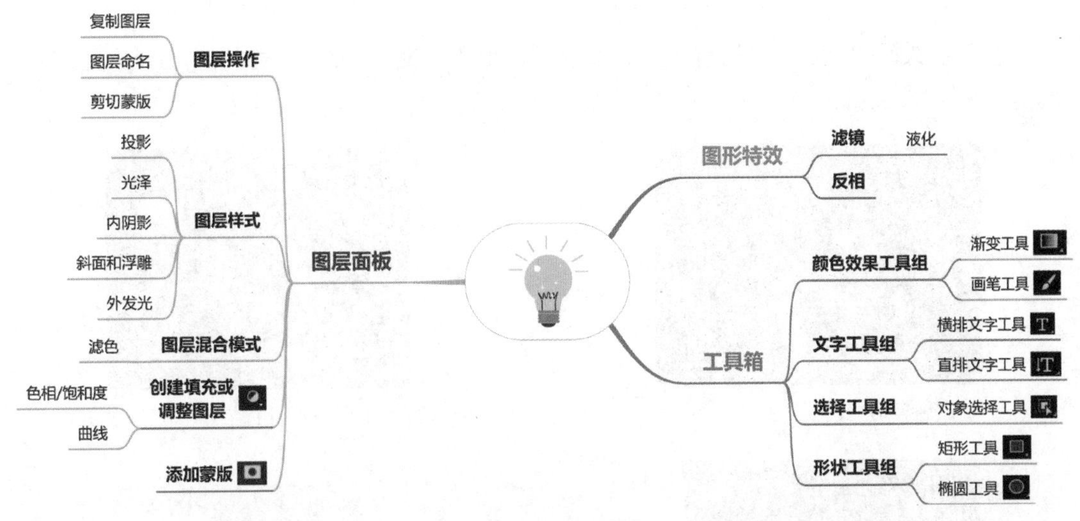

图 7-53　学习引导图

7.3.3 创作步骤

步骤 1 新建文件，尺寸为 1200 像素 ×1800 像素，背景为白色。

步骤 2 设置渐变背景：新建图层，命名为“渐变背景”，选择“渐变工具”，在“渐变工具”的工具栏选择“径向渐变”，双击“渐变编辑器”，在“渐变编辑器”对话框选择“预设”→“蓝色”→“蓝色_13”，单击“确定”按钮返回画布编辑区，鼠标从中心往画布边缘拖曳，得到蓝色径向渐变，将图层命名为“渐变背景”，效果如图 7-54 所示。

步骤 3 选择“椭圆工具”，在“椭圆工具”的工具栏设置填充颜色为深蓝色（参考值#466b95），无描边，在画布编辑区画一个圆形，如图 7-55 所示，图层名为“椭圆 1”。

图 7-54　设置渐变背景

图 7-55　绘制圆形

步骤 4 双击“椭圆 1”图层的“智能对象缩览图”，进入刚才所绘制圆形的智能对象编辑区，双击“椭圆 1”图层，进入“图层样式”对话框，为圆形添加“内阴影”“光泽”“外发光”效果，参数如图 7-56 至图 7-58 所示。

此步骤应在“椭圆 1”图层的智能对象编辑区完成，而不是在源文件的画布编辑区完成。

步骤 5 关闭“椭圆 1”的智能对象编辑区，返回源文件的画布编辑区，效果如图 7-59 所示。

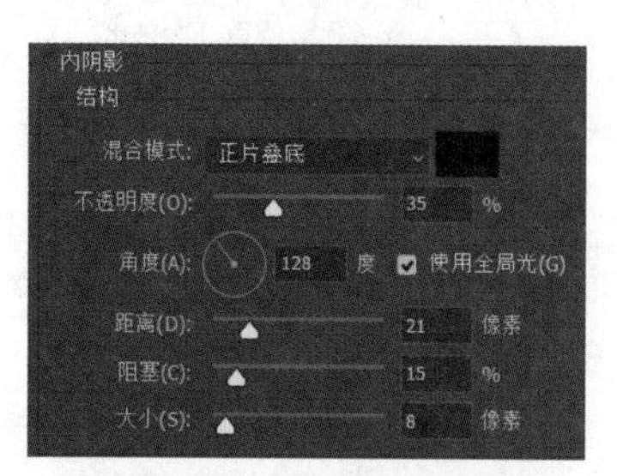

图 7-56　设置“内阴影”

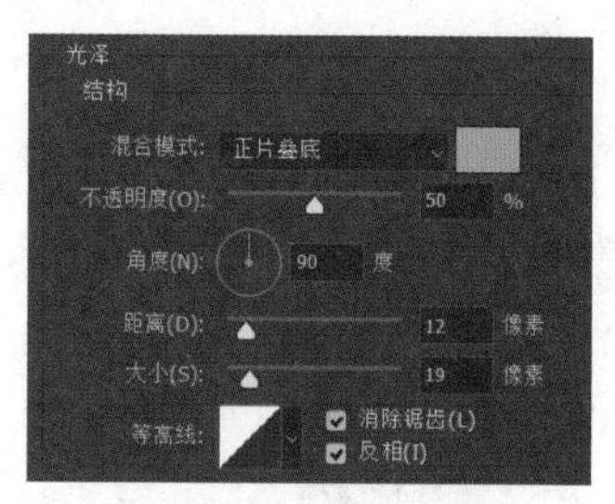

图 7-57　设置“光泽”

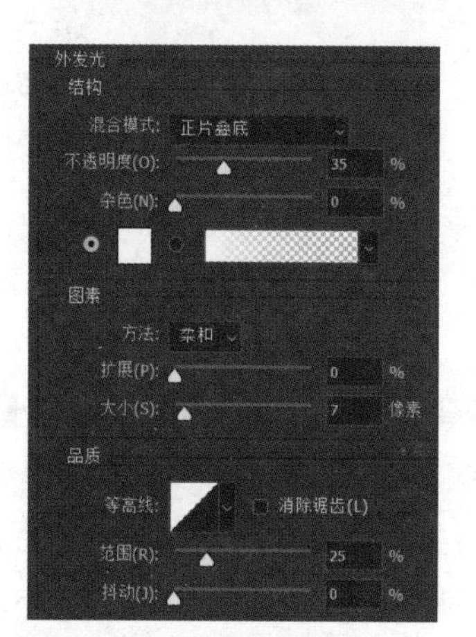

图 7-58　设置“外发光”

图 7-59　效果图

步骤 6 “与海洋约定的手”的设计。

①置入“手模型”和“海洋”素材，分别得到“手模型”和“海”两个图层。

②在“图层面板”对“海”图层分别创建“色相 / 饱和度”和“曲线”调整图层，并设置相关参数，如图 7-60 至图 7-62 所示。

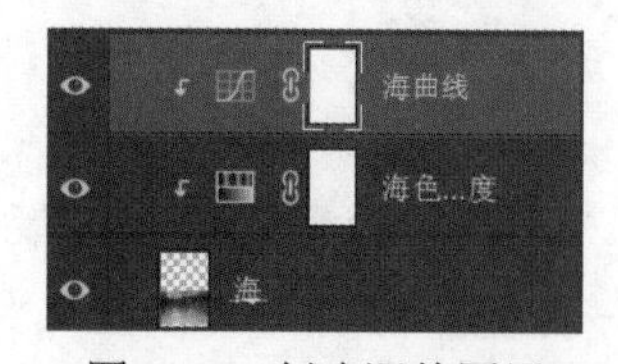

图 7-60　创建调整图层

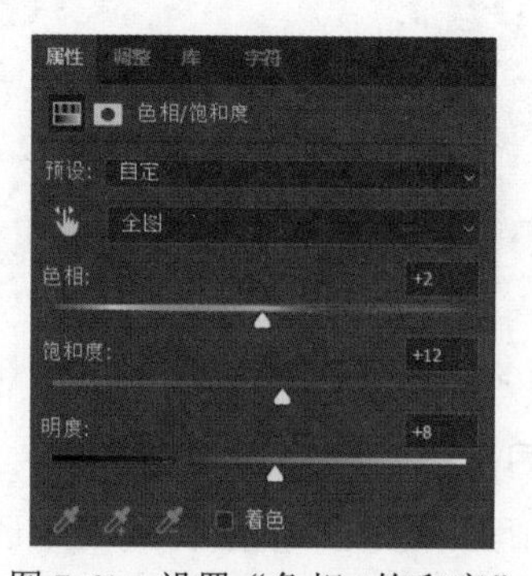

图 7-61　设置“色相 / 饱和度”

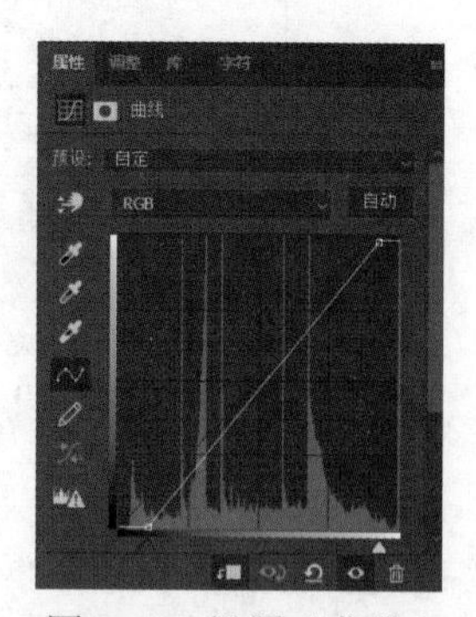

图 7-62　设置“曲线”

③在“图层面板”单击“海”图层，右击，选择“创建剪贴蒙版”选项，如图 7-63 和图 7-64 所示。

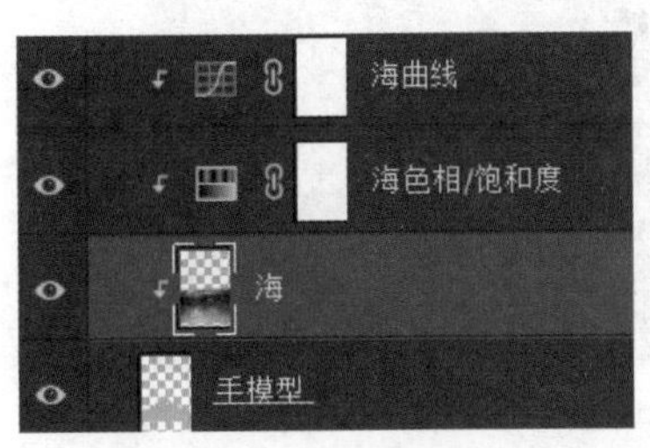

图 7-63　创建剪贴蒙版

图 7-64　效果图

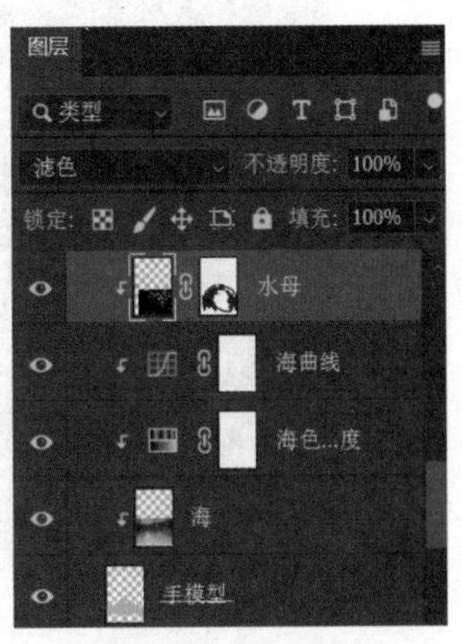

图 7-65　添加蒙版

④置入“水母”素材，在图层面板将其命名为“水母”，将“图层混合模式”设置为“滤色”，单击“图层面板”下方的“添加矢量蒙版”按钮，为“水母”图层添加蒙版，使用黑色“画笔工具”在蒙版上涂抹，如图 7-65 所示，效果如图 7-66 所示。

⑤打开“海豚”素材，使用“对象选择工具”（或其他选择工具）选择“大海豚”区域，然后将“大海豚”移至画布编辑区。

⑥双击“大海豚”图层，进入“图层样式”对话框，添加“投影”样式，设置如图 7-67 所示，单击“确定”按钮返回画布编辑区。

⑦给“大海豚”图层添加矢量蒙版，用黑色画笔在“图层蒙版缩览图”进行适当涂抹，如图 7-68 所示。

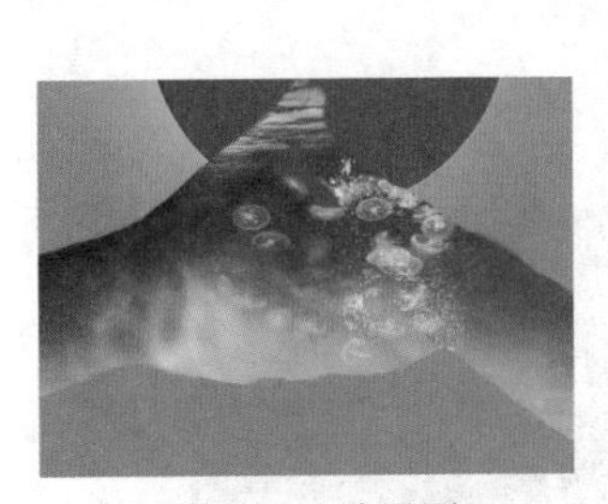

图 7-66　效果图

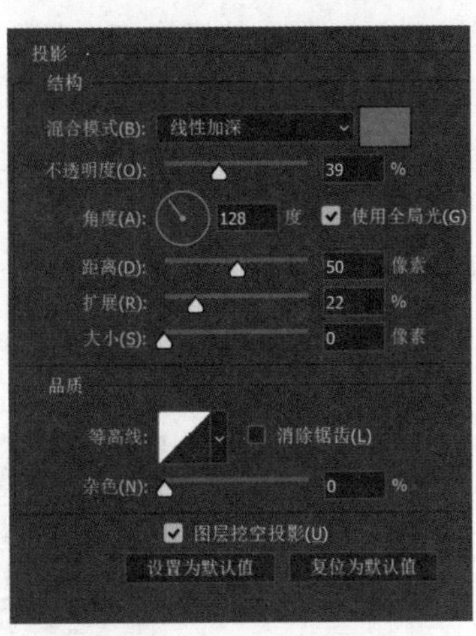

图 7-67　设置“投影”

图 7-68　添加蒙版

⑧置入“手”素材，图层命名为“手 描边”，双击“手 描边”图层，进入“图层样式”对话框，添加“斜面和浮雕”“外发光”“投影”效果，如图 7-69 至图 7-72 所示。

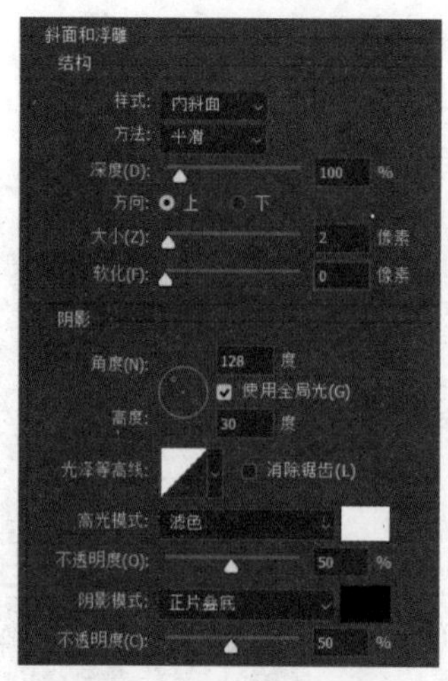

图 7-69　设置“斜面和浮雕”

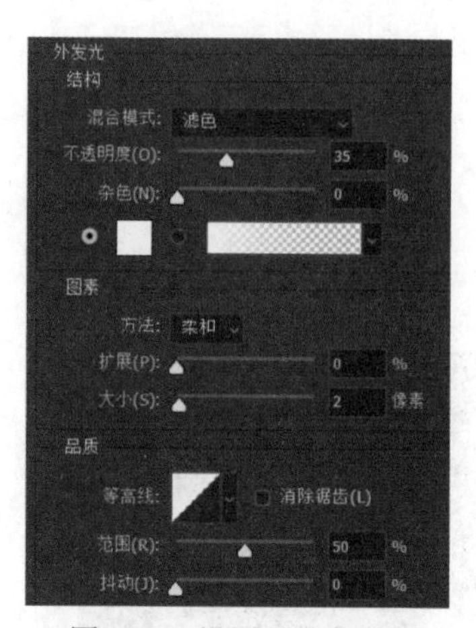

图 7-70　设置“外发光”

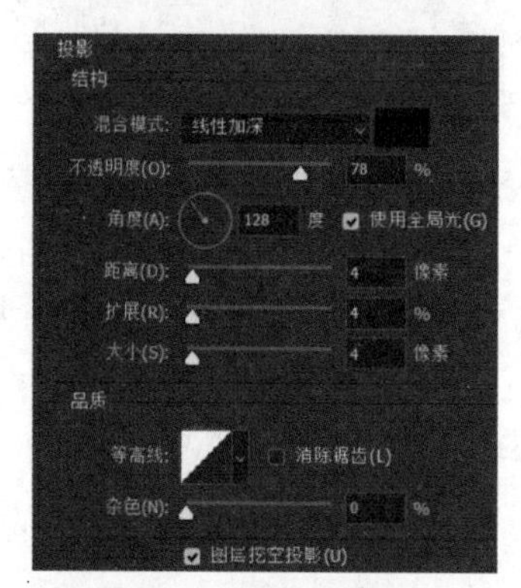

图 7-71　设置“投影”

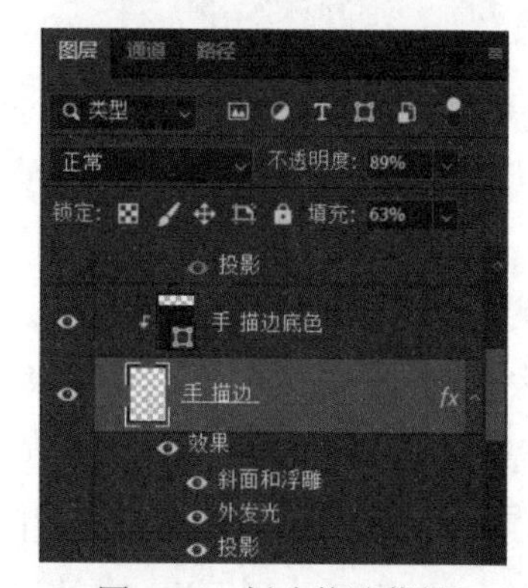

图 7-72　创建剪贴蒙版

⑨在“手 描边”图层上方使用“矩形工具”新建一个填充颜色为深蓝色的矩形，右击矩形图层，选择“创建剪贴蒙版”选项，把手的描边改为蓝色，如图 7-72 和图 7-73 所示。

⑩参照前面的步骤对“小海豚”进行抠图，双击“小海豚”图层，进入“图层样式”对话框，添加“投影”效果，参数设置如图 7-74 所示（投影颜色参考值 #88888a），效果如图 7-75 所示。

⑪ 置入“水花”素材，如图 7-76 所示。

图 7-73 “描边”效果图

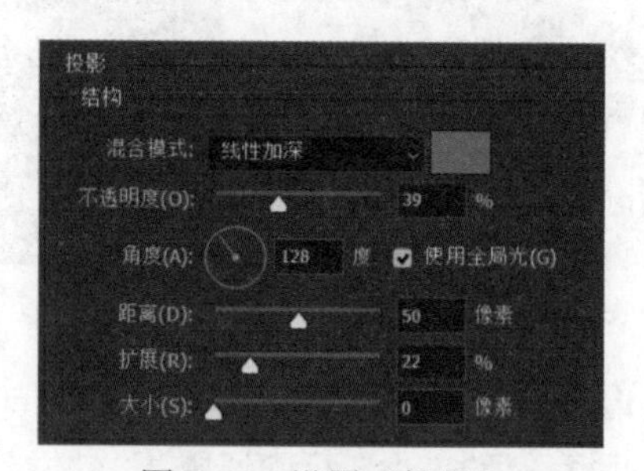

图 7-74　设置“投影”

图 7-75 效果图

图 7-76 置入素材

步骤 7 球粒子效果。

①置入“球”素材，图层命名为“球”，双击“球”图层，进入“图层样式”对话框，设置“投影”样式，如图 7-77 所示。

②给“球”图层添加蒙版，使用黑色画笔在“图层蒙版缩览图”进行适当涂抹，如图 7-78 所示。

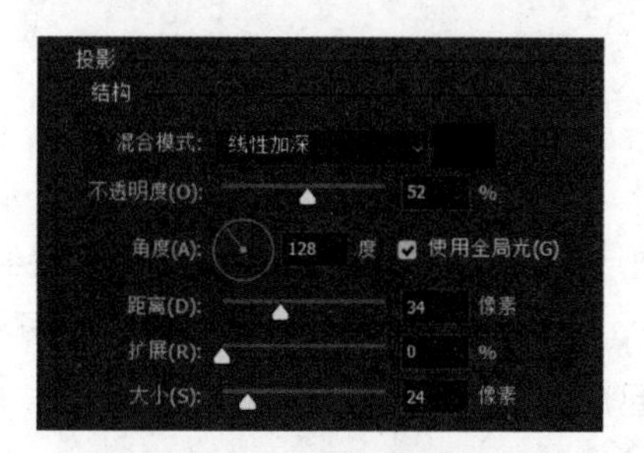

图 7-77 设置“投影”

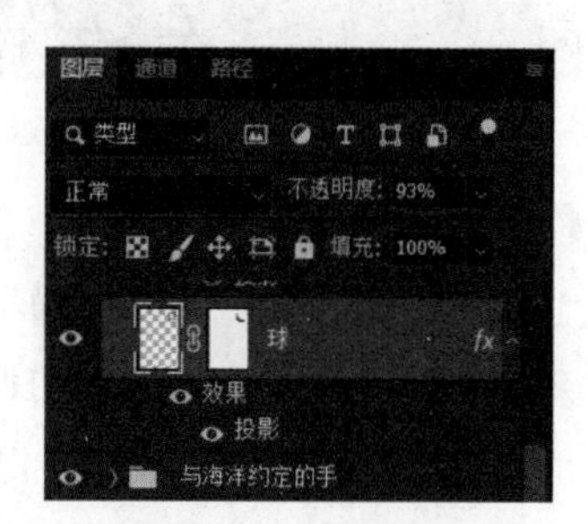

图 7-78 添加蒙版

③按“Ctrl+J”快捷键复制“球”图层，得到“球 拷贝”图层，单击“图层蒙版缩览图”，按“Ctrl+I”快捷键将蒙版“反相”。

④选中“球 拷贝”图层，选择“菜单栏”→“滤镜”→“液化”选项，可按个人喜好设置相关参数，如图 7-79 所示，效果如图 7-80 所示。

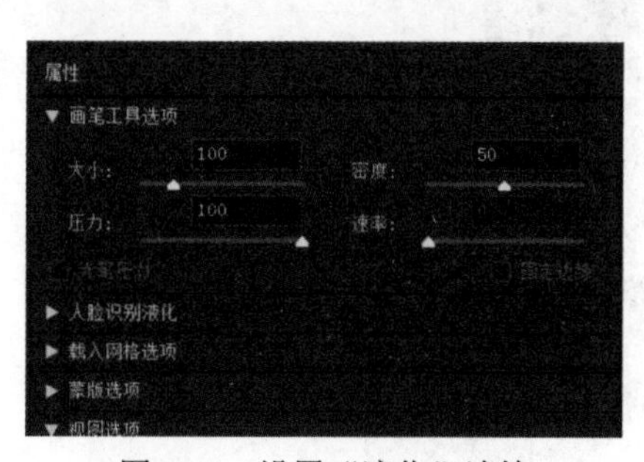

图 7-79 设置“液化”滤镜

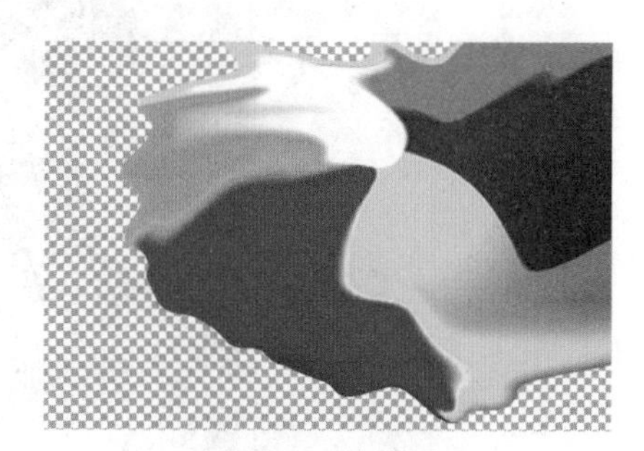

图 7-80 效果图

⑤选择“画笔工具”，选择“菜单栏”→“窗口”→“画笔设置”选项，可进行画笔相关参数的设置，如图 7-81 所示，单击“画笔设置”面板右下角的按钮，可创建新

的画笔。使用新的画笔预设，在“球 拷贝”图层的“图层蒙版缩览图”和“图层缩览图”涂抹，制作粒子效果，如图 7-82 所示。

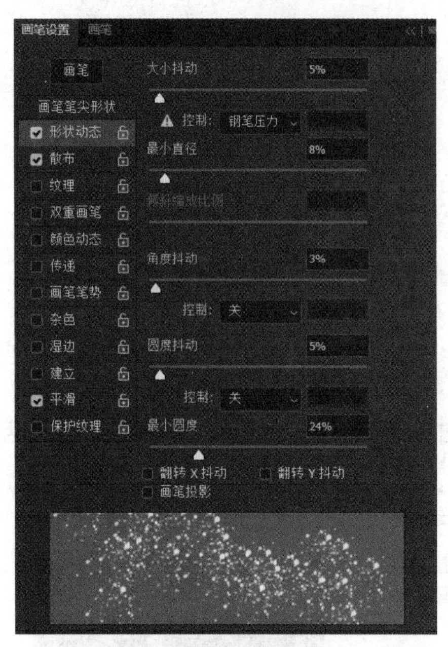

图 7-81　调整“画笔设置”

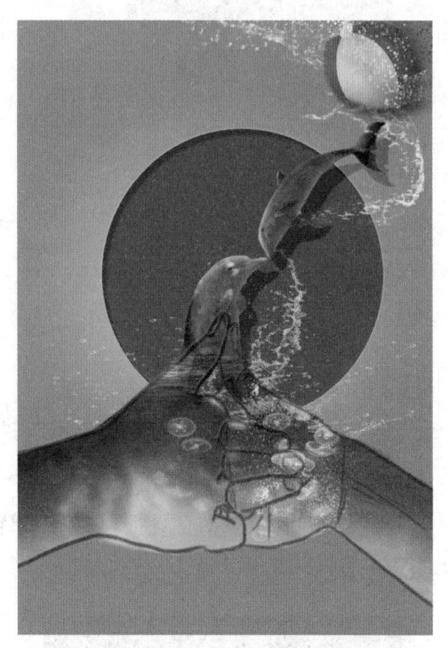
图 7-82　效果图

步骤 8 文字组设置。

①选择“横排文字工具” T，输入文字“我与海洋有个约定”，字体、字号、颜色自定。

②分别输入“JUNE SIXTH”“保护海洋生态，守护蔚蓝家园”“6 月 8 日世界海洋日”，字体、字号、颜色自定，海报设计完成，作品成品如图 7-83 所示。

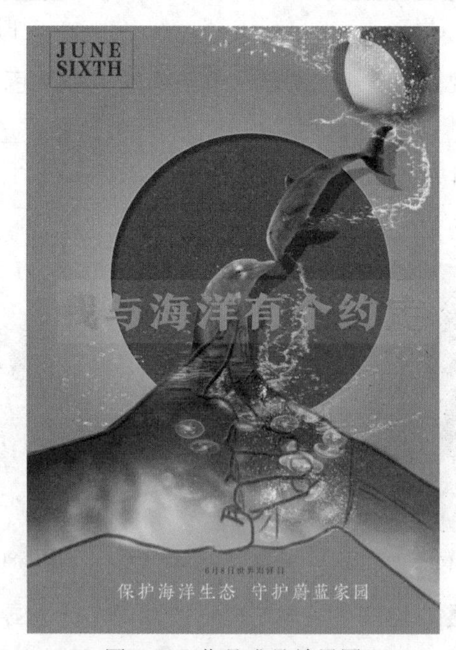

图 7-83　作品成品效果图

7.3.4　作品特色

（1）在作品中加入大海的图片与主题相符，意味着人类与大海做出约定，通过调整大海的颜色体现大海清澈美丽的感觉。希望通过人类做出的承诺，减少海洋的污染，把干净与美丽还给海洋，同时希望唤起人们对美丽海洋的向往，呼吁每个人都能从自身做起，为保护海洋贡献一份力量。

（2）作品右上角的彩色球代表着海洋生物被人类养在一些场所，供参观娱乐，球变成碎片逐渐消散，代表对于海洋生物娱乐项目逐渐减少的愿望。小海豚从球中跳出，寓意小海豚离开了娱乐项目恢复了自由，回到大海与海豚妈妈相聚，亲吻暗含了海豚妈妈与孩子离别又重逢的思念之情。

（3）运用各种文字突出主题，希望更多的人知道6月8日是世界海洋日，也希望更多的人加入到海洋保护中来。

7.3.5　感想与反思

作品灵感来源于海洋污染问题，对于呈现的方式做了很多思考，比如，在约定的手中加入海洋是一个令人满意的想法。人类与海洋做出约定，保护海洋，保护海洋生物，守护蔚蓝家园，希望有一天这个约定真的可以实现。

设计海报的时候总会浮现很多的想法，但是由于技术的限制，常常不能把想法完全呈现出来，Photoshop让我们学到了很多以前自己摸索的时候感觉无从下手的知识，让我们在做设计的时候很多想法都更加完善，越来越清楚设计中哪个地方可以做巧思，在哪里增加元素会让设计变得更加和谐。因此，对Photoshop的学习和理解让我们更加享受做设计的乐趣。

第8章　文化类海报创作实例

学习目标

（1）熟悉“图层”的多种操作，包括图层命名、图层编组、调整图层顺序、创建剪切蒙版、盖印图层、添加蒙版、创建填充或调整图层、设置不透明度或填充等。

（2）熟悉“图层混合模式”的运用，包括滤色、正片叠底、柔光等。

（3）巩固“图层样式”的运用，包括投影、渐变叠加、外发光、光泽等。

（4）巩固“工具箱”工具的使用，包括渐变工具、画笔工具、橡皮擦工具、文字工具、快速选择工具、钢笔工具、矩形选框工具、矩形工具、椭圆工具等。

（5）应用“滤镜”“高光”等特效。

本章以“文化类”海报设计为案例，激发学习者热爱中华优秀传统文化，包括中华饮食文化、节日文化、茶文化等。此外，丰富多彩的校园文化也是学习者的创作源泉。通过本章的创作案例实践，可以学习到以下知识，知识点分布如图 8-1 所示。

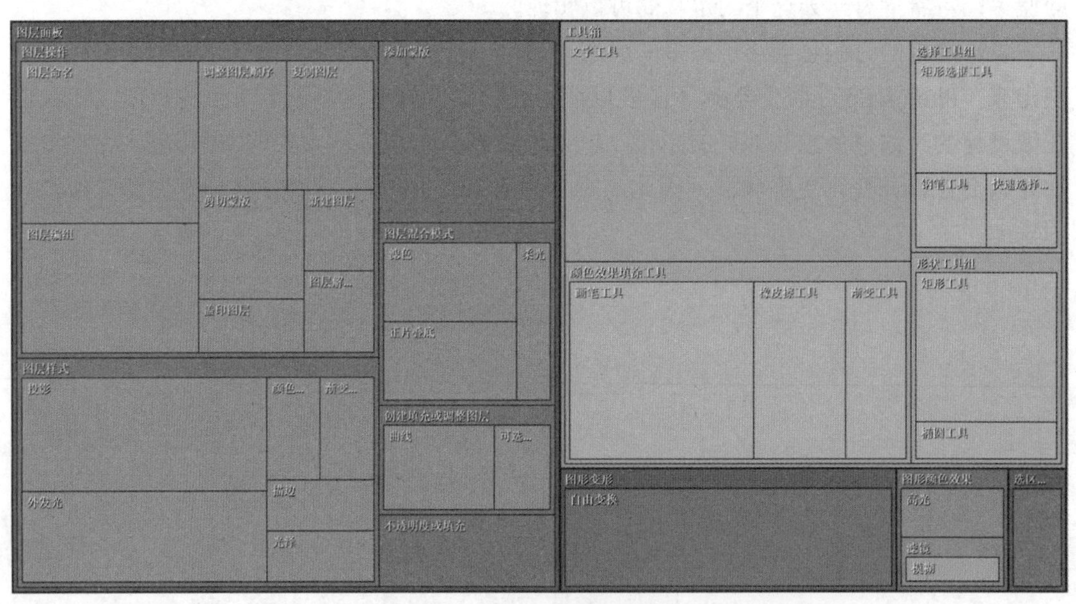

图 8-1　第 8 章知识结构图

8.1　食在客家

8.1.1　创作灵感

客家饮食文化是客家文化的一部分，也是中华优秀传统文化的重要组成部分。客家饮食保留了大量的中州古味，是古代饮食文化的“活化石”。客家美食的烹调方法多样，尤以北方常见的煮、炖、熬、酿、焖等技法见长。为了让更多人了解客家美食，我们以客家美食为主题制作一张宣传海报。海报中将展示3道知名度较高的客家菜，分别是客家酿豆腐、梅菜扣肉和盐焗鸡，另外还添加了客家妹子和“客”Logo元素，尽力凸显客家特色。

8.1.2　学习引导

本案例学习引导图如图8-2所示。

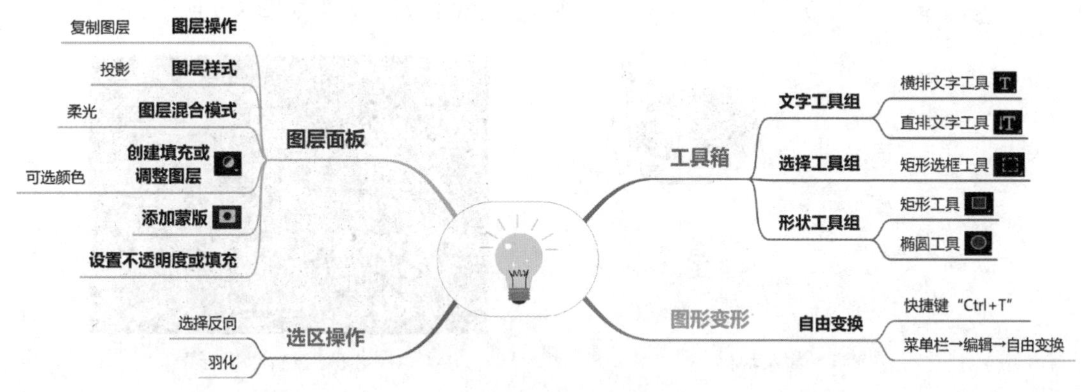

图8-2　学习引导图

8.1.3　创作步骤

第8章
成品及素材

1. 创建海报背景

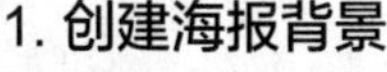

步骤1 新建文件，尺寸为1000像素×1400像素，分辨率为300像素/英寸，背景为淡黄色（参考值#fdfcbf）。

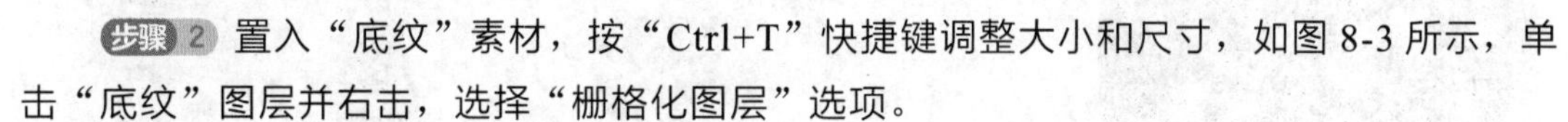

步骤2 置入“底纹”素材，按“Ctrl+T”快捷键调整大小和尺寸，如图8-3所示，单击“底纹”图层并右击，选择“栅格化图层”选项。

步骤3 将“底纹”图层的“图层混合模式”设置为“柔光”（也可以使用其他合适的“图层混合模式”，如“叠加”“变亮”等），如图8-4所示。

图8-3　置入素材

图8-4　设置“柔光”模式

2. 构建海报主体内容

步骤1 置入“客家酿豆腐”“梅菜扣肉”和“盐焗鸡”3张素材，按“Ctrl+T”快捷键调整大小和位置，在“自由变换”状态下，也可以在画布编辑区右击，在弹出的菜单中选择“透视”“斜切”等选项设置图片的变形效果，如图 8-5 所示。

步骤 2 在“图层面板”分别双击“客家酿豆腐”“梅菜扣肉”和“盐焗鸡”3 个图层，设置“图层样式”，添加“投影”效果，参数如图 8-6 和图 8-7 所示（也可以先设置一个图层的“投影”效果，然后应用“拷贝图层样式”命令，将效果粘贴至另一图层），效果如图 8-8 所示。

步骤 3 置入“人物”素材，调整大小并放置合适位置，效果如图 8-9 所示。

图 8-5 置入素材

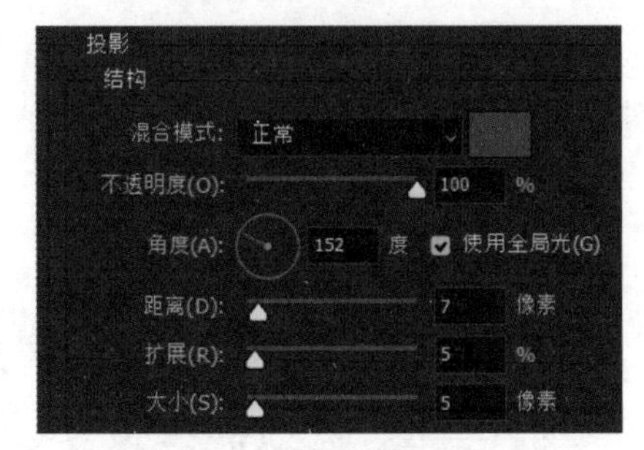

图 8-6 设置“投影”

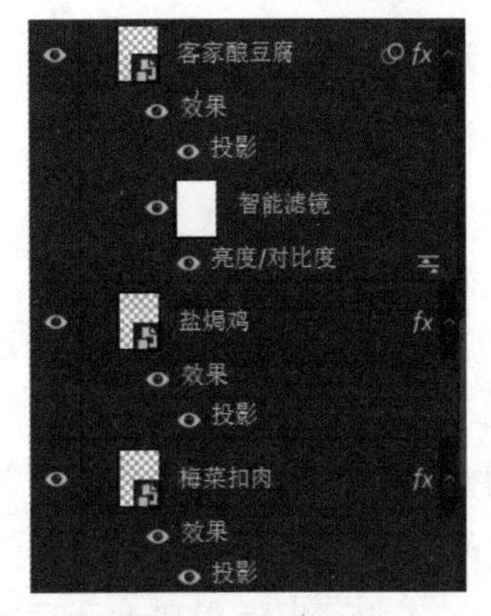

图 8-7 图层面板

图 8-8 效果图

图 8-9 置入素材

3. 构建海报文字内容部分

步骤 1 选择“椭圆工具”绘制一个圆形，填充颜色比背景颜色深，突出对比度，参考值为 #fd7904，无描边，如图 8-10 所示，图层“不透明度”为 46%，如图 8-11 和图 8-12 所示。

步骤 2 按“Ctrl+J”快捷键复制 3 次“椭圆 1”图层，得到 3 个复制的圆形，调整位置，并选择“横排文字工具”，输入“美食之旅”，设置合适的字体、字号、字间距等，如图 8-12 所示。

步骤 3 选择“文字工具”，分别输入“客家”“带您体验正宗的客家风味”“HAKKA FOOD”，设置合适的字体、字号、字间距等，如图 8-13 和图 8-14 所示。

图 8-10 “椭圆工具”工具栏

图 8-11 设置图层不透明度

图 8-12 效果图

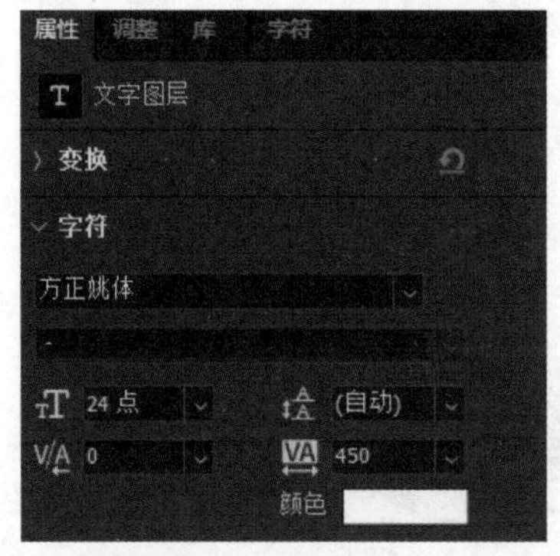

图 8-13 设置文字格式

图 8-14 效果图

4. 海报完善部分

步骤 1 为了更加有文化特色，置入“圆环”素材，调整大小和位置。

步骤 2 在“图层面板”中，给“圆环”图层创建“可选颜色”调整图层，如图 8-15 所示，参数设置如图 8-16 所示（青色为 –71%，洋红为 –69%，黄色为 46%），效果如图 8-17 所示。

图 8-15 创建调整图层　　图 8-16 设置“可选颜色”　　图 8-17 效果图

步骤 3 在“底纹”图层上方使用“矩形工具”绘制一个矩形，填充颜色参考值为 #f8c296，无描边，图层“不透明度”为 45%，作为背景与元素之间的衬托。

5. 生成成品

作品成品如图 8-18 所示。

图 8-18　作品成品效果图

8.1.4　特色之处

作品结合了地域文化和日常饮食，富有生活气息，可以提升观看者对客家饮食文化的认识和了解。

8.1.5　感想与反思

整张海报呈现的色调和选择的 3 道客家美食图片比较搭配。不过这张海报也有一些不足之处，就是在 Photoshop 技巧的运用方面比较单调和重复，没有太多其他的效果。但每一次的尝试都是进步，对 Photoshop 产生兴趣是进步的第一步，相信以后会有更好的作品。

8.2　万水千山“粽”是情

8.2.1　创作灵感

一年一度的端午节将要来临，下面创作一张海报，通过中华传统节日的气氛和龙舟精神来传达无论我们相隔多远，都心心相连。

8.2.2　学习引导

本案例学习引导图如图 8-19 所示。

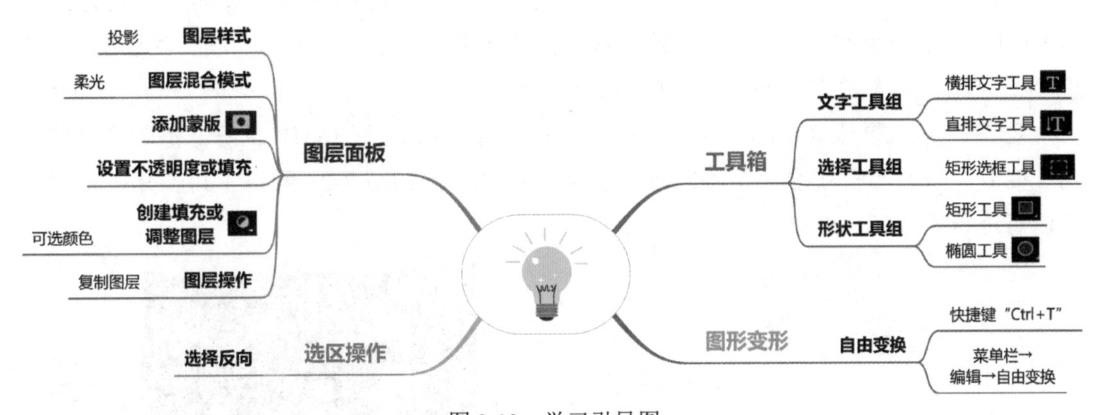

图 8-19　学习引导图

8.2.3　创作步骤

步骤 1　新建文件，尺寸为 2480 像素 ×3508 像素，分辨率为 300 像素 / 英寸，背景为淡绿色（参考值 #aed8bf）。如需渐变背景，可选择“渐变工具”或解锁“背景”图层后，设置“渐变叠加”图层样式。

步骤 2　置入“竹子”素材，图层命名为“竹叶”，将“竹叶”图层的“图层混合模式”设置为“正片叠底”，然后单击“图层面板”下方的“添加矢量蒙版”按钮，使用黑色柔边圆“画笔工具”涂抹（注意：应该在选中“图层蒙版缩览图”的状态），如图 8-20 所示，从下端淡化竹子，使竹子和背景色相融，效果如图 8-21 所示。

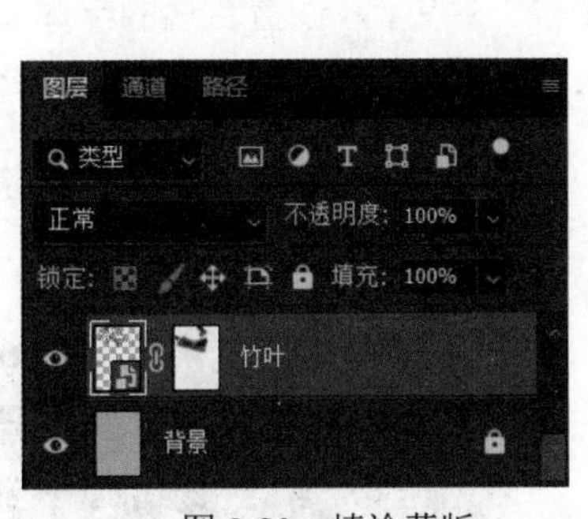

图 8-20　填涂蒙版

图 8-21　效果图

步骤 3　置入“波浪”素材，调整大小和位置。

步骤 4　置入“龙头”和“竹叶船”素材，移动图层，将两者衔接，组成龙舟，按“Ctrl”键选择这两个图层，按“Ctrl+G”快捷键组合为“龙舟组”；给“竹叶船”图层添加矢量蒙版，如图 8-22 所示。

步骤 5 使用黑色“画笔工具”或“橡皮擦工具”在“图层蒙版缩览图”上涂抹，擦除龙舟多余区域，为方便操作，可将图层“不透明度”降低，待涂抹完后再恢复。

步骤 6 置入“浪花底纹”素材，调整大小及位置，将图层置于“龙舟组”上方，按“Ctrl+J”快捷键复制 4 次，将“波浪底纹”的 5 个图层编组，命名为“浪花底纹组”，如图 8-23 所示，位置摆放后好，效果如图 8-24 所示。

步骤 7 加入暨南大学的 Logo 元素，暨南大学的英文缩写 JNU，恰好龙舟的形象与字母 J 相似，因此笔者就融合龙舟的风格制作了 N 和 U，如图 8-25 所示（此步骤可发挥个人创意进行设计）。

图 8-22　添加蒙版

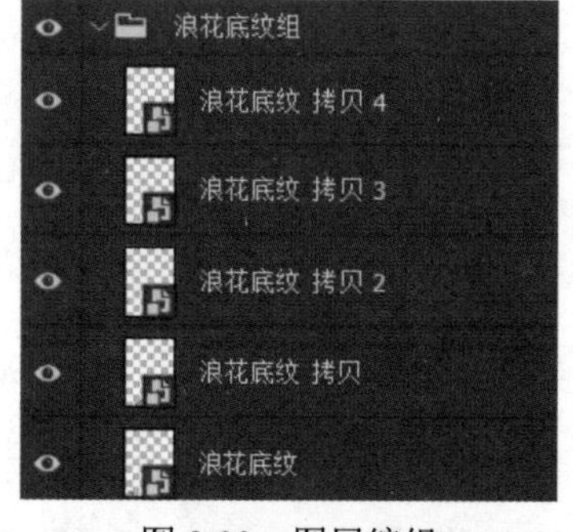

图 8-23　图层编组

图 8-24　效果图

图 8-25　添加元素

步骤 8 选择“直排文字工具”，输入文字“端午”，设置合适的字体、字号，双击“端午”文字图层，进入“图层样式”对话框，增加文字的立体感，如图 8-26 和图 8-27 所示。

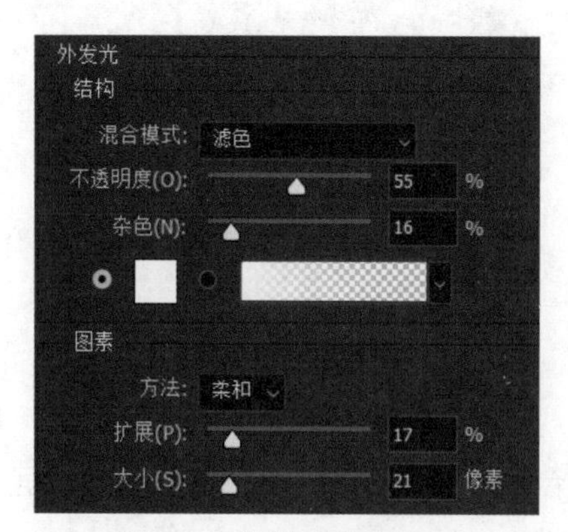

图 8-26　设置“外发光”

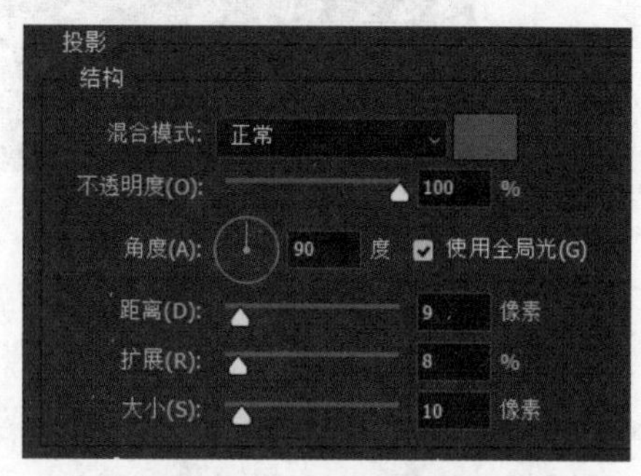

图 8-27　设置“投影”

步骤 9 可置入“竹叶”等素材，创建剪贴蒙版，使文字和图片融合，如图 8-28 所示。

步骤 10 用“文字工具” T 输入“万水千山粽是情”和“农历五月初五”，可再增加一些端午节元素，使整体更加协调，作品成品如图 8-29 所示。

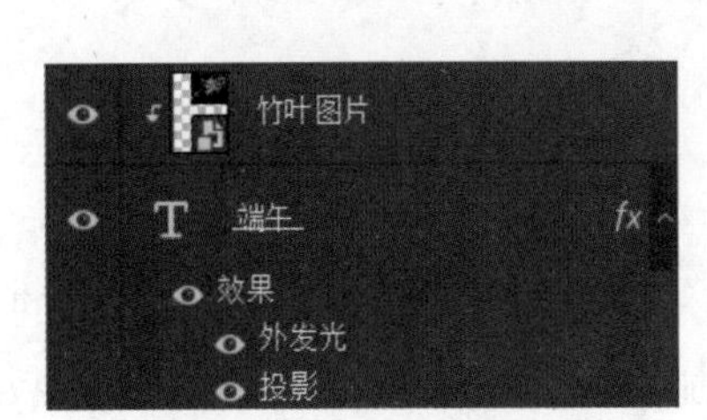

图 8-28 创建剪贴蒙版

图 8-29 作品成品效果图

8.2.4 特色之处

这份作品的特色之处主要在于龙舟和字母 N、U 的融合，既表现了暨南大学这一主体，又融入了端午节赛龙舟的特点，传达了拼搏、团结的精神。此外，端午节意象的组合合理且突出，将粽子、龙舟、竹叶相结合，主体颜色清新，符合端午节特色。

8.2.5 感想与反思

这次的创作还有不完善的地方，例如一些可以简单操作的步骤可能复杂化，比如在做字母 N、U 时没有考虑到更简便的方法。

8.3 校歌演绎比赛

8.3.1 创作灵感

校园里举办了丰富多彩的活动，最近要举办一场校歌演绎比赛，现在需要公开宣传，鼓励同学参加。于是设计一张校歌演绎的海报，把音符与校歌共同展现在海报上。

8.3.2 学习引导

本案例学习引导图如图 8-30 所示。

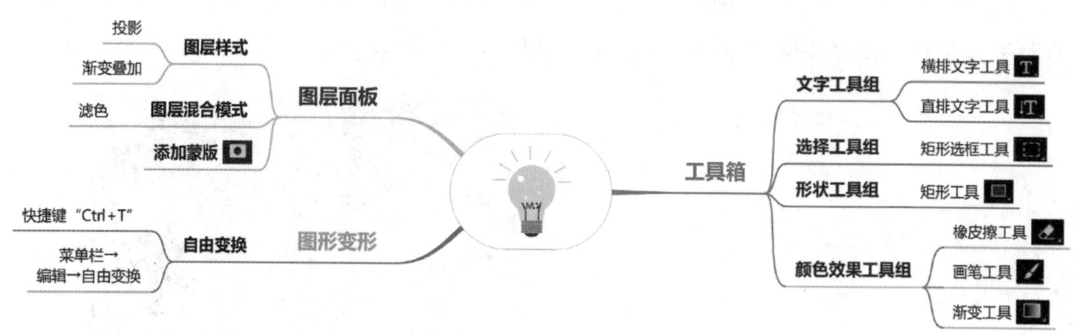

图 8-30 学习引导图

8.3.3 创作步骤

步骤 1 新建文件，尺寸为 1080 像素 ×1600 像素，分辨率为 72 像素 / 英寸，背景为白色。

步骤 2 置入“乐器”素材，调整大小和位置，如图 8-31 所示，图层名为“乐器”，栅格化图层。

步骤 3 按“Ctrl+T”快捷键进入“自由变换”，在画布编辑区右击，在弹出的菜单中选择“水平翻转”选项；然后给“乐器”图层添加“图层蒙版”，单击“图层蒙版缩览图”，用黑色“画笔工具”涂抹，把除吉他外的其他音符涂抹掉，并调整吉他的位置和大小，如图 8-32 所示。(此步骤也可以使用“橡皮擦工具”进行擦除。)

图 8-31 置入素材

图 8-32 图像“水平翻转”

步骤 4 在“乐器”图层下方新建一个“背景”图层，选择“渐变工具”，单击工具栏，设置“模式”为“滤色”，“不透明度”为 90%，如图 8-33 所示。单击“渐变编辑器”，选择“预设”→“红色”→“红色 _06”，如图 8-34 所示。单击“确定”按钮返回画布编辑区，并以吉他为中心，向右上角拖动鼠标拉出渐变颜色，如图 8-35 所示。

图 8-33 “渐变工具”工具栏

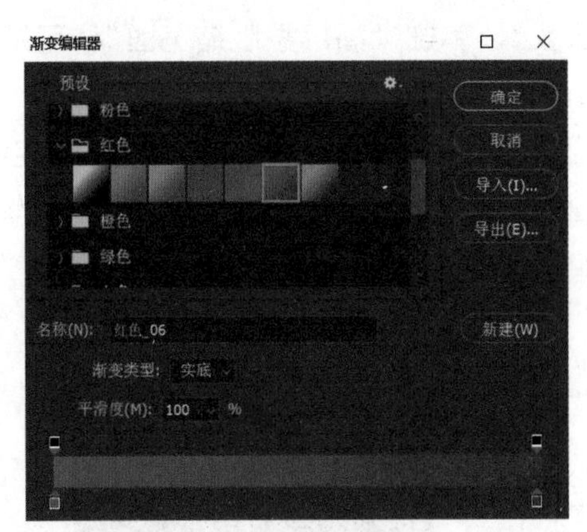

图 8-34　设置渐变颜色

图 8-35　渐变效果图

步骤 5 在“乐器”图层下方新建一个“阴影”图层，选择“渐变工具”，单击工具栏的“渐变编辑器”，选择“预设”→“基础”→“前景色到透明渐变”选项，如图 8-36 所示。单击“确定”按钮返回画布编辑区，在画面中拖动鼠标，渐变区域如图 8-37 所示。按“Ctrl+T”快捷键调整“阴影”的大小及位置，如图 8-38 所示。

步骤 6 置入“音符 1”素材，在图层面板中选中“音符 1”图层并右击，在弹出的菜单中选择“栅格化图层”选项，效果如图 8-39 所示。

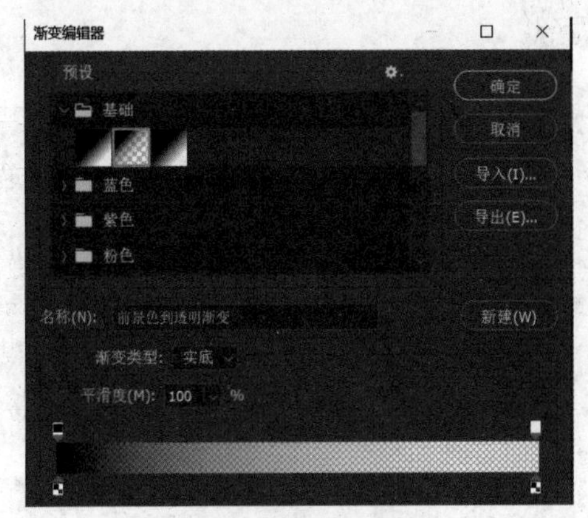

图 8-36　设置渐变颜色

图 8-37　绘制渐变区域

图 8-38　“阴影”效果

图 8-39　置入素材

步骤 7 给“音符 1”图层添加“图层蒙版”，单击“图层蒙版缩览图”，用黑色“画笔工具”把吉他音孔上的线谱涂抹掉，如图 8-40 所示。

步骤 8 选择“横排文字工具”，在画布左上角输入文字“校歌演绎”，文字设置参数如图 8-41 所示。双击文字图层，设置“图层样式”，添加“渐变叠加”效果，渐变颜色选择“预设”→“绿色”→“绿色 _03”，如图 8-42 所示。

图 8-40　填涂蒙版

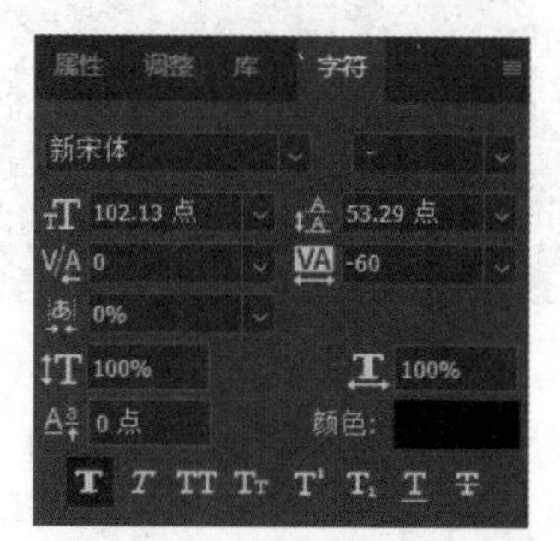

图 8-41　设置文字格式

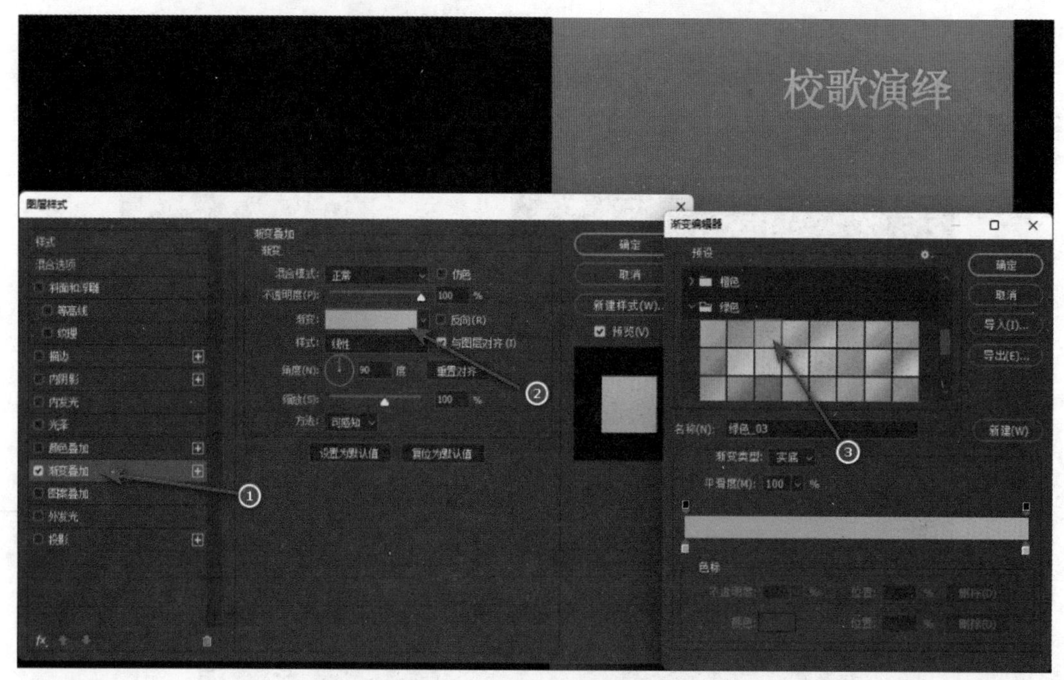

图 8-42　设置“渐变叠加”

步骤 9 添加“投影”效果，设置阴影颜色为灰色（参考值 #656565），“角度”为 116 度，“距离”为 7 像素，如图 8-43 所示。

步骤 10 选择“横排文字工具”，输入校歌及时间地点等文字，设置合适的字体、字号、颜色，如图 8-44 所示。

步骤 11 置入“音符 2”，将该图层“栅格化”；使用“矩形选框工具”将各个音符分离为独立图层，并调整大小、位置及图层顺序，效果如图 8-45 所示。

步骤 12 最后，用“矩形工具”给海报绘制边框，作品成品如图 8-46 所示。

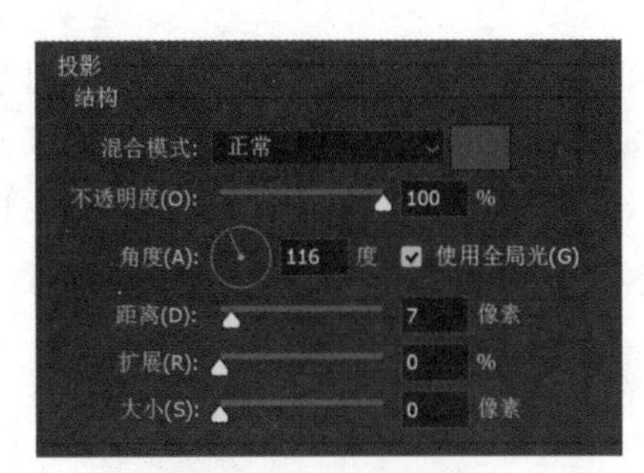

图 8-43 设置“投影”

图 8-44 添加文字

图 8-45 置入素材

图 8-46 作品成品效果图

8.3.4 特色之处

本设计融合了暨南大学校歌及音乐符号的元素，比较注重色调的搭配。比如作品中的色调都是比较明媚、鲜艳的，以营造一种温馨的校园活动氛围。作品主打校园风格，利用渐变、叠加、蒙版、投影、画笔等工具，满足校园活动的需求，增强活动宣传效果。

8.3.5 感想与反思

Photoshop 是平面作品设计的一款强大软件，要学习并运用好这个软件实在不易，每一次设计作品都能学习到新的功能。而设计作品时更要求设计者有细心和耐心，对每一个细节进行处理，通过 Photoshop 设计让校园宣传增添活力。同时，还应将相关技术设计应用到作品中，发挥 Photoshop 在海报设计方面的独特效果。当然，这种设计过程不是一帆风顺的，需要花费很多时间不断打磨作品，让创新想法很好地融入作品。

8.4 校园文化艺术节

8.4.1 创作灵感

校园文化活动的开展丰富了同学们的课余生活，按照活动需要，本节将设计校园文化艺术节的宣传海报。根据活动的主题和特色，底色采用了深蓝色的纯色，为了凸显文化节，直接运用“文化节”的字做排列、变形后，将其融入背景并体现在海报上，同时也鲜明地展示字体。笔者选择了白色作为字体颜色，突出海报内容，海报设计主要采用字体的叠加、变形等方式来完成。

8.4.2 学习引导

本案例学习引导图如图 8-47 所示。

图 8-47 学习引导图

8.4.3 创作步骤

步骤 1 新建文件，尺寸为 7087 像素 ×10630 像素，分辨率为 300 像素 / 英寸，背景为白色。（因为高分辨率、大尺寸文件需要一定的硬件配置支持，如果只是练习，尺寸比例可小些，如 2000 像素 ×3000 像素，分辨率为 100 像素 / 英寸或默认的 72 像素 / 英寸即可。）

步骤 2 单击“背景”图层右边的锁图标，解锁背景图层，将图层命名为“背景”。双击“背景”图层，进入“图层样式”对话框，添加“颜色叠加”样式，设置叠加颜色为深蓝色（参考值 #112341），如图 8-48 和图 8-49 所示，使背景叠加颜色。

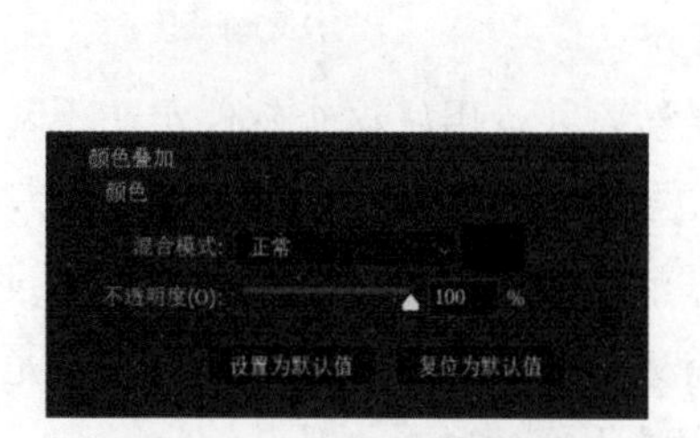

图 8-48 设置“颜色叠加”

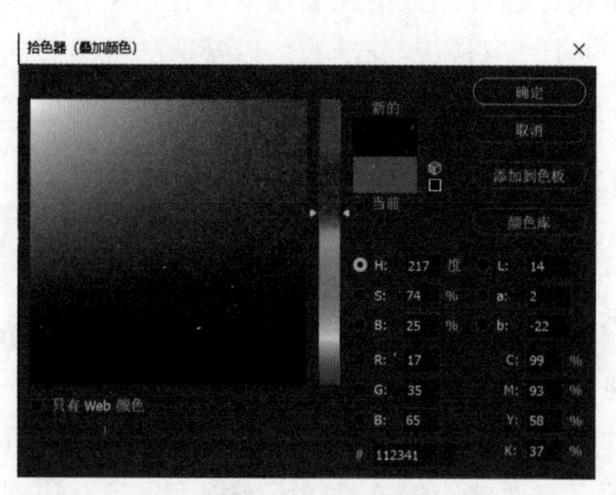

图 8-49 设置颜色

步骤 3 选择“文字工具”，分别输入“文”“化”“节”三个字，字体、字号自定，设置字体颜色为红色（参考值 #e30515），如图 8-50 所示。设置文字图层的“图层样式”，添加“描边”效果，如图 8-51 所示。然后进行排列，如图 8-52 所示。

图 8-50　添加文字

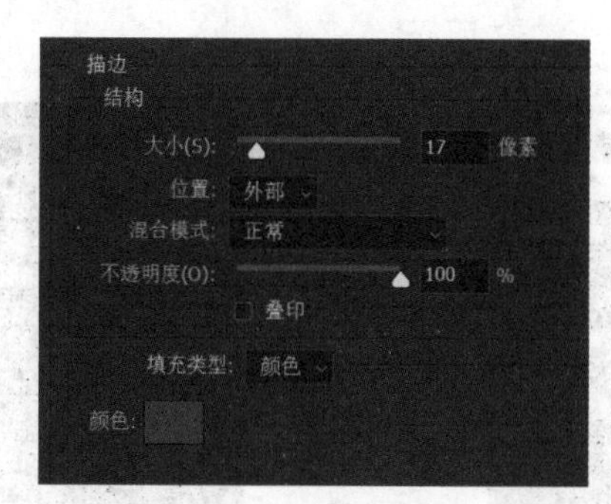

图 8-51　设置“描边”

图 8-52　描边效果图

步骤 4 选择“文字工具”，输入文化节海报的主要信息，如届数、活动名称（英文）等，并放置在左上角，字体、字号自定，设置字体颜色为红色（参考值 #e30515）。为了增添设计感，选择“矩形工具”画两个与背景色（参考值 #112341）相同的深蓝色方形，将数字进行部分遮挡；其他的文字信息设置合适的大小与样式，如图 8-53 所示。

步骤 5 为了更突出海报主题，将活动的主题文字颜色设置为白色（参考值 #ffffff），选择“文字工具”，设置合适的文字大小、行距、样式等，如图 8-54 所示。

步骤 6 时间信息的设计。

①为了突出活动举办时间等信息，设置与主标题相同的字体，同时为了不在视觉上掩盖主标题的风头，可设置稍小的字号。

②选择“矩形工具”绘制一个红色圆角矩形，分别拖动四个角的控制点，绘制多个圆角矩形，如图 8-55 所示。

图 8-53　添加文字效果图

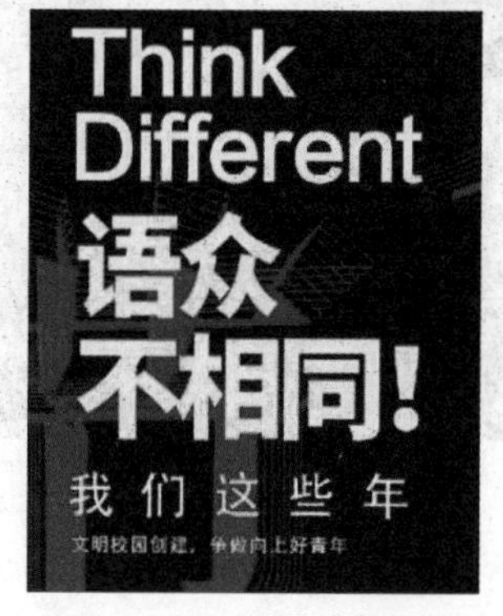

图 8-54　添加文字效果图

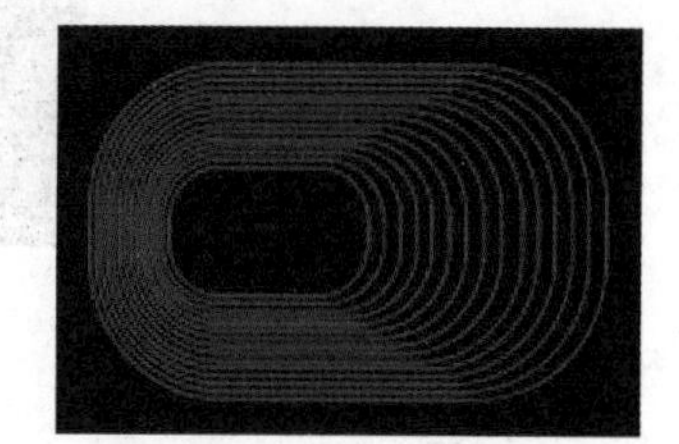
图 8-55　绘制多个圆角矩形

③选中步骤②绘制的所有圆角矩形图层，右击，在弹出的菜单中选择“栅格化图层”选项，然后按“Ctrl+G”快捷键编组，组命名为“圆角矩形”。

④给“圆角矩形”添加蒙版，使用“矩形选框工具”选择不需要显示的部分，按“Shift+F5”快捷键填充为黑色。

⑤在时间信息下面添加“主办”和“承办”的文字信息。

⑥效果如图 8-56 所示。

步骤 7 选择“文字工具” T，输入活动的其他信息，设置文字格式并进行排版，可添加一些图形装饰元素，如图 8-57 所示。

图 8-56　添加文字效果图

图 8-57　添加文字和装饰元素

步骤 8 最后将图层编组，作品成品如图 8-58 所示。

图 8-58　作品成品效果图

8.4.4　特色之处

（1）对“颜色叠加”图层样式的使用，使整个背景显得很简单，凸显了主要内容。

（2）对“文字工具”的使用，使文字的排版更有特色和重点，能更好地融入背景，且主题、内容各自重点突出，使海报看起来更和谐。

（3）海报整体制作难度适中，通过简单的文字排版就可以做出一张设计感强的海报。

8.4.5　感想与反思

校园文化艺术节是一个可以让大学生展现自己各项技能的活动，为了展现本活动的宗旨，海报大胆使用了非主流的海报颜色来进行设计，以突出活动的创新精神和能力。

另外，做这张海报也提高了我们对颜色的搭配和文字排版的能力，使自主创作能力有一定的突破。

8.5　火龙茶香　芳桃四溢

8.5.1　创作灵感

这是一张带有中国文化特色的创意宣传海报，整体色彩以粉色调为主，风格古朴、温暖。作品旨在宣传中国的茶文化，同时以火龙果茶作为素材，弘扬中国文化中的养生文化与创新精神。

背景是桃花，因为桃花这一意象自古至今在中国文学中都占有非常重要的比重。从“桃之夭夭，灼灼其华”到《桃花源记》，对于中国人来说，粉色的桃花总能带给人不同的遐想，而且其与火龙果都属于粉色系，给人以视觉上的和谐感。所以将火龙果、茶、桃花相结合进行设计，试想一下：一个老翁在桃花树下品尝火龙果茶，这该是多么惬意！

8.5.2　学习引导

本案例学习引导图如图 8-59 所示。

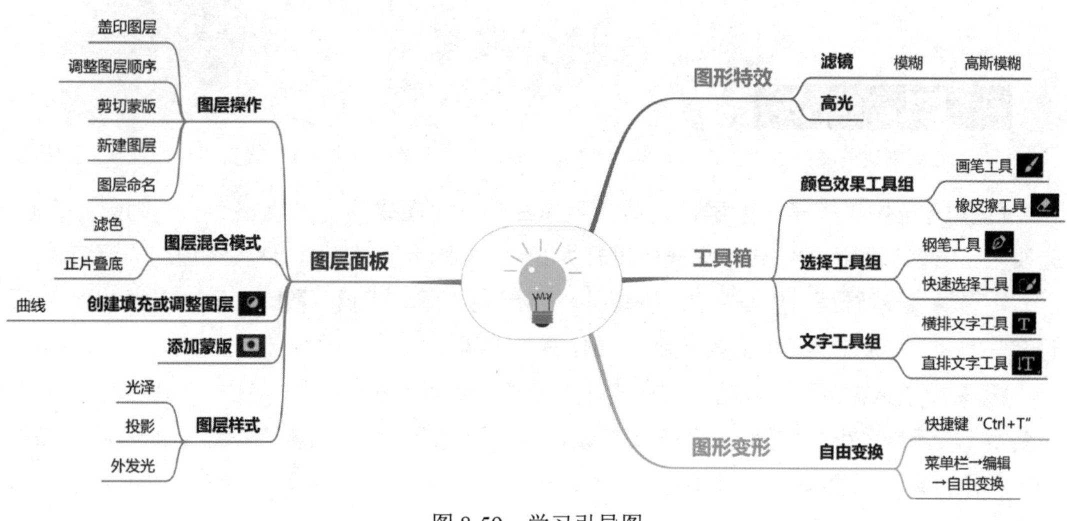

图 8-59　学习引导图

8.5.3　创作步骤

步骤 1 打开“背景”素材，创建“曲线”调整图层，如图 8-60 所示。

步骤 2 分别打开“茶杯”“火龙果皮”“火龙果肉切面”“茶座”素材，选择“快速选择工具”或“钢笔工具”进行抠图处理（一些素材需要自行下载）。

步骤 3 将抠图后的“茶杯”置于“背景”中，如图 8-61 所示。

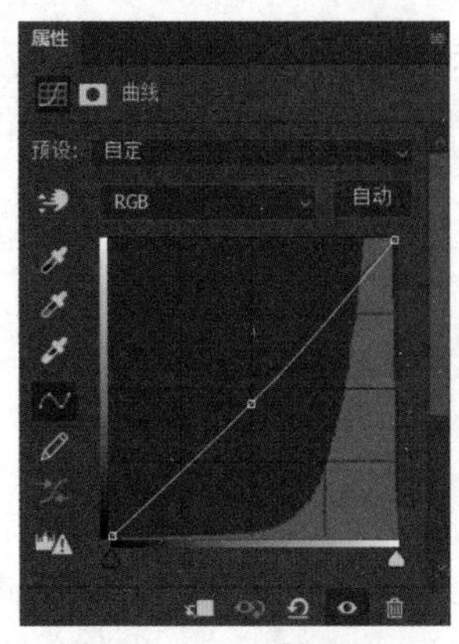

图 8-60　创建调整图层

图 8-61　置入素材

步骤 4 将抠图后“火龙果”移动到茶杯图层上面，右击“火龙果”图层，选择“创建剪贴蒙版”选项，为茶杯穿上“火龙果的衣服”，如图 8-62 和图 8-63 所示。

步骤 5 将“茶杯”的杯口切面抠出，删除原先覆盖在其上面的火龙果皮，将抠好的火龙果“果肉”图层放在“火龙果皮”图层上方。

步骤 6 按“Ctrl+T”快捷键进入“自由变换”，右击，在弹出的菜单中选择“透视”和“扭曲”选项进行图形调整，如图 8-64 所示。

图 8-62　创建剪贴蒙版

图 8-63　“剪贴蒙版”效果图

图 8-64　设置“自由变换”效果图

步骤 7 选中“杯子”图层，选择“菜单栏”→“图像”→“调整”→“阴影 / 高光”选项，在出现的对话框中将“高光”调整为 3%，如图 8-65 所示，使杯子更有光泽感。

步骤 8 新建图层，图层名为“阴影”，用黑色“画笔工具”（“硬度”为 0，“不透明度”为 8%）涂抹杯子的底部边缘，制作阴影效果。

步骤 9 置入“烟雾”素材，将其放在“阴影”图层上面，按“Ctrl+T”快捷键进入“自由变换”，调整大小，“图层混合模式”设置为“滤色”，给“烟雾”图层添加蒙版，如图 8-66 所示。单击“图层蒙版缩览图”，用“橡皮擦工具”擦去多余的部分，效果如图 8-67 所示。

步骤 10 按“Ctrl+Alt+Shift+E”快捷键盖印图层，图层命名为“盖印”。在“盖印”图层上方新建图层，图层命名为“影子”，选择黑色“画笔工具”，在工具栏设置“不透明度”为 30%，设置合适的笔刷大小，为杯子绘制阴影（可结合“图层蒙版”使用），如图 8-68 所示。选择“菜单栏”→“滤镜”→“模糊”→“高斯模糊”选项，增强立体效果，如图 8-69 所示。

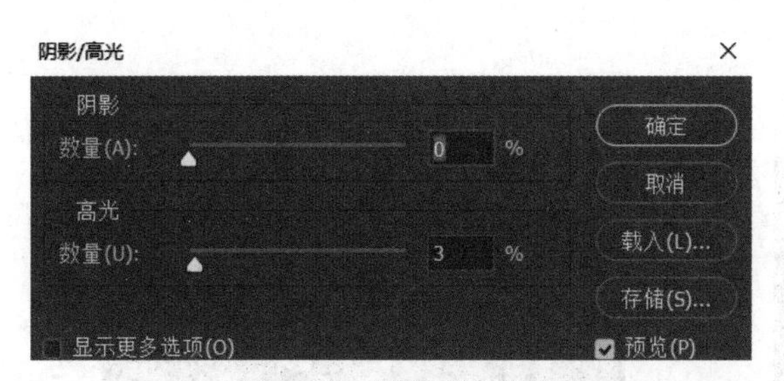

图 8-65　设置“高光”

图 8-66　添加蒙版

图 8-67　添加“烟雾”效果图

图 8-68　创建“影子”图层

图 8-69　“影子”效果图

步骤 11 将抠图处理的“茶桌”放在合适的位置，双击“茶桌”图层进入“图层样式”设置，添加“外发光”和“投影”效果，如图 8-70 至图 8-72 所示。

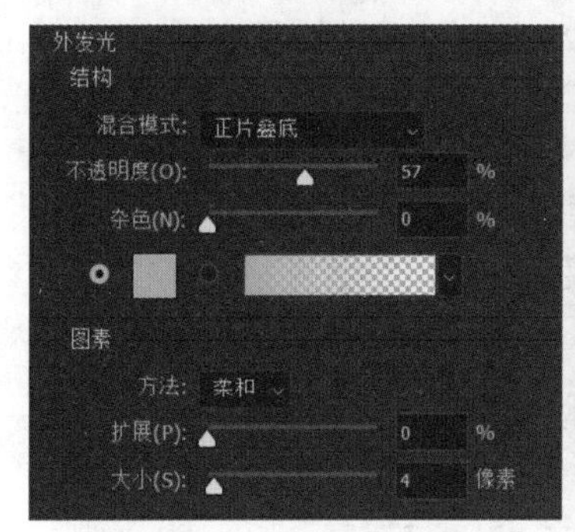

图 8-70　设置“外发光”

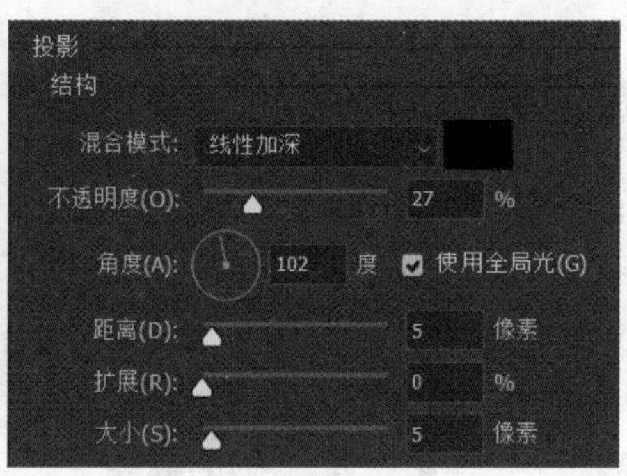

图 8-71　设置“投影”

图 8-72　效果图

步骤 12 选择“直排文字工具”IT，输入文字，字体、字号自定；双击文字图层，设置“图层样式”，可以选择“外发光”“投影”“光泽”等效果，参考设置如图 8-73 和图 8-74 所示，使文字里有粉色的桃花花瓣效果。（此步骤可根据个人所需进行设置。）

步骤 13 添加印章效果：置入“印章”素材（也可以自行设计），设置“图层混合模式”为“正片叠底”；双击“印章”图层进入“图层样式”设置，添加“外发光”效果，使印章更有立体感，如图 8-75 所示。

步骤 14 对“盖印”图层创建“曲线”调整图层，使整体色调更加明亮，设置如图 8-76 所示。

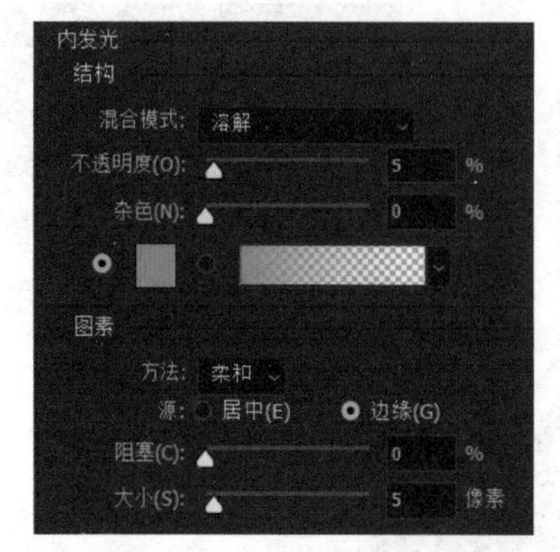

图 8-73 设置“内发光”

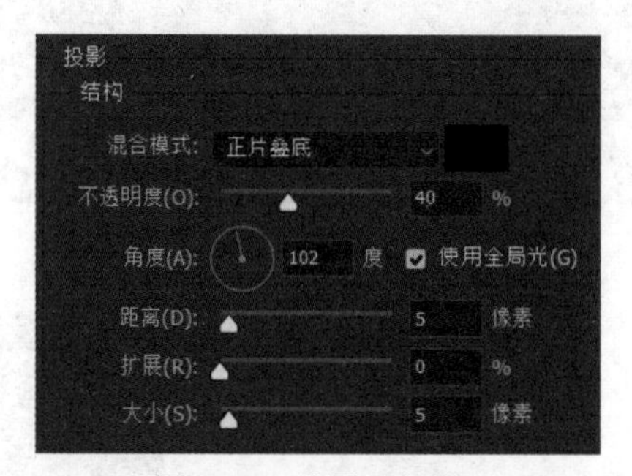

图 8-74 设置“投影”

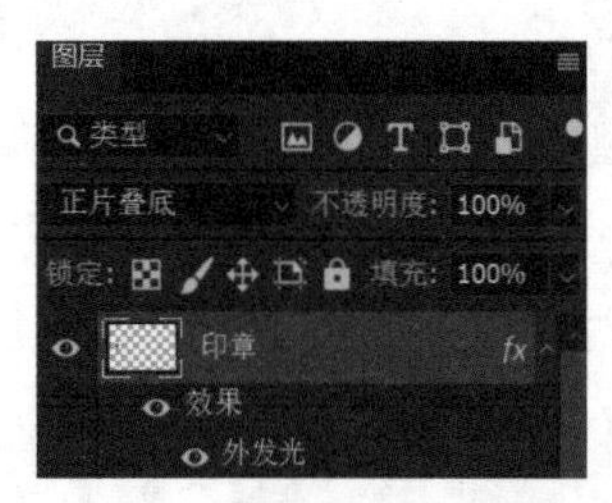

图 8-75 设置“印章”图层

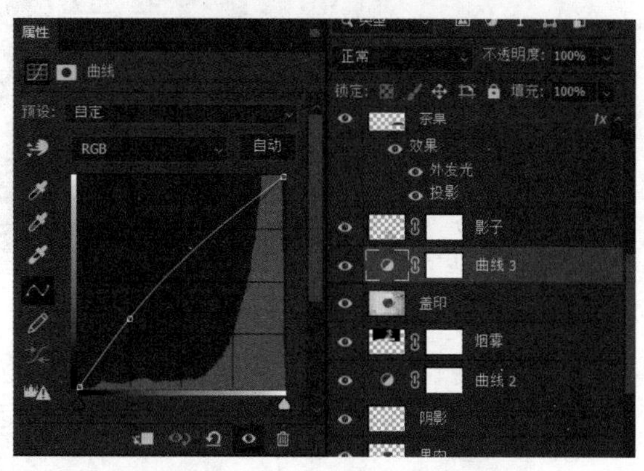

图 8-76 创建“曲线”调整图层

步骤 15 作品成品如图 8-77 所示。

图 8-77 作品成品效果图

8.5.4　特色之处

（1）内容：具有创新性，将常见的茶杯与水果相结合，将传统中国文化与创新精神紧密结合。

（2）形式：使用Photoshop里的多种技巧，比如抠图、滤镜、图层混合模式、剪贴蒙版、盖印图层、调节素材大小、橡皮擦、图层样式、颜色调整、字体等。通过这些技巧使各元素融合得更好，达到更好的效果。

8.5.5　感想与反思

灵感来源于生活以及所掌握的知识。因为笔者平时喜欢小清新的风格，所以从网上找了茶杯的素材，将茶与火龙果结合，设计出有中国风的海报。

作品主体是火龙果茶，茶身是火龙果皮，杯口是红心火龙果肉。目前，火龙果茶的普及度并不高。因为最近天气炎热，笔者家经常吃火龙果，所以笔者突然有了灵感，将火龙果作为作品的主要素材并与茶文化结合，希望可以做到传统文化与创新精神结合。

本作品中的点缀包括竖排行书、“珍品”印章、茶座等，营造出了浓浓的中国风，可以更好地展现并传播中国文化。

第9章 情感传达类创作实例

学习目标

（1）巩固“图层”的多种操作，包括复制图层、图层命名、图层编组、调整图层顺序、创建剪切蒙版、盖印图层、添加蒙版、创建填充或调整图层、设置不透明度或填充等。

（2）熟悉“图层混合模式”的运用，包括滤色、正片叠底、柔光、明度等。

（3）巩固“图层样式”的运用，包括投影、斜面和浮雕、描边、内阴影、外发光、光泽等。

（4）熟悉“工具箱”中的工具的使用，包括魔棒工具、渐变工具、画笔工具、文字工具、快速选择工具、钢笔工具、矩形选框工具、矩形工具、椭圆工具等。

（5）了解“转换点工具”“直接选择工具”的使用。

（6）应用“滤镜”特效，包括渲染、模糊画廊、模糊、风格化、杂色等。

本章以“情感传达类”海报设计为案例，使学习者通过设计表达内心的情感，在一定意义上也可以治愈心灵。通过本章的创作案例实践，可以学习到以下知识，知识点分布如图9-1所示。

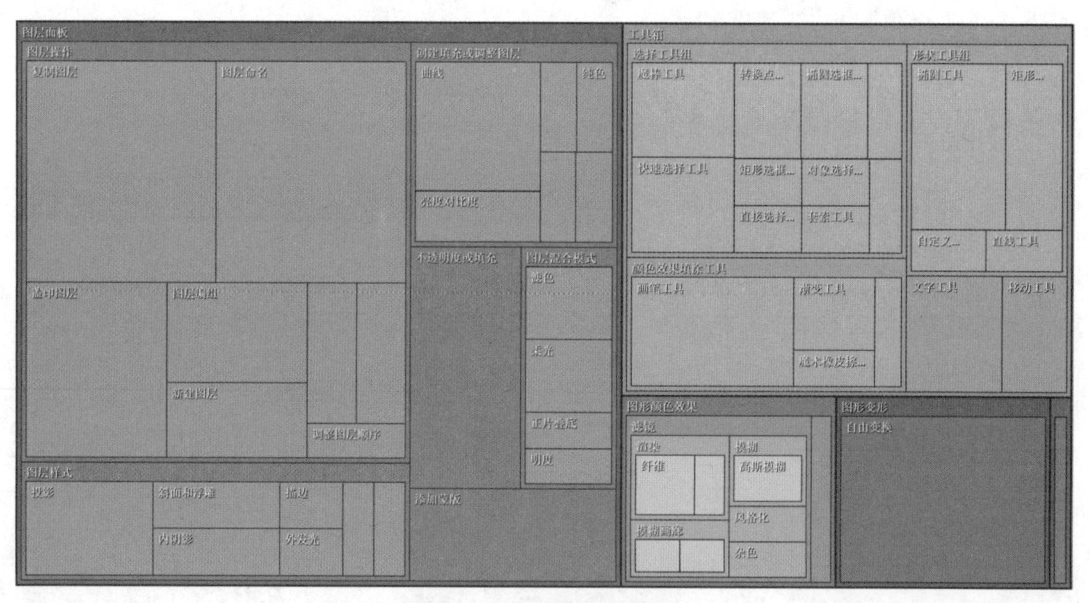

图9-1　第9章知识结构图

9.1 校园漫画色彩

9.1.1 创作灵感

宫崎骏是日本漫画大师，在漫画迷眼中是神一般的存在。宫崎骏的作品，画风始终是清新浪漫的，总有一种回归自然的感觉。尤其是影片中出现的天空背景，给人以广阔无垠的感觉，使人不禁生出一种遐想，想要到那背景中去寻找远离城市污浊空气的清新，去感受自然之美。大片大片的洁白云朵如棉花糖般，柔软而又充满着幸福和甜蜜的回忆。

暨南大学是中国第一所由国家创办的华侨学府，是中央部属高校、“双一流”建设高校，被誉为“中国第一侨校”，在广州、深圳、珠海都有校区，形成了一校五地的办学布局。素有“华侨最高学府”之称的暨南大学，恪守“忠信笃敬”之校训，注重以中华民族优秀的传统道德文化培养人才，学校积极贯彻“将中华民族优秀传统文化传播到五洲四海”的理念。

1907年，中国国内第一所华侨学府暨南学堂在南京开学，图书馆也随之而建立。后来由于时局动荡，经历了多次的停办和变迁，直到1978年暨南大学复办，一座新的图书馆开始筹建，并于1984年正式落成，变成今天我们看到的样子。宫崎骏如果到暨大一游，这座“知识殿堂”肯定是他画笔下不愿意错过的风景。宫崎骏风格的暨大图书馆会长什么样子，引起了笔者极大的创作兴趣，因此，这幅作品应运而生。

9.1.2　学习引导

本案例学习引导图如图9-2所示。

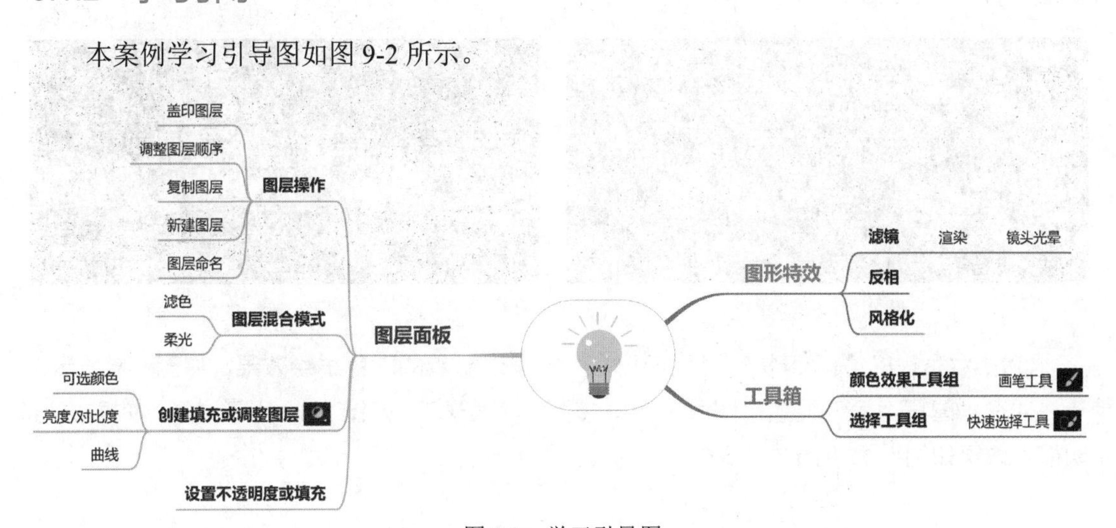

图9-2　学习引导图

9.1.3　创作步骤

第9章
成品及素材

步骤 1　打开“校园”素材，如图9-3所示，图层名为“背景”，创建“亮度/对比度”调整图层，如图9-4所示，根据原图调整照片亮度和对比度，让画面的景物轮廓更加突出。

图9-3　打开“背景”素材

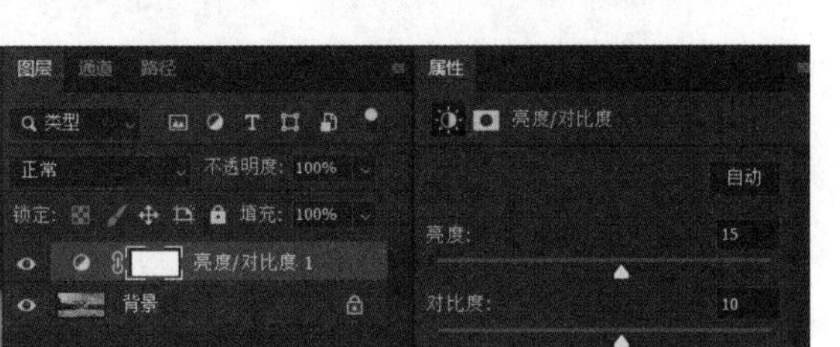

图9-4　创建“亮度/对比度”调整图层

步骤 2 按“Ctrl+Alt+Shift+E”快捷键盖印可见图层，得到“图层 1”，如图 9-5 所示。

步骤 3 制作“图层 1”的“彩色线绘效果”。

①按“Ctrl+J”快捷键复制“图层 1”，修改图层名为“彩色线绘＋照亮边缘滤镜”，如图 9-6 所示。

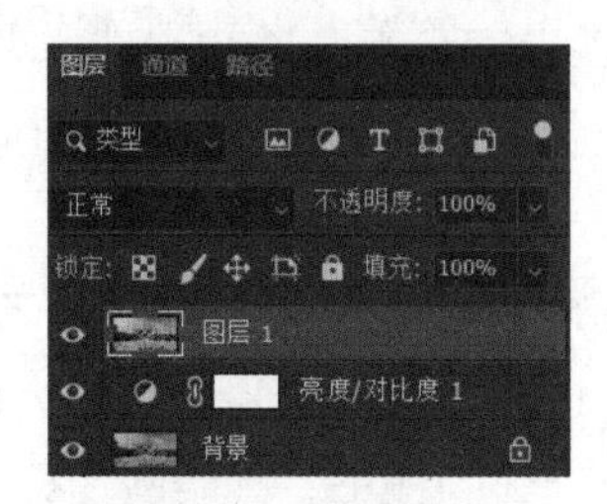

图 9-5　盖印图层

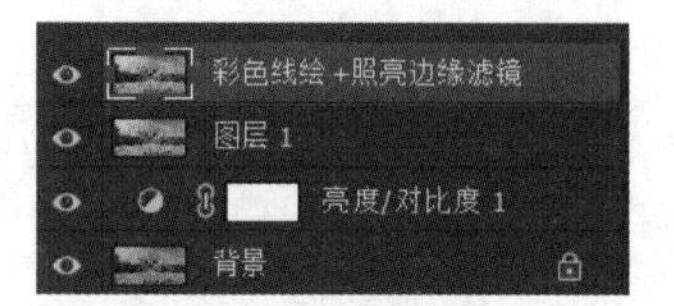

图 9-6　复制图层

②选择“菜单栏”→“滤镜”→“滤镜库”选项，在弹出的“滤镜库”编辑窗口中选择“风格化”→“照亮边缘”选项，参数设置如图 9-7 所示（也可根据个人喜好设定），单击“确定”按钮返回画布编辑区，效果如图 9-8 所示。

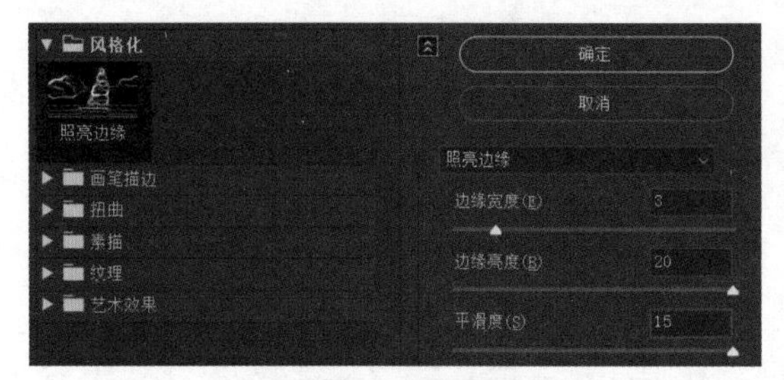

图 9-7　设置滤镜

图 9-8　设置滤镜后的效果图

③按“Ctrl+I”快捷键执行“反相”命令，呈现初步的彩色线绘效果，如图 9-9 所示。

④在“图层面板”设置“图层混合模式”为“柔光”，如图 9-10 所示，彩绘效果更为明显，效果如图 9-11 所示。

图 9-9　“反相”效果图

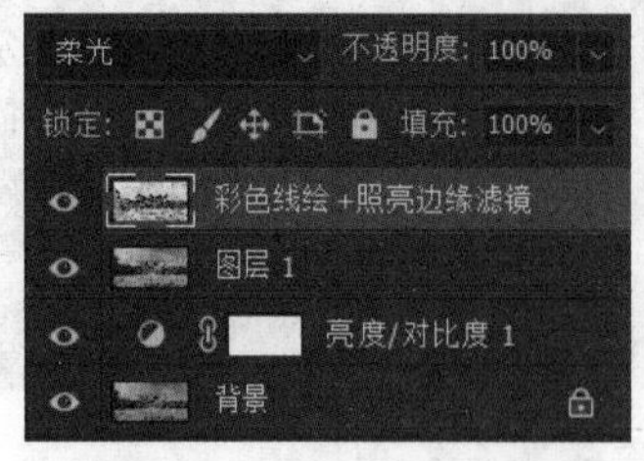

图 9-10　设置“柔光”模式

图 9-11　设置“柔光”后的效果图

步骤 4 按“Ctrl+Alt+Shift+E”快捷键盖印所有可见图层，得到“图层 2”。

步骤 5 天空的处理。

①选择“快速选择工具”，然后选中“图层 2”的天空区域，如图 9-12 所示，按“Delete”键删除天空区域，按“Ctrl+D”快捷键取消选区。

②置入“天空”素材，将“天空”图层移动至“图层 2”下方，如图 9-13 所示，效果如图 9-14 所示。

图 9-12　删除天空区域

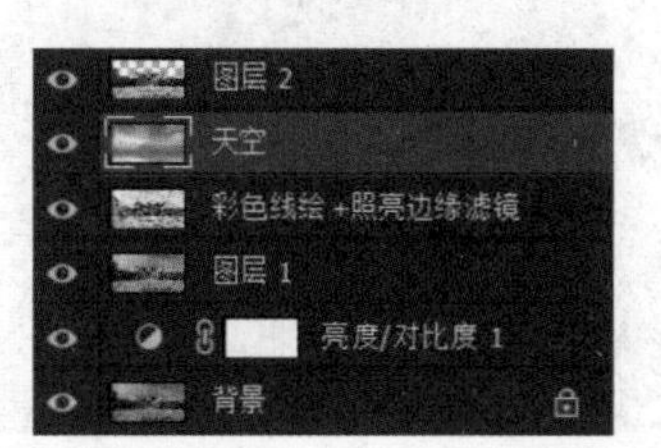

图 9-13　置入“天空”素材

图 9-14　置换天空的效果图

步骤 6 按“Ctrl+Alt+Shift+E”快捷键盖印所有可见图层，得到“图层 3”。

步骤 7 在“图层面板”下方单击按钮，创建“可选颜色”调整图层，在“属性面板”中，颜色选择“中性色”，“青色”为 –16，“洋红”为 11，“黄色”为 8，“黑色”为 9，如图 9-15 所示。（因每个人对色彩的观感都不一样，可根据个人喜好设置，主要是增加画面中的蓝紫色。）

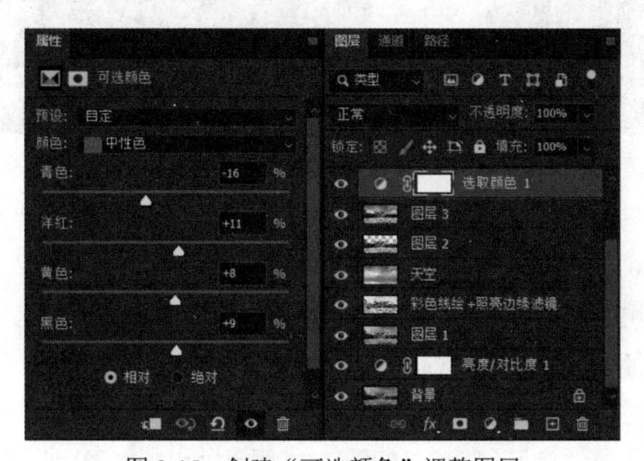

图 9-15　创建“可选颜色”调整图层

步骤 8 选中“图层 3”，选择“菜单栏”→“选择”→“色彩范围”选项，用吸管选择最暗的地方，设置“颜色容差”为 128，如图 9-16 所示，对暗部区域进行提亮。

步骤 9 创建“曲线”调整图层，对选取区域进行提亮，参数设置如图 9-17 所示。

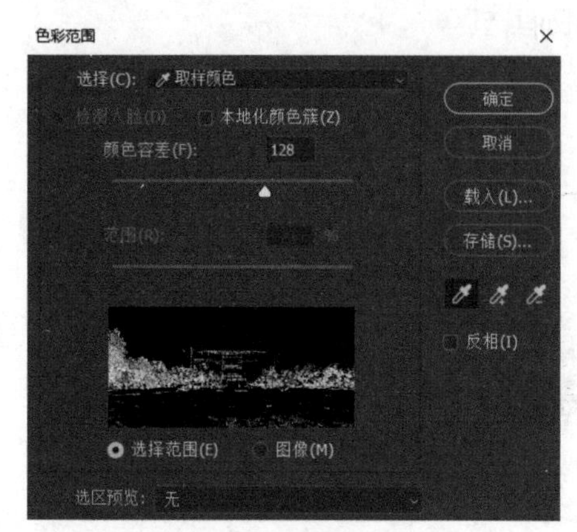

图 9-16 调整色彩范围

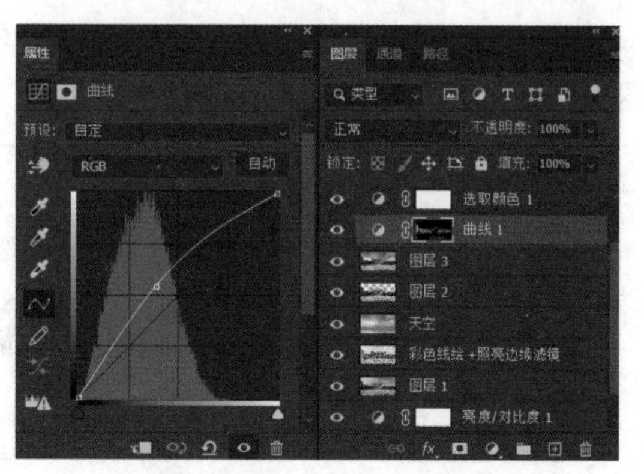

图 9-17 创建“曲线”调整图层

步骤 10 单击“选区颜色 1”调整图层，按“Ctrl+Alt+Shift+E”快捷键盖印所有可见图层，得到“图层 4”。复制“图层 4”，得到“图层 4 拷贝”图层，设置“图层混合模式”为“滤色”，“不透明度”为 34%，提高整体亮度，如图 9-18 所示。

步骤 11 按“Ctrl+Alt+Shift+E”快捷键盖印所有可见图层，得到“图层 5”。

步骤 12 选择“菜单栏”→“图层”→“新建”→“图层”选项，在弹出的“新建图层”对话框中，设置“名称”为“中度灰”，“颜色”为灰色，如图 9-19 所示，单击“确定”按钮返回画布编辑区。

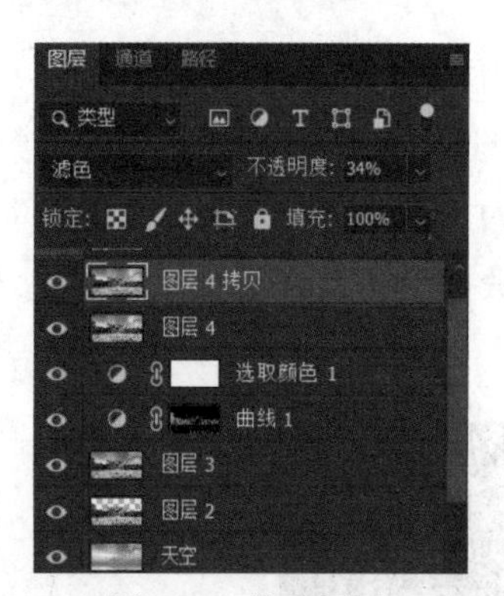

图 9-18 盖印图层

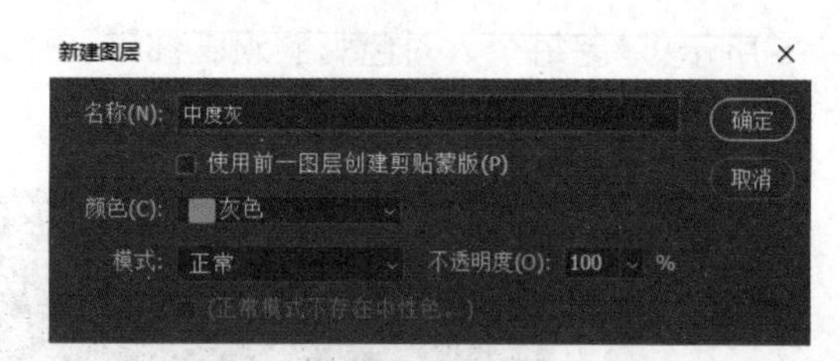

图 9-19 新建“中度灰”图层

步骤 13 在“图层面板”设置“中度灰”的“图层混合模式”为“柔光”，可降低“不透明度”，如图 9-20 所示。然后选择“画笔工具”，笔刷“大小”自定，在画布上涂抹。当选取的颜色明度高于中度灰时，可以给图片提亮；明度低于中度灰时，则画面变暗。

步骤 14 给画面添加光晕：按“Ctrl+Alt+Shift+E”快捷键盖印所有可见图层，得到“图层 6”。选择“菜单栏”→“滤镜”→“渲染”→“镜头光晕”选项，在弹出的对话框中设置“亮度”为 139，选择“电影镜头”，如图 9-21 所示，单击“确定”按钮返回画布编辑区。

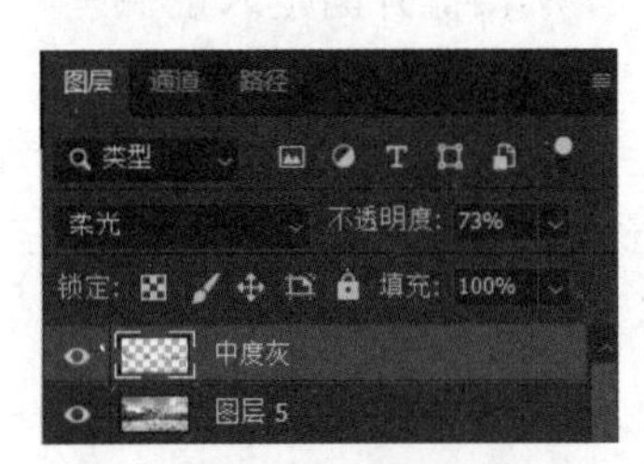

图 9-20　设置“柔光”模式

图 9-21　设置“镜头光晕”滤镜

步骤 15 作品成品如图 9-22 所示。

图 9-22　作品成品效果图

9.1.4　特色之处

运用漫画里的艺术手法重构校园美景，是本作品的特色。本作品利用 Photoshop 技术，呈现出了手绘的效果。它基于照片的再创作、再加工，在真实性的基础上加上了理想化的色彩。这样的手绘效果类似于宫崎骏动漫里的场景，充满着梦幻感，让蓝天白云下的图书馆显得更浪漫。将自己的学习环境营造出漫画的感觉，是一种别出心裁的艺术探索。

9.1.5　感想与反思

学习了 Photoshop 之后，笔者就想着能否通过这种形式绘制自己想要的漫画效果。而暨大图书馆是笔者最喜欢的校园环境之一，所以笔者尝试着通过添加滤镜效果、修改图层模式等基础操作来实现将照片改成漫画效果的作品。当看到最终作品时，笔者感到很满意，终于自己也能另一种意义上“画出”漫画了。接下来，笔者将不断地学习更深层次的知识，希望完成更优秀的设计作品。

9.2 探寻

9.2.1 创作灵感

画面呈现的是一个女孩在雪地里举着相机拍照，镜头里的画面却是春天的景象。葱翠茂密的树林中间是一条深邃的铁路，一个戴着草帽的女孩从相机外面走入镜头里，去探寻镜头里不一样的风景。

每一个长大成人的女孩内心都住着一个小女孩，走入镜头的小女孩就是摄影者内心的自己，对未知充满好奇，乐于探索。这条铁路则意味着人生之路，这条路上会有石头，有迷雾，也许你正处在某种艰难的时期，但只要勇气不减，你终会拨开云雾见蓝天。

9.2.2 学习引导

本案例学习引导图如图 9-23 所示。

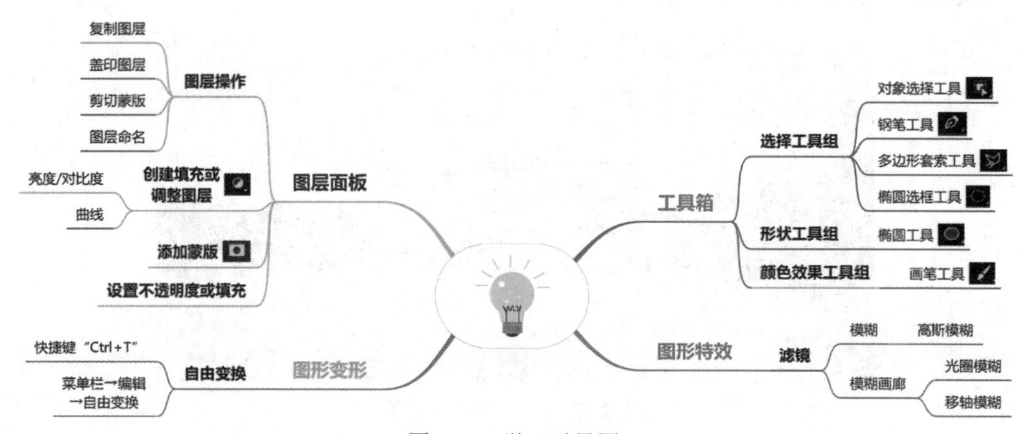

图 9-23　学习引导图

9.2.3 创作步骤

步骤 1 调整图片色彩明暗：打开“背景”素材，图层命名为“背景”，复制图层，得到“背景 拷贝”图层。然后添加“曲线”和“亮度/对比度”调整图层，如图 9-25 至图 9-27 所示，调暗画面（可结合蒙版进行局部调整）。

图 9-24　打开素材

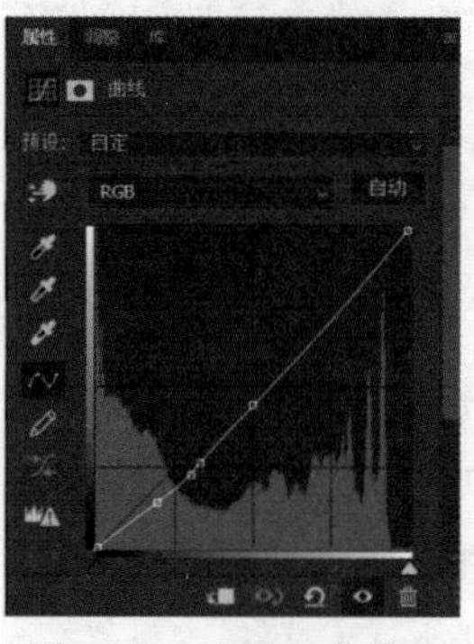

图 9-25　设置“曲线”

图 9-26　设置“亮度/对比度”

步骤 2 制作圆形覆盖在镜头上：选择“椭圆选框工具”，按住“Shift”键绘制正圆，把前景色改为深黑色，按“Alt+Delete”快捷键填充前景色，如图 9-28 所示。（此步骤也可以使用“椭圆工具”绘制圆形。）

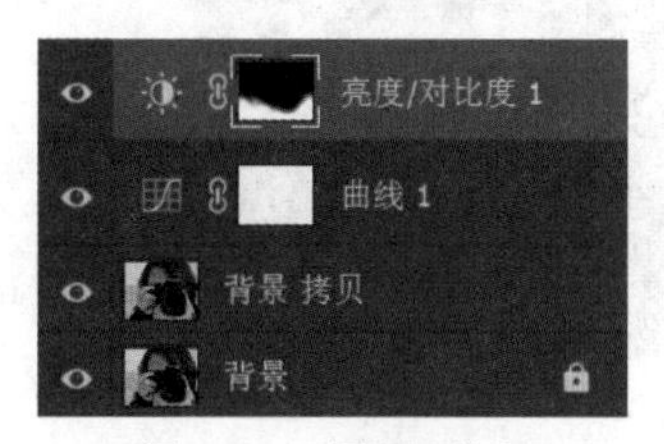

图 9-27　图层面板

图 9-28　绘制圆形

步骤 3 置入“铁路”素材，按“Ctrl+T”快捷键调整大小和位置，如图 9-29 所示。选中“铁路”图层，右击，在弹出的菜单中选择“创建剪贴蒙版”选项，如图 9-30 所示。

图 9-29　置入素材

图 9-30　创建剪贴蒙版

步骤 4 按“Ctrl+J”快捷键复制“铁路”图层，选择“钢笔工具”，勾勒铁路梯形，然后创建矢量蒙版，制作走入镜头的铁路；选择“菜单栏”→“滤镜”→“模糊画廊”→“移轴模糊”选项，调整参数，如图 9-31 所示。

图 9-31　延长“铁轨”

步骤 5 新建图层，命名为“铁路周围阴影”，单击图层，右击，选择“创建剪贴蒙版”选项，“图层混合模式”设置为“线性加深”，图层“不透明度”设置为 51%；然后选择“画笔工具”，设置合适的笔刷“大小”，在“铁路”两侧涂抹阴影，如图 9-32 所示。

图 9-32　绘制阴影

步骤 6 制作光雾效果：将“画笔工具”的颜色改为天蓝色（参考值 #3fc5fd），“不透明度”为 46%，在画面里涂抹；可多建几个图层，每个图层设置不同的“图层混合模式”和“不透明度”，使光雾不断加亮，在镜头外面也加一些光雾效果，制造层次感，如图 9-33 所示。

图 9-33　绘制光雾

步骤 7 选择“对象选择工具”或“多边形套索工具”，抠取“女孩”图像，置入主体画布编辑区，如图 9-34 所示。

步骤 8 制作“女孩”影子：复制“女孩”图层，按“Ctrl+T”快捷键进入“自由变换”状态，右击，在弹出的菜单中选择“垂直翻转”选项，通过“变形”和“透视”修改影子形状，然后按“Ctrl+U”快捷键将“明度”拉到最左边，使影子变黑，调整“不透明度”。最后，选择“菜单栏”→“滤镜”→“模糊”→“高斯模糊”选项，调整参数，使影子模糊一些，如图 9-35 所示。

图 9-34　置入素材

图 9-35　制作“女孩”影子

步骤 9 按“Ctrl+Shift+Alt+E”快捷键，盖印可见图层，然后选择“菜单栏”→“滤镜”→“模糊画廊”→“光圈模糊”选项，进入“光圈模糊”窗口，设置“光圈模糊”为13像素，如图9-36所示，拖动控点调整光圈大小，如图9-37所示。

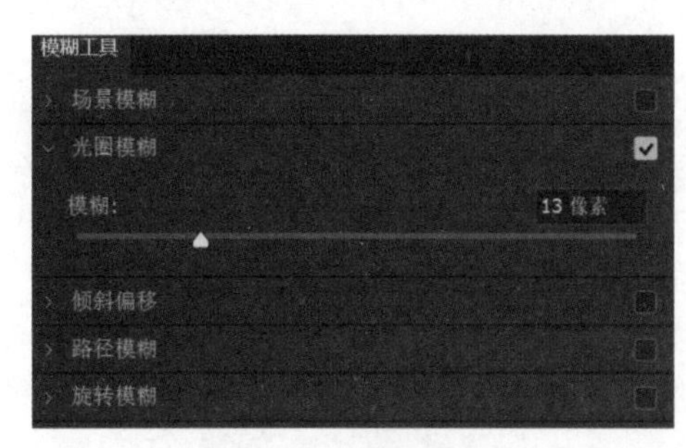

图 9-36　设置参数

图 9-37　调整光圈大小

步骤 10 完成所有操作，作品成品如图9-38所示。

图 9-38　作品成品效果图

9.2.4　作品特色

本作品的特色之处主要是：主题内涵丰富、视觉冲击力强、细节处理比较到位。通过搭配不同种类的工具，例如钢笔、画笔、蒙版、模糊滤镜、曲线、图层混合模式、自由变换等，使得对颜色的把握和对细节的雕琢较成功，让整个画面对作品的主题意义的阐释更加简洁鲜明，视觉冲击力强。

9.2.5　感想与反思

由于Photoshop使用经验不足，本次创作从选定主题到实际制作的过程中遇到了很多意料之中的困难，如寻找合适的创作素材、模糊滤镜的选取和参数设置以及蒙版的运用，这些导致了作品创作时间较长。

遇到困难笔者一般会上网搜相关教程，也会向别人请教，最终完成作品。经过这次创作，笔者积累了经验，培养了审美，也在创作中不断思考自己希望作品表达出来的内涵是否得到体现，笔者相信自己的作品一定会越来越好。

9.3 热带风情

9.3.1 创作灵感

天气越来越热，清凉的水果能使人略感凉爽，清新的绿色也能减轻心头燥热，希望本作品能够给读者带来一丝清凉。

作品构成元素包括菠萝、棕榈叶、长叶、小叶、重叠尖瓣花、重叠圆形花等。

9.3.2 学习引导

本案例学习引导图如图 9-39 所示。

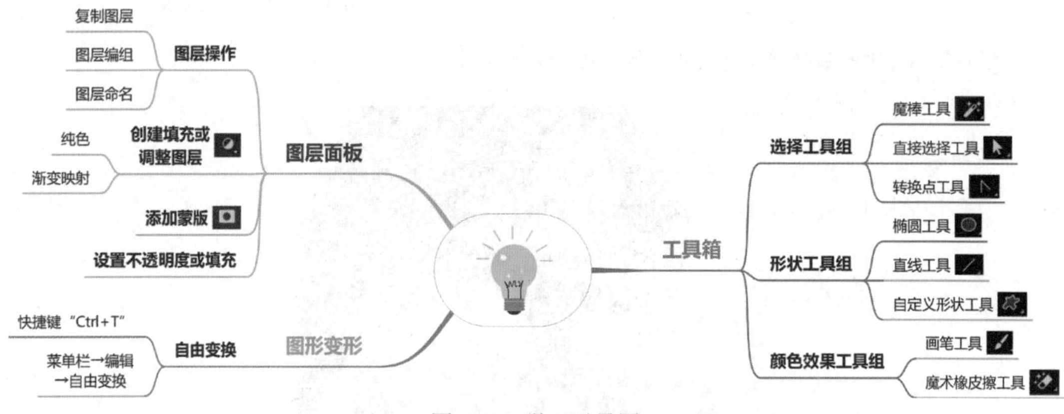

图 9-39 学习引导图

9.3.3 创作步骤

步骤 1 新建文件，尺寸为 2000 像素 ×2000 像素，分辨率为 72 像素 / 英寸，背景为白色。

步骤 2 制作菠萝本体。

①选择“椭圆工具”，在上方工具栏设置填充“颜色”为黄色（参考值 #fff100），无描边，“固定大小”为 550 像素 ×660 像素，如图 9-40 所示，在画布中绘制椭圆。

②选择“直接选择工具”，如图 9-41 所示，单击画布上绘制的椭圆，拖动锚点进行变形，形成菠萝的形状，效果如图 9-42 所示。

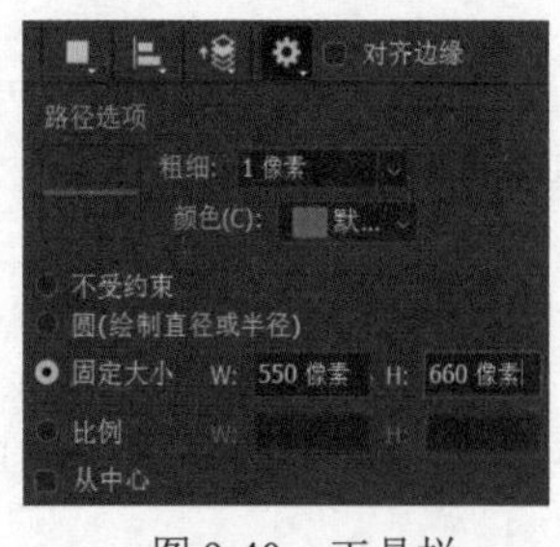

图 9-40 工具栏

图 9-41 “直接选择工具”

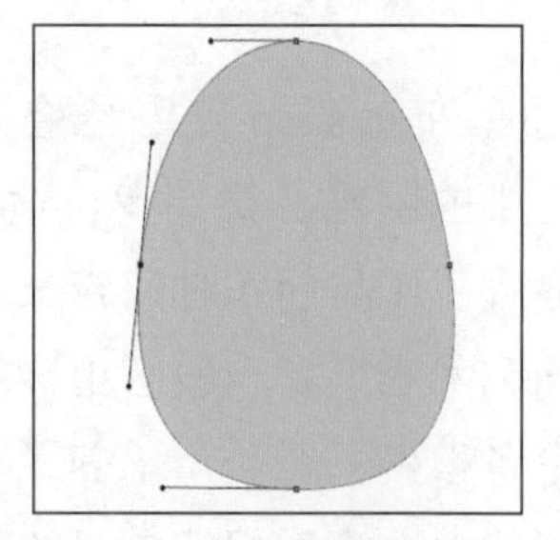

图 9-42 绘制菠萝形状

步骤 3 制作菠萝上的叶子。

①参照绘制“菠萝本体”的方法，选择“椭圆工具”，在上方工具栏设置填充“颜色”为绿色（参考值 #2aab3a），无描边，“固定大小”为 70 像素 ×400 像素，在画布中绘制椭圆。

②选择“转换点工具”，如图 9-43 所示，单击顶部和底部锚点，使叶子变尖，如图 9-44 所示。

③按“Ctrl+T”快捷键进入“自由变换”，将“叶子”旋转 30°左右，如图 9-45 所示。

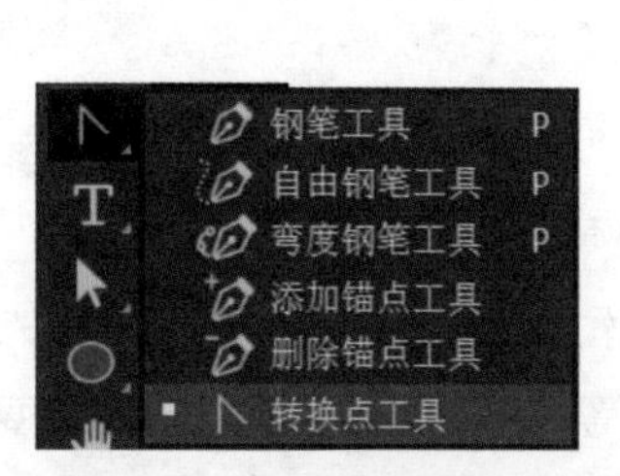

图 9-43 “转换点工具”

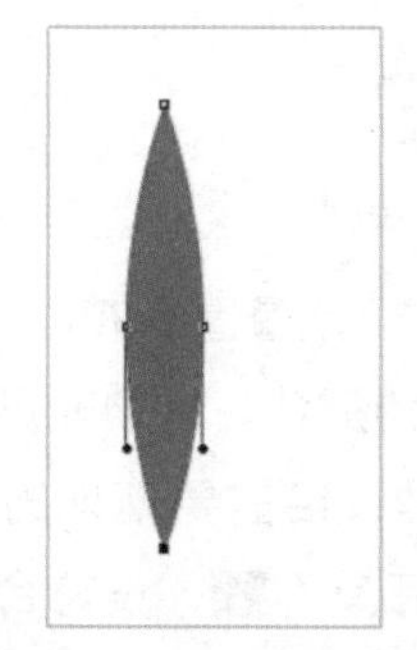
图 9-44 绘制叶子形状

图 9-45 旋转角度

④按“Ctrl+J”快捷键复制“叶子”图层，按“Ctrl+T”快捷键进入“自由变换”，对“叶子”形状进行变形并旋转一定角度，多个“叶子”图层拼接成扇形，按“Ctrl+G”快捷键将所有“叶子”图层编组，命名为“叶子 1”，并将“菠萝本体”与“叶子”连接在一起。

步骤 4 菠萝上的线和点。

①单击“菠萝”图层，选择“直线工具”，在工具栏设置“填充”为白色，“描边”为 2 像素、实线，如图 9-46 所示，在菠萝上画直线，注意直线之间距离均等，如图 9-47 和图 9-48 所示。

②选择“画笔工具”，设置合适的笔刷和笔刷大小，在“菠萝”格子内画点，如图 9-49 所示。

图 9-46 “直线工具”工具栏

图 9-47 绘制直线

图 9-48 绘制直线

图 9-49 绘制点状

步骤 5 制作棕榈叶：参照“菠萝叶子”的制作步骤，选择“椭圆工具”，用“转换点工具”使叶子顶部变尖，重复“变换”操作，制作完一半叶子后，将“棕榈叶”图层合并或将图层编组，复制图层（或图层组），按“Ctrl+T”快捷键，右击，在弹出的菜单中选择“水平翻转”选项，将两部分棕榈叶拼接起来，完成棕榈叶的绘制，如图 9-50 所示。

步骤 6 制作“重叠尖瓣花”：参照“棕榈叶”的制作步骤，制作好一朵尖瓣花后，复制图层，对复制的图层进行自由变换，中心点不变，缩放图形，并调整复制后的“尖瓣花”颜色，效果如图 9-51 所示。

图 9-50 绘制棕榈叶

图 9-51 绘制“重叠尖瓣花”

步骤 7 制作“长叶”“小叶”“重叠圆形花”：选择“自定义形状工具”，参照前面制作叶子、花的步骤，绘制不同的形状，并填充不同的颜色。

步骤 8 对各个形状添加纹理：给需要处理的图层添加蒙版，单击对应图层的“图层蒙版缩览图”，选择黑色“画笔工具”，设置合适的笔刷形状和大小、画笔硬度、流量和不透明度，在蒙版上绘制纹理。（像菠萝、重叠尖瓣花这些需要有颜色的纹理，也可直接在图层上使用设置了颜色的“画笔工具”，可用“魔棒工具”选取绘制区域，以防画出边界。）

步骤 9 设置背景色：在“背景”图层上添加“纯色”或“渐变映射”填充图层，按个人喜好设置，可设置为绿色，参考值 #c9f7d3。

步骤 10 可选择“魔术橡皮擦工具”，使花朵和菠萝融为一体，如图 9-52 所示。

步骤 11 调整图层顺序和各元素位置，对各图层进行分组。

步骤 12 作品成品如图 9-53 所示。

图 9-52 使用“魔术橡皮擦工具”

图 9-53 作品成品效果图

9.3.4 作品特色

（1）作品全部用鼠标绘制，没有图片合成，工序较为繁杂。

（2）运用了路径描边和矢量蒙版等工具。

（3）各个元素几乎融为一体，花朵和枝茎配合得比较协调，纹理的使用使画面显得更加自然。

9.3.5　感想与反思

最麻烦的步骤是用画笔画纹理的部分，需要掌握好纹理的多少和形状。

用路径描边制作菠萝时，画笔描边的颜色是白色，最后填充背景色的时候会出现长长的白线，我们找了几种方法，发现用油漆桶直接填充白线比较方便。

另外，花的元素和菠萝的元素放在一起时，也会出现白色的描边长条，此时运用“魔术橡皮擦工具”可以有效解决问题。

9.4　City Struggler（都市挣扎者）

9.4.1　创作灵感

本作品灵感来源于一首嘻哈歌曲《Life's A Struggle》，歌曲的意思是我们在生活中挣扎，同时也在生活中奋进。因为 Struggle 一词有两种含义：挣扎和奋进。本作品将这种表达进行延续。现在的摩登大都市中，有太多太多的青年人怀揣着梦想而来，在日夜奔波中失去自我，在辗转反侧中丢失希望。他们眼中或许还有那看似不切实际的梦想，而现实却是在生活中的挣扎和都市的压制。但每一个人心中的火苗不会熄灭，他们只是换了一条道路继续奋进。向下笼罩的城市天际线象征着压力与现实的残酷，站在山上的人和他面前的幻象是他最初的希望与梦想。

9.4.2　学习引导

本案例学习引导图如图 9-54 所示。

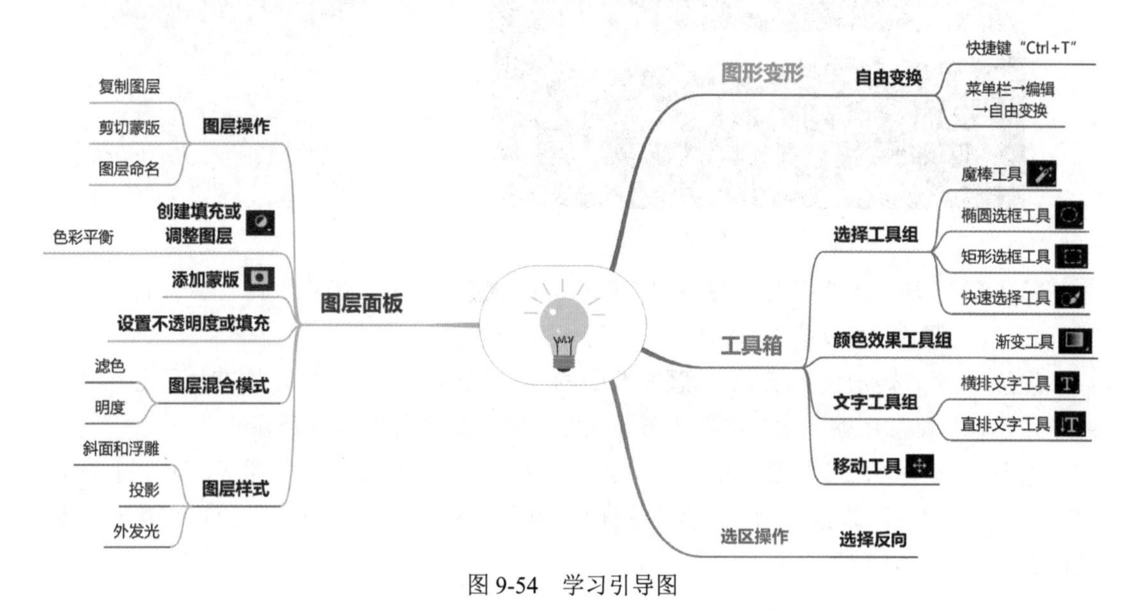

图 9-54　学习引导图

9.4.3 创作步骤

步骤 1 新建文件，文件名为“City Struggler”，尺寸为 50 厘米 ×70 厘米，分辨率为 100 像素 / 英寸，背景色为白色。

步骤 2 打开“城市”素材，选择“快速选择工具”或“魔棒工具”将“城市”的天空区域选取，如图 9-55 所示，右击画布编辑区，选择“选择反向”选项。用“移动工具”将其移动至主文件的画布编辑区，选择“菜单栏”→“图像”→“图像旋转”→“垂直翻转画布”选项，效果如图 9-56 所示，图层命名为“城市倒影”。

图 9-55 选取天空区域

图 9-56 翻转素材

步骤 3 选择“渐变工具”，单击“工具栏”的“渐变编辑器”，选择“线性渐变”，设置渐变色条的“色标”和“色标不透明度”，如图 9-57 所示，单击“确定”按钮返回画布编辑区，拖动鼠标设置渐变色，如图 9-58 所示。

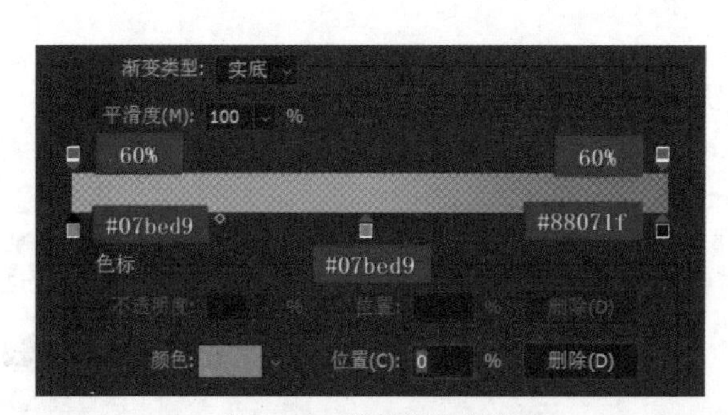

图 9-57 设置渐变颜色

图 9-58 效果图

步骤 4 打开“人”素材，选择“魔棒工具”将“山”和“人像”区域选中，用“移动工具”将其移动至主文件的画布编辑区，如图 9-59 所示，图层命名为“人”。

步骤 5 用“矩形选框工具”框选山的底部至画布底部区域，填充为黑色，如图 9-60 所示，以增加山的高度，使整体布局更为合理，效果如图 9-61 所示。

步骤 6 选中“城市倒影”图层，创建“色彩平衡”调整图层，如图 9-62 所示；单击“色彩平衡”属性面板的“剪切图层”图标，如图 9-63 所示，使城市与画面的颜色更协调，效果如图 9-64 所示。

图 9-59 置入素材

图 9-60 填充颜色

图 9-61 效果图

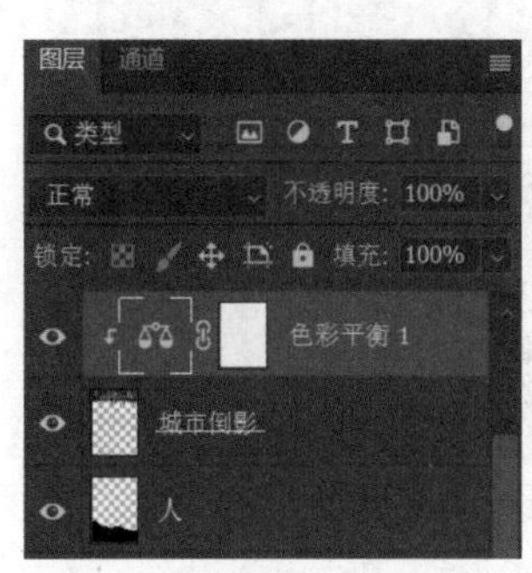

图 9-62 创建调整图层

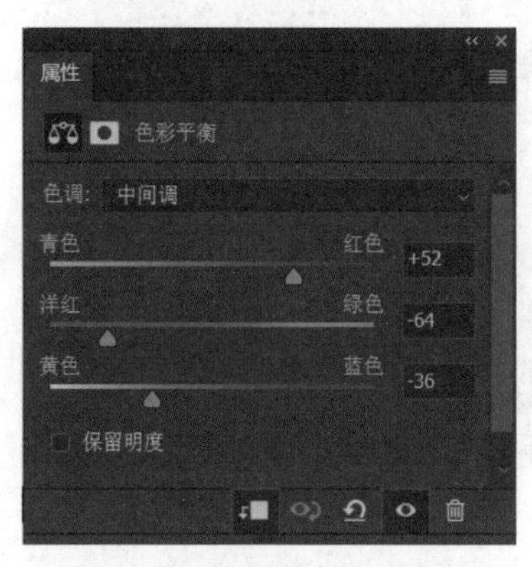

图 9-63 设置“色彩平衡”

图 9-64 效果图

步骤 7 置入“城市”素材，命名为“城市（圆）”图层，将其置于“背景”图层上方，选择“椭圆选框工具”，按住“Shift”键，在需要显示的“城市”画面区域绘制圆形选区，然后给“城市”图层添加蒙版，并将画布的圆形移至人像后面，如图 9-65 所示。

步骤 8 将“城市（圆）”图层的“图层混合模式”设置为“滤色”，降低“不透明度”（本案例设置为 78%），如图 9-66 所示，增加画面的协调度，效果如图 9-67 所示。

图 9-65 绘制圆形

图 9-66 添加蒙版

图 9-67 效果图

步骤 9 复制“城市（圆）”图层，图层名为“城市（圆）拷贝”，右击“图层蒙版缩览图”，选择“删除图层蒙版”选项，“图层混合模式”设置为“明度”，按“Ctrl+T”快捷键进入“自由变换”，使图片的天空占据画布的大部分区域，以增加云彩画面。

步骤 10 给“城市（圆）拷贝”图层添加蒙版，给画面留合适的云彩，如图 9-68 和图 9-69 所示。

步骤 11 选中图层面板的最上层图层（“色彩平衡 1”图层），选择“文字工具” T，输入“City Struggler”，双击文字图层，进入“图层样式”对话框，设置“斜面和浮雕”“外发光”“投影”等效果，如图 9-70 所示。

图 9-68 添加蒙版

图 9-69 效果图

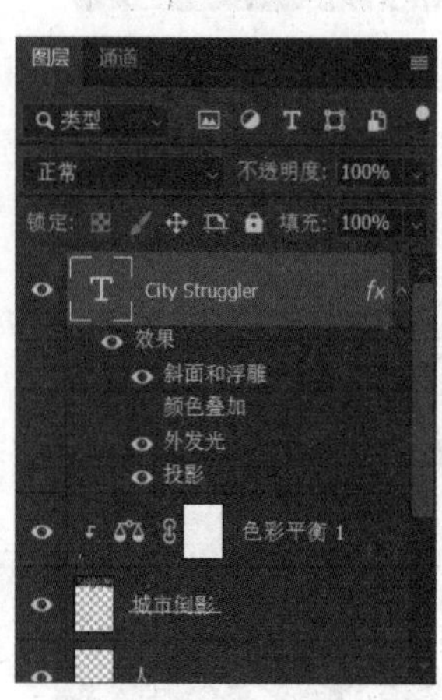

图 9-70 添加“图层样式”

步骤 12 作品成品如图 9-71 所示。

图 9-71 作品成品效果图

9.4.4 作品特色

城市天际线的倒置和缩小，一虚一实颇有创意和意境；人和景色的融合比较自然，不突兀。

9.4.5　感想与反思

在创作中有些操作使用的方法不恰当，虽然达到了想要的效果，却浪费了太多时间。在以后的 Photoshop 实践中，我们要不断摸索，发现效率更高、效果更好的处理方法。

9.5　平衡点

9.5.1　创作灵感

作品主要通过营造一个课堂环境和搭配一些学习工具来描绘出学习和玩乐之间的平衡点，旨在反映目前教育现状——学习与玩乐互相对立。老师或家长为了赢在起跑线、让孩子取得优秀的学术表现，比如上补习班、布置大量作业等，一味地让孩子学习，而忽视了孩子爱玩乐的天性。作品意在表达学习和玩乐是相辅相成、同等重要的两方面，两者就像天平两端的砝码，只要拿掉其中一边，另一边就会掉下去，导致失衡。

作品希望借此表达不要片面地追求学习而认为玩乐是孩子不努力、不用功的表现；只有让孩子在玩乐中学习，在学习中成长，两者达成平衡，孩子才可以走得更远，有更好的表现。

9.5.2　学习引导

本案例学习引导图如图 9-72 所示。

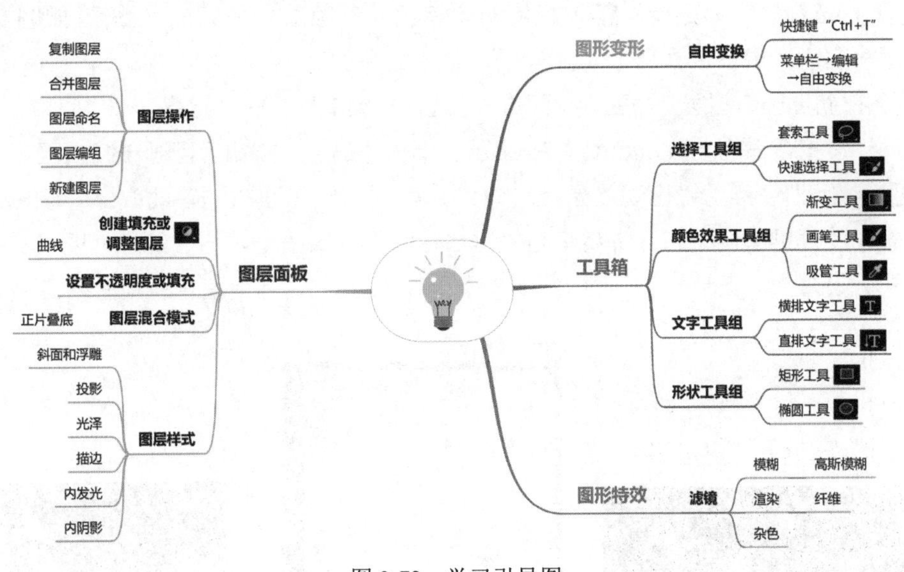

图 9-72　学习引导图

9.5.3　创作步骤

1. 新建文件

文件名为“平衡点”，尺寸为 1890 像素 ×1417 像素，分辨率为 300 像素 / 英寸，背景为白色。

2. 制作黑板背景

步骤 1 选中“背景”图层，图层命名为“黑板”，选择“渐变工具”，在工具栏选择“线性渐变”，单击“渐变编辑器”，设置渐变颜色条为深绿色过渡（左边色标参考值 #061806，右边色标参考值 #052a00），如图 9-73 所示。

步骤 2 选择“菜单栏”→“滤镜”→“杂色”→“添加杂色”选项，设置合适的参数（参考“数量”为 7.73%），如图 9-74 所示，给“黑板”图层添加杂色滤镜效果。

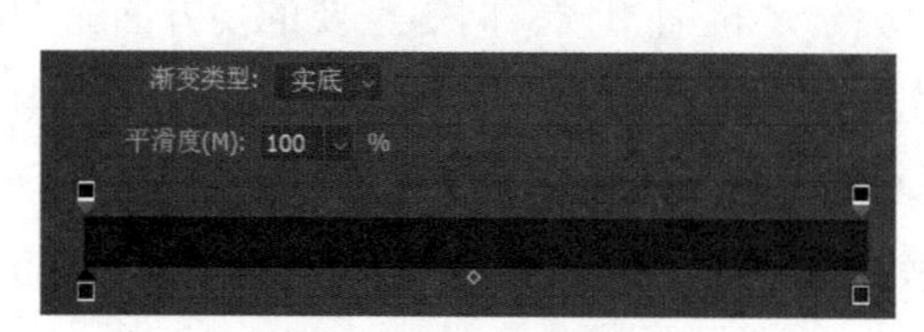

图 9-73 设置渐变颜色

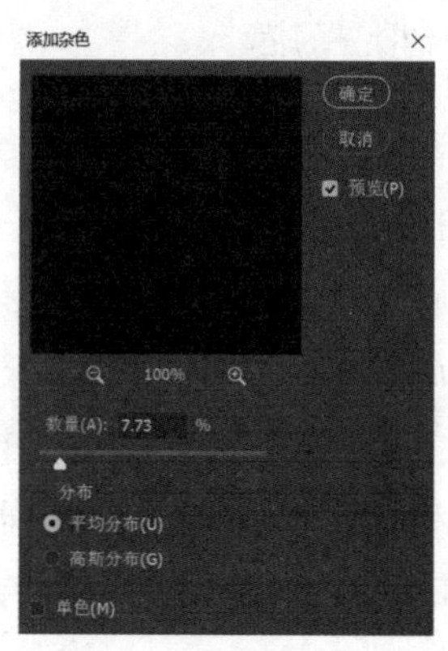

图 9-74 设置“杂色”滤镜

3. 制作讲台台面

步骤 1 选择“矩形工具”，绘制一个棕色（参考值 #4e393a）矩形，如图 9-75 所示，图层命名为“讲台台面”。

步骤 2 新建一个图层，命名为“纤维”，选择“菜单栏”→“滤镜”→“渲染”→“纤维”选项，设置合适的参数，如图 9-76 所示，单击“确定”按钮返回画布编辑区。

步骤 3 因为纤维滤镜出现的是竖向条纹，可采用旋转画布或者截取部分区域进行旋转的方式，使纤维横向分布，并将其与“讲台台面”区域重叠，将“纤维”图层的“图层混合模式”设置为“正片叠底”，如图 9-77 所示，使其与讲台台面色调相融合。

图 9-75 绘制矩形

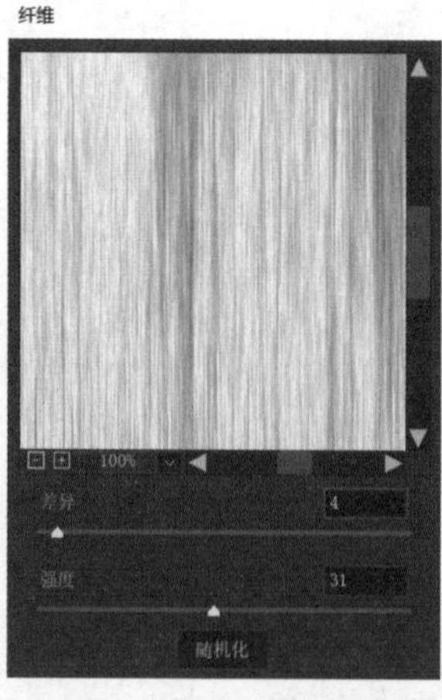

图 9-76 设置“纤维”滤镜

图 9-77 设置“正片叠底”模式

步骤 4 选中“纤维”图层和“讲台台面”图层，右击，在弹出的菜单中选择“合并图层”选项，图层命名为“讲台台面”，双击该图层，进入“图层样式”对话框，添加“内阴影”“投影”效果，设置合适的参数，如图 9-78 和图 9-79 所示，效果如图 9-80 所示。

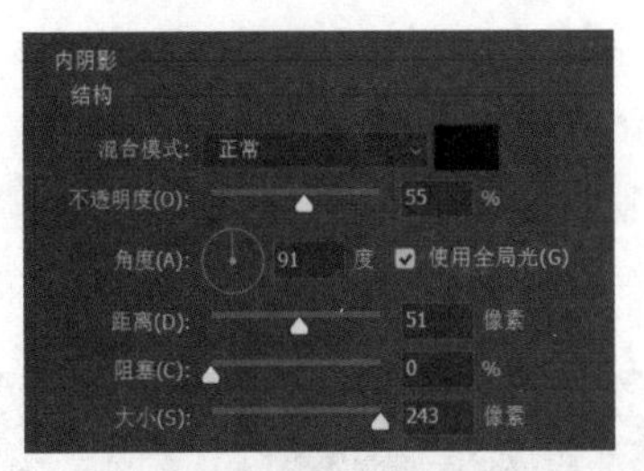

图 9-78　设置“内阴影”

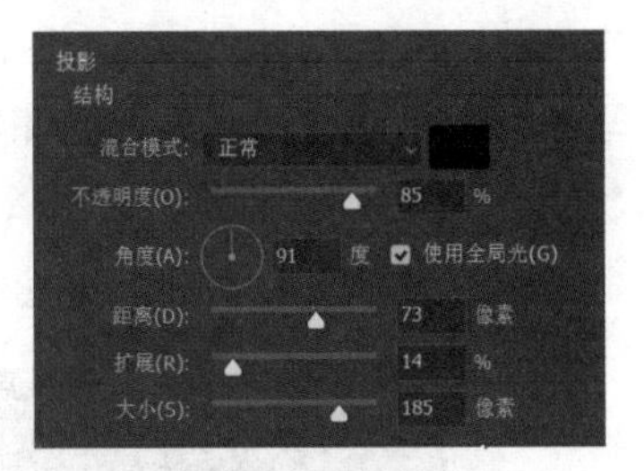

图 9-79　设置“投影”

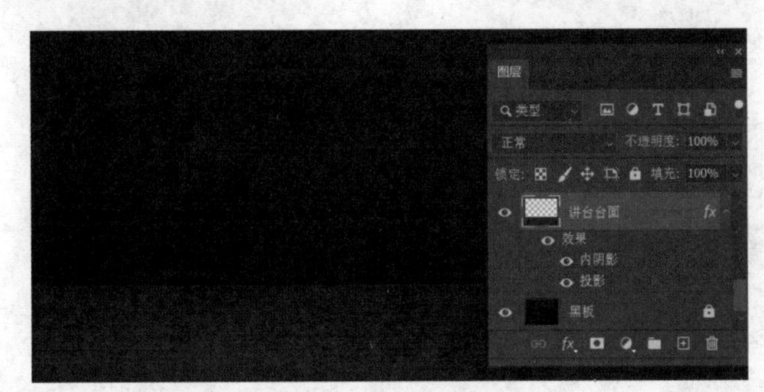

图 9-80　讲台台面效果图

4.“圆规”的效果设置

步骤 1 置入抠像后的“圆规”素材，图层命名为“圆规”，放至黑板顶端，使用“变换”的“变形”操作调整其张开角度。

步骤 2 添加“曲线”调整图层，设置相关参数，单击“属性面板”的■按钮，如图 9-81 所示，使“圆规”和整体色调更协调。

步骤 3 双击“圆规”图层，在“图层样式”对话框中添加“内阴影”效果，如图 9-82 所示。

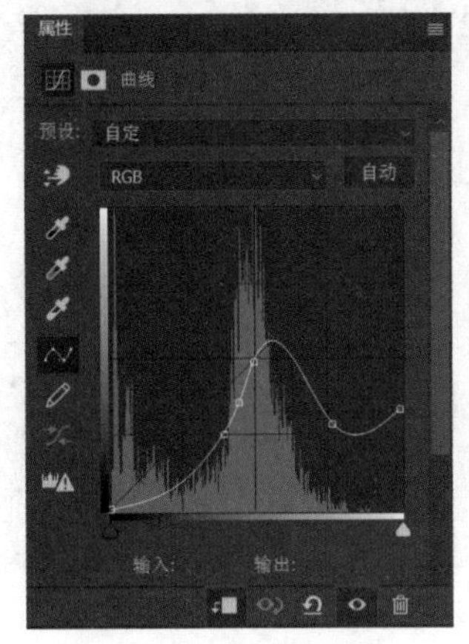

图 9-81　设置“曲线”

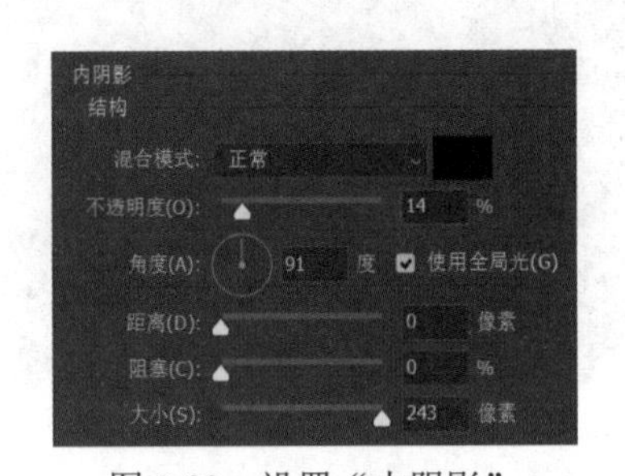

图 9-82　设置“内阴影”

5. 制作锁链

步骤 1 选择“文字工具”，输入数字“0”，将“文字”图层栅格化，添加“斜面和浮雕”图层样式，使之具有金属质感。

步骤 2 选择“套索工具”，选取“0”的一部分作为锁链的两端连接处，依次垂直排列，处理好后合并锁链图层，效果如图 9-83 所示。

步骤 3 复制“锁链”图层，按“Ctrl+T”快捷键进入“自由变换”，调整锁链大小和角度，添加“光泽”图层样式，设置合适的参数，制作四个“锁链”图层，如图 9-84 所示。

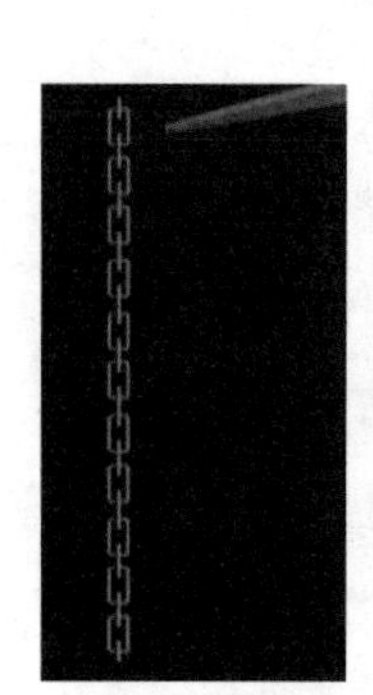

图 9-83　制作锁链

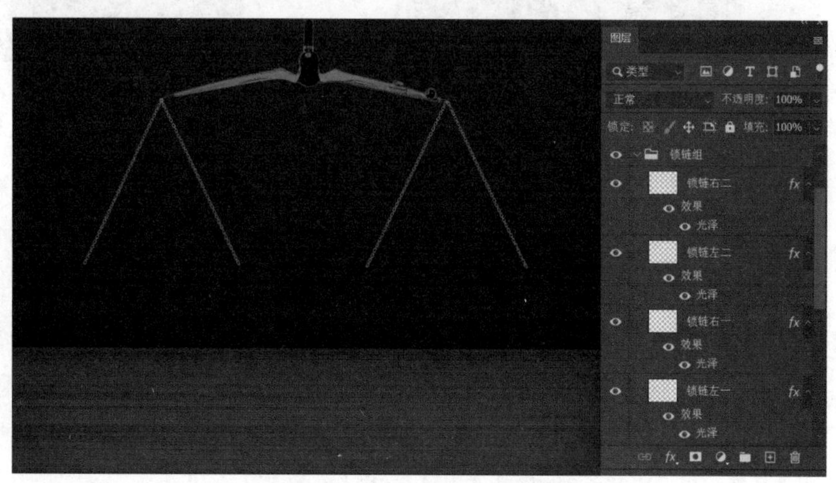

图 9-84　调整锁链位置和角度

6. 制作“称台”

选择“圆角矩形工具”（或“矩形工具”）绘制“称台”，颜色自定，设置“纤维滤镜”效果，添加“内发光”和“投影”图层样式，参数设置如图 9-85 和图 9-86 所示。复制“称台”图层，并移动至合适位置，如图 9-87 所示。

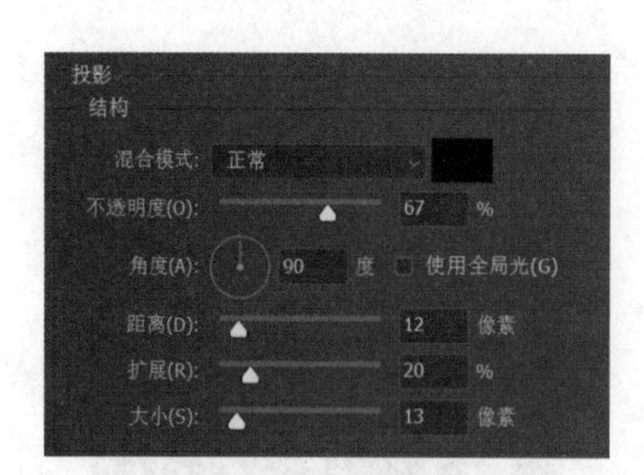

图 9-85　设置“投影”

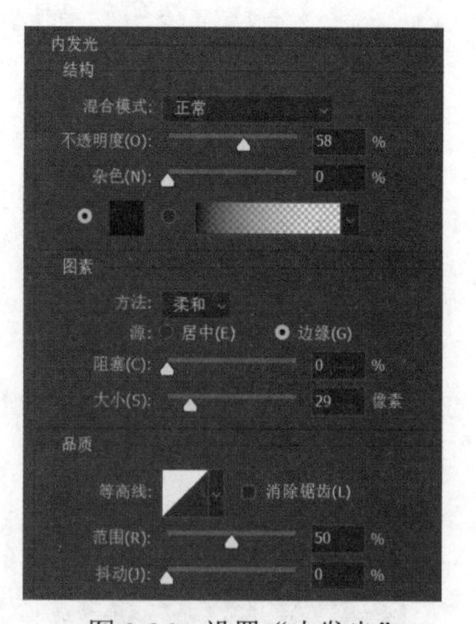

图 9-86　设置“内发光”

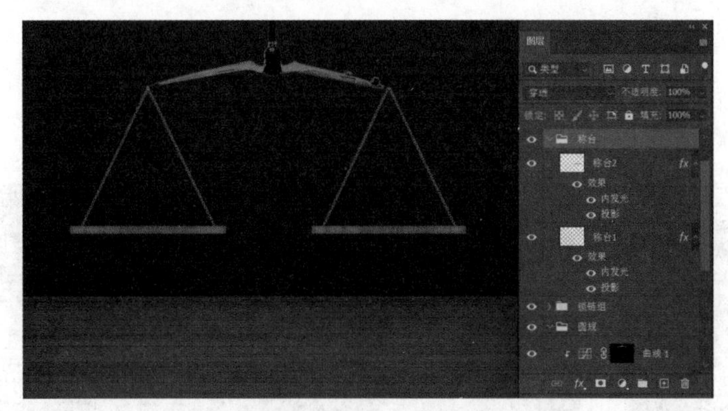

图 9-87 “称台”效果图

7. 制作“字母方块组”

步骤 1 打开“字母”素材，使用“快速选择工具”（或其他选择工具）选取需要的字母方块，移动至主文件画布编辑区的“称台”台面下方，依次排列，如图 9-88 所示。

步骤 2 选中其中一个字母图层，双击图层进入“图层样式”对话框，添加“投影”样式，参数设置如图 9-89 所示，其余字母图层用“拷贝图层样式”设置相同的效果。

图 9-88 排列素材

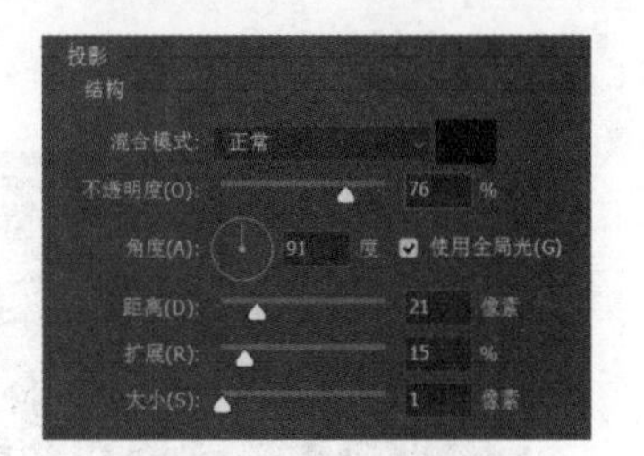

图 9-89 设置“投影”

步骤 3 选择“椭圆工具”绘制椭圆，填充颜色为黑色，栅格化图层，选择“菜单栏”→“滤镜”→“模糊”→“高斯模糊”选项，设置合适的参数，并调整图层的“不透明度”（参考值 25%）。

步骤 4 制作“字母方块组”的阴影，复制图层，放至另一个“称台”底部，如图 9-90 所示。将字母方块组图层编组为“方块组”，阴影图层编组为“底部阴影”。

图 9-90 “字母方块组”效果图

8. 置入“老师”和“学生”素材

分别放至两个“称台”上方，然后分别给两个图层添加“曲线”调整效果，参数如图 9-91 所示，效果如图 9-92 所示。

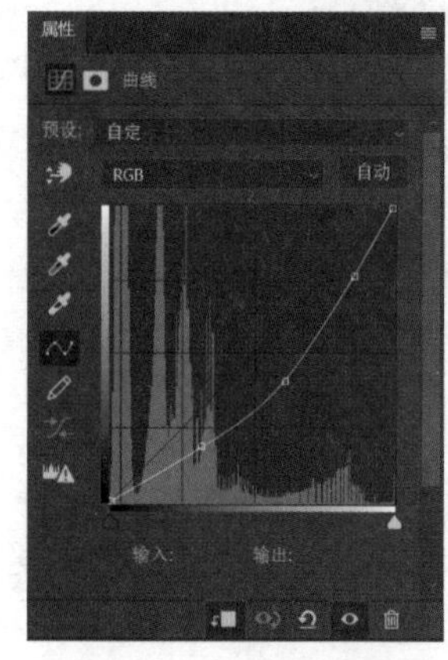

图 9-91　设置“曲线”

图 9-92　效果图

9. 置入“书本”和“玩具”素材

参照上一步设置效果，如图 9-93 所示。

图 9-93　效果图

10. 制作“粉笔字”

步骤 1 选择“横排文字工具” T，输入“学习>玩乐？”，底色用“吸管工具”吸取黑板颜色，栅格化文字图层。

步骤 2 按住“Ctrl”键，单击文字图层的“图层缩略图”，显示文字选区，然后新建一个图层，使用白色“画笔工具” ，设置合适的笔刷和笔刷大小，在该图层上进行一定角度的涂抹（此步骤也可以在文字图层上添加“图层蒙版”进行操作）。

步骤 3 将文字图层的“填充”设置为 0，如图 9-94 所示；添加“描边”图层样式，如图 9-95 所示，以增强粉笔字的效果。

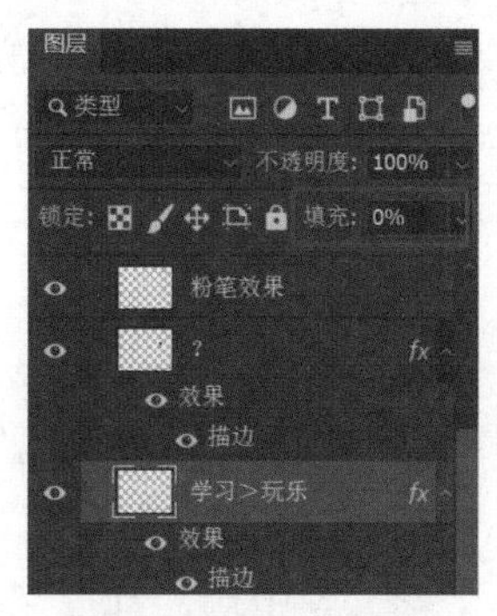

图 9-94　设置“填充”

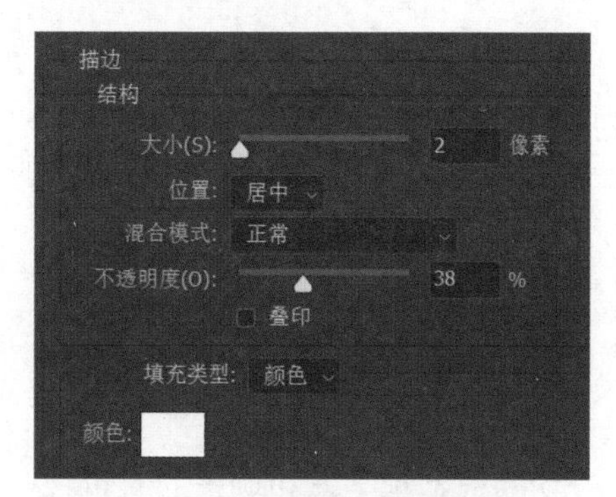

图 9-95　设置“描边”

步骤 4 作品成品如图 9-96 所示。

图 9-96　作品成品效果图

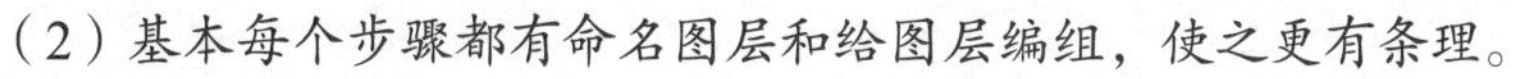

提示

（1）步骤中只展现关键步骤，其中有部分图层样式效果未展示。

（2）基本每个步骤都有命名图层和给图层编组，使之更有条理。

（3）添加“曲线”调整图层时，若要针对某个具体图层有效，则要选择该曲线图层，单击创建剪贴蒙版再来调整曲线。

9.5.4　作品特色

本作品的特色之处首先在于设计想法，将各种文具、教具、教学场景等进行结合，例如：黑板、讲台、圆规、天平、书本等，再结合孩子和玩具来体现学习和玩乐之间的关系。

其次，运用了各种各样的工具和效果，例如：魔棒、快速选择、画笔、渐变、文字、剪切蒙版、曲线、滤镜、高斯模糊、自由变换、操纵变形、投影、光泽、内阴影等，让作品的细节更完善，在颜色、质感上更贴合真实的感觉。

9.5.5 感想与反思

作品将黑板、讲台作为背景来营造课堂环境，利用数学课会用到的圆规作为天平的杠杆，将英文字母积木作为天平秤台的基底，通过代表知识的英文字母和代表游戏的积木，来展示一切的根本是学习和玩乐的有机统一——玩中学、学中玩，有意义的学习就是玩乐，有目的的玩乐就是学习。其中用英文字母分别组合成SCHOOL和HOME FUN来表示作为学习环境的学校和作为享乐环境的家。另外，通过“老师＋书本”“孩子＋玩具”的组合再一次强调两者的含义。最后，通过设计有粉笔效果的反问文字——“学习＞玩乐？”，来表达“学习”并不大于“玩乐”的事实。

创作从构思主题、选择素材到实际操作中都遇到了不少困难，无法达到期望中的效果。例如：抠图不够精细，通道、蒙版的使用相对复杂、不熟悉（所以转而使用“魔棒工具”和“快速选择工具”来抠图），各种效果的叠加不够理想，等等。虽对作品细枝末节反复雕琢，让大部分道具看起来有质感，呈现了相对较好的感觉，但笔者觉得还是需要提高自己的水平去达成更理想的效果。

这次作品创作为我们在制作、思维创新以及审美等方面都积累了经验，相信未来经过不断的学习，创作能够越来越好，更有创新、更有内涵，让所想得到实现，达到期望的效果。

第10章　宣传类其他创作实例

学习目标

（1）熟悉和掌握图层命名、图层编组、图层解锁、调整图层顺序等关于图层的基本操作。
（2）熟悉图层混合模式、添加蒙版、图层样式的设置。
（3）掌握矩形工具、直线工具、椭圆工具等形状工具的操作。
（4）熟悉和掌握魔棒工具、钢笔工具、矩形选框工具、椭圆选框工具等选择工具的操作。
（5）掌握文字工具、画笔工具、渐变工具的设置和使用。
（6）能结合主题熟练进行独立（或小组）综合设计。

本章以宣传类为主题，在前面所学的基础上，起到巩固知识的作用。学习不是为学而学，而是融入一定的兴趣和精神理念，在设计创作中提升艺术鉴赏力、拓宽知识面，达到触类旁通的效果。通过本章的创作案例实践，可以学习到以下知识，知识点分布如图 10-1 所示。

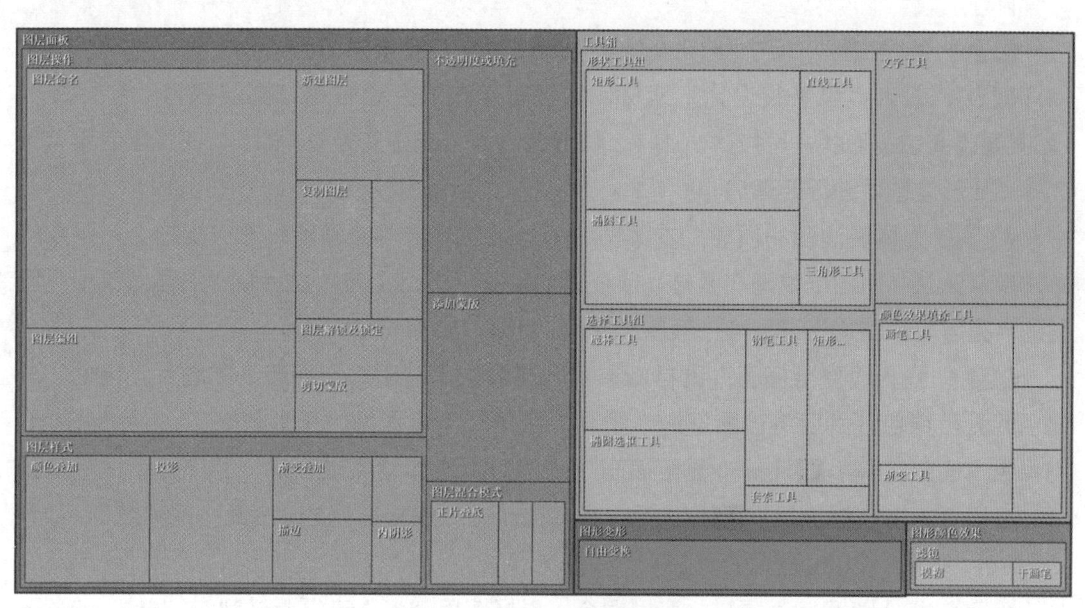

图 10-1　第 10 章知识结构图

10.1　“二十四节气”文创产品设计

10.1.1　创作灵感

本设计以“二十四节气”的“夏至”为主题，对其中的元素加以创作和设计，完成主题帆布包、手机壳和笔记本的平面设计。设计以代表夏天的蓝绿色为主调，用颜色搭配和滤镜来打造夏日独有的清凉感，希望能够让大家感受到夏日的美好，进行文化交流。

第10章
成品及素材

10.1.2 学习引导

本案例学习引导图如图 10-2 所示。

图 10-2 学习引导图

10.1.3 创作步骤

本套设计一共包括 3 个产品，分别为帆布包、笔记本、手机壳。本案例主要以帆布包设计过程为例。设计所用的帆布包素材、手机壳素材、笔记本素材均来源于千图网，请学习者自行下载。

步骤 1 新建文件，尺寸为 1069 像素 ×802 像素，背景为黑色。

步骤 2 置入“包装袋设计”素材，放置在画布的合适位置，图层名为“包装袋”。（如果要改变袋子形状，可按“Ctrl+T”快捷键进入“自由变换”，右击，在弹出的菜单中选择“变形”选项进行处理。）

步骤 3 为体现油画的质感，本案例将“包装袋”与“油画纸纹理”相结合，采用的方法是，置入“油画纸纹理”素材，放在“包装袋”图层上方，然后将“油画纸纹理”图层的“图层混合模式”设置为“颜色加深”，如图 10-3 所示。

步骤 4 置入“夏至插画”素材，本案例选取的是关于二十四节气的图片，因此，总体色调为蓝绿色；然后将该图层的“图层混合模式”设置为“正片叠底”，并添加蒙版，用黑色“画笔工具”涂抹“夏至插画”的四边，增加背景融合感；另外，手提带的部分，可用“矩形选框工具”框选后，按“Ctrl+U”快捷键调整“色相 / 饱和度”，效果如图 10-4 所示。

步骤 5 置入“吊牌”素材，可根据个人喜好使用空白牛皮纸素材制作，再加入文字、图案等元素，按“Ctrl+T”快捷键进入“自由变换”，右击，在弹出的菜单中选择“变形”选项，使其更自然地挂在袋子上，如图 10-5 所示。

步骤 6 置入“拉链”素材，可根据个人喜好制作，参照步骤 5，使其放置得更自然。添加蒙版，用“橡皮擦工具”擦除被袋子覆盖的部分，效果如图 10-6 所示。

步骤 7 为帆布包添加阴影，使其看起来更具立体感：选择“矩形工具”，在帆布包底部画一个矩形，在工具栏设置无描边，“填充”为“浅灰色到透明”的渐变色（浅灰

色的色标参考值 #757777)，色标“不透明度”为 90%，如图 10-7 所示，然后在矩形区域内绘制帆布包的底部阴影，效果如图 10-8 所示。

图 10-3　设置“图层混合模式”

图 10-4　置入素材

图 10-5　制作吊牌

图 10-6　制作拉链

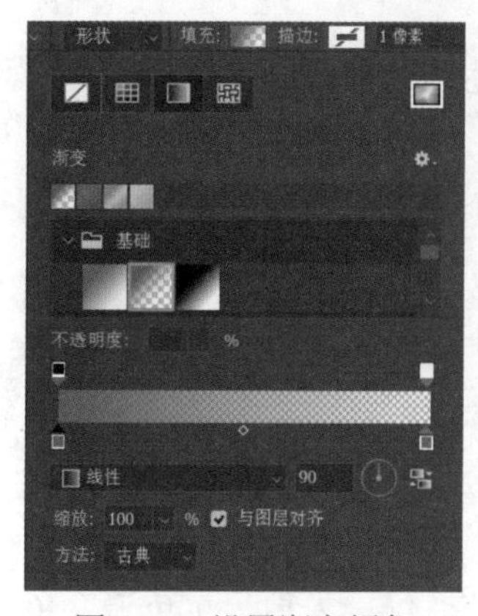

图 10-7　设置渐变颜色

图 10-8　绘制“底部阴影”

步骤 8 参照步骤 7，为帆布包的右侧边添加阴影，如图 10-9 所示。

步骤 9 在设计图底部加上文字“Jennie’s Design Club”，设置合适的字体、字号和颜色，以此来标识设计者，效果如图 10-10 所示。

步骤 10 参照帆布包的制作步骤，本案例还设计了笔记本和手机壳，如图 10-11 和图 10-12 所示。

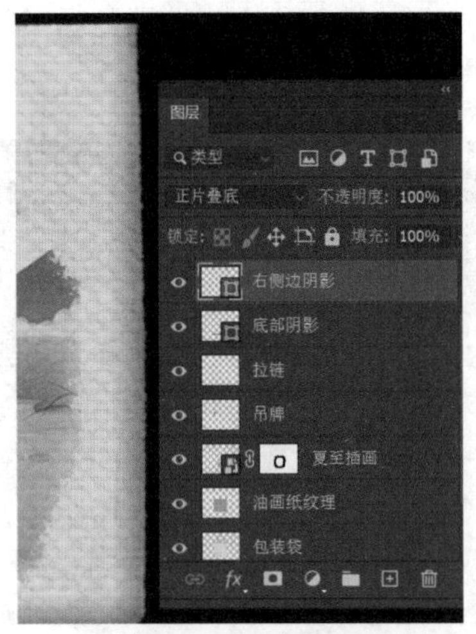

图 10-9　绘制侧边阴影

图 10-10　作品成品效果图

图 10-11　笔记本效果图

图 10-12　手机壳效果图

10.1.4　作品特色

（1）在制作帆布包、手机壳和笔记本时，由于材质不同，色彩也有不同设计。

（2）产品添加了特别设计的牛皮纸吊牌和文字 Logo，具有一定的特色。

（3）考虑到立体感的体现，对不同产品添加了不同形式的阴影并加以调整，注重运用自由变换展现物品的真实状态。

（4）在设计中体现了实用性原则。比如包袋的形状设计为上窄下宽，增加容量，手机壳的镜头保护设计，符合手机用户的审美与安全双需求。

（5）注重细节处的处理。比如帆布包拉链没有选择常见的金属拉链，风格整体上没有脱节。

（6）色彩的搭配和运用很好地烘托了主题。3 个产品均以蓝、绿、米白为主色调，色系搭配上利用取色器互相参考呼应，每一处色彩运用都在表现夏天的主题。

10.1.5　感想与反思

（1）不同材质对于颜色的展现效果是不一样的，颜色和材质都会影响产品的风格体现。

（2）设计产品时，每个细节都要围绕主题风格进行创作和修改。

（3）能自己动手就不要找素材！那些小细节、小心机、小设计恰恰是使自己的设计和别人不同的关键，而且自己设计每一个细节也能够很好地锻炼动手能力。同时，自己也会慢慢拥有一个自己的原创素材，原创是最重要的。

（4）设计需要灵感和热爱。在设计本套产品之前，笔者本来打算做一张海报，但做了很多次都不满意。于是笔者结合日常生活和兴趣，选取自己喜欢的题材，遇到不懂的问题就积极搜索资料，因为热爱迸发出很多灵感，也不会觉得枯燥。

（5）Photoshop 操作需要多训练。多训练才能熟练，从最开始笔者连缩放都用鼠标一点点挪动，到最后可以随时定在想要的区域、熟练掌握各种快捷键，这个过程经过了大量的练习。光停留在看教学视频的阶段是不够的。

10.2　书籍广告海报设计

10.2.1　创作灵感

这是一张介绍书籍的设计海报，为了更好地对书籍进行宣传，笔者根据书籍的内容、风格、用途等进行适当的搭配设计，突出书籍的卖点，让读者对于书籍有一个初步的印象。

10.2.2　学习引导

本案例学习引导图如图 10-13 所示。

图 10-13　学习引导图

10.2.3　创作步骤

步骤 1　新建文件，文件名为“书籍广告海报”，尺寸为 1892 像素 ×2679 像素，分辨率为 300 像素 / 英寸，背景为白色。

步骤 2　置入“水墨磨砂背景”PSD 素材，调整大小和位置，智能对象图层名为“水墨磨砂背景”。

步骤 3　置入“书籍”图片，调整位置和大小，图层命名为“书籍”，双击该图层，进入“图层样式”对话框，添加“投影”样式，设置颜色为深黄色（参考值 # 9b4700），如图 10-14 所示，效果如图 10-15 所示。

步骤 4　选择“横排文字工具” T 和“直排文字工具” IT，分别输入书名等文字信息，设置字体、大小、行间距等；双击英文 Photoshop 文字图层，进入“图层样式”对话框，添加“描边”“投影”样式，参数设置如图 10-16 和图 10-17 所示；其他文字信息同样设置合适的“图层样式”。

步骤 5 选择“直线工具” 对文字进行间隔，效果如图 10-18 所示。

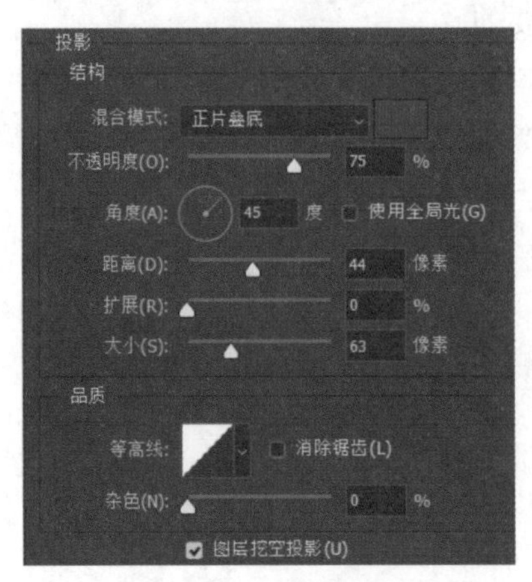

图 10-14 设置“投影”

图 10-15 置入素材

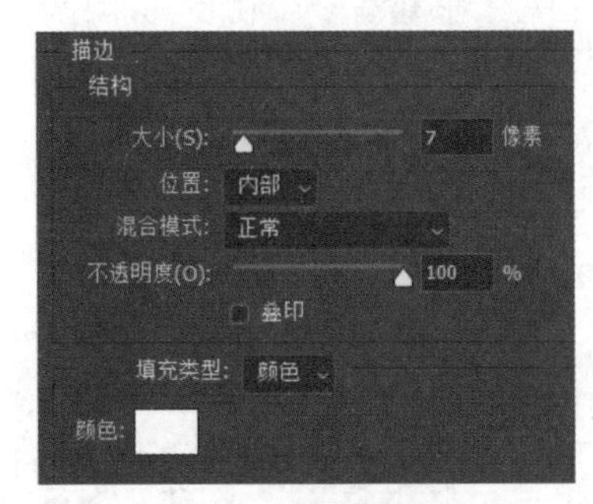

图 10-16 设置“描边”

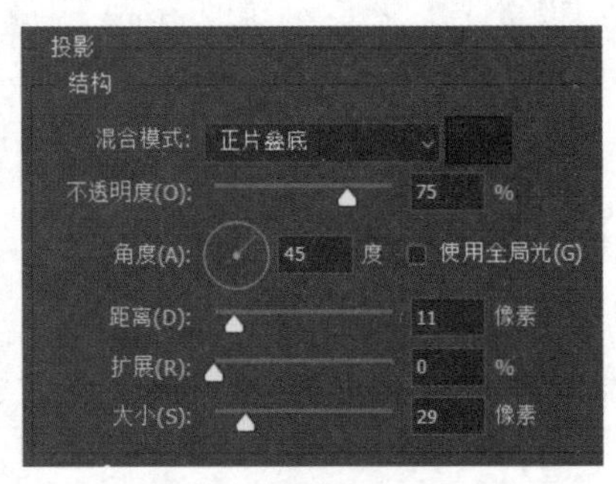

图 10-17 设置“投影”

图 10-18 效果图

步骤 6 选择“矩形工具” ，绘制一个适当大小的矩形，单击界面右侧的“属性面板”（或选择“菜单栏”→“窗口”→“属性”选项），在“外观”栏设置左上角和右下角的弧度，均为 0.58 厘米，并单击“链接”图标 （关闭“链接” ），填色为 #42549a，如图 10-19 和图 10-20 所示；然后用“直排文字工具”输入文字，效果如图 10-21 所示。

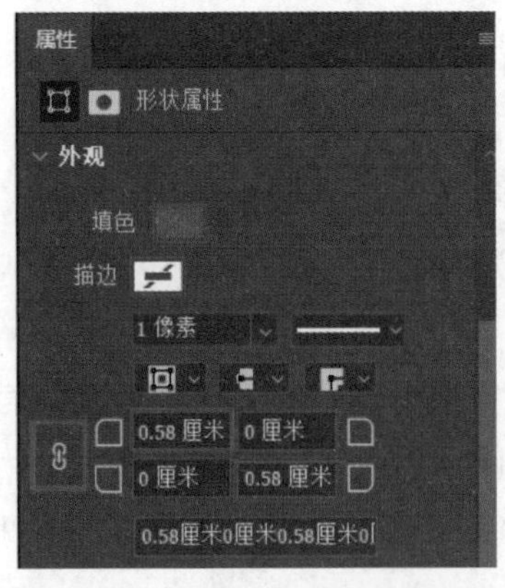

图 10-19 设置“矩形工具”外观

图 10-20 绘制形状

图 10-21 效果图

步骤 7 选择“矩形工具”，绘制 2 个矩形形状，形状填充颜色分别为红色（参考值 #42549a）和蓝色（参考值 # 42549a），置于海报右下角，用“横排文字工具”输入文字并设置文字格式。

步骤 8 作品成品如图 10-22 所示。

图 10-22　作品成品效果图

10.2.4　作品特色

对“投影”图层样式的使用，使标题文字更加立体。

10.2.5　感想与反思

书籍广告是在书店、线上线下图书馆经常可以见到的，虽然电子书籍占据了大部分市场，但是仍有读者喜欢阅读纸质书籍，所以更好地宣传纸质的书籍非常重要。做书籍广告海报，需要对书籍的内容、卖点等进行合理的分析，在海报上突出重点，让人们看到这个设计就能够对于书籍的卖点有初步的了解。

另外，做这张海报也提高了笔者对颜色的搭配能力、素材的搜索运用能力和软件功能的运用能力，让笔者的自主创作能力有了一个很大的突破。

10.3　“广府广味”手机界面设计

10.3.1　创作灵感

在手机终端受众越来越多的时代里，笔者希望通过手机主题的应用，推进广府文化的展示与传播。

10.3.2 学习引导

本案例学习引导图如图 10-23 所示。

图 10-23　学习引导图

10.3.3 创作步骤

1. 制作广府特色图标

本节运用的元素有广州塔、西关大屋、北京路、上下九步行街、圣心大教堂、红砖厂、中大和暨大校门，都是使用“形状工具组”“选框工具组”“钢笔工具组”等绘制的，效果如图 10-24 至图 10-29 所示。

2. 制作手机锁屏界面

（1）新建文件，参考尺寸为 640 像素 ×1136 像素，分辨率为 300 像素 / 英寸，背景色为白色。

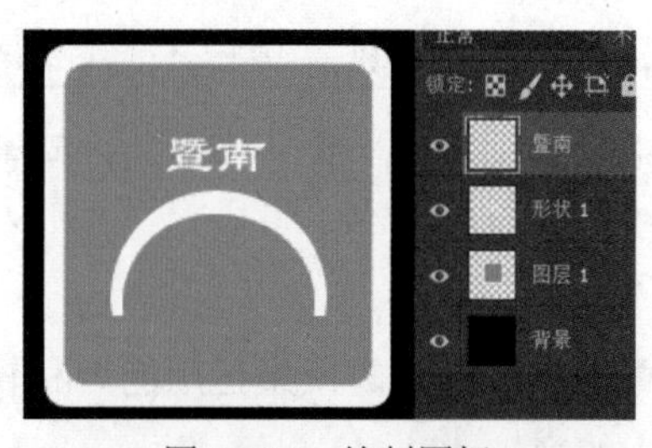

图 10-24　绘制图标 1

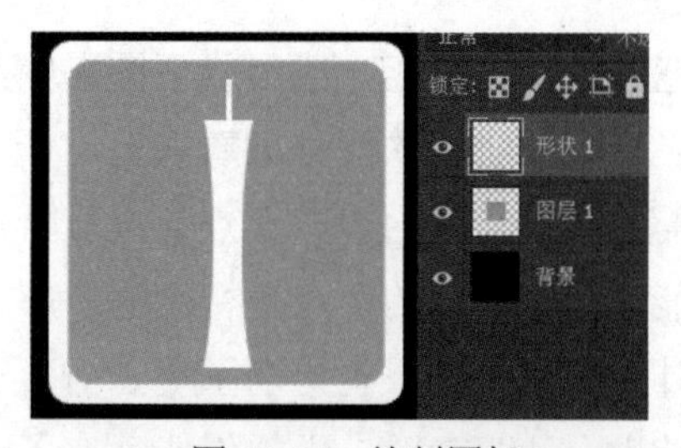

图 10-25　绘制图标 2

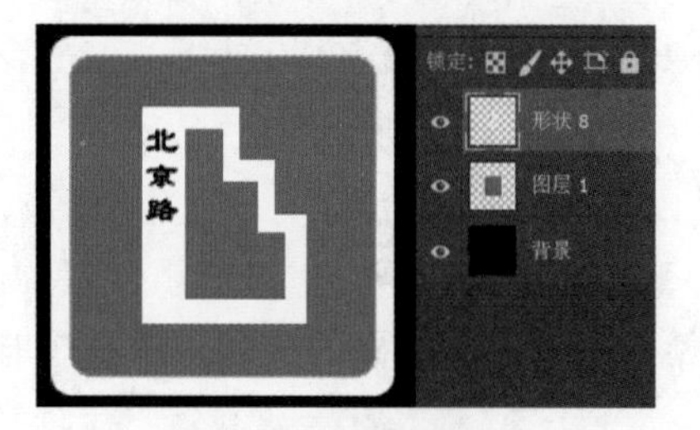

图 10-26　绘制图标 3

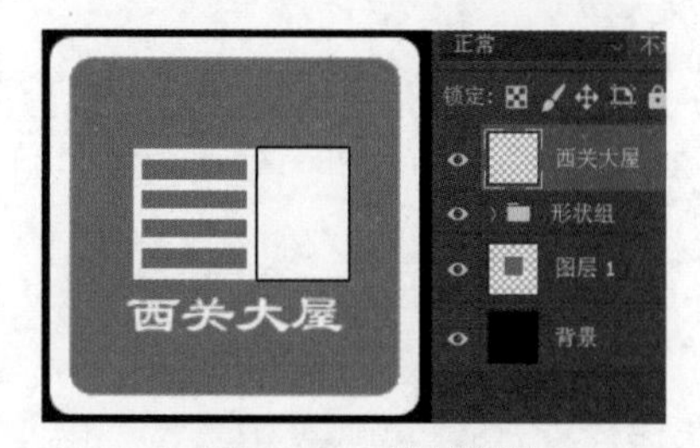

图 10-27　绘制图标 4

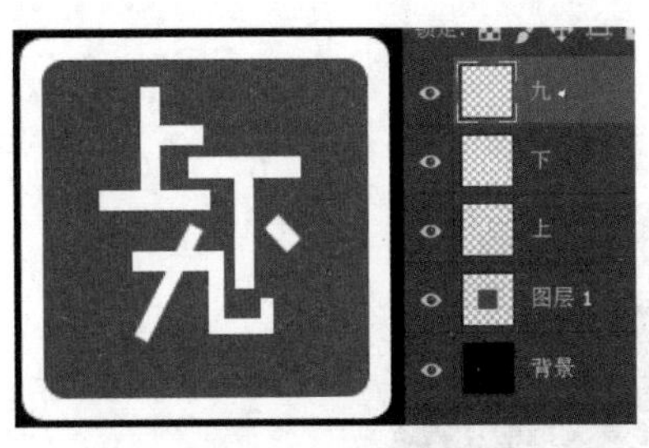

图 10-28　绘制图标 5

图 10-29　绘制图标 6

（2）选择“渐变工具”■制作渐变背景，渐变色参考值为绿色（#72d39c）到蓝色（#79b1d5）的线性渐变，如图 10-30 所示。

（3）置入具有广府特色的地标性建筑，设置“图层混合模式”为“正片叠底”。采用图层蒙版、自由变换等操作，增加几个展示广府风光带圆环修饰的图片，添加相关文字，设置如图 10-31 至图 10-33 所示，效果如图 10-34 所示。

图 10-30　制作渐变背景

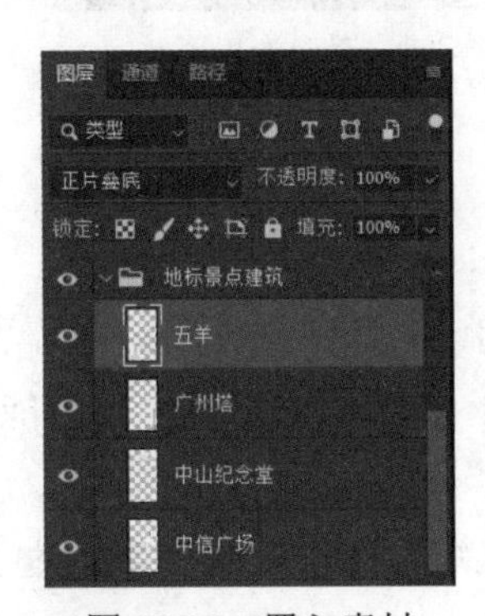

图 10-31　置入素材

图 10-32　设置“投影”样式

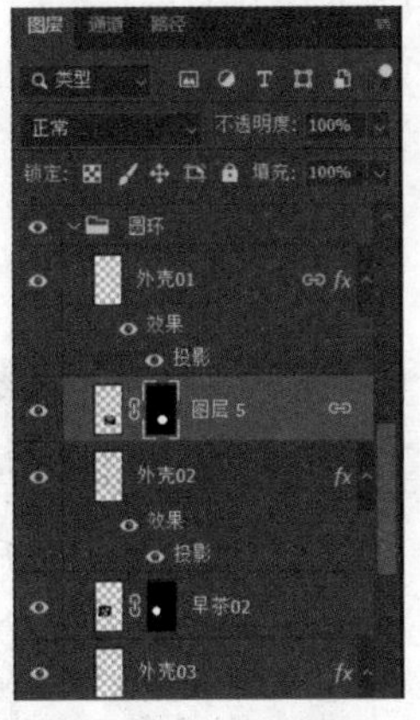

图 10-33　添加蒙版

图 10-34　锁屏界面效果图

3. 制作手机主页界面

（1）新建文件，在白色背景上绘制蓝、绿两种颜色区，使用滤镜的“高斯模糊”使之变成渐变色背景。

（2）置入图标素材，复制图层，调整位置及大小，修改图层“不透明度”，选择“矩形工具”绘制电话和信息栏。

（3）界面效果如图 10-35 所示。

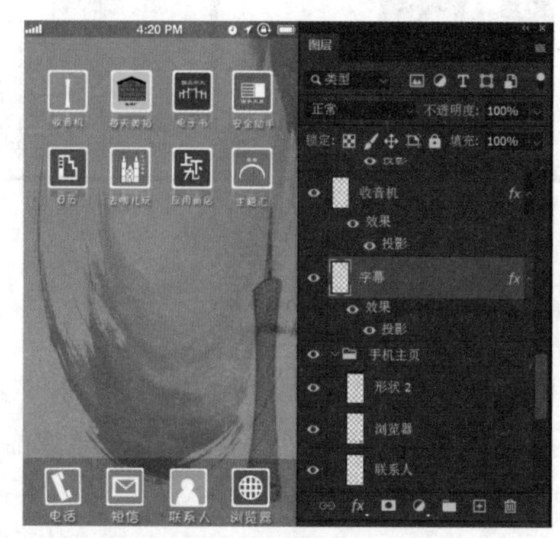

图 10-35 “手机主页”效果图

4. 制作手机快捷任务栏界面

（1）打开前面制作的手机界面图（JPG 格式）。

（2）新建图层，将图层填充为黑色，修改“不透明度”，制作背景变暗的效果。

（3）复制“背景”图层，调整到所有图层最上方，转换为智能对象图层，选择“菜单栏”→“滤镜”→“模糊”→“高斯模糊”选项，设置相关参数。

（4）选中“背景 拷贝”图层，选择“矩形选框工具”，框选从顶部往下约三分之一的区域，然后添加“图层蒙版”，制作出其余部分模糊化的任务设置栏。

（5）选择“矩形工具”、“椭圆工具”等绘制任务栏的图标。

（6）界面效果如图 10-36 所示。

5. 制作手机短信编辑界面

可参照前面的制作方法，界面效果如图 10-37 所示。

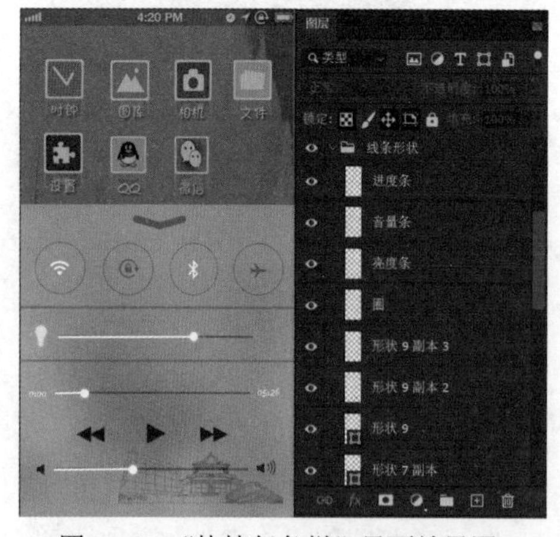

图 10-36 “快捷任务栏”界面效果图

图 10-37 短信编辑界面效果图

6. 制作“去哪儿玩”特色应用界面

（1）背景图片采用滤镜处理，选择“菜单栏”→“滤镜”→“滤镜库”→“艺术效果”→“干画笔”选项，设置相关参数，形成油画风格，如图 10-38 和图 10-39 所示。

（2）其他素材参照以上步骤，圆环的制作具体步骤与锁屏界面的制作步骤相同，效果如图 10-40 所示。

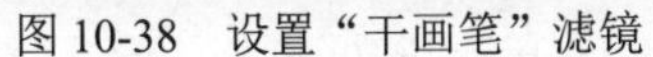

图 10-38　设置“干画笔”滤镜

图 10-39　滤镜效果图

图 10-40　界面效果图

也可按个人喜好制作其他相关界面。

10.3.4　作品特色

采用年轻人喜欢的、广泛接受的手机主题，渗透广府特色文化，以达到传播广府文化的目的。

10.3.5　感想与反思

经过对 Photoshop 的学习，笔者的创作欲望增强了，也找到了更多表达自己想法的方法。在设计中，由于自身画图技术的不成熟，还有许多广州地标式的建筑没有增加进去，这是一个非常遗憾的地方，以后会继续努力提高。

另外，一个很重要的启示是，对于我们的优秀传统文化，我们应该学会选择现代年轻人普遍接受的、受欢迎的方式进行弘扬和传承，为其注入新的活力。

10.4　“喜迎元旦”海报设计

10.4.1　创作灵感

这是一张庆祝元旦节的海报，利用枣红色作为背景色，纹理减少不透明度，增加层次感，主题文字使用箔金剪切蒙版，再使用选框工具删除“2023”的一部分，再放上“喜迎元旦”四个字，文字摆放是左右对称，利用辅助线更好地进行文字排版，使整个版面更加有设计感。

10.4.2 学习引导

本案例学习引导图如图10-41所示。

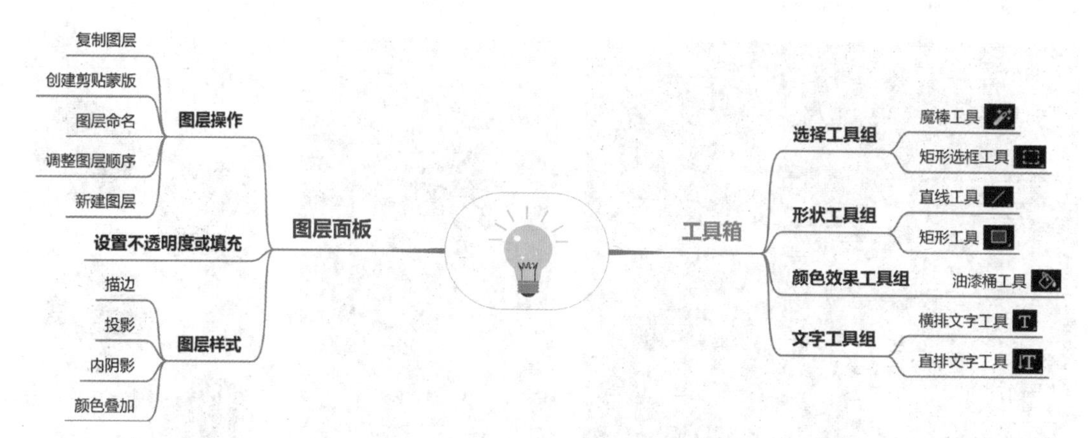

图10-41　学习引导图

10.4.3 创作步骤

步骤 1 新建文件，文件名为“元旦节海报”，尺寸为4600像素×7200像素的文档，分辨率为300像素/英寸，背景为白色。

步骤 2 单击“新建图层”，选择“油漆桶工具”将图层填充为红色（参考值#cc030d）；双击该图层，进入“图层样式”对话框，添加“内阴影”样式，设置颜色为深红色（参考值#651c1c），如图10-42所示，使背景颜色加深。

步骤 3 置入“祥云纹理”素材，调整位置和大小，图层命名为“纹理”，双击该图层，进入“图层样式”对话框，添加“颜色叠加”样式，设置颜色为浅金色（参考值#cdba91），颜色“不透明度”调整为44%，如图10-43所示；然后调整图层“不透明度”为70%，“填充”为40%，如图10-44所示，整体效果如图10-45所示。（此步骤也可以按个人喜好添加多种图层样式。）

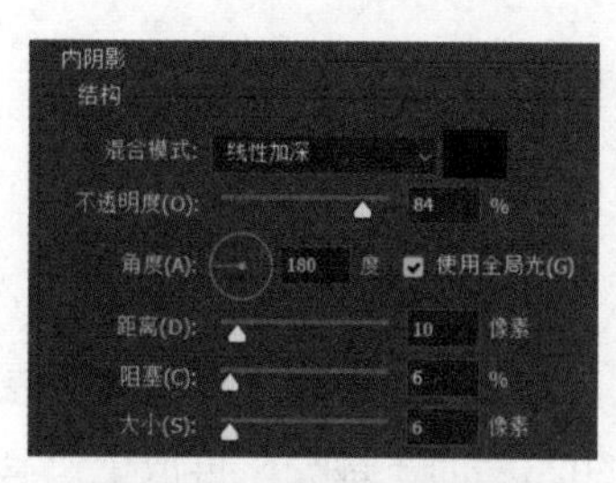

图10-42　设置“内阴影”

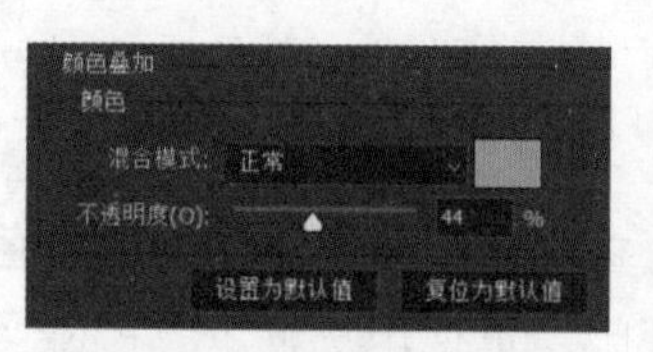

图10-43　设置“颜色叠加”

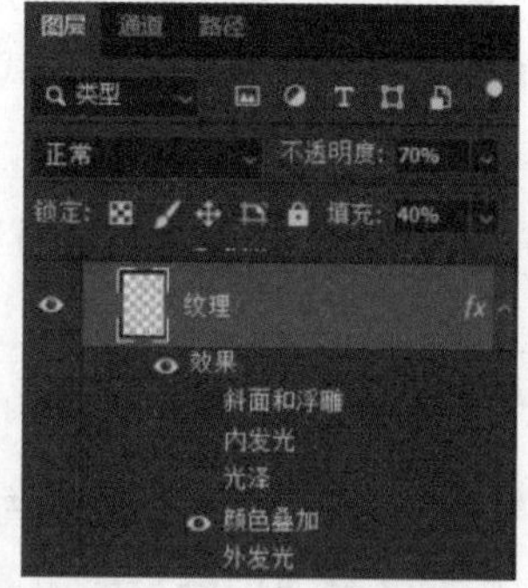

图10-44　设置不透明度和填充

步骤 4 选择“矩形工具”，绘制一个矩形，居中放置，图层名为“形状 1”；双击该图层，进入“图层样式”对话框，添加“描边”和“投影”样式，“描边”颜色为白色（参考值 #ffffff），参数设置如图 10-46 所示；“投影”颜色为红色（参考值 #9c1515），参数设置如图 10-47 所示，效果如图 10-48 所示。

图 10-45　效果图

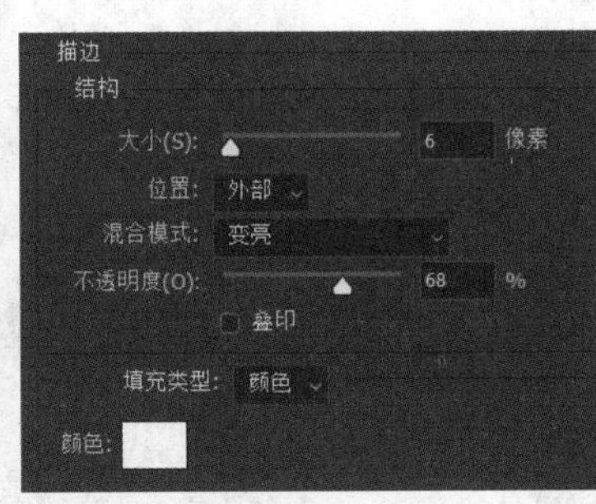

图 10-46　设置“描边”

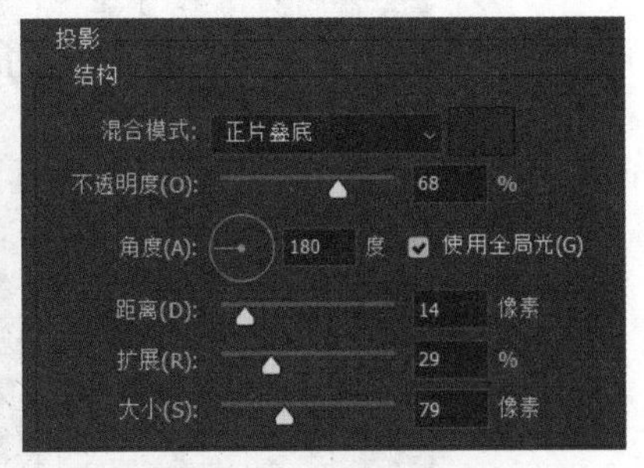

图 10-47　设置“投影”

步骤 5“金箔”文字的制作。

①置入“金箔纹理”素材，调整位置和大小，图层命名为“金箔纹理”，选择“横排文字工具”，分别输入“20”“23”“喜迎元旦”，并将这三个文字图层栅格化。

②选择“矩形选框工具”，将“20”的下面一部分、“23”的上面一部分进行适当裁剪，如图 10-49 所示。

③复制两次“金箔纹理”图层，将复制的图层分别调整到“20”“23”“喜迎元旦”三个文字图层的上方，然后单击“金箔纹理”所在图层，右击，在弹出的菜单中选择“创建剪贴蒙版”选项（每个文字图层需分别设置），则显示为带有“金箔纹理”的文字，效果如图 10-50 所示。

图 10-48　效果图

图 10-49　绘制矩形选框

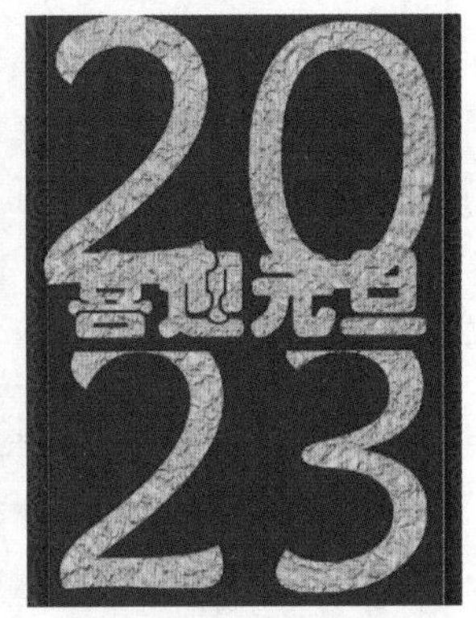

图 10-50　文字效果图

步骤 6 选择“横排文字工具”和“竖排文字工具”，在合适的位置输入海报的其他文字信息，调整文字格式、颜色（参考值 #feebc6）等；然后选择“直线工具”分

别绘制不同的线条，如图 10-51 所示。

步骤 7 置入“兔年剪纸”素材，选择“魔棒工具”选取窗花图形，删除不需要的部分。

步骤 8 作品成品如图 10-52 所示。

图 10-51 添加文字

图 10-52 作品成品效果图

10.4.4 作品特色

（1）对“剪切蒙版”的使用，使主题字“2023 喜迎元旦”更加有质感。

（2）对“选框工具”的使用。利用选框工具删除“2023”的一部分，再放上“喜迎元旦”四个字，更加有设计感。

10.4.5 感想与反思

元旦是我国每一年的第一个节日，也代表着春节即将来临。通过元旦海报设计反映节日喜庆的氛围，选用枣红色作为整个版式的基础色，红色代表喜庆、热情；同时结合纹理特色，增加层次感，利用“创建剪贴蒙版”将金箔剪切到主题文字上，更加能凸显主题字。

10.5 “建党 100 周年”海报设计

10.5.1 创作灵感

这是一张纪念建党百年的设计海报，为了庆祝中国共产党成立 100 周年，利用嘉兴南湖红船作为百年复兴路的“引领者”，从南湖到大洋，从复兴到富强，是征程，更是使命。

10.5.2　学习引导

本案例学习引导图如图 10-53 所示。

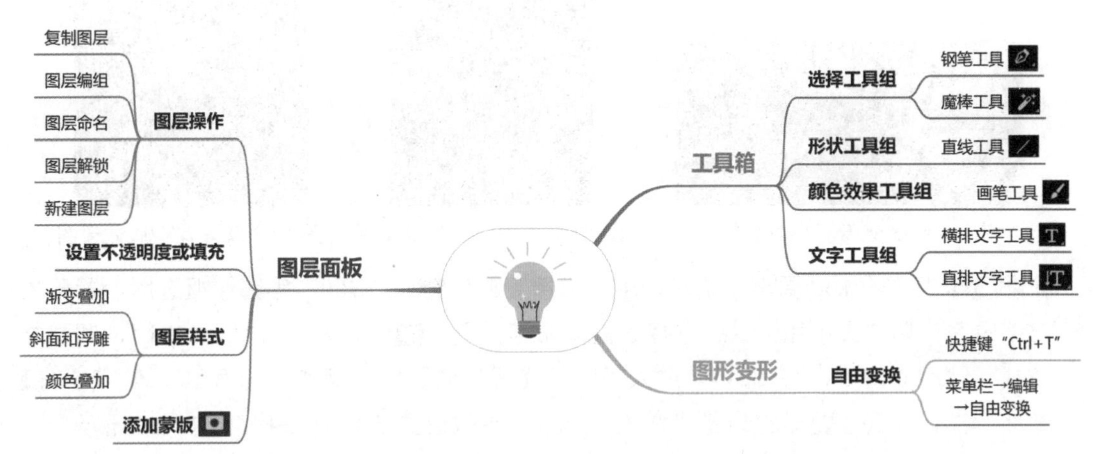

图 10-53　学习引导图

10.5.3　创作步骤

步骤 1　新建文件，文件名为“建党一百周年海报”，尺寸为 4961 像素 ×3508 像素，分辨率为 300 像素 / 英寸，背景为白色。

步骤 2　单击“背景”图层右边的锁图标，解锁背景图层，将图层命名为“背景”。双击“背景”图层，进入“图层样式”对话框，添加“渐变叠加”样式，设置叠加颜色为“鲜红”→“深红”（参考值 #d90106 和 #b00002），如图 10-54 所示，使背景叠加渐变颜色。

步骤 3　置入“丝绸”素材，调整大小和位置，设置图层“不透明度”为 60%，选中“丝绸”和“背景”图层，按“Ctrl+G”快捷键编组，命名为“背景”组，效果如图 10-55 所示。

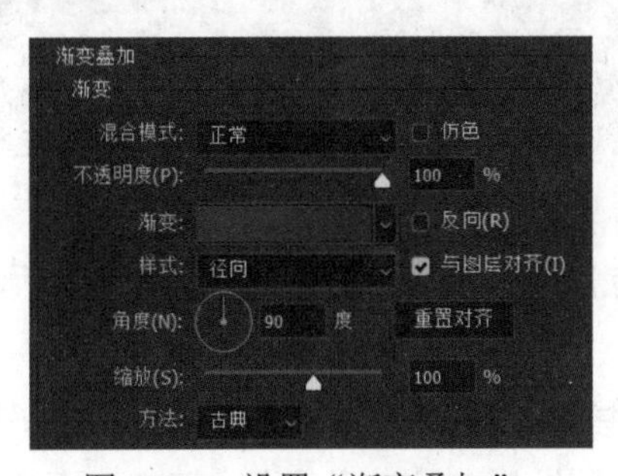

图 10-54　设置“渐变叠加”

图 10-55　效果图

步骤 4　置入“长城”素材，图层名为“长城”，双击该图层，进入“图层样式”对话框，添加“颜色叠加”样式，设置颜色为红色（参考值 #ff0002），颜色“不透明度”为 93%，如图 10-56 所示。

步骤 5　给“长城”图层添加“图层蒙版”，图层“不透明度”设置为 49%，用黑色“画笔工具”进行涂抹，并调整图形大小和位置，效果如图 10-57 所示。

步骤 6 复制“长城”图层，调整位置，也可再涂抹蒙版调整显示区域，效果如图 10-58 所示。

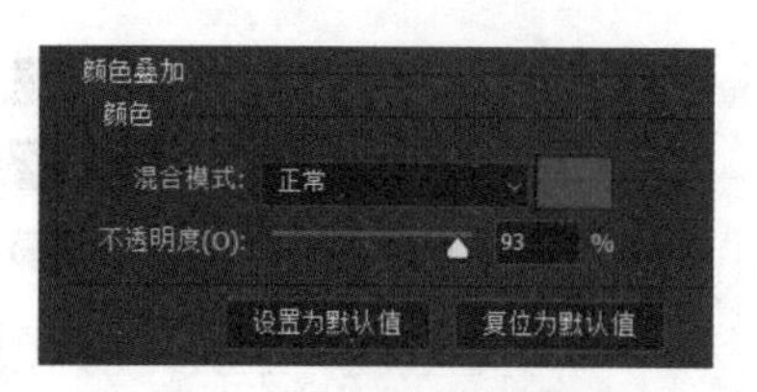

图 10-56 设置“颜色叠加”

图 10-57 填涂蒙版效果图 图 10-58 填涂蒙版效果图

步骤 7 打开“100 周年”素材，用“魔棒工具”将“100”等图像抠选后，置于主画布编辑区，调整大小和位置；选择“横排文字工具”，输入“1921—2021”，调整文字格式；然后双击“100”图层，进入“图层样式”对话框，添加“斜面和浮雕”和“颜色叠加”样式（颜色叠加的参考值为 #ffdc8a），参数设置如图 10-59 和图 10-60 所示，效果如图 10-61 所示，将该步骤的图层编组，命名为“Logo”。

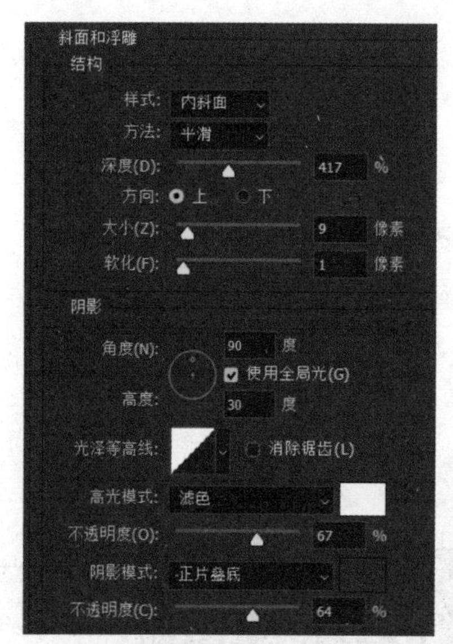

图 10-59 设置“斜面和浮雕”

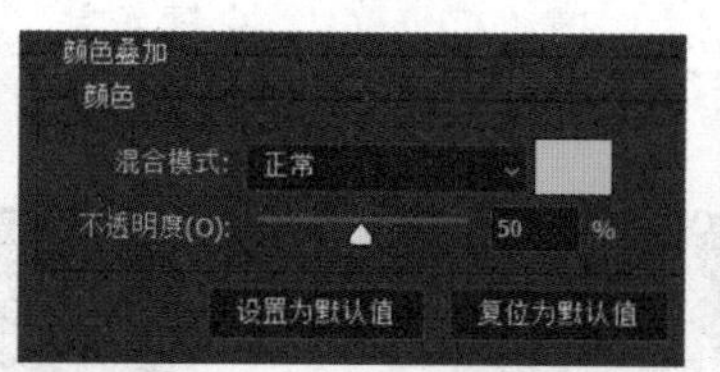

图 10-60 设置“颜色叠加”

图 10-61 效果图

步骤 8 置入“红船”和“白鸽”素材，抠选需要的部分，调整位置和大小；新建图层，选择“钢笔工具”，临摹红船并填充颜色（参考值 # ffdc8a）。（操作该步骤需熟悉钢笔工具，并且比较费时间，如果想节省时间也可以简单绘制或创建“纯色”的剪贴蒙版。）

步骤 9 复制红船图层，按“Ctrl+T”快捷键进入“自由变换”，右击，在弹出的菜单中选择“垂直翻转”选项，调整图层“不透明度”为 10%，制作红船倒影，如图 10-62 所示。

步骤 10 置入“波浪纹理”素材，调整位置和大小，图层名为“波浪”；双击该图层进入“图层样式”对话框，添加“渐变叠加”样式，参数设置如图 10-63 所示，调整图层“不透明度”为 20%。

图 10-62　制作红船倒影

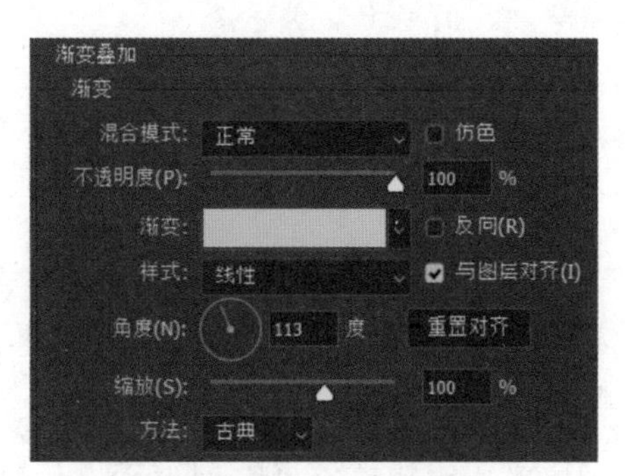

图 10-63　设置“渐变叠加”

步骤 11 给“波浪”图层添加蒙版，用黑色“画笔工具”涂抹，如图 10-64 所示，效果如图 10-65 所示。（如需要效果更精细，可绘制一个红色矩形，设置“颜色叠加”图层样式，添加图层蒙版，在波浪部分稍微涂抹。）

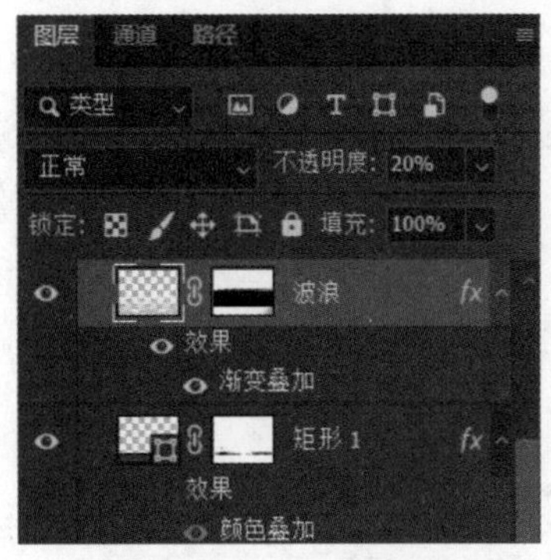

图 10-64　添加蒙版

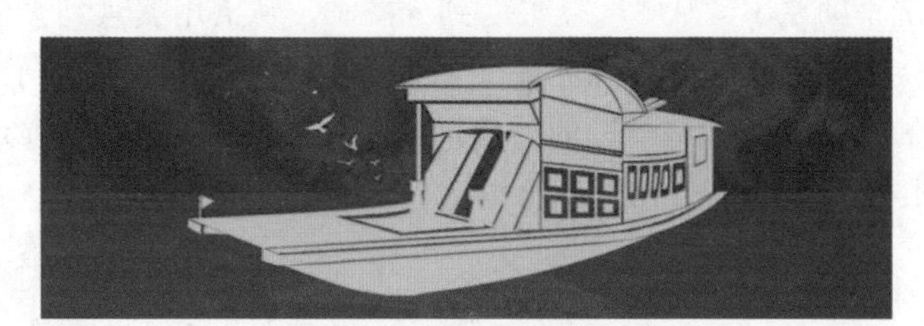
图 10-65　填涂蒙版效果图

步骤 12 选择“横排文字工具”，输入相关文字，并设置文字格式，选择“直线工具”对版式进行装饰。

步骤 13 最后，图层编组，作品成品如图 10-66 所示。

图 10-66　作品成品效果图

10.5.4 作品特色

对“斜面和浮雕”图层样式的使用，使标题字“100”更加有质感、更立体。

10.5.5 感想与反思

弘扬伟大建党精神，应对世界百年未有之大变局。习近平总书记指出:“越是接近民族复兴越不会一帆风顺，越充满风险挑战乃至惊涛骇浪。”我们必须弘扬伟大建党精神，保持良好精神状态，不懈怠、不骄傲，一鼓作气、再接再厉，奋勇向前。

在民族复兴的每一刻，都有共产党人不懈的努力和牺牲，我们应该学习老一辈的革命精神，让“中国号”这艘巨轮继续破浪前行，扬帆远航。

10.6 “公筷公勺”公益海报设计

10.6.1 创作灵感

这是笔者之前参加公益海报活动所做的公筷公勺海报，新冠疫情时期倡导戴口罩，勤洗手勤通风，从“一盘菜”到分餐制，从混用餐具到“个人专属”，所以就想到做一个公筷公勺的海报，推动养成文明健康的饮食习惯。以勺子、筷子为画面中心，用文字围绕的方式形成“勺子”的外形，背景使用防护罩抵御病毒，体现使用公筷公勺减少病毒的传播。

10.6.2 学习引导

本案例学习引导图如图 10-67 所示。

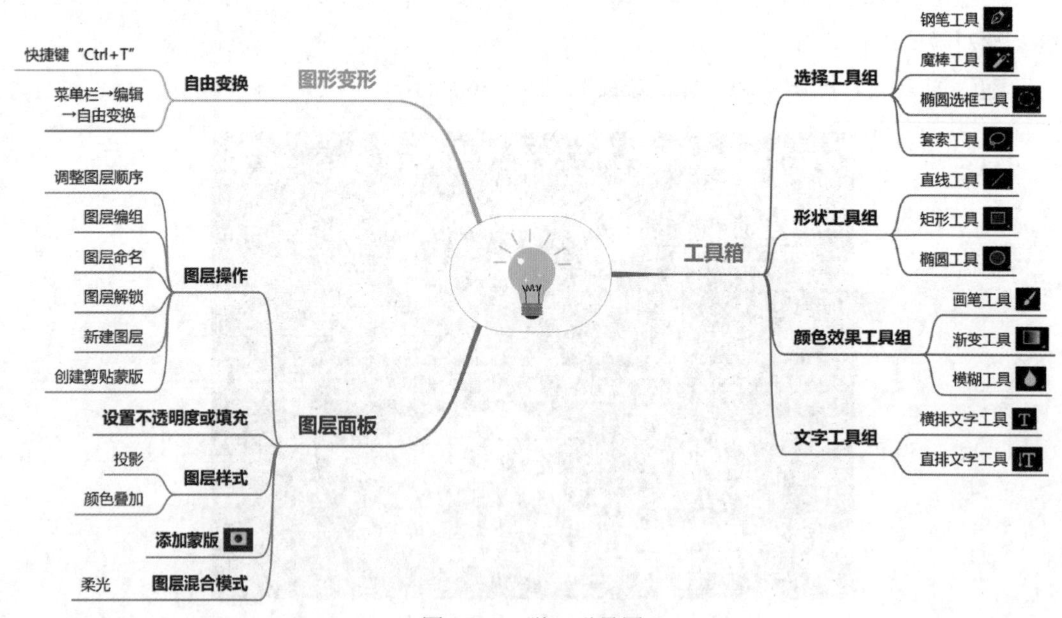

图 10-67 学习引导图

10.6.3　创作步骤

步骤 1 新建文件，文件名为“公筷公益海报”，尺寸为 3508 像素 ×4961 像素，分辨率为 300 像素 / 英寸，背景为白色。

步骤 2 单击“背景”图层右边的锁图标，解锁背景图层，将图层命名为“背景”。双击“背景”图层，进入“图层样式”对话框，添加“颜色叠加”样式，设置叠加颜色为绿色（参考值 #48b7b2），如图 10-68 和图 10-69 所示，使背景叠加颜色。

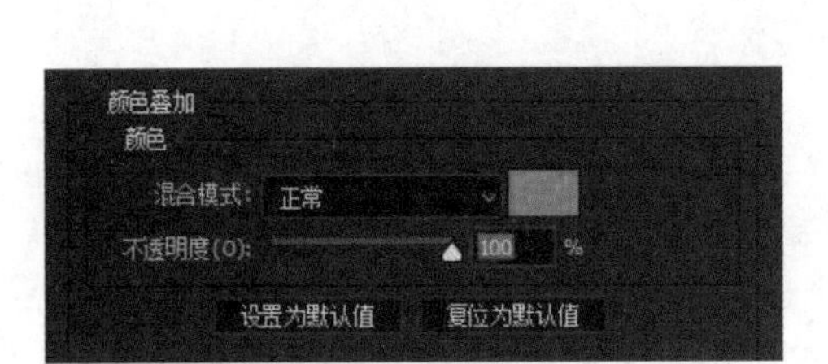

图 10-68　设置“颜色叠加”

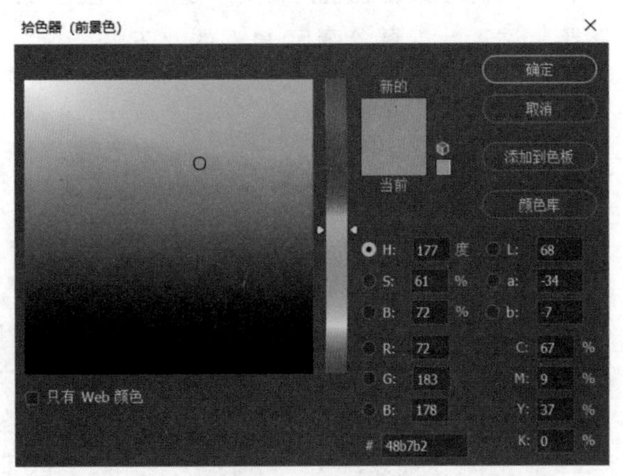

图 10-69　设置颜色

步骤 3 选择“椭圆工具”，画出弧度适中的一个圆形（颜色参考值 #83cecb），图层名为“椭圆 1”，右击“椭圆 1”图层，选择“栅格化图层”选项，选择“椭圆选框工具”，画出合适的弧度，剪裁出左上角的圆弧尖角，如图 10-70 所示；然后复制圆弧尖角所在图层，按“Ctrl+T”快捷键进入“自由变换”，水平翻转圆弧尖角，调整其位置，如图 10-71 所示。

步骤 4 “防护罩”的制作。

①选择“椭圆工具”，画出弧度适中的一个圆形（颜色参考值 #349d98），图层名为“椭圆 2”，并栅格化图层；选择“椭圆选框工具”，画出合适的弧度，剪裁出圆弧，调整其位置；选择“画笔工具”，设置合适的画笔样式及大小，添加在圆弧上，整体效果如图 10-72 所示。

图 10-70　绘制圆弧

图 10-71　复制圆弧图层

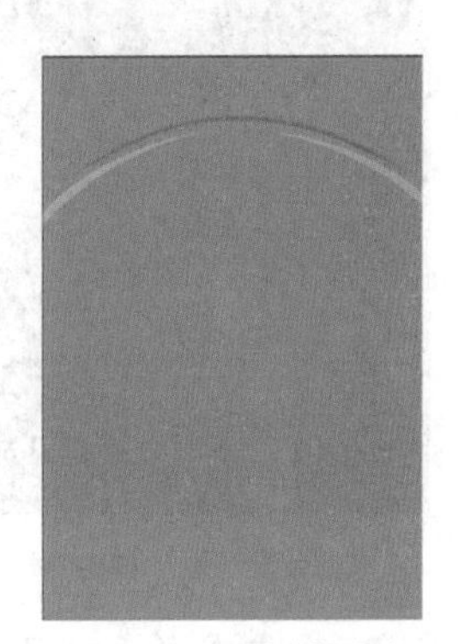

图 10-72　绘制圆弧

②选择“椭圆工具”，绘制一个弧度适中的圆形，图层名为“椭圆 3”；选择“渐变工具”，添加白色渐变，并栅格化图层；然后选择“模糊工具”进行部分区域的模糊，如图 10-73 所示，将该图层的“图层混合模式”设置为“柔光”，效果如图 10-74 所示。

③在“椭圆 3”图层上新建两个图层，图层名为“图层 11”和“图层 12”；选择“画笔工具”，设置合适的笔刷样式、大小、颜色，分别在两个新建的图层上进行描绘。

④根据效果调整图层顺序，选中“图层 12”，右击，在弹出的菜单中选择“创建剪贴蒙版”选项；设置“图层 11”的“不透明度”为 74%、“填充”为 50%，效果如图 10-75 所示。

图 10-73 设置白色渐变

图 10-74 设置“柔光”

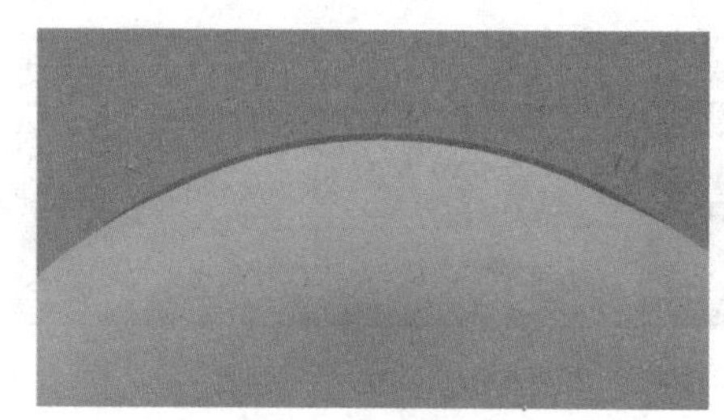

图 10-75 效果图

⑤选中“椭圆 3”“图层 11”“图层 12”3 个图层，按“Ctrl+G”快捷键进行图层编组，命名为“组 5”，给“组 5”图层添加“图层蒙版”，选择“画笔工具”、“椭圆选框工具”，在蒙版上涂抹，如图 10-76 所示。

步骤 5 打开“病毒”素材，选择“魔棒工具”抠出“病毒”主体，如图 10-77 所示，将病毒的图形移至海报画布编辑区，调整大小和位置。复制多个“病毒”图层，设置各图层“不透明度”，增加图形的立体感，如图 10-78 所示，按“Ctrl+G”快捷键进行图层编组，命名为“病毒”。

图 10-76 填涂蒙版

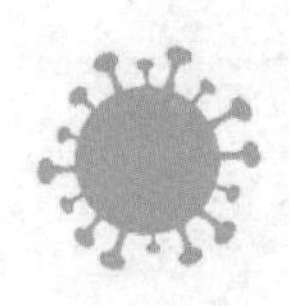

图 10-77 添加素材

图 10-78 效果图

步骤 6 选择“矩形工具”、“直线工具”，在海报偏右的位置增加矩形线框和分隔线，增添布局趣味性，同时运用“文字工具” 添加相关文字，增强解释性，如图 10-79 所示，按“Ctrl+G”快捷键进行图层编组，命名为“搭配”。

步骤 7 选择“文字工具” ，分段输入主题文字等，选择“矩形工具” 、“椭圆工具” 进行排版设计，如图 10-80 所示；利用虚线式的描边样式，将部分主题文字进行包装；新建图层，选择“钢笔工具” 绘制连接线，效果如图 10-80 所示，按“Ctrl+G”快捷键进行图层编组，命名为“主题文字”。

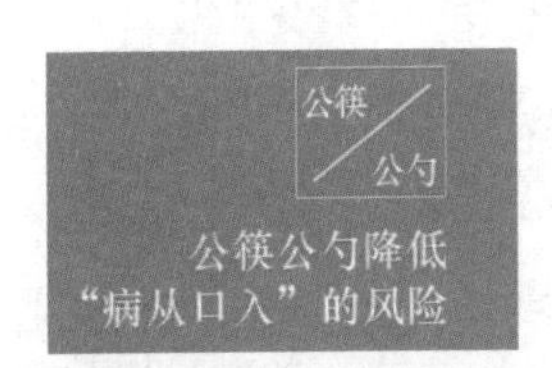

图 10-79　添加文字

图 10-80　文字排版装饰

步骤 8 “勺子”文字形状的制作。

①打开“筷勺”素材，选择“魔棒工具” 抠出勺子的图形，将勺子的图形移至海报的画布编辑区，调整其位置及大小，图层名为“勺子”。

②选择“套索工具” ，选择“勺柄”区域，按“Ctrl+X”快捷键剪切，然后按“Ctrl+V”快捷键粘贴，将“勺柄”和“勺头”分离为两个图层，在视觉上依然连接在一起。

③选择“文字工具” ，分别输入相关文字，并根据勺头的形状，编辑文字大小、透明度等，再进行排版调整。选中文字图层和勺子图层，按“Ctrl+G”快捷键进行图层编组，命名为“文字”，双击该组，打开“图层样式”对话框，添加“投影”样式，设置如图 10-81 所示，效果如图 10-82 所示。

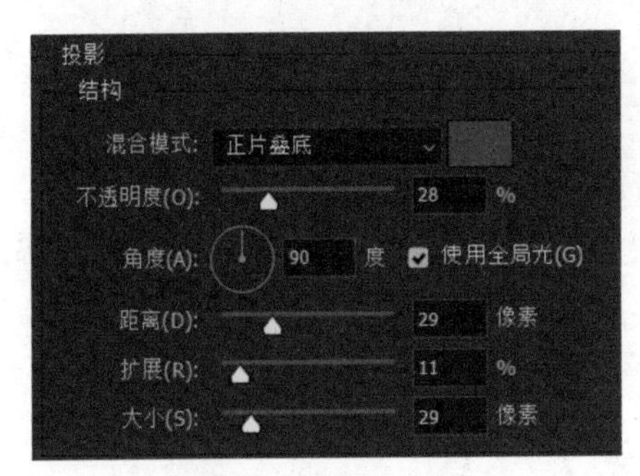

图 10-81　设置“投影”

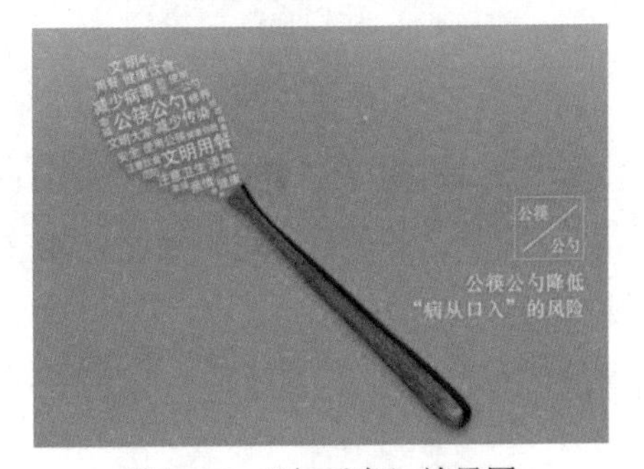

图 10-82　“勺子字”效果图

步骤 9 打开“筷勺”素材，选择“魔棒工具” 抠出一根筷子，并移至海报的画布编辑区，调整其位置及大小，图层名为“筷子 1”；双击该图层，进入“图层样式”对话框，添加“投影”效果，如图 10-83 所示。另外一根筷子的处理步骤相同，“投影”样式设置如图 10-84 所示。

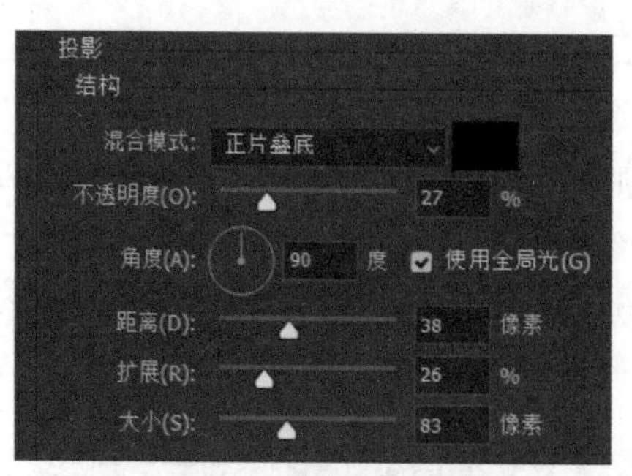

图 10-83　设置“投影”1

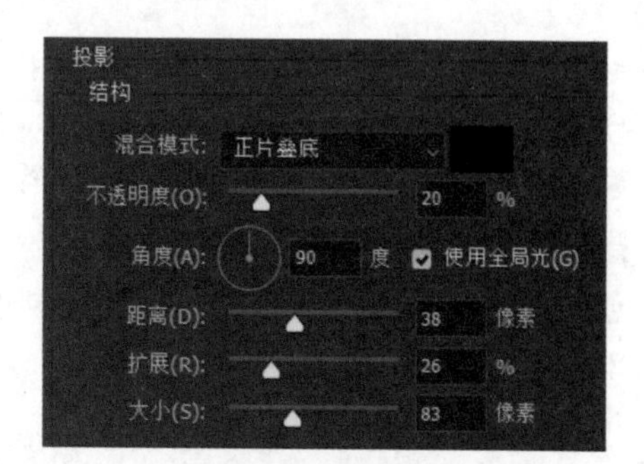

图 10-84　设置“投影”2

步骤 10 最后，作品的图层面板如图 10-85 所示，作品成品如图 10-86 所示。

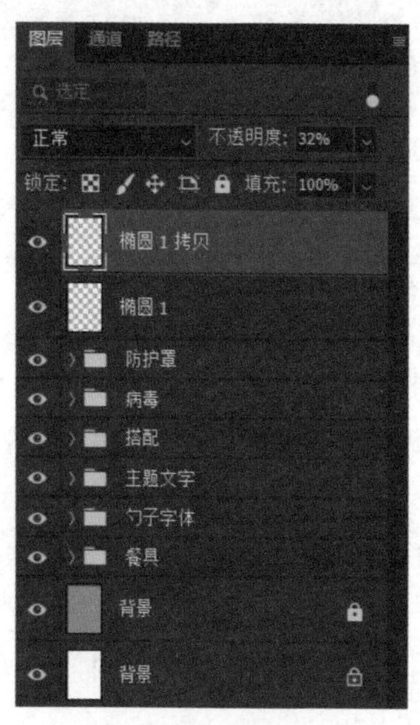

图 10-85　图层面板

图 10-86　作品成品效果图

10.6.4　作品特色

（1）对“渐变工具”和“钢笔工具”的使用，使防护罩更加真实、牢固。

（2）对“矩形工具”的使用。使文字的排版更加精致整洁，还非常有设计感，使整个版面整齐有序。

10.6.5　感想与反思

在新冠疫情期间，“舌尖上的文明”得到空前重视，使用公筷公勺等成为整个社会的共识。倡导无分餐条件的地方带头使用公筷公勺，推动养成文明健康的饮食习惯。使用公筷公勺作为海报主题，是为了让人们更加注重文明健康的生活方式。这张海报中设计防护罩来抵挡病毒的入侵，而公筷公勺就是我们的防护罩。整体背景中的色调和谐，同时文字排版利用了许多辅助线，增加了细节感与设计感。

第四篇　总结篇

从第二篇至第三篇的学习中，细心的学习者应该会发现章节结构的变化，第二篇以“教”的角度，将学习者引入创作，章节附有学习目标，学习模式以“你教我学”为主。第三篇以“学”的角度，带学习者深入创作的境界，每个案例以“创作灵感→学习引导→创作步骤→作品特色→感想与反思”为学习轨迹，形成了循序渐进的学习过程，懂得提炼、思考和反思是学习的“神器”。我们学习的每一个知识点，并不是孤立存在和应用的，在知识得到联结的时候，就可以延伸拓展，甚至达到跨领域、跨学科、跨文化的境界。因此，从设计创作中，跨界思维也得以体现。

本篇作为教程的结尾部分，将提供教学和学习上的指引，以供学习者在“教”或“学”中探索前行，也欢迎学习者和编著者进行交流探讨。

第11章 关于“教”与“学”

11.1 教程的知识点分布

为了使本书“教”与“学”更加清晰，这里将第3章至第10章的操作分为5类，分别为选区操作、图形特效、图形变形、图层面板、工具箱，具体知识点分布的思维导图请见每章节的“学习引导图”。在教学和学习过程中，可通过知识点自测或自评了解学习情况，查缺补漏，并在学习基础上加以拓展。勤思考、勤反思，勇于开拓思维，敢于设计，不拘泥于标准答案和唯一方法，让自己的思维腾飞。第3章至第10章的知识点分布数量如表11-1至表11-8所示，每一章知识点都经过比量和编排，呈正态分布，如图11-1至图11-8所示。

表11-1 第3章 知识点数量分布

主 题	选区操作	图形特效	图形变形	图层面板	工具箱
3.1 拼凑七巧板	0	0	4	0	3
3.2 水果拼盘	1	0	1	5	4
3.3 人与花	0	0	1	5	3
3.4 猫与蝴蝶的相遇	0	1	1	7	3
3.5 侧脸风景	1	1	0	10	5

表11-2 第4章 知识点数量分布

主 题	选区操作	图形特效	图形变形	图层面板	工具箱
4.1 “一起去踏青”剪纸画报	0	0	0	1	2
4.2 “保护海洋生物”海报	0	0	3	5	2
4.3 校园运动会海报	0	0	2	7	2
4.4 “我爱广州”手提袋	0	0	2	6	3
4.5 毕业季海报	0	1	1	4	6
4.6 春分海报	0	1	1	4	7
4.7 立秋海报	0	0	1	8	6
4.8 猫咪明信片系列	3	0	1	2	9
4.9 景观明信片系列	0	4	0	6	5
4.10 端午节海报	0	0	3	6	7
4.11 跳蚤市场宣传海报	0	0	4	12	7

表 11-3　第 5 章　知识点数量分布

主　　题	选区操作	图形特效	图形变形	图层面板	工具箱
5.1　弥散光效果	0	2	0	0	2
5.2　丝绸效果	0	3	0	3	1
5.3　字体穿插效果	0	0	0	6	3
5.4　磨砂玻璃效果	1	3	0	2	2
5.5　字体分割效果	0	0	1	6	2
5.6　液体气泡效果	0	2	1	5	3
5.7　文字翻页+背景磨砂效果	0	2	1	6	2
5.8　翻页效果	0	1	2	4	3
5.9　立方体效果	0	1	1	6	3
5.10　字体凹陷效果	0	0	0	15	1

表 11-4　第 6 章　知识点数量分布

主　　题	选区操作	图形特效	图形变形	图层面板	工具箱
6.1　“广州印象”海报设计	0	14	2	9	9
6.2　人物精修实例	2	6	0	21	8
6.3　月球独行海报设计	0	9	2	20	19
6.4　“阅读的力量”海报设计	4	2	4	25	20

表 11-5　第 7 章　知识点数量分布

主　　题	选区操作	图形特效	图形变形	图层面板	工具箱
7.1　别让地球哭泣	0	0	3	6	4
7.2　保护地球	0	1	3	10	10
7.3　我与海洋有个约定	0	2	0	20	9

表 11-6　第 8 章　知识点数量分布

主　　题	选区操作	图形特效	图形变形	图层面板	工具箱
8.1　食在客家	1	0	2	5	5
8.2　万水千山“粽”是情	0	0	0	11	5
8.3　校歌演绎比赛	0	0	2	4	9
8.4　校园文化艺术节	0	0	0	7	8
8.4　火龙茶香　芳桃四溢	0	2	2	18	6

表 11-7　第 9 章　知识点数量分布

主　　题	选区操作	图形特效	图形变形	图层面板	工具箱
9.1　校园漫画色彩	0	2	0	20	2
9.2　探寻	0	3	2	12	7
9.3　热带风情	0	0	4	10	12
9.4　City Struggler（都市挣扎者）	1	0	2	15	9
9.5　平衡点	0	2	2	27	11

表 11-8　第 10 章　知识点数量分布

主　　题	选区操作	图形颜色效果	图形变形	图层面板	工具箱
10.1　“二十四节气”文创产品设计	0	3	2	5	9
10.2　书籍广告海报设计	0	0	2	4	3
10.3　“广府广味”手机界面设计	0	3	2	5	9
10.4　“喜迎元旦”海报设计	0	0	0	11	8
10.5　“建党100周年”海报设计	0	0	1	25	7
10.6　“公筷公益”公益海报设计	0	0	1	27	23

第 3 章至第 10 章的知识点分布折线图

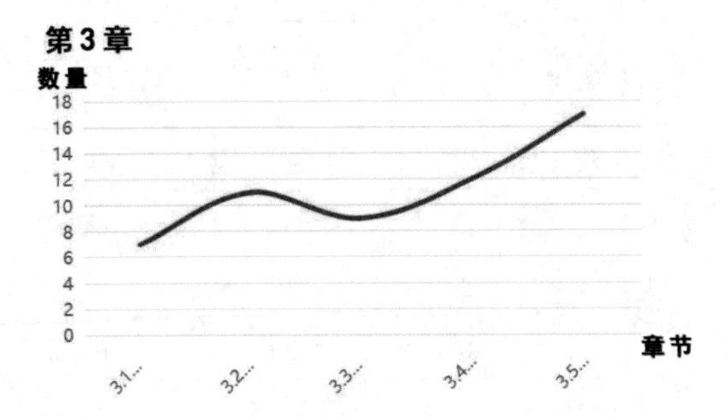

图 11-1　第 3 章每节的知识点分布图

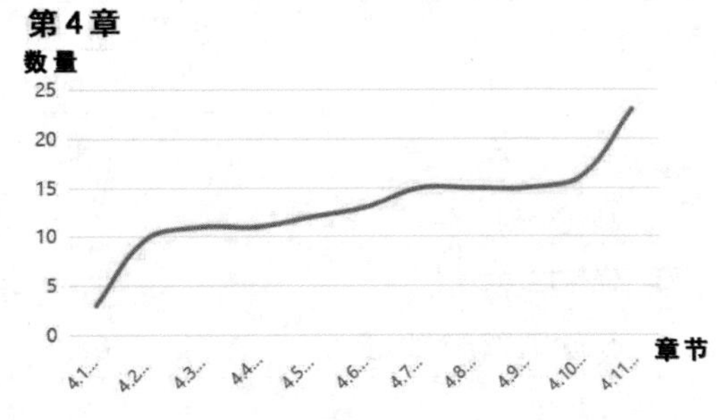

图 11-2　第 4 章每节的知识点分布图

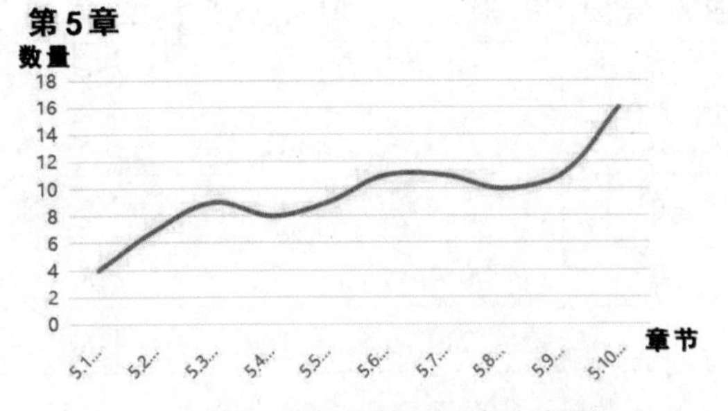

图 11-3　第 5 章每节的知识点分布图

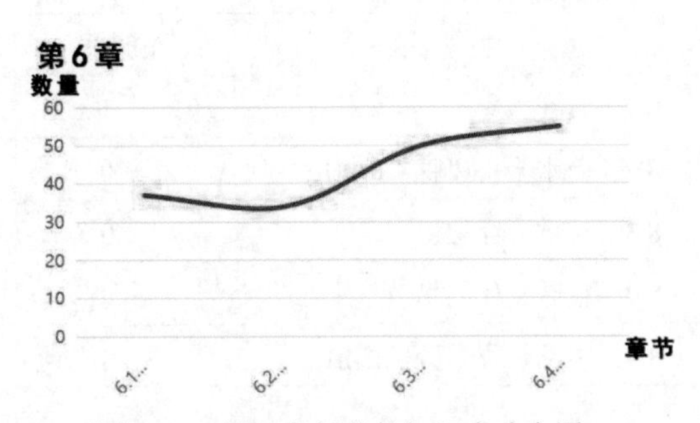

图 11-4　第 6 章每节的知识点分布图

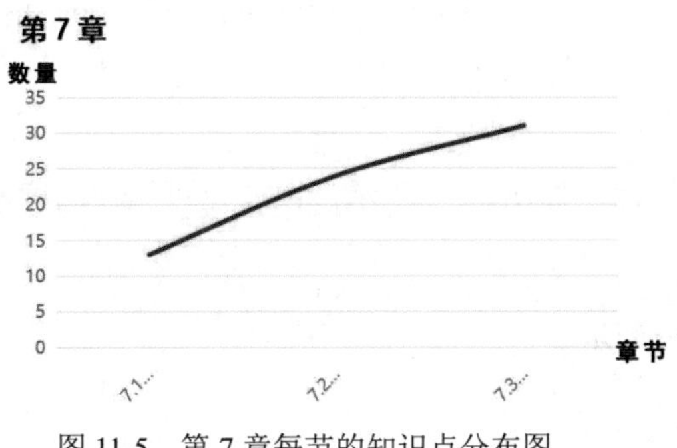

图 11-5　第 7 章每节的知识点分布图

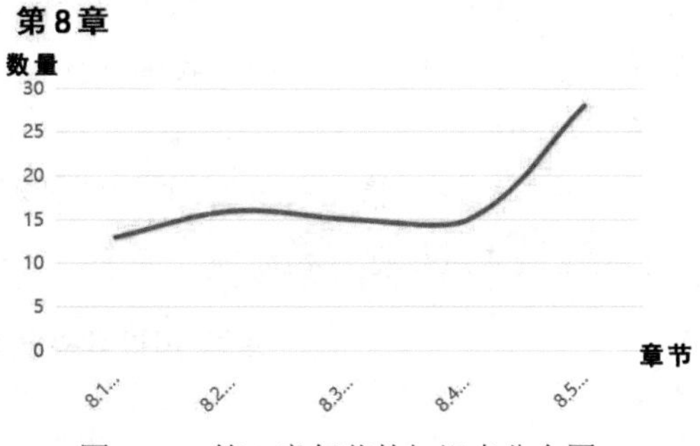

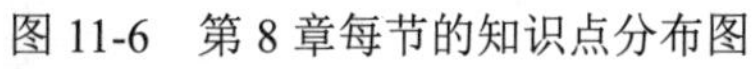

图 11-6　第 8 章每节的知识点分布图

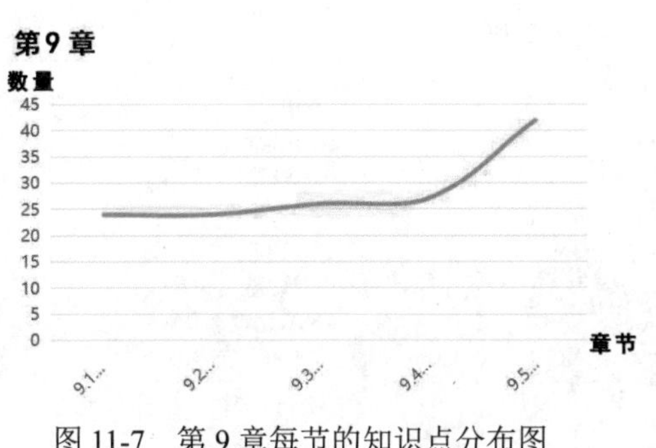

图 11-7　第 9 章每节的知识点分布图

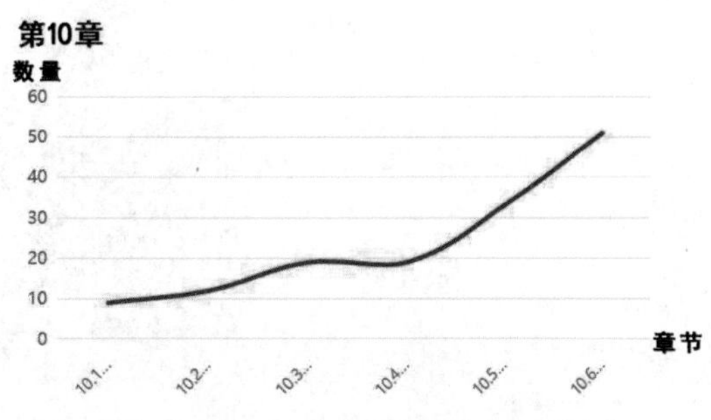

图 11-8　第 10 章每节的知识点分布图

11.2　教程的课程思政点

教程以项目案例的方式呈现教学内容，案例融入思政元素，无声地培养以热爱中华文化、热爱校园和热爱世界为核心的精神品质；以文化交流、个人兴趣、环保公益、校园生活等为题材，融入课程思政，使教程内容“接地气”并具有良好的教育传播意义。

“古今中外，每个国家都是按照自己的政治要求来培养人才的，世界一流大学都是在服务自己国家发展的过程中成长起来的。”新时代的高等教育应该立足我国独特的历史、文化和国情，构建德智体美劳全面培养的教育体系，形成更高水平的人才培养体系，实现高等教育内涵式发展的动力，推动我国一流大学建设，提高人才培养能力和质量。在教学中融入课程思政，着力构建价值引领、知识教育、能力培养“三位一体”的人才培养模式，是对学生成长规律的深刻把握和运用，有利于坚持立德树人，坚持以学生为中心，真正做到围绕学生、关爱学生、服务学生。

本教程编写团队主要来自广州、珠海、澳门，在地域上属粤港澳大湾区，因此，教程案例结合粤港澳大湾区、“一带一路”等地区特色，体现多元文化的融入和创作思维的拓展，学习者不仅可以学习软件的使用，还可以充实文化知识。

本教程以学生为中心，以教学为主线，根据布鲁姆目标分类理论，将操作案例设置分级难度，配以思维导图与教学方法建议，将课程思政贯穿于学习内容中，集理论基础、实践应用、创新设计于一体；展示校园创作案例，开展校园多元文化交流，如融入以中华文化为主题的设计研究，在激发创作思维的基础上，引入中华传统文化知识，进行多元文化互通的交流与创作，从而增强我国学生及来华留学生的文化认同感，并通过学习达到知识的拓展与迁移。

本教程梳理了第 3 章至第 10 章的课程思政点，如图 11-9 所示，读者也可以在阅读本教程的过程中进行探索和提炼。

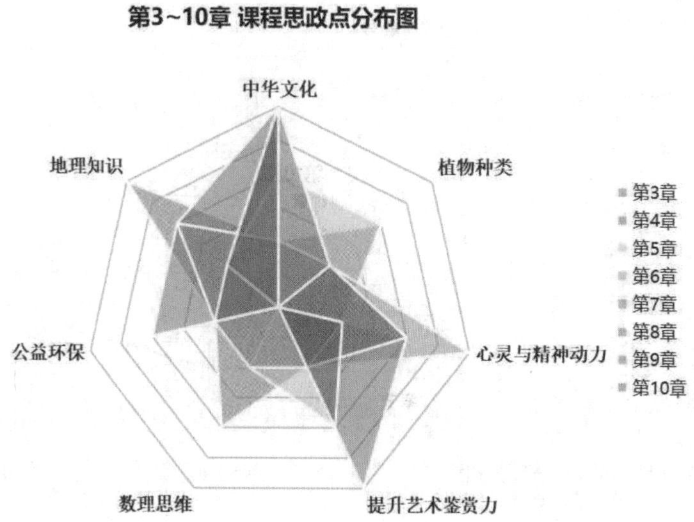

第3~10章 课程思政点分布图

中华文化
植物种类
心灵与精神动力
提升艺术鉴赏力
数理思维
公益环保
地理知识

第3章
第4章
第5章
第6章
第7章
第8章
第9章
第10章

图 11-9　第 3 ～ 10 章课程思政点分布图

11.3　教学建议

21 世纪是一个创新驱动发展的时代，元宇宙、人工智能、区块链、5G、大数据、云计算等技术，预示着未来的到来，在科技高速发展的大背景下，社会和人类文明的进步也面临着前所未有的挑战和机遇。我们应该清楚，目前在 Photoshop 教学中所遇到的问题是什么。

1. 教材的不适应性

目前，国内学校在多学科中开设了 Photoshop 相关课程，但教学内容主要依据市面已出版的教程，内容侧重于商业化设计，有些素材和创作案例对青少年学生存在不良导向，缺乏一定的教育关联性。

2. 缺乏体现“以学习者为中心”的学习环境

传统的 Photoshop 课堂环境秉承了“你教我学”的理念，即使现在有一些学校已开设了相关线上课程，网络上也有很多 Photoshop 相关的网课和学习视频，但学生置身于浩瀚的网络学习环境中，如果没有教师个性化的指引，将会迷航，从而失去学习兴趣和学习动力。例如一个学校的学生来自世界各地，学习风格各异，中文水平存在很大的差异，给教学也带来了很大的难度。从学生的问卷调查和访谈中可知，有的学生觉得老师讲课节奏较慢、较零散，而有的学生觉得老师讲课节奏太快。因此，传统的教学环境给教学带来了困难与挑战。

3. 缺乏教学互动手段

因为教学对象的学习差异性，在传统教学中，教师很难实现一对一个性化教学，因此，在师生互动、生生互动手段上较为单一。进入21世纪，教育技术学界在总结近10年的网络教育实践成果的基础上赋予了混合式教学新的内涵:“把传统学习方式的优势和E-Learning的优势结合起来，既要发挥教师引导、启发、监控教学过程的主导作用，又要充分调动学生作为学习过程主体的主动性、积极性与创造性。”

随着“互联网+”教育的深入发展，出现了MOOC、SPOC、翻转课堂等网络教学或混合式教学模式，为教育教学改革提供了新的思路。现代教育倡导“以学生为中心”，教师应该打破定势思维，从传统教学理念中超脱出来，从引导“怎么教”转向“怎么学”。Gardiner指出了在“以学习者为中心”的学习环境中的师生新角色，因此，尊重每一位学生个体，了解他们的需求，指引他们如何学习、思考和解决问题，也是培养终生学习的态度和技能方法。

教与学两者密不可分，传统的教材和教学内容搬家，只能满足机械化的表层学习。当代大学生虽为数字原住民，但在互联网浩瀚的学习资源环境中，如果没有教学目标依据，将会迷航。因此，应从教学目标和学习者需求出发，重整课程教学内容，设计有意义的主题式学习，将教师和学生引向深度教与学。

1976年，美国学者Marton首次提出深度学习和浅层学习的区别。2005年，何玲和黎加厚认为，深度学习是指在理解学习的基础上，学习者能够批判性地学习新的思想和事实，并将它们融入原有的认知结构中，能够在众多思想间进行联系，并能够将已有的知识迁移到新的情境中，做出决策和解决问题。Fullan认为深度学习是获得“品格、公民意识、协作、沟通、创造力、批判性思维”六大全球化能力（6Cs）的过程，它聚焦于让个人和集体去做有意义的事情，通过改变学生、老师、家庭和其他人的角色，从而改变学习。佐藤学等人认为，发现学习、问题解决学习、体验学习、调查学习等均属深度学习的范畴。

基于上述存在的问题，在Photoshop的教学中，迫切需要一种有效可行的教学模式和灵活互动的学习环境，以激发学习者的创作理念，更好地体现因材施教和成果产出。

20世纪90年代，美国、英国、澳大利亚等国家的教育认证改革机构将学习成果视为评价教育质量的重要准则之一，成果导向教育（Outcome-Based Education，OBE）理念的实施取得了明显的教学效果，同时，也引起了我国教育领域的关注和讨论，并在一些高校得到应用。成果导向是以成果为目标导向，即学生通过教育过程最后所取得的最大学习成果。

Photoshop课程的主要评价方式在于学生设计的作品，OBE理念对于Photoshop课程的教学启发是：在教学中，以学生的作品设计作为成果导向，假设在一定程度上可激励学生的学习动机并取得一定的教学效果，那么，在教学内容、教学环境、教学互动手段等问题上是否也能得到解决？如果能得到解决，OBE理念将推动教学改革及人才培养。

因此，依据编者的教学经验，建议依托现有的MOOC等网络平台，对课程资源进行整合与提炼，实行知识点管理，采取论坛讨论、经验分享、小组合作、成果汇报展示等方式进行“线上＋线下”混合式互动教学，课程目标为完成体现原创性的Photoshop设计作品。具体操作流程如下。

1. 帮助学生设置学习目标和预期成果

目标是作为动机激发的一个诱因，没有目标，学生就会失去方向。帮助学生明确自己的学习目的和学习方向，其中包括学习目标的制定。学生制定学习目标和预期成果的过程实际上是一种自主学习的表现，同时，也是教师制定课堂教学目标的参考依据。

2. 搭好脚手架，体现以学习者为中心的环境

因材施教是教育工作者在教学实践中的准则之一，教学是动态可调整的，教师应该根据教学情况适当调整教学计划和内容，在这个过程中需注意以下几点。

（1）设计具有联结知识链的学习，以供学生在拓展学习时得到有效的联结。

（2）布置一定的主题任务，可让学生自己或分组完成任务，并通过平台或课堂进行汇报展示，开展教师点评及小组（或个体）互评。

（3）调动学生的积极性，加强师生互动，使不同层次的学生各学所需。

（4）成果的融合交汇及升华。

所有学生的成果最终是融汇在一起的，通过课堂的作品汇报、作品分享、作品评价等进行创作的分享交流，并通过此方式碰撞出创作的火花。

3. 建立评价机制，加强对学习的监控和有效评价

建立作品评价指标体系，加强对成果的有效评价，教师应引导学生进行反思，并做好持续改进的计划。

（1）丰富反馈途径：可不定期发放问卷，及时了解学生对课堂知识和教师授课方式的反馈；通过“思维导图”的方式，了解学生对知识的掌握程度；通过交谈方式，了解学生的学习情况。

（2）评价多元化：对考勤、基础知识、创作设计、互动情况、汇报交流、实践情况等各方面设置权重，多方面衡量及评定学生成绩。

4. 分层教学

如学生来自不同学科专业和不同文化背景，需了解学生学习情况并进行教学内容的分层设计，让一些接受速度比较慢的学生通过“进度调整课”巩固知识，而接受速度比较快的学生通过课余时间及拓展知识进行加深。

5. 学习过程中多给予个性化的学习关注

实施分层管理后，关注对知识接受速度比较慢的学生，通过网络平台、微信、课堂等途径，加强与其互动，对症下药，解决存在的问题；对接受速度比较快的学生，也可通过网络学习平台提供更多拓展的学习内容和资源，并布置一定的演练，让其知识得到纵深发展和提升。

6. 持续改进：开展反思活动

对教学效果和学习效果进行评价反思，并将学生的设计成果转化为可重用、可再生的学习文化资源和教育改革资源，以促使教育系统进入一个螺旋式上升的“超循环”和自组织系统。

最后，祝各位学习者在阅读本教程后有所收获，能够开拓更好的方法，创作更好的作品。

附录　教程案例使用的快捷键

教程案例使用的快捷键列表

操作名称	快捷键	操作名称	快捷键
自由变换	Ctrl+T	复制	Ctrl+C
撤销操作	Ctrl+Z	粘贴	Ctrl+V
反向选择	Ctrl+Shift+I	取消选区	Ctrl+D
图层编组	Ctrl+G	复制图层	Ctrl+J
黑白模式	Ctrl+Shift+U	载入选区	Ctrl+Enter
删除选区内容	Ctrl+Enter+Delete	合并图层	Ctrl+E
设置“色彩平衡”	Ctrl+B	全选	Ctrl+A
填充颜色	Shift+F5	设置“镜头校正”滤镜	Shift+Ctrl+R
设置“Camera Raw滤镜”	Shift+Ctrl+A	盖印图层	Ctrl+Shift+Alt+E
剪切图层	Ctrl+Shift+J	反相	Ctrl+I
设置“新建图层”	Ctrl+Shift+N	设置“液化”滤镜	Ctrl+Shift+X
载入“高光”选区	Ctrl+Alt+2	设置“色阶”	Ctrl+L
设置“曲线”	Ctrl+M	设置“色相/饱和度”	Ctrl+U
设置“羽化”	Shift+F6		